Moderne Stahlgießerei

Moderne Stahlgießerei

für Unterricht und Praxis

Von

Dr.-Ing. e. h. Bernhard Osann

Geh. Bergrat, Professor i. R. der Bergakademie Clausthal

Mit 216 Textabbildungen

Berlin

Verlag von Julius Springer

1936

ISBN-13:978-3-642-90214-7   e-ISBN-13:978-3-642-92071-4
DOI: 10.1007/978-3-642-92071-4

Vorwort.

Dieses Buch ist für die Praxis und für den Unterricht an Hoch- und Fachschulen, sowie zum Selbststudium bestimmt.

Die Sprache ist allgemein verständlich. Es war das Bestreben des Verfassers, mit wenig Worten viel zu sagen.

Das Gebiet der Stahlgießerei ist sehr umfangreich. Abgesehen von der Roheisen-Erzeugung umfaßt es das ganze Eisenhüttenwesen.

Für die Heranbildung des Nachwuchses ist dies von Bedeutung. Die zahlreichen Beispiele können als Seminar-Aufgaben für angehende Hütten-Ingenieure benutzt werden. Auch für Maschinen-Ingenieure ist die Beschäftigung mit Fragen der Stahlgießerei und des Eisenhüttenwesens unerläßlich, damit sie mit dem Werkstoff vertraut werden, den sie an richtiger Stelle verwenden und bearbeiten sollen.

Die Kapitel, welche von den Eigenschaften der unlegierten und legierten Stahlgußstücke und von ihrer Veredlung durch Glühen und Vergüten handeln, haben für sie besonderes Interesse.

Dem im Stahlgießerei-Betrieb beschäftigten Ingenieur soll das Buch zeigen, mit welchem Schmelzverfahren und welchen Legierungszusätzen er im Einzelfall dem Material die geforderten Eigenschaften geben kann.

Bau und Betrieb der Öfen, die Herstellung der Formen und die Nachbehandlung der Guß-Stücke sind eingehend dargestellt; die Bedeutung wirtschaftlicher Gesichtspunkte wird überall besonders hervorgehoben.

Der Verfasser hat in seiner langen Lehrtätigkeit in Clausthal stets die Anforderungen der Praxis in den Vordergrund gestellt. Auch dieses Buch berücksichtigt darum in erster Linie die Bedürfnisse der Praxis.

Möge es auch dem deutschen Vaterlande Nutzen bringen!

Hannover, im Januar 1936.

Bernhard Osann.

Inhaltsverzeichnis.

V. Allgemeines über das Schmelzen im elektrischen Ofen (Elektroofen).

VI. Lichtbogenöfen.

VII. Induktionsöfen.

VIII. Die Eigenschaften von unlegierten und legierten Stahlgußstücken.

IX. Die Herstellung der Stahlgußstücke.

I. Einleitung.

1. Einteilung und Kennzeichnung des gewerbsmäßig hergestellten Eisens und Stahls.

Unter Eisen ist in keinem Falle reines Eisen, sondern immer eine Legierung zu verstehen. Unter den Eisenbegleitern nimmt der Kohlenstoff die wichtigste Stellung ein. Er entscheidet über die Eigenschaft der Schmiedbarkeit (schmiedbares Eisen), der Härtbarkeit (Stahl) und der Gießfähigkeit (Gußeisen).

Technisch verwertbares Eisen.

<table>
<tr><td>

Roheisen
mit 2 bis etwa 5% Kohlenstoff, leicht schmelzbar, nicht schmiedbar. Ist es zur Herstellung von Gußwaren (meist in umgeschmolzenem Zustande) benutzt, nennt man es Gußeisen.

</td><td colspan="2">

Schmiedbares Eisen
mit 0,03 bis 2% Kohlenstoff, schmiedbar, schwer schmelzbar

</td></tr>
<tr><td></td><td>

Schweißeisen,
im teigigen Zustande erhalten. (Im härtbaren Zustande „Schweißstahl" genannt)

</td><td>

Flußeisen,
im flüssigen Zustande erhalten. (Im härtbaren Zustande „Flußstahl" genannt)

</td></tr>
</table>

Einteilung des Roheisens.
1. Graues — halbiertes — weißes.
2. Holzkohlenroheisen — Koksroheisen.
3. a) Gießereiroheisen.
   b) Puddelroheisen.
   c) Bessemerroheisen.
   d) Thomasroheisen.
   e) Stahleisen.
   f) Spiegeleisen.
   g) Eisenmangan (Ferromangan).
   h) Eisensilizium (Ferrosilizium).

In der Neuzeit folgt man in Deutschland vielfach dem Beispiel der Engländer und Amerikaner und nennt jedes Flußeisen, gleichgültig, ob es härtbar oder nicht härtbar ist, „Stahl".

Schema der Erzeugungsarten des Eisens.

<table>
<tr><td>

Hochofenverfahren
erzeugt Roheisen aus Erzen.

</td><td>

Rennverfahren
erzeugt schmiedbares Eisen in Form von Schweißeisen und Schweißstahl aus Erzen (in allen Kulturländern ausgestorben).

</td></tr>
</table>

<table>
<tr><td>

Gießereiroheisen
d. i. Roheisen zur Erzeugung von Eisengußwaren. 20% der deutschen Erzeugung.

</td><td>

Roheisen zur Umwandlung in schmiedbares Eisen
(80% der deutschen Erzeugung).
Es geschieht dies durch Bindung des Kohlenstoffs an Sauerstoff, um ihn zu entfernen. Derartige Verfahren heißen **Frischverfahren.**
Sie werden ausgeübt

</td></tr>
</table>

1. in Frischherden (veraltet)
2. in Puddelöfen
   Es wird Schweißeisen und Schweißstahl in Gestalt von Luppen erzeugt[1]
3. in Konvertern (Windfrischverfahren oder Bessemerverfahren)
   a) saures Verfahren oder Bessemerverfahren im engeren Sinne
   b) basisches Verfahren oder Thomasverfahren
4. in Siemens-Martinöfen
   a) saures Verfahren
   b) basisches Verfahren

   Es wird Flußeisen und Flußstahl erzeugt.

---

[1] Die Schweißeisen- und Schweißstahlerzeugung ist heute nur noch in Bruchteilen eines Prozents an der deutschen Erzeugung beteiligt.

Im Altertum und Mittelalter waren nur die beiden erstgenannten Erzeugnisse des Rennherdes oder Stückofens bekannt. Erst nach 1300 wird Roheisen und Gußeisen (d. i. in Formen gegossenes Roheisen) genannt.

Früher war auch das Wort „Glühfrischen" in Anwendung, um eine Umwandlung des Gußeisens in schmiedbares Eisen ohne Schmelzung zu kennzeichnen. Man sprach dann auch von „Schmiedbarem Guß". Heute geschieht dies nicht mehr, weil dabei irrige Vorstellungen entstanden sind. Man spricht heute in einem solchen Falle von Tempern und Tempergußstücken.

Unter Gießereiroheisen versteht man ein Roheisen, das ausschließlich zur Erzeugung von Gußstücken Verwendung findet. Es ist ein Roheisen mit höherem Si-Gehalt und niedrigem Mn-Gehalt, das je nach den Umständen phosphorarm oder phosphorreich ist.

2. Stahlgußstücke.

Unter Stahlformgußstücken oder Stahlgußstücken — dieses Wort wird heute wegen seiner Kürze bevorzugt — versteht man Gußstücke aus Stahl. Es handelt sich bei dieser Bezeichnung darum, einen Gegensatz zu geschmiedetem und gewalztem Stahl zu schaffen. In diesem Sinne soll man das Wort „Gußstahl" vermeiden; denn dies umfaßt auch Schmiedestücke, die aus Stahlblöcken erzeugt sind.

Will man den Ursprung kennzeichnen, so muß man sagen: „Stahlgußstücke aus dem Tiegel oder aus dem Martinofen oder aus dem Konverter oder aus dem Elektroofen".

Gegenüber Eisengußstücken werden Stahlgußstücke durch ihren geringeren Kohlenstoffgehalt (meist 0,3 % gegenüber 3,5 %) und die dadurch bedingte höhere Zerreißfestigkeit und durch das Vorhandensein einer Dehnung und Streckgrenze abgegrenzt.

Die Zerreißfestigkeit und Dehnung der Tempergußstücke bleibt hinter den Werten des Stahlgusses weit zurück.

Man hat unlegierte und legierte Stahlgußstücke. Siliziumstahl, Manganstahl, Nickelstahl, Chromstahl sind Beispiele für legierten Stahl.

Vielfach mag die Ansicht verbreitet sein, daß Stahlguß in anbetracht des Wettbewerbes der geschweißten Konstruktionen und vieler Metallegierungen keine Zukunft habe. Diese Ansicht ist irrig. Sie wird am besten dadurch widerlegt, daß die beiden großen amerikanischen Lokomotivfabriken die Am. Lok. Co. und die Baldwinworks, im Jahre 1931 eine große Stahlgießerei in Eddystone Pa., mit dem Aufwand von 13 000 000 Dollar errichtet haben, die jährlich 60 000 t Stahlguß erzeugen kann[1].

3. Geschichtliches.

Die ersten Stahlgußstücke erzeugte Jakob Mayer als Mitinhaber der Firma Mayer & Kühne in Bochum im Jahre 1847. Es ist eine deutsche Erfindung, die eine interessante Geschichte hat.

Jakob Mayer wurde 1813 als der Sohn eines schwäbischen Bauern in Dunningen bei Rottweil geboren. Er machte bei einem Oheim in Köln eine Lehrzeit als Uhrmacher und Mechaniker durch und blieb auch nach dieser Zeit einige Jahre in Köln[2]. Dieser Oheim versuchte in seinen Mußestunden Gußstahl zu erzeugen, um sich von dem Bezuge des englischen Uhrfederstahls freizumachen.

---

[1] Stahl u. Eisen 1931 S. 1438.
[2] Vergl. den Vortrag von Bauwens im Jahre 1930. Gießerei 1930 S. 317.

Die Uhrfeder gab also ebenso wie bei der Erfindung des Tiegelgußstahls durch Benjamin Huntsman im Jahre 1740 den Ansporn zum Fortschritt, und es war auch in gleicher Weise ein Uhr- und Werkzeugmacher, wie es Huntsman war.

Diese Versuche des Oheims veranlaßten Mayer nach Sheffield zu reisen, um die Erzeugung des englischen Gußstahls kennenzulernen und die Technik nach Deutschland zu verpflanzen.

Er hatte anfangs Erfolg, mußte aber schließlich fliehen und erreichte mit Mühe und Not ein Schiff, das ihn in Sicherheit vor der Verfolgung durch seine mißtrauisch gewordenen Mitarbeiter brachte.

Er versuchte nun in seinem Geburtsort eine Schmelzhütte zu errichten, hatte aber keinen Erfolg. Dasselbe geschah nach seiner Übersiedelung nach Köln.

Nachdem er alles ersparte Geld aufgebraucht hatte, gelang es ihm, den Magdeburger Kaufmann Eduard Kühne als Sozius zu gewinnen und die eingangs genannte Firma zu gründen, die im Jahre 1854 in eine Aktiengesellschaft unter dem Namen Bochumer Verein für Bergbau und Gußstahlfabrikation umgewandelt wurde.

Im Jahre 1847 gelang es Mayer zum ersten Male ein brauchbares Stahlgußstück herzustellen. Dies war ein Erfolg, der zum Teil auf das Konto der Firma Mathias und Johann Brandenburg kommt, welche die feuerbeständige Formmasse geliefert hatte.

Im Jahre 1851 wurde die erste Kirchenglocke aus Tiegelgußstahl gegossen, und im Jahre 1855 war der Bochumer Verein auf der Pariser Weltausstellung mit drei solcher Glocken vertreten.

Dies war auch insofern ein Ereignis, als man es bis dahin nicht für möglich hielt, Tiegelgußstahl in Formen zu vergießen. Alfred Krupp hatte es versucht und sogar das Zentrifugalgießverfahren angewendet, um Eisenbahnradreifen herzustellen. Es war nicht gelungen, und Krupp sprach auch auf der Pariser Weltausstellung die Ansicht aus, daß man Tiegelgußstahl nur durch Schmieden verformen könne. Als man aber eine der drei Glocken zertrümmerte, mußte er seine Ansicht ändern.

Er tat in der Folgezeit alles mögliche, um den Vorsprung des Bochumer Vereins einzuholen, aber es gelang ihm erst in späterer Zeit. Die ersten Kruppschen Stahlgußstücke wurden 1863 in Essen gegossen.

Im Jahre 1867 stellte Krupp gegossene Lokomotivräder von 1,88 m Durchmesser in Paris aus, nachdem der Bochumer Verein solche Räder bereits 1862 in London gezeigt hatte.

Bisher war nur von Tiegelgußstahl die Rede. Es war ein bedeutsamer Fortschritt, daß die Firma Krupp Ende der sechziger Jahre Martinöfen aufstellte[1] und mit ihrer Hilfe ausschließlich Stahlformguß erzeugte.

Ein anderes Erzeugnis, wie harter Stahlformguß in Gestalt von Walzen, Herzstücken, Kammwalzen, Geschossen usw., kam damals für Martinöfen nicht in Betracht.

Die Entwicklung des Martinverfahrens geht also vom Stahlguß aus, wenn man von den nicht mit bleibendem Erfolg gekrönten Versuchen Pierre Martins, Gewehrlaufstahl zu erzeugen, absieht (1864).

Ein weiterer bedeutsamer Fortschritt bestand darin, daß man es nach Überwindung großer Schwierigkeiten lernte, einen weichen Stahlformguß, wie ihn der Maschinen- und Schiffsbau als Ersatz für die teuren Schmiedestücke forderte, aus dem Martinofen zu gießen. Es geschah dies zuerst 1887 auf den Kruppschen Werken.

Der Leser, der weiteres über die damalige Entwicklung des Stahlgusses in Deutschland und dem Auslande nachlesen will, sei auf das Lehrbuch des Verfassers: Eisen und Stahlgießerei[2], Beck: Geschichte des Eisens[3] und die Schrift: „Zehn Jahre Verein deutscher Stahlformgießereien"[4] hingewiesen.

Außer dem Tiegelguß- und Martinverfahren ist auch das Konverterverfahren zu nennen, daß aber erst später (etwa um 1906) die Schwierigkeiten so weit überwunden hatte, daß es mit Erfolg als Kleinkonverterverfahren in den Betrieb eingeführt werden konnte.

---

[1] Dabei wirkte auch der spätere erste Geschäftsführer des Vereins deutscher Eisenhüttenleute Friedrich Osann mit.

[2] Leipzig bei Wilhelm Engelmann. [3] Braunschweig bei Vieweg.

[4] Verlag Stahleisen in Düsseldorf 1930.

Etwa um die gleiche Zeit versuchte man auch den elektrischen Ofen, den man bis dahin nur zur Erzeugung von geschmiedeten Sonderstählen benutzte, zur Erzeugung von Stahlguß heranzuziehen, hatte aber erst in der Zeit nach dem Kriege wirklichen Erfolg.

In den Kapiteln, welche von den einzelnen Schmelzverfahren handeln, wird bei jedem die geschichtliche Entwicklung kurz gekennzeichnet werden.

Hier soll nur noch von den Erfindungsdaten einiger legierter Stähle die Rede sein:

Wolframstahl um 1855.
Niedriglegierter Chromstahl 1865.
Hochlegierter Chromstahl 1912.
Nickelstahl (Rilley) 1889.
Chromnickelstahl für Geschütze (Krupp) 1898.
Manganstahl (Hadfield) 1888.
Sondermanganstahl (Howe) 1909.
Chrom-Wolframstahl (Schnelldrehstahl von Taylor u. White) 1898.
Siliziumstahl um 1925.
Gekupferter Stahl um 1927.
Kruppscher Nirostastahl während des Krieges.

4. Statistik[1].

Die Zahlentafeln 1—4 geben einen Einblick. Man erkennt in beiden Zahlentafeln den Einfluß des Krieges, der gerade die Kleinkonvertererzeugung außerordentlich steigerte. Man erkennt auch das schnelle Zurückgehen des Tiegelstahls, die Zunahme des Elektrostahlgusses, die ganz besonders groß in England, Schweden, Italien, den Vereinigten Staaten und Kanada ist. Auch über den Anteil des legierten Stahlgusses in den Vereinigten Staaten gibt Zahlentafel 2 Auskunft.

Zahlentafel 1.

Der deutsche Maschinenbau verbrauchte im Jahre 1924

1 200 000 t	Eisenguß	= 60 %
8 000 t	Temperguß	= 0,4 %
100 000 t	**Stahlguß**	= **5** %
500 000 t	Walzeisen	= 25 %
170 000 t	Schmiedestücke . . .	= 8,5 %
20 000 t	Röhren	= 1 %
Zus. 1 998 000 t		= 99,9 %

Der Wert einer Tonne versandfähigen Stahlgusses kann man mit 500 RM. überschlägig in Ansatz bringen.

Die Aufstellung der Statistik wird dadurch erschwert, daß ein Teil der Erzeugung außerhalb des Rahmens des Vereins deutscher Stahlformgießereien, in Hüttenwerken erfolgt, und auch dadurch, daß die Hüttenwerke die Stahlgußstücke ebenso wie die Blöcke abwiegen und ihr Gewicht mit daran haftenden Trichtern und Eingüssen angeben, während sonst das versandfähige Stück (also ohne Trichter und verlorene Köpfe) gewogen wird. Dadurch entstehen Unstimmigkeiten, die aber nichts mit den Anteilziffern der Erzeugungsverfahren zu tun haben.

---

[1] Vergl. auch Stahl u. Eisen 1920 S. 156 (Amerika). Gießerei-Ztg. 1928 S. 202 und ebenda S. 558. Gießerei 1928 S. 863. Stahl u. Eisen 1927 S. 889 (Amerika).

Zahlentafel 2. Stahlgußerzeugung. Anteile der Erzeugungsverfahren.

<table>
<tr><td rowspan="2">Land</td><td rowspan="2">Jahr</td><td colspan="2">Martinofen</td><td rowspan="2">Klein konverter</td><td rowspan="2">Tiegel</td><td rowspan="2">Elektroofen</td><td rowspan="2">Unlegierter Stahlguß</td><td rowspan="2">Legierter Stahlguß</td><td rowspan="2">Erzeugungsmenge</td><td rowspan="2">Anteil an der Flußeisenerzeugung</td></tr>
<tr><td>basisch</td><td>sauer</td></tr>
<tr><td></td><td></td><td>%</td><td>%</td><td>%</td><td>%</td><td>%</td><td>%</td><td>%</td><td>t</td><td>%</td></tr>
<tr><td>Deutschland . . .</td><td>1900</td><td>61,8</td><td colspan="2">38,2</td><td></td><td>—</td><td>—</td><td>—</td><td>135 654</td><td>2,04</td></tr>
<tr><td></td><td>1905</td><td>64,5</td><td colspan="2">35,5</td><td></td><td>—</td><td>—</td><td>—</td><td>186 000</td><td>2,90</td></tr>
<tr><td></td><td>1910</td><td>57,6</td><td colspan="2">42,4</td><td></td><td>—</td><td>—</td><td>—</td><td>264 000</td><td>2,01</td></tr>
<tr><td></td><td>1913</td><td>69,2</td><td colspan="2">30,8</td><td></td><td>—</td><td>—</td><td>—</td><td>370 000</td><td>2,09</td></tr>
<tr><td></td><td>1917</td><td>43,8</td><td colspan="2">56,2</td><td></td><td>—</td><td>—</td><td>—</td><td>1 505 000</td><td>9,76</td></tr>
<tr><td></td><td>1920</td><td>53,9</td><td colspan="2">41,6</td><td>0,32</td><td>4,2</td><td>—</td><td>—</td><td>286 640</td><td>3,37</td></tr>
<tr><td></td><td>1925</td><td>61,0</td><td colspan="2">35,0</td><td>0,31</td><td>3,6</td><td>—</td><td>—</td><td>308 150</td><td>2,40</td></tr>
<tr><td></td><td>1926</td><td>62,0</td><td colspan="2">32,6</td><td>0,51</td><td>4,9</td><td>—</td><td>—</td><td>194 600</td><td>1,56</td></tr>
<tr><td>Belgien . . . . .</td><td>1926</td><td>—</td><td>—</td><td>—</td><td>—</td><td>—</td><td>—</td><td>—</td><td>75 200</td><td>2,25</td></tr>
<tr><td>Frankreich. .. . .</td><td>1926</td><td>—</td><td>—</td><td>—</td><td>—</td><td>—</td><td>—</td><td>—</td><td>142 951</td><td>1,70</td></tr>
<tr><td>England . . . . .</td><td>1915</td><td>—</td><td>—</td><td>—</td><td>—</td><td>1,1</td><td>—</td><td>—</td><td>181 936</td><td>2,13</td></tr>
<tr><td></td><td>1920</td><td>—</td><td>—</td><td>—</td><td>—</td><td>16,3</td><td>—</td><td>—</td><td>210 932</td><td>2,31</td></tr>
<tr><td></td><td>1925</td><td>—</td><td>—</td><td>—</td><td>—</td><td>15,4</td><td>—</td><td>—</td><td>160 122</td><td>2,32</td></tr>
<tr><td></td><td>1926</td><td>—</td><td>—</td><td>—</td><td>—</td><td>18,8</td><td>—</td><td>—</td><td>119 278</td><td>3,30</td></tr>
<tr><td>Schweden . . . .</td><td>1910</td><td>—</td><td>—</td><td>—</td><td>—</td><td>0,14</td><td>—</td><td>—</td><td>8 951</td><td>1,86</td></tr>
<tr><td></td><td>1915</td><td>—</td><td>—</td><td>—</td><td>—</td><td>2,9</td><td>—</td><td>—</td><td>18 273</td><td>2,95</td></tr>
<tr><td></td><td>1920</td><td>—</td><td>—</td><td>—</td><td>—</td><td>20,6</td><td>—</td><td>—</td><td>14 699</td><td>3,38</td></tr>
<tr><td></td><td>1926</td><td>—</td><td>—</td><td>—</td><td>—</td><td>27,5</td><td>—</td><td>—</td><td>11 621</td><td>2,16</td></tr>
<tr><td>Italien . . . . .</td><td>1920</td><td colspan="2">39,5</td><td>4,7</td><td>—</td><td>55,8</td><td>—</td><td>—</td><td>47 130</td><td>6,04</td></tr>
<tr><td></td><td>1925</td><td colspan="2">34,9</td><td>0,95</td><td>—</td><td>64,3</td><td>—</td><td>—</td><td>58 248</td><td>3,30</td></tr>
<tr><td>Vereinigte Staaten</td><td>1900</td><td>22,1</td><td>69,7</td><td>3,50</td><td>4,7</td><td>—</td><td>—</td><td>—</td><td>195 900</td><td>—</td></tr>
<tr><td></td><td>1905</td><td>36,8</td><td>57,0</td><td>3,80</td><td>2,3</td><td>—</td><td>—</td><td>—</td><td>569 800</td><td>2,86</td></tr>
<tr><td></td><td>1910</td><td>46,0</td><td>45,7</td><td>6,20</td><td>1,5</td><td>0,15</td><td>96,8</td><td>3,2</td><td>955 800</td><td>3,60</td></tr>
<tr><td></td><td>1915</td><td>38,4</td><td>46,4</td><td>10,60</td><td>1,7</td><td>2,66</td><td>88,6</td><td>11,4</td><td>866 800</td><td>2,70</td></tr>
<tr><td></td><td>1920</td><td>35,6</td><td>43,1</td><td>8,40</td><td>0,14</td><td>12,40</td><td>94,5</td><td>5,5</td><td>1 251 500</td><td>2,97</td></tr>
<tr><td></td><td>1925</td><td>36,4</td><td>36,8</td><td>4,50</td><td>0,12</td><td>32,30</td><td>91,1</td><td>8,9</td><td>1 252 800</td><td>2,76</td></tr>
<tr><td></td><td>1926</td><td>35,3</td><td>36,1</td><td>4,20</td><td>0,15</td><td>24,30</td><td>89,4</td><td>10,6[1]</td><td>1 357 600</td><td>2,81</td></tr>
<tr><td>Kanada . . . . .</td><td>1926</td><td colspan="4">63,3</td><td>36,70</td><td>—</td><td>—</td><td>33 871</td><td>4,34</td></tr>
</table>

1 Davon mehr als die Hälfte Manganstahl.

Zahlentafel 3. Gießereierzeugung in Deutschland.

	Gesamterzeugung	Eisenguß		Temperguß		Stahlguß	
	t	t	%	t	%	t	%
1908	2 560 168	2 311 437	90,3	46 847	1,8	201 884	7,8
1910	2 999 432	2 667 636	88,9	59 678	2,0	272 118	9,1
1912	3 615 788	3 217 272	89,0	72 062	2,0	326 454	9,0
1914	2 893 610	2 513 808	87,2	58 828	2,0	320 974	10,7
1916	3 177 973	1 920 596	60,5	57 769	1,8	1 099 608	38,6
1918	2 728 176	1 354 522	49,7	58 200	2,1	1 315 454	48,2
1920	2 105 260	1 769 300	84,0	49 960	2,4	386 000	13,6
1922	2 812 270	2 414 000	85,9	60 600	2,2	337 670	11,9
1924	2 091 206	1 805 777	86,4	55 240	2,6	230 189	11,0
1925	3 029 758	2 648 600	87,4	72 400	2,4	258 758	10,2

Zahlentafel 4. Übersicht über den Stahlgußversand in Deutschland.

	Inland	%	Ausland	%	Eigenbedarf	%	Zusammen
	t		t		t		t
1921	119 638	68	16 795	9	40 151	23	176 584
1926	122 793	77	20 101	13	16 536	10	159 430
1928	169 723	77	21 291	10	28 779	13	219 773
1929	184 965	76	28 659	12	30 651	12	244 275

5. Allgemeines über Schmelzen, Frischen, Desoxydation und Fertigmachen.

Ehe die einzelnen Verfahren, also das Schmelzen im Tiegel, im Martinofen, im Kleinkonverter und im Elektroofen (die Reihenfolge entspricht der geschichtlichen Entwicklung) besprochen werden, muß eine allgemeine Betrachtung vorausgehen, weil das Schmelzen meist mit einem Frischvorgang verbunden ist, und dieser wieder in unmittelbarem Zusammenhange mit der Desoxydation steht. Nur beim Tiegelschmelzverfahren und beim Schmelzen im elektrischen Induktionsofen haben, wir, praktisch genommen, nur mit einem Schmelzen zu tun, sonst aber nicht.

Das Frischen.

Was heißt „Frischen"? Frischen heißt: Roheisen in schmiedbares Eisen verwandeln, indem die Eisenbegleiter oxydiert und die Oxydationserzeugnisse zum Teil in die Gase (CO), zum Teil in die Schlacke geführt werden (SiO_2, MnO, P_2O_5). Der Name „Frischen" stammt aus Zeiten, in denen Roheisen als Fehlergebnis betrachtet wurde. Man mußte es durch geeignetes Umschmelzen „auffrischen". Dies geschah im Frischherd.

Später dachte man nicht mehr an diese Vorgänge und übertrug den Begriff auf das Puddel-, das Windfrisch- und die Herdfrischverfahren, um die Umwandlung des kohlenstoffreichen Einsatzes in ein kohlenstoffärmeres Schweißeisen oder Flußeisen zu kennzeichnen. Diese setzt ein Schmelzen voraus, das untrennbar mit dem Frischvorgange verbunden ist.

Zu beachten ist auch, daß der Schmelzpunkt im Einklang mit dem verminderten C-Gehalt erhöht wird. Man muß also sehr hohe Temperaturen anwenden. Dies ist um so mehr geboten, weil Stahlguß eine untereutektische Legierung darstellt, die zur Dickflüssigkeit und zum Lunkern neigt. Man muß also stark überhitzen, damit der flüssige Stahl auch in die weitest gelegenen und engsten Querschnitte gelangt und nicht vorzeitig, unter Hinterlassung von Lunkerhohlräumen und Gashohlräumen erstarrt.

Beim Windfrischverfahren geschieht die Temperaturerhöhung ausschließlich durch die Wärmeentwicklung bei der Oxydation der Eisenbegleiter. Bei den anderen Verfahren wird die noch fehlende Wärme durch Brennstoffe oder elektrische Energie geliefert.

Desoxydation.

Die Bindung der Eisenbegleiter an den Luftsauerstoff geschieht nicht unmittelbar, sondern auf dem Wege über Eisensauerstoffverbindungen, welche den Sauerstoff an die Eisenbegleiter weitergeben.

Beim Puddeln kommt Fe_3O_4 in Betracht, das in der Schlacke gelöst ist, bei den Flußeisenverfahren ist es FeO, das im Eisenbade gelöst wird und C, Si, Mn, P oxydiert.

FeO bildet sich immer von neuem in Berührung mit der Luft; deshalb kann es nicht wundernehmen, daß es nicht restlos aufgebraucht wird, sondern zum Teil bestehen bleibt. So kommt der Sauerstoffgehalt des Flußeisens und Stahls zustande, den man in Anteilziffern bis zu 0,25% festgestellt hat.

Will man sauerstoffhaltiges Flußeisen vergießen, so erlebt man einen Mißerfolg, weil eine Gasentwicklung stattfindet: FeO + C = Fe + CO. Dieses CO entweicht[1]. Aber alle anderen gelösten Gasbestandteile, vor allem Wasserstoff,

---

[1] Über diese Vorgänge hat der damalige Osnabrücker Oberlehrer Friedrich C. G. Müller in den achtziger Jahren des vor. Jahrhunderts geschrieben und bahnbrechende Pionierarbeit geleistet.

entweichen mit dem CO, indem sie durch den Anstoß, den die eben genannte Reaktion gibt, frei gemacht werden.

Ein solches Flußeisen schäumt dann wie Sekt in einer entkorkten Flasche und verhindert ein ruhiges Vergießen.

Das Bessemerverfahren wäre beinahe an dieser Erscheinung zugrunde gegangen; es wurden aber rechtzeitig Maßnahmen erfunden, um dem entgegenzuwirken[1].

Diese Maßnahmen kennzeichnet man unter dem Worte Desoxydation und versteht darunter die Zerlegung des FeO, indem man den Sauerstoff an Mn, Si, Al bindet. $FeO + Mn = Fe + MnO$, $2\,FeO + Si = 2\,Fe + SiO_2$, $3\,FeO + 2\,Al = 3\,Fe + Al_2O_3$.

Mangan wirkt am kräftigsten, und ein Überschuß schadet im allgemeinen nicht, weil MnO im Gegensatz zu SiO_2 und Al_2O_3 im Bade gelöst wird.

Mit Silizium und Aluminium kann man, ohne Mangan zu Hilfe zu nehmen, nicht desoxydieren. Aluminium gebraucht man nur im Notfalle und in sehr kleinen Mengen, weil man die Tonerdeeinschlüsse fürchten muß.

Die Wirkung der genannten Desoxydationsmittel ist die Zerlegung und Beseitigung des schädlichen FeO und die Erteilung eines Anstoßes, damit alle lockersitzenden Gase entweichen, bevor der Guß beginnt.

Kennzeichnend ist in letzterer Beziehung die sogenannte Spiegelreaktion, d. h. das Aufwallen des flüssigen Stahls beim Zusatz von flüssigem Spiegeleisen, d. h. einem hochmanganhaltigem Roheisen.

Das Fertigmachen der Schmelze.

Unter dem Fertigmachen versteht man das Geben von Zusätzen, nach Beendigung des Frischens. Dies geschieht, um die Desoxydation im obigen Sinne durchzuführen und außerdem dem Stahl eine bestimmte Zusammensetzung zu geben.

Wenn man von legiertem Stahlguß absieht, so handelt es sich um die Gehalte an C, Si und Mn (P und S hält man möglichst niedrig. Sie können hier aus der Betrachtung ausscheiden).

Es liegt nahe, zu glauben, daß man nur soviel Si und Mn zufügen solle, wie es dem Sauerstoffgehalt entspricht. Aber diese Anschauung ist schon deshalb irrig, weil man niemals weiß, wieviel FeO gelöst ist und auch deshalb, weil sich immer FeO von neuem bildet.

Die Erfahrung lehrt auch, daß man einen bedeutenden Überschuß an Mn geben muß und auch nicht unter einem bestimmten Si-Gehalt heruntergehen darf. Letzteres ist deshalb schon geboten, weil ein Si-armer Stahlguß beim Erstarren Gase freiwerden läßt, deren Wirkung sich darin äußert, daß die Bruchfläche soviel Hohlräume wie ein Schwamm zeigt. Ein solches Stück ist unbrauchbar[2].

Unter diesem Gesichtspunkt wird man die hierunter folgende Zahlentafel verstehen, die eine Zusammenstellung gibt, welche die chemische Zusammensetzung von Stahlgußstücken nennt.

Weicher Stahlguß ist kohlenstoffarm, harter Stahlguß kohlenstoffreich.

Bei dieser Zusammenstellung kommt nicht in Betracht, ob das Stück aus dem Tiegel, aus dem sauren Martinofen, aus dem basischen Martinofen, aus

---

[1] Vgl. Osann: Lehrbuch der Eisenhüttenkunde, Bd. 2. Leipzig bei Wilhem Engelmann, und ebenso Osann: Kurzgefaßte Eisenhüttenkunde. Leipzig bei Jänicke unter Desoxydation.

[2] Es soll auf ein Experiment von Troost und Hautefeuille vor etwa 50 Jahren hingewiesen werden. Flüssiges Roheisen wurde im Tiegel unter eine Luftpumpe gebracht, wo es sogleich stark spratzte. Nur dann, wenn das Eisen hoch siliziumhaltig war, spratzte es nicht.

Zahlentafel: Die chemische Zusammensetzung von Stahlgußstücken. (Unlegierte Stahlgußstücke.)

	C	Si	Mn	Zerreiß-festigkeit kg qmm	Dehnung %	Bemerkungen
Dynamostahl (für Dynamomaschinen), absichtlich manganarm gesetzt	0,1—0,15	0,2—0,4	0,2—0,3	unter 40	über 40	
Dynamostahl amerikanischer Erzeugung (Stahl ü. Eisen 1918 S. 895)	0,14	0,20	0,64	—	—	0,05 S
Schiffs- und Maschinenteile allgemein	0,25—0,30	0,3	0,3—0,5	meist 40—50	meist 10—15	
Deutche Marine und Preußische Eisenbahnen 1. Qualität	—	—	—	37—44	20	
Deutche Marine und Preußische Eisenbahnen 2. „	—	—	—	40—50	18	
Deutche Marine und Preußische Eisenbahnen 3. „	—	—	—	45—55	12	
Lokomotivrahmen amerikanischer Erzeugung (Stahl u. Eisen 1918 S. 895)	0,31	0,28	0,51	—	—	{0,025 S {0,026 P
Schiffsmaterial allgemein (Deutsche Marine)	—	—	—	45—55	12	
Fundamentrahmen und Ständer	—	—	—	40—50	18	
Kreuzköpfe u. Gleitschienen f. Lokomotiven	—	—	—	55—65	12	
Marineketten	0,2	—	—	46 / 63	21,0 / 20,6	unvergütet / vergütet
Stahlwerkskokillen	0,25—0,35	0,35	0,65	50—60	—	{meist 0,03% P; 0,025—0,030% S {max 0,09% P; max 0,07% S
Turbinengehäuse	—	—	—	40—50	22	$S + P = < 0,12\%$; $P = < 0,07\%$, $S = < 0,07$
Ambosse	0,45—0,55	0,50	0,85—0,90	—	—	$< 0,03\%$ P; $< 0,04\%$ S
Kirchenglocken	0,25—0,35	0,40	0,6—0,8	—	—	
Illgner Schwungrad	0,29	0,37	0,73	—	—	
Lokomotivrad	0,22	0,36	0,60	—	—	0,011% P; 0,024% S
Deichselgestell für eine Lokomotive	0,15	0,49	0,59	—	—	0,016% P; 0,029% S
Kammwalze	0,59	0,39	0,74	—	—	0,020% P; 0,034% S
Querhaupt für eine Presse	0,30	0,45	0,76	—	—	0,018% P; 0,031% S
Turbinenlaufrad	—	—	—	45—65	15—12	Gewicht 22 t } VDI-Nachr.
ebenso mit eingegossenen Blechschaufeln	—	—	—	50—60	19—14	Gewicht 26 t } 1924 Nr. 52
Walzen	0,4—0,6	—	—	50—65	—	
Harter Stahlformguß f. Zerkleinerungszwecke	0,5—0,7	—	bis 0,7	50—70	—	
Mahlscheiben für Griffinmühlen	1,1	—	—	95—105	—	
Harte Walzen amerik. Erzeugung	1,20	0,27	0,73	—	—	0,03% P; 0,02% S
Herzstücke	0,6—0,7	0,35	0,6—0,8	60—70	—	
Lokomotivräder	—	—	—	37—44	etwa 30	
Grubenwagenräder	—	—	—	55—65	10—16	
Straßenbahnwagenuntergestelle	—	—	—	39	27	
Radsterne für Straßenbahnen	—	—	—	45—55	20	

dem Kleinkonverter oder aus dem Elektroofen stammt. Man kann jede Art von Stahlguß in guter Beschaffenheit mit allen diesen Schmelzverfahren herstellen. Ob es aber auch gleich wirtschaftlich ist; das ist eine andere Frage.

Beim Fertigmachen benutzt man gewöhnlich nur Mangan- und Siliziumlegierungen. Im allgemeinen wird man die Legierungen mit den höchsten Gehalten bevorzugen, weil bei ihrer Verwendung der geringste Aufwand an Löhnen und Zeit und die geringste Temperaturerniedrigung besteht. Aber man kann dieser Erwägung nicht immer aus wirtschaftlichen Rücksichten folgen und auch dann nicht, wenn der Kohlenstoffgehalt berücksichtigt werden muß.

Bei niedriggekohltem Stahlguß verwendet man z.B. beim Fertigmachen der Schmelze im Konverter Ferromangan mit 80% Mn und bei hochgekohltem Stahlguß Spiegeleisen mit 10—12% Mn. Diese Erwägungen werden uns bei den einzelnen Schmelzverfahren beschäftigen.

Die **Entphospherung** ist an ein **basisches Herdfutter** (Dolomit und Magnesit) gebunden, weil es nur dann möglich ist, eine basenreiche Schlacke im Ofen zu führen, oder mit anderen Worten: CaO in den Ofen einzusetzen, das in der Schlacke gelöst wird und die Phosphorsäure in Gestalt von Kalziumphosphat aufnimmt.

Ein solches basisches Herdfutter wird uns beim **Martinofen** und **Elektroofen** beschäftigen. Wir haben hier saure und basische Herdfutter. Bei einem sauren Herde würde es gar nicht möglich sein, eine basische Schlacke zu erzeugen, weil diese sich sogleich mit SiO_2 sättigen würde. Für die Phosphorsäure würde dann keine freie Base zur Verfügung stehen.

Im **Kleinkonverter** hat man ein saures (kieselsaures) Futter und kann deshalb ebensowenig wie im Tiegel entphosphern.

Im basischen Ofen kann man schneller **herunterfrischen** als im sauren Ofen, weil im letzteren ein Teil der Eisensauerstoffverbindungen von der Kieselsäure beansprucht und von dem Kohlenstoff abgelenkt wird.

II. Das Schmelzen im Tiegel.

6. Geschichtliches, Wirtschaftliches und Technisches über die Tiegelschmelzerei auf Stahlguß.

Tiegelgußstahl ist eine Erfindung des Engländers Benjamin Huntsman, der im Jahre 1740 an die Öffentlichkeit trat. Er erzeugte aber nur harten Stahl mit etwa 1,0% C, als sogenannten Werkzeugstahl.

Die Erzeugung von Stahl mittleren Kohlenstoffgehaltes mit etwa 0,3% C, wie er auch für Stahlguß in Frage kommt, ist eine Erfindung von Alfred Krupp (1812—1887), der aber erst 1850 mit den ersten großen Schmiedeblöcken für Geschützrohre in die Öffentlichkeit trat.

Den Übergang zum Stahlguß vollzog die Firma Krupp erst viel später, wie dies im Kapitel 3 ausgeführt ist. Daselbst ist auch gesagt, daß die ersten Stahlgußstücke aus dem Tiegel gegossen wurden.

In der Folgezeit trat der Tiegel immer mehr Gebiete an den Martinofen, Kleinkonverter und schließlich auch an den Elektroofen ab, so daß nach Ausweis der Zahlentafel 2 im Kapitel 4 nur Bruchteile eines Prozents der Erzeugung an Stahlguß, sowohl in Deutschland wie auch in Amerika auf den Tiegel entfallen. Der Rückgang setzte katastrophal in der Nachkriegszeit, in Verbindung mit der Verteuerung des Graphits ein, der bei der Herstellung einwandfreier Tiegel unentbehrlich ist. Dazu kommt der hohe Brennstoffverbrauch beim Tiegelschmelzen, der bei Koksfeuerung[1] etwa 280%, bei Generatorgasfeuerung 175 bis 200% an Steinkohle beträgt.

Man kann geradezu von einem Aussterben des Tiegelverfahrens sprechen. Wenn es heute noch angewendet wird, so wird man annehmen müssen, daß es sich um ganz geringe Mengen eines Sonderstahls, z. B. eines hochgekohlten Stahls für Prägestempel handelt.

Die Tiegel werden aus einem Gemisch von plastischem Ton, Schamotte und Graphit oder aus plastischem Ton und gemahlenen Graphittiegelscherben hergestellt. Sie halten vielfach nur eine Schmelze aus. Das Schmelzen im Tiegel umfaßt das Einsetzen, das Schmelzen und das Absteherlassen. Der Einsatz besteht aus Stahlstücken, z. B. Frisch- oder Puddelstahl und Zementstahl oder reinem Holzkohlenroheisen zur Aufkohlung.

Eine ausführliche Darstellung der Tiegelanfertigung, des Schmelzverlaufs und der chemischen Vorgänge im Tiegel findet der Leser in dem Lehrbuch der Eisenhüttenkunde des Verfassers[2]. Auf diese soll verwiesen werden. Hier soll nur erörtert werden, aus welchem Grunde das Schmelzen im Tiegel eine solche Qualität lieferte, daß man es trotz seiner außerordentlich hohen Selbstkosten nicht entbehren konnte.

Der Grund ist der, daß sich die Desoxydation innerhalb des Tiegels so vollkommen vollzieht, daß man mit einem sehr geringen Mangangehalt im Stahl auskommen kann und trotzdem ganz hervorragende Eigenschaften erzielt. Dies kommt besonders beim Härten der Stahlgußstücke zur Geltung, aber auch sonst, wenn es sich darum handelt, besondere Sicherheit zu haben.

Der Hinweis auf Geschützrohre und hochbeanspruchte Lokomotivradreifen wird hier genügen.

Die Desoxydation kommt im Tiegel in folgender Weise zustande: Wenn auch der Einsatz beim Tiegel mit äußerster Sorgfalt ausgewählt wird, so ist es schon deshalb, weil sich zwischen den eingebrachten Stücken Luft befindet, gar nicht zu vermeiden, daß die Schmelze FeO aufnimmt. Dies äußert sich auch darin, daß sie kocht, indem CO und andere Gase entweichen. Die Schlacke ist dunkel. Kennzeichnend ist auch, daß der Kohlenstoffgehalt in dieser Periode abnimmt und sich erst später wieder aus der Tiegelwand heraus vergrößert. Wenn man dann „abstehen läßt" (der Engländer bezeichnet dies mit „killing"), wird die Schlacke im Laufe der Zeit hell und dünnflüssig. Gießt man dann, so erhält man ruhige Güsse und Stahl mit gutem Gefüge.

Es hat sich also ein Desoxydationsvorgang von innen heraus vollzogen, indem Si und Mn (ersteres infolge Freiwerdens von Si aus der Tiegelwand, letzteres infolge Freiwerdens des Mn aus dem zugefügten Braunstein) gewirkt haben; während von außen kein Sauerstoff durch die Tiegelwand dringen kann, weil Luft und Feuergase ihren Sauerstoff an den Graphit der Tiegelmasse im Sinne der Reaktionen $O + C = CO$, $H_2O + C = 2H + CO$, $CO_2 + C = 2CO$ abgeben. Auch der Umstand, daß im Laufe der Schmelze die Tiegelwand eine Glasur erhält, wirkt günstig ein.

Diese Beschreibung des Schmelzvorganges im Tiegel hat insofern für den sauren Martinofen und den sauren Elektroofen Interesse, als auch hier Si aus dem Ofenherde heraus freigemacht wird und stetig in kleinen Mengen dem Schmelzbade zufließt. Es wird dadurch eine bessere Wirkung erzielt, als wenn man Si durch Legierungen einführt.

Der chemische Vorgang $SiO_2 + 2C = Si + 2CO$ wird dadurch bestätigt, daß der Siliziumgehalt der Schmelze nicht unerheblich angereichert wird. Der

---

[1] Gießerei-Ztg. 1928 S. 463.
[2] Leipzig bei Wilhelm Engelmann, Bd. 2.

Kohlenstoff kann dabei aus dem Graphit der Tiegelwand und auch aus dem des Einsatzes stammen. Unerläßlich ist aber ein hoher Graphitgehalt in der Tiegelwand, der sich nicht durch Koks oder Kohle ersetzen läßt, weil nur Graphit schwer verbrennlich ist.

Den mit der Geschichte der Firma Krupp innig verwachsenen Geschützstahl erzeugt man heute nicht mehr im Tiegel, sondern im Martin- oder Elektroofen. Dasselbe gilt von anderen Schmiedestählen, die man früher nur aus dem Tiegel herstellte.

Die Abb. 1 kennzeichnet einen Tiegel und Abb. 2 einen gasgefeuerten Tiegelschmelzofen, und zwar einen Unterflurofen.

Um die schwere Arbeit des Aushebens der Tiegel zu umgehen, ist man in neuerer Zeit zum Überflurofen übergegangen, aus dem die Tiegel seitwärts herausgezogen und ebenso wie beim Unterflurofen abgesetzt und in die Rinne derart entleert werden, daß der Fluß niemals unterbrochen wird. Gasfeuerung ist vorteilhaft, aber nicht unumgänglich nötig.

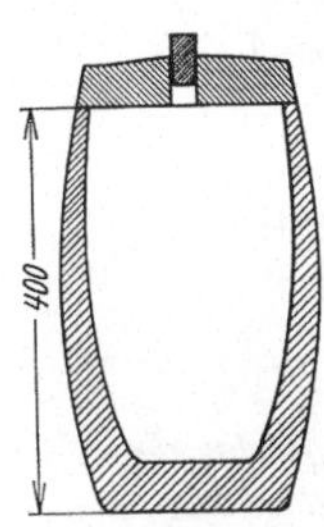

Abb. 1.
Kruppscher
Tiegel.

Abb. 2. Unterflurtiegelschmelzofen mit Umschaltfeuerung. W_1 und W_4 = Wärmespeicher für Luft. W_2 und W_3 = Wärmespeicher für Gas. T_1 und T_2 = Tiegel.

Man kann auch im koksgefeuerten Tiegelofen schmelzen. Es geschieht dies heute noch in Sheffield, wo allerdings im Gegensatz zum Geschützstahl hochgekohlter Stahl geschmolzen wird.

In den neunziger Jahren des vorigen Jahrhunderts gab es zahlreiche Schmelzverfahren für Stahlgußstücke aus dem Tiegel, die unter den Namen Haberlandstahl, Boßhard-Lefflerstahl, Mitisguß, Reformstahl und Flexilisguß bekannt wurden, aber bald wieder aus dem Gesichtskreis verschwanden.

Mitisguß wurde mit Hilfe einer Petroleumschalenfeuerung, Flexilisguß mit Koksfeuerung in bereits gebrauchten Tiegeln, die wenig Graphit enthielten, erzeugt. In den letzten beiden Fällen mußte eine Aufkohlung aus der Tiegelwand vermieden werden, weil es sich um ganz weiche Qualitäten handelte.

III. Das Schmelzen im Siemens-Martinofen.

7. Geschichtliches über Martinöfen[1].

Es soll hier ein geschichtlicher Überblick gegeben werden, der auch die Bestimmung hat, einen nichthüttenmännisch geschulten Ingenieur in das Gebiet einzuführen.

Im Jahre 1856 hatte Friedrich Siemens die Umschaltfeuerung erfunden (vgl. Abb. 3). Man konnte mit ihrer Hilfe hohe Temperaturen im Flammofen erzeugen, wenn man die bereits seit 1832 bekannten und inzwischen auch von Siemens verbesserten Gaserzeuger benutzte[2].

Friedrich Siemens verband sich mit seinem Bruder Wilhelm Siemens[3]. Ersterer übertrug die Anwendung seiner Erfindung auf Glashütten, letzterer baute Schweißöfen und

---

[1] Näheres findet der Leser in dem Lehrbuch der Eisenhüttenkunde des Verfassers, Bd. 2. Leipzig bei Wilhelm Engelmann.

[2] Der württembergische Bergrat Faber du Faur hatte diese Erfindung 1832 in Wasseralfingen gemacht und andere Erfinder, z. B. Bischof in Mägdesprung, schon vor Siemens sie weiter ausgebaut.

[3] Beides sind Brüder des Elektrotechnikers Werner von Siemens.

Schmelzöfen für Eisen und Stahl in England, hatte aber Mißerfolg; wahrscheinlich weil er keine hüttentechnischen Kenntnisse besaß. So kam es, daß ihm der Franzose Pierre Martin 1864 zuvorkam, dem es als erstem gelang, Stahl zu schmelzen, allerdings unter Zugrundelegung von Ratschlägen und Zeichnungen, die Wilhelm Siemens geliefert hatte. Es kam zum Prozeß. Martin mußte an Siemens Lizenz zahlen und die Bezeichnung „Siemens-Martinverfahren" anwenden.

In der Folgezeit bauten beide, die Brüder Siemens und Martin, unabhängig voneinander

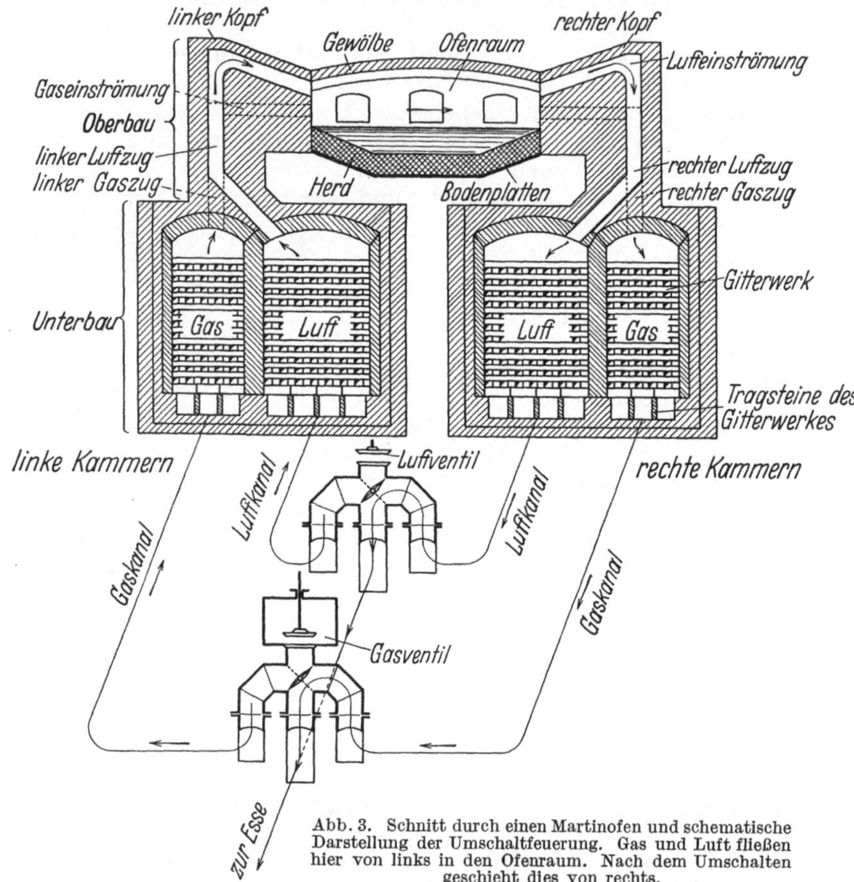

Abb. 3. Schnitt durch einen Martinofen und schematische Darstellung der Umschaltfeuerung. Gas und Luft fließen hier von links in den Ofenraum. Nach dem Umschalten geschieht dies von rechts.

ihre Schmelzöfen. In den Vereinigten Staaten hatte man nur mit Siemens zu tun und nennt die Öfen bis zum heutigen Tage deshalb „Siemensöfen".

Martin erzeugte Gewehrlaufstahl, hatte aber keinen bleibenden Erfolg.

Siemens-Martinöfen wurden damals nur zur Erzeugung von Stahlguß (z. B. bei Krupp in Essen, in Annen, in Hörde, in Bochum) benutzt. Die ersten Siemens-Martinöfen wurden in Essen errichtet. Im Jahre 1871 standen dort 12 Öfen von je 4 t Fassungsvermögen.

Die Erzeugungsmenge war sehr gering. Es war im wesentlichen nur ein Zusammenschmelzen von Roheisen und Schmiedeeisenschrott, um einen Stahl mit hohem Kohlenstoffgehalt zu erzeugen, wie er für Walzen, Herzstücke, Scheibenräder usw. gebraucht wurde.

Dieser erforderte keine sehr hohe Temperatur. Die Frischwirkung war verhältnismäßig gering. Man kannte nur Öfen mit saurem Herd, konnte also nicht entphosphern.

Obwohl die Grundlagen der Entphospherung durch das Patent von Thomas bekannt geworden waren (1878), gelang es doch erst etwa 10 Jahre später, die Schwierigkeiten zu überwinden und mit wirtschaftlichem Erfolge weiches, phosphorarmes Flußeisen im basischen Martinofen herzustellen. Von nun an gelang es auch, eine starke Frischwirkung zu erzielen.

Es wurden auf jedem Bessemer- und Thomasstahlwerk Martinöfen errichtet, um die Walzabfälle unter Roheisenzusatz einzuschmelzen und in Flußeisen zu verwandeln, und so wurde das Puddelverfahren, das bisher diese Arbeit geleistet hatte, schnell verdrängt, so daß es Ende der Neunziger Jahre ausgestorben war.

Man hatte nunmehr Siemens-Martinöfen mit kieselsaurem Herdfutter und solche mit basischem Herdfutter nebeneinander in Betrieb (saure und basische Öfen).

In der Folgezeit lernte man auch weiches Flußeisen in sauren Martinöfen zu erzeugen; aber dies geschah schon deshalb nur in geringem Umfange, weil das Alteisen damals selten phosphorarm genug war; abgesehen davon ging das Herunterfrischen im basischen Ofen schneller als im sauren Ofen.

Es war oben von Schwierigkeiten die Rede. Diese wurden erst beseitigt, als man größere Öfen anwandte, ferner die Silikasteine an die Stelle der Schamottsteine setzte und bei basischen Öfen die Kombination des Dolomitfutters mit Magnesitsteinen erfand; und zwar in folgender Erwägung: Der obere Teil des Ofens und die Köpfe bestehen aus Silikasteinen (mit etwa 98% SiO_2). Da, wo diese das Herdfutter aus Dolomit berühren, entsteht Verschlackung und Zerstörung, die man nur dadurch fernhalten kann, daß man zwischen beide Magnesitsteine einfügt, die sich nach beiden Seiten hin neutral verhalten. Gerade die Einführung brauchbarer Magnesitsteine war bahnbrechend.

Inzwischen waren aber 25 Jahre seit Erfindung des Martinverfahrens vergangen. Niemand wußte, was aus Pierre Martin geworden war, bis man ihn durch Zufall, etwa um 1912, als steinalten, völlig verarmten Mann in einer Pariser Vorstadt auffand. Man brachte ein ansehnliches Ehrengeschenk zusammen, zu dem die Eisenhüttenleute aller Staaten beisteuerten, aber das nützte dem Greise, der bald darauf starb, nicht mehr viel.

Man baute in der Folgezeit immer größere Öfen und lernte ihre wirtschaftlichen Vorteile schätzen. Die Erzeugungsmenge wuchs auch im Zusammenhange mit dem Niedergang des Puddelverfahrens außerordentlich schnell. Infolge der großartigen Entwicklung der Industrie und der Einführung der elektrischen Kraftübertragung wurden viele Eisenteile ausgebaut, verschrottet und im Siemens-Martinofen eingeschmolzen.

In Ländern, wie Rußland und Österreich, war dies allerdings anders; daselbst hatte man nicht so große Alteisenmengen zur Verfügung. Hier war man gezwungen, größere Roheisenanteile (etwa 70%) zu setzen und entwickelte das sogenannte Roheisenmartinieren (meist mit flüssigem Roheiseneinsatz); im Gegensatz zu dem bisher betrachteten Schrottmartinieren (mit 20—30% Roheisen und 80—70% Schmiedeeisenschrott). Das erstere konnte nur gelingen, wenn man den Frischvorgang dadurch anregte, daß man Eisenerze zusetzte und den Kohlenstoff des Roheisens an den Erzsauerstoff zu CO band.

Um einen Schlackenwechsel durchführen zu können, erfand man verschiedene Verfahren (das Bertrand-Thiel, das Hösch- und das Talbotverfahren). Auch wurde der kippbare Ofen eingeführt, um die Schlacke abgießen zu können.

Diese Errungenschaften haben für Stahlguß kein Interesse, weil für ihn nur das Schrottmartinieren anwendbar ist; denn es handelt sich immer nur um verhältnismäßig kleine Erzeugungsmengen.

Allerdings setzt man bei größeren Martinöfen auch hier das Roheisen flüssig ein, wenn der Hochofen in der Nähe steht.

8. Saurer oder basischer Martinofen?

Diese Entscheidung muß getroffen werden, ehe man an den Bau des Ofens herantreten kann.

Die Regel bildet der basische Ofen. Dies ist verständlich, weil man im Gegensatz zum sauren Ofen weitgehend entphosphern und entschwefeln kann. Man kann allerdings auch aus dem sauren Ofen gleich phosphorarme und schwefelarme Gußstücke liefern, wenn man den Schrott dementsprechend auswählt, was nicht schwer ist, wenn man ausschließlich Walzwerkschrott (nicht Kaufschrott) verwendet. Aber dieser bedingt einen höheren Preis.

Kaufmännische Erwägungen werden deshalb auf den basischen Ofen hinlenken. Dies wird noch mehr der Fall sein, wenn aus demselben Ofen Schmiedeblöcke oder Walzblöcke, erzeugt werden sollen.

Der Bau des Ofens wird allerdings durch die basische Zustellung verteuert. Auch ist es nicht leicht, Teerdolomitmasse, die immer frisch verarbeitet werden muß, in kleinen Mengen billig zu beschaffen. Daraus ergibt sich, daß bei größerem Fassungsvermögen der basische Ofen, bei kleinerem der saure Ofen für Stahlguß den Vorzug verdient.

Auch bei größerem Fassungsvermögen findet man saure Öfen in Anwendung, und zwar deshalb, weil sie eine hervorragende Qualität liefern können, was darauf beruht, daß Si ebenso wie im Tiegel in den flüssigen Stahl einwandert und eine desoxydierende Wirkung ausübt (vgl. Kap. 6).

So ist es zu erklären, daß beim Bochumer Verein die Hälfte der großen Martinöfen die auf Stahlguß schmelzen, sauer zugestellt ist. Ebenso hat die Firma Oecking in Düsseldorf nur immer aus dem sauren Martinofen mit bestem Erfolg gegossen, trotzdem die Rißgefahr etwas größer ist als beim basischen Ofen. Es ist auch kennzeichnend, daß 85% aller amerikanischen Elektroöfen, die auf Stahlguß betrieben werden, sauer zugestellt sind. Sie haben vor den basischen Öfen den Vorteil, daß der Stromverbrauch für 1 t $^2/_3$ desjenigen bei basischen Öfen beträgt.

Wenn man in ungetrocknete Formen gießen will (Naßguß), so kommt überhaupt nur Stahl aus dem sauren Ofen in Frage. Für die Erzeugung von legiertem Stahlguß wird der saure Ofen immer bevorzugt. Man braucht auch beim sauren Ofen in unserern Falle nicht die Rückphospherung zu befürchten, von der beim Phosphor die Rede sein wird.

9. Das Fassungsvermögen der Martinöfen.

Das Fassungsvermögen von Martinöfen bewegt sich in den Grenzen von 1 t bis 300 t. Die Erfahrungen mit sehr kleinen Öfen sind allerdings so ungünstig, daß man Martinöfen mit weniger als 4 t Fassungsvermögen nur dann antreffen wird, wenn es sich um Ölfeuerung handelt. Andererseits wird man Martinöfen mit mehr als 25 t Fassungsvermögen bei Stahlguß selten antreffen und lieber mehrere Öfen beim Guß sehr schwerer Stücke gleichzeitig abstechen.

Die hier folgende Zahlentafel, welche auf Reisenotizen des Verfassers beruht, bestätigt diese Ausführungen.

Zahlentafel. Fassungsvermögen von Martinöfen, die für Stahlguß betrieben werden.

Chemnitzer Werk 3 Martinöfen je 10—15 t, basisch.
Schweizer Werk 1 Martinofen, 3,5 t, sauer (neuerdings durch einen elektrischen Ofen abgelöst).
Leipziger Werk 1 Martinofen, 10 t und 1 Ofen 3 t. Letzterer hatte sich als zu klein erwiesen.
Hannoversches Werk 2 Martinöfen je 15 t, basisch.
Rheinländisches Werk 4 Martinöfen je 16—18 t, basisch.
Rheinländisches Werk 3 Martinöfen je 25 t, basisch.
Rheinländisches Werk 1 Martinofen, 30 t, 1 Martinofen von 50 t ist im Bau, basische Öfen.
Rheinländisches Werk 6 Martinöfen, ursprünglich je 10 t, später mit 20 t betrieben. 3 Öfen sauer, 3 basisch.
Rheinländisches Werk 2 Martinöfen je 15 t, basisch und 2 Brackelsbergöfen je 5 t, sauer (Kohlenstaubfeuerung).
Westfälisches Werk 3 Martinöfen je 80 t, basisch (es werden gleichzeitig Schmiede- und Walzblöcke gegossen).
Sächsisches Werk 2 Martinöfen je 7,5 t, sauer (die Öfen werden auch auf Temperguß betrieben) und mehrere Martinöfen je 12 t, sauer.
Westfälisches Werk 2 Martinöfen je 25—32 t, basisch.
Werk in Holstein 1 Martinofen, 15 t. Ölfeuerung, sauer. Es wird auch Grauguß hergestellt.
Sächsisches Werk 1 Martinofen, 1,5 t, Ölfeuerung, sauer.
Hannoversches Werk 1 Martinofen, 2,5 t, Ölfeuerung, sauer.
Westfälisches Werk 3 Martinöfen, sauer, 3 Martinöfen, basisch, je 20 t, früher je 10 t.
Berliner Werk 2 Martinöfen je 15 t.

Je größer das Fassungsvermögen ist, um so weniger Brennstoff und Schmelzerlöhne werden aufgewendet; andererseits ist es nicht immer leicht, den Ofen voll auszunutzen. Alsdann steigen die Schmelzkosten sehr erheblich.

Um die volle Ausnutzung zu erreichen, gibt es mehrere Wege. Man kann Schmiedeblöcke und Walzblöcke nebenher gießen. Man kann auch einen

Kleinkonverter oder auch einen Elektroofen neben dem Martinofen aufstellen, der die Erzeugungsspitzen aufnimmt und dem Martinofen volle Beschäftigung gewährleistet. Andererseits spielt auch das Gewicht der Gußstücke eine Rolle. Vielfach übersteigt dies das Fassungsvermögen eines Ofens und verlangt das Zusammenarbeiten mehrerer Öfen. Beim Zusammenarbeiten des Martinofens mit dem Kleinkonverter pflegt man dem letzteren die kleineren und dünnwandigen Stücke zu überweisen, weil er heißeren Stahl liefert.

In dem folgenden Kapitel soll ein Fassungsvermögen von 10 t als Beispiel gewählt werden, weil die meisten reinen Stahlgußöfen auf ein Fassungsvermögen von 10—15 t eingestellt sind.

Die Tageserzeugung eines Ofens wird auf Grund der Schmelzdauer (vgl. die Zahlentafel 1 im folgenden Kapitel) berechnet. Bei 10 t und 5 Stunden Schmelzdauer ergeben sich bei vollem Tag- und Nachtbetrieb 48 t flüssigen Stahls und bei Betrieb unter Warmhalten in der Nacht 24—34 t.

10. Die Bestimmung der Ofenabmessungen.

Im folgenden wird eine Beispielrechnung in allgemein verständlicher Form gegeben werden. Man kann an ihrer Hand auch Martinöfen anderer Fassungsvermögens konstruieren. Im übrigen sei der Leser auf das Lehrbuch der Eisenhüttenkunde des Verfassers Bd. II verwiesen[1].

Die Grundlage der Berechnung bilden die Gas- und Luftgeschwindigkeiten in den Kanälen, den Kammern, den Zügen und im Ofenraum. Anderer-

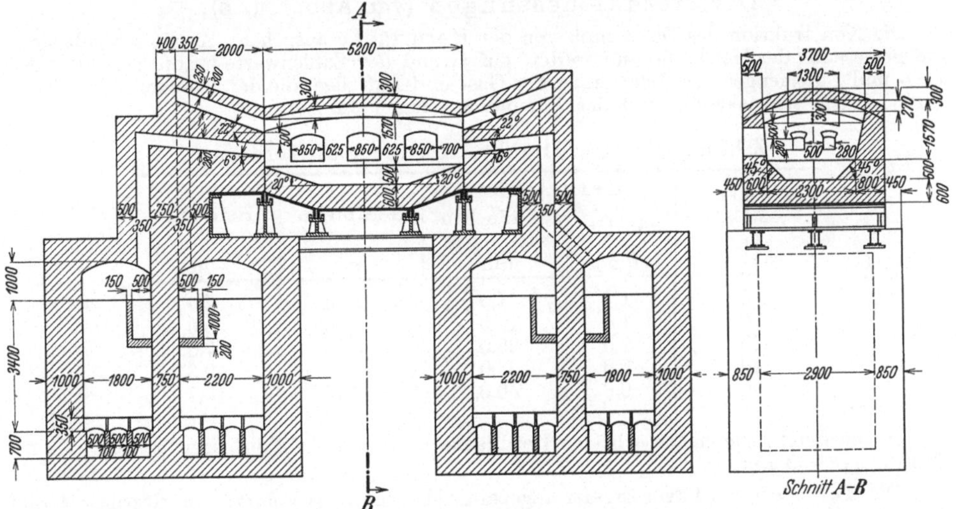

Abb. 4. Konstruktionsskizze eines Martinofens für 10 t Einsatz. Es sind 2 verschiedene Ausführungsarten des Anschlusses der Kammern an die Züge vorgesehen.

seits sind es die Aufenthaltzeiten von Gas und Luft in den Kammern und dem Ofenraum.

Der Verfasser hat alle diese Werte bei gutgehenden Martinöfen zusammengetragen und die Durchschnittswerte ermittelt. Abb. 3 gibt eine schematische Darstellung mit eingetragenen Bezeichnungen. Abb. 4 gibt die Abmessungen eines Martinofens für 10 t Einsatz, auf Grund der Berechnung des Verfassers an.

Ehe der Konstrukteur beginnt, muß entschieden werden, ob der Ofen einen

---

[1] Leipzig bei Wilhelm Engelmann.

sauren oder basischen Herd erhalten soll. Allerdings hat diese Entscheidung auf den Unterbau, die Köpfe und das Ofengewölbe keinen Einfluß.

Die Aufgabe besteht also darin, einen mit Generatorgas geheizten Martinofen für 10 t Einsatz mit basischem Herd zu errichten.

Es muß die sekundlich gebrauchte Steinkohlenmenge (0,22 kg) als Grundlage für die sekundliche Generatorgasmenge, Essengasmenge und Luftmenge (alles bei 0° gemessen) gelten.

Zahlentafel 1. Sekundlicher Kohlenverbrauch.

Einsatz-menge t	Schmelz-dauer Stunden	Kohlenverbrauch			
		% vom Einsatz	kg für eine Schmelze	kg für eine Stunde	kg für eine Sekunde
4	4	50	2 000	500	0,14
5	4	40	2 000	500	0,14
10	4,5	35	3 500	777	0,22
20	5,0	28	5 600	1120	0,31
30	5,5	26	7 800	1420	0,39
40	6,0	24	9 600	1600	0,44
50	7,0	23	11 500	1643	0,46

Zahlentafel 2. Sekundliche Gas- und Luftmengen.

Für 100 kg Steinkohle gewöhnlicher Feuchtigkeit rechnet man bei Luftüberschuß = 10% 427 cbm Generatorgas, 515 cbm Luft, 860 cbm Essengas.

In unserem Falle haben wir sekundlich demnach $0,22 \cdot 4,27 = 0,94$ cbm Generatorgas, $0,22 \cdot 5,15 = 1,13$ cbm Luft, $0,22 \cdot 8,60 = 1,89$ cbm Essengas, alles bei 0° gemessen[1].

Die Herdabmessungen (vgl. Abb. 4 u. 5).

Die Konstruktion des Ofens muß von der Herdfläche ausgehen. An sie schließt sich die Bemessung der Herdtiefe und weiter, auf Grund der Zahlenwerte für die sekundlichen Gas- und Luftmengen, die Bemessung der Gas- und Luftzüge, die der Kammern, der Gas-, Luft- und Essengaskanäle und der Essenabmessungen an.

Zahlentafel 3. Herdfläche, Herdbreite, Herdlänge.

Einsatz-menge t	Herdfläche		Herdbreite m	Herdlänge m
	für 1 t qm	für die Ein-satzmenge qm		
5	1,4	7,0	1,75	4,0
15	1,0	15,0	3,00	5,0
25	1,0	25,0	3,20	7,8
40	0,9	36,0	3,50	10,3
50	0,8	40,0	3,75	10,7

In unserem Falle haben wir eine Herdfläche $= 10, 1,2 = 12$ qm, Herdbreite $= 2,3$ m, Herdlänge $= 5,2$ m.

Die Herdtiefe wird dem Einsatz angepaßt. Man muß das Volumen des flüssigen Stahls und das der Schlacke berücksichtigen und in Anbetracht des Aufschäumens noch 80% hinzufügen. Beim basischen Verfahren kann man mit 15%, beim sauren mit 10% Schlacken-gewicht, bezogen auf den Stahl, rechnen. In unserem Falle sind es 10 t Stahl, 1,5 t Schlacke. Wenn 1 cdm Stahl 7 kg, 1 cdm Schlacke 3 kg wiegt, so sind erforderlich

$$\frac{10\,000}{7} + \frac{1500}{3} + 80\% = 3474 \text{ cbdm} = 3,47 \text{ cbm}.$$

Bei den in Abb. 5 eingetragenen Maßen wird dieser Forderung genügt, wenn die Herdtiefe $h = 0,5$ m eingestellt wird.

---

[1] Alle diese Berechnungen sind auf Grund der bei 0° gemessenen Voluminen ausgeführt und ebenso sind die Einheitswerte darauf bezogen. Auf diese Weise erübrigt sich die Be-rücksichtigung der Temperatur.

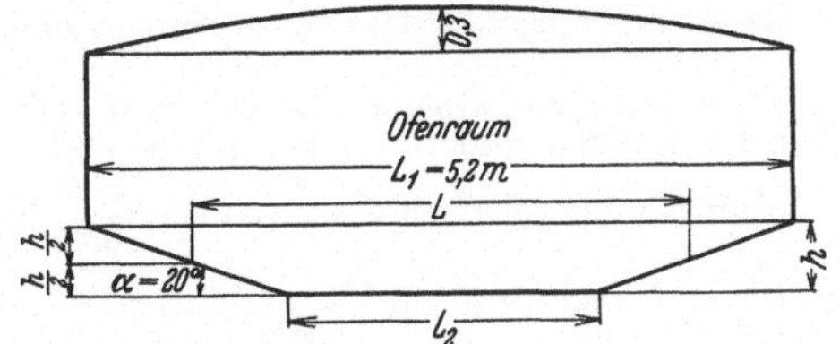
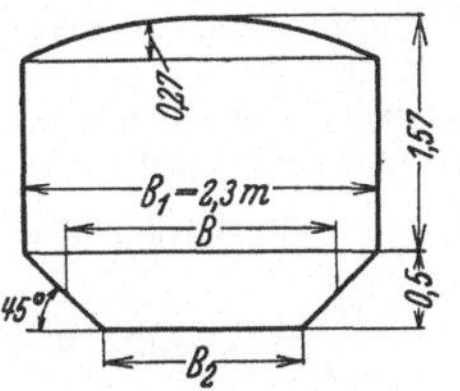

Abb. 5. Berechnung des Herdraumes eines Martinofens für 10 t Einsatz.

I = Inhalt des Herdraumes. $\sphericalangle\ \alpha = 20°$, $\sphericalangle\ \beta = 45°$.

$I = L \cdot B \cdot h.$

$L = L_1 - 2\,\dfrac{h}{2}\,\text{ctg}\,\alpha = L_1 - h \cdot 2{,}6.$

$B = B_1 - 2\,\dfrac{h}{2}\,\text{ctg}\,\beta = B_1 - h \cdot 1{,}0°$

bei $h = 0{,}5$ wird $L = 3{,}9$ m $B = 1{,}8$ m.

$I = 3{,}9 \cdot 1{,}8 \cdot 0{,}5 = 3{,}5$ cbm.

Der Ofenraum.

Die Berechnung des Ofenraumes, d. h. des Raumes über der Schlackenoberfläche in der Zeit des Schäumens, wird auf Grund der Aufenthaltszeit der Gase im Ofenraum, im Sinne der folgenden Erwägung durchgeführt: Werden bei 10 t Einsatz 1,89 cbm Essengas (bei 0°) sekundlich entwickelt, und würde der Ofenraum 18,9 cbm messen, so würde dies einer Aufenthaltszeit von 10 Sekunden entsprechen.

Man kann auch in umgekehrter Weise, von der normalen Aufenthaltszeit ausgehend, den Ofenraum berechnen, wenn man die folgende Zahlentafel benutzt.

Zahlentafel 4. Zahl der Sekunden im Ofenraum.

Einsatzmenge	3—4 t	5 t	10 t	20 t	30 t	40 t	50 t
Zahl der Sekunden	7	8	10	13	14	15,5	17

In unserem Falle haben wir also $1{,}89 \times 10 = 18{,}9$ cbm Ofenraum. Die durchschnittliche Ofenhöhe im Sinne der Skizze ergibt sich aus dem Quotienten $\dfrac{\text{Ofenraum}}{\text{Herdfläche}} = \dfrac{18{,}9}{12{,}0} = 1{,}57$ m (vgl. Abb. 4).

Die Gas- und Lufteinströmungen.

Man unterscheidet die Gas- und Lufteinströmungen von den senkrechten Gas und Luftzügen. Für erstere gilt beim Gas 6 m und bei der Luft 3 m als normale Geschwindigkeit. Meist hat man 2 Gaseinströmungen, seltener 1 Gaseinströmung. Für die Luft gilt immer nur 1 Einströmung, aber 2 senkrechte Luftzüge. Für die letzteren gilt 3 m, für die senkrechten Gaszüge 4 m als normale Geschwindigkeit. Es gilt die Formel:

Gasmenge = Querschnitt × Geschwindigkeit

$$Q \quad = \quad F \quad \times \quad V \qquad \text{und} \qquad F = \dfrac{Q}{V}$$

und zwar ist: $\quad Q_g$ = Sekundliche Gasmenge = 0,94 cbm
$\quad\quad\quad\quad\quad\quad Q_L$ = Sekundliche Luftmenge = 1,13 cbm.

Die Gaseinströmungen erhalten einen Querschnitt von zusammen $\dfrac{0{,}94}{6} = 0{,}16$ qm $= 2 \times 0{,}28 \times 0{,}28$ m.

Die Lufteinströmung erhält einen Querschnitt $\dfrac{1{,}13}{3} = 0{,}38$ qm $= 1{,}3 \times 0{,}3$ m.

Die beiden senkrechten Gaszüge erhalten einen Querschnitt = je 0,12 qm = 0,35 × 0,35 m
Die beiden senkrechten Luftzüge erhalten einen Querschnitt = je 0,19 qm = 0,55 × 0,35 m.

Der Einfallwinkel der Einströmungen hat eine besondere Bedeutung. Man macht den Winkel der Lufteinströmung bedeutend größer als den der Gaseinströmung, um auf eine schnelle Vermischung hinzuwirken. In Abb. 4 sind 22° und 6° zur Anwendung gebracht. Man findet aber, namentlich bei großen Öfen, auch viel größere Winkel.

Eine alte Regel besagt: Im Längsschnitt des Ofens betrachtet, müssen sich die Mittellinien der Gas- und Lufteinströmungen in der Mitte der ersten Tür, 100 mm über der Schwelle schneiden. Im Grundriß betrachtet, müssen sich die Mittellinien der beiden Gaseinströmungen in der Herdmitte schneiden.

Die Kammern.

Der Verfasser berechnet zunächst den Kammerquerschnitt auf Grund der normalen Gas- und Luftgeschwindigkeit und die Kammer- oder Gitterwerkshöhe auf Grund der normalen Aufenthaltszeiten von Gas und Luft im freien Gitterwerksraum der Kammern, in gleicher Weise wie beim Ofenraum.

Die Füllsteine nehmen den halben Raum des Querschnittes in Anspruch, und nur die andere Hälfte ist frei.

Die normale Durchströmungsgeschwindigkeit beträgt für Gas und Luft 0,45 m; die normale Aufenthaltszeit für Gas 8 Sekunden und für Luft 9 Sekunden.

In unserem Falle haben wir einen freien Kammerquerschnitt für Gas $= \dfrac{0,94}{0,45} = 2,1$ qm, für Luft $= \dfrac{1,13}{0,45} = 2,6$ qm und einen freien Gitterraum für Gas $= 0,94 \times 8 = 7,5$ cbm, für Luft $= 1,13 \times 9 = 10,2$ cbm. Der gesamte Querschnitt der Gaskammer wird dann $= 2 \times 2,1 + 1 = 5,2$ qm und der der Luftkammer $= 2 \times 2,6 + 1,0 = 6,2$ qm, wobei der Zuschlag von 1 qm in Hinblick auf die Schlackenkästen erfolgt, die eingebaut werden, um die in den senkrechten Zügen herabtropfende Schlacke aufzunehmen. Das gesamte Gitterwerksvolumen der Kammer beträgt für Gas $2 \times 7,5 + 1,0 = 16,0$ cbm und für Luft $2 \times 10,2 + 1,0 = 21,4$ cbm, wobei der Zuschlag von 1 cbm in Rücksicht auf die Schlackenkästen erfolgt ist.

Diesen Anforderungen wird genügt, wenn man die lichte Kammerlänge auf 2,9 m bemißt, die Gaskammerbreite auf $\dfrac{5,2}{2,9} = 1,8$ m und die Luftkammerbreite auf $\dfrac{6,2}{2,9} = 2,2$ m einstellt. Die Höhe des Gitterwerks wird dann bei der Gaskammer $\dfrac{16,0}{5,2} = 3,1$ und bei der Luftkammer $\dfrac{21,4}{6,2} = 3,4$ m. Man macht beide gleich hoch $= 3,4$ m. Zu diesem Maß kommen noch 0,7 m für den Unterbau des Gitterwerkes und 1 m für den freien Raum oberhalb des Gitterwerkes (etwas reichlich in bezug auf nachträgliche Vergrößerung bemessen) hinzu, so daß man mit einer gesamten lichten Höhe von 5,1 m rechnen muß.

Die einfache Ziegelform hat sich für den Füllstein am besten bewährt. Man soll die Füllsteine so anordnen, daß man ohne Schwierigkeit die Steine reinigen kann, wenn man Drahtbürsten von oben hereinführt.

Die Gas-, Luft- und Essenkanäle.

Man stellt die Querschnitte auf eine Geschwindigkeit von 2,2 m ein und erhält dann für die Gaskanäle $\dfrac{0,94}{2,2} = 0,43$ qm $= 0,7 \times 0,7$ m, die Luftkanäle $\dfrac{1,13}{2,2} = 0,51$ qm $= 0,8 \times 0,7$ m, den Essenkanal $\dfrac{1,89}{2,2} = 0,86$ qm $= 1,3 \times 0,7$ m.

Die Esse.

Man gibt jedem Martinofen seine eigene Esse. Sie erhält den gleichen Querschnitt wie der Essenkanal (1,05 m $\varnothing$) und eine solche wirksame Höhe, daß eine Zugwirkung von 30 mm Wassersäule, auch bei einer hohen Lufttemperatur, entsteht. Dies wird auf Grund der folgenden Betrachtung erreicht, wenn man der Esse eine wirksame Höhe $= H$ (d. h. vom Gewölbe bis zur Essenmündung) gibt.

Wählt man $H = 40$ m, so ergibt sich das folgende Bild: 1 cbm Essengas wiegt bei $0°$ 1,36 kg, bei $600°$ 0,43 kg, 1 cbm Luft wiegt bei $0°$ 1,29 kg, bei $30°$ 1,16 kg. Der Gewichtsunterschied zwischen beiden 40 m hohen Säulen von je 1 qm Grundfläche beträgt $40 \cdot (1,16 - 0,43) = 29,2$ kg. Dieses Gewicht ist gleich dem einer Wassersäule von 1 qm Grundfläche bei 29,2 mm Höhe.

Bei größeren Martinöfen wird man besser auf Grund einer Formel rechnen, wie sie der Verfasser für eine Cowperesse abgeleitet hat[1].

Man wird die Esse immer reichlich bemessen, um einer nachträglichen Erhöhung der Ofenleistung Rechnung zu tragen.

In unserem Falle würden 1,25 m $\varnothing$ bei 45 m Höhe über der Kammersohle eine Mehrleistung bis zu einem Fassungsvermögen von 25 t erlauben. Bei 50 t genügt erfahrungsgemäß eine Esse von 50 m bei 2 m $\varnothing$.

Eine Abhitzeverwertung in Dampfkesseln, unter Verwendung künstlichen Zuges wird sich bei Stahlformgußöfen kaum lohnen.

Wenn man die Leistung des Ofens vergrößern muß, ohne an den Kammern etwas ändern zu können, so kann man die Luftkammern mit Gebläsewind bedienen. Dies muß auch geschehen, wenn die Kammern zu klein bemessen oder verstopft sind.

Die Mauerstärken sind in Abb. 4 eingetragen.

---

[1] Vgl. das Lehrbuch der Eisenhüttenkunde von Osann unter Winderhitzer. Verlag Wilhelm Engelmann, Leipzig.

Eine kräftige Verankerung des Ofens ist unerläßlich. Sie geschieht beim Oberbau dadurch, daß starke gußeiserne oder noch besser Stahlgußplatten an das Mauerwerk gelehnt werden. Starke I-Träger bilden die Säulen, zwischen denen die kräftigen Rundeisenanker durch Ankerschlösser gespannt werden.

Der Herd ruht auf starken Bodenplatten, deren Verbindung so bewerkstelligt wird, daß eine Ausdehnung infolge der Erwärmung geschehen kann (vgl. Abb. 4).

Man setzt auch bei größeren Öfen Spiralfedern vor die Ankerplatten, um elastisches Zwischenmittel zu haben.

Die Türrahmen sind bei allen größeren Öfen aus wassergekühlten geschweißten Blechkörpern gebildet, damit die aus ausgemauerten Rahmen bestehenden Türen gut anliegen und nicht zuviel Falschluft in den Ofen eindringt. Das in den Hohlräumen der Türrahmen erwärmte Wasser kann man als Kesselspeisewasser in den Dampfkesseln der Generatoranlage verwenden. Abgesehen von der Türrahmenkühlung haben sich Wasserkühlungen bei kleinen Martinöfen — das sind die auf Stahlguß betriebenen — nicht bewährt. Sie bewirken eine zu starke Abkühlung.

Die Anordnung der Züge ist aus der Abb. 4 ersichtlich. Man hat Öfen mit 2 Gaseinströmungen und solche mit einer Gaseinströmung, ohne sagen zu können, was besser ist. Letzteres ist billiger.

Eine Zeitlang war viel von dem Boßhardtofen[1] die Rede, der für kleine Einsatzmengen von etwa 2 t konstruiert war. Aber der Ofen ist aus dem Gesichtsfelde wieder verschwunden. Er hatte 2 Gaserzeuger, auf jeder Ofenseite einen, und führte das Gas aus ihnen unmittelbar in die Gaszüge ein. Die Gaserzeuger wurden abwechselnd im Sinne des Umschaltens betrieben.

<h3 align="center">Die Ventile.</h3>

Sie werden durch die Abb. 6 und 7 gekennzeichnet.

Die alte Wechselklappe von Siemens wird für Gas heute nicht mehr angewendet, weil

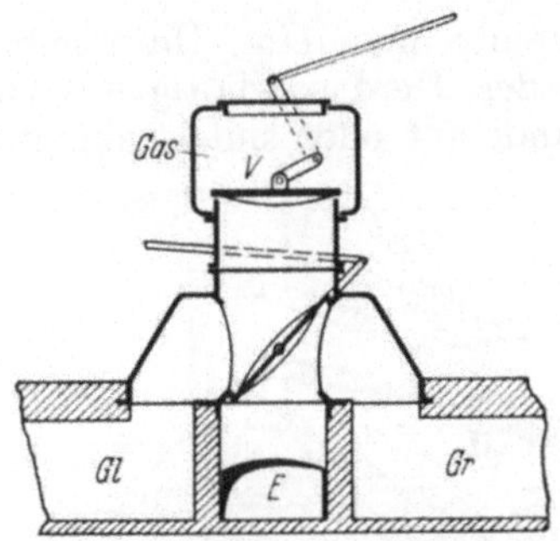

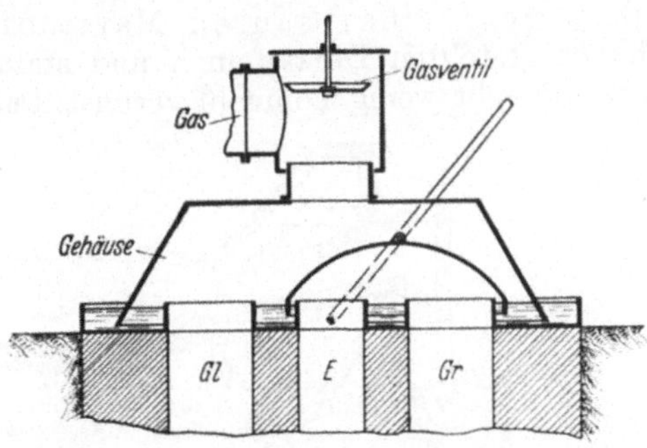

<table>
<tr><td>Abb 6. Siemenswechselklappe und Gasventil.</td><td>Abb. 7. Schematische Darstellung des Forter-Ventils. Statt des Wassers setzt man meist Teer ein.</td></tr>
</table>

sie niemals dicht schließt. Sie ist durch das Forter-Ventil verdrängt, das auch meist für Luft Verwendung findet.

Das Umsteuern muß schnell geschehen. Es ist ein Fortschritt, daß heute meist ein Druckluftzylinder angeordnet wird, dessen Kolbenstange einen Kettenzug betätigt.

<h2 align="center">11. Die Baustoffe. Ofenhaltbarkeit.</h2>

Es sei hier auf die Abb. 8 u. 9 verwiesen. Saure und basische Öfen unterscheiden sich nur dadurch, daß statt des Dolomitherdes auf Magnesitunterlage, beim basischen Ofen ein Herd aus kieselsaurer Stampfmasse, auf einer Unterlage aus Silikasteinen aufgebracht wird. Es soll zunächst der Oberbau und Unterbau gekennzeichnet werden, soweit er für saure und basische Öfen gemeinsam ist.

<h3 align="center">Der Oberbau.</h3>

Die Seitenmauern, das Gewölbe und die Köpfe werden aus Silikasteinen mit 97—98% SiO_2 aufgemauert. Diese Silikasteine werden hergestellt, indem

---

[1] Stahl u. Eisen 1918 S. 399/892. Gießerei-Ztg. 1918 S. 271.

Quarzit in Kollergängen gemahlen und das Mahlgut mit sehr wenig Tonbrühe und Kalkmilch gemischt wird. Es müssen Findlingsquarzite[1] sein und nicht Felsquarzite.

Das Brennen muß geschehen, indem eine Temperatur von etwa 1460° zehn Stunden lang gehalten wird, um die Umwandlung des Quarzes in Tridymit durchzuführen. Geschieht dies nicht vollständig, so geschieht sie hernach im Betriebe, indem die Steine sich stark ausdehnen und dabei zerstört werden[2]. Solche Silikasteine erweichen bei Segerkegel 35—36.

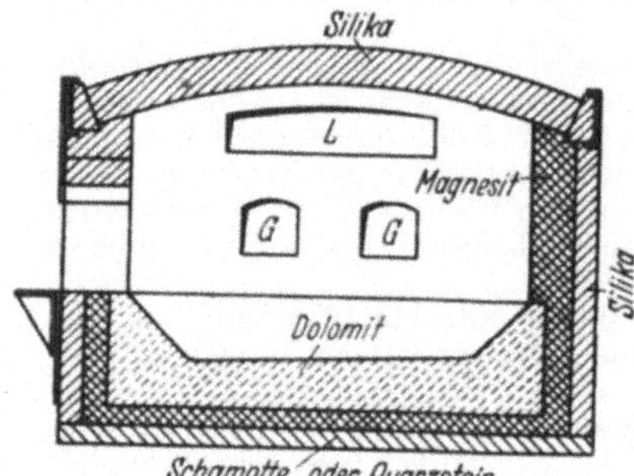

Abb. 8. Querschnitt durch einen basischen Siemens-Martinofen.
L = Lufteinströmung. G = Gaseinströmungen.

Der Unterbau.

Für die Kammerfüllungen verwendet man meist Quarztonsteine mit z. B. 85% SiO_2. Als Gitterwerktragsteine muß man hochtonerdehaltige Schamottesteine von hoher Druckfestigkeit verwenden. Für die Umfassungswände der Kammern verwendet man Dinassteine, d. h. Silikasteine zweiter Qualität mit niedrigerem SiO_2-Gehalt.

Der Ofenherd.

Dem Herd eines sauren Martinofens gibt man eine Unterlage aus hochkant gestellten Dinassteinen und stampft den Herd sorgfältig aus einem reinen, mit sehr wenig Tonmehl vermischten Sande auf oder sintert eine dünne

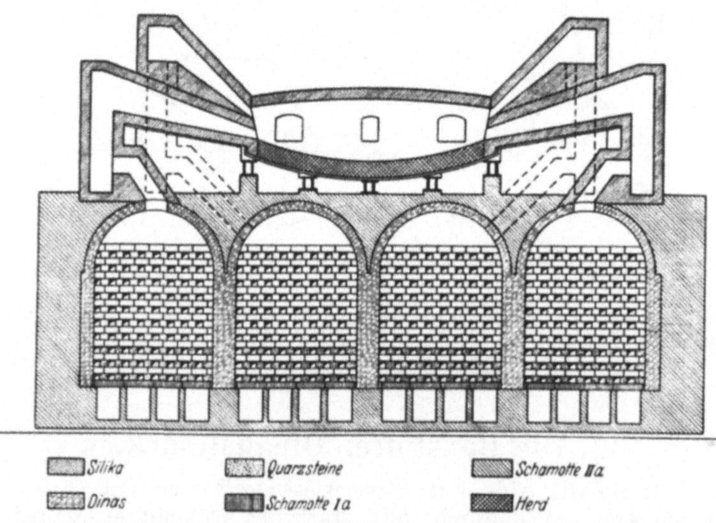

Abb. 9. Längsschnitt durch einen Martinofen. Kennzeichnung des Baustoffes.
Nach einem Druckblatt der Firma Martin & Pagenstecher in Mülheim a. Rhein.

Lage (1—2 cm) nach der anderen bei höchster Temperatur ein. Wenn man Quarzkörner der Stampfmasse zusetzt, muß man sie vorher sorgfältig brennen, um ein nachheriges Wachsen zu verhüten.

Um den Herd eines basischen Ofens aufzubauen, bringt man unten auf die Bodenplatten und ringsum an der Herdwand eine Lage von Dinassteinen auf.

---

[1] Z. B. solche im Westerwalde, Siebengebirge, Wurzen i. Sa.
[2] Vgl. darüber auch Stahl u. Eisen 1926 S. 1870 und ebenda 1928 S. 722.

Darauf folgt der kastenförmige Mauerkörper aus Magnesitsteinen, mit Boden- und Seitenwänden[1]. Die letzteren nehmen die Wände aus Silikasteinen auf. In den Hohlraum dieses Mauerkörpers wird Teerdolomit lagenweise eingebracht und mit heißen Stampfern aufgestampft. Man kann auch die Oberfläche bei sehr hoher Temperatur einsintern, indem man der obersten Lage etwas gemahlene Martinofenschlacke zufügt (4:1). Magnesitsteine werden fertig bezogen.

Dolomit und Silika dürfen sich nicht berühren, weil sonst Verschlackung erfolgt. Man muß auch dafür sorgen, daß die Magnesitsteine an keiner Stelle mit dem Luftzug in Berührung kommen, weil sie gegen Temperaturwechsel sehr empfindlich sind. Daher umgibt man den Magnesit außen mit einem Mauerwerk aus Dinasziegeln. Die Rückwand wird aus Magnesitsteinen oder auch aus gepreßten Dolomitsteinen vor einer Wand aus Silikasteinen aufgemauert. Dolomit wird als gemahlener Sinterdolomit bezogen und im Mischkollergang mit Stahlwerksteer[2] innig vermischt.

Zum Flicken des Herdes verwendet man Teerdolomit und Sinterdolomit, d. h. Dolomit ohne Teer, letzteren, wenn freies Gesichtsfeld bestehen muß, das durch Teerdämpfe gestört wird. Wenn man dem Sinterdolomit etwas gemahlene Martinofenschlacke zusetzt (4:1), so erleichtert man das Sintern[3].

Bei der Rückwand kann man keinen Teerdolomit verwenden, weil die Teerdämpfe stören. Man muß weißen Dolomit mit der Schaufel anwerfen.

Für Ofenreparaturen kommt sowohl bei sauren wie basischen Öfen das „Torkretieren" (vgl. unter Gießen bei Gießpfannen) zur Anwendung, indem die betreffenden gemahlenen Baustoffe (auch Sinterdolomit und Magnesit) in Gestalt einer dünnen Brühe mit Hilfe von Druckluft an die schadhafte Stelle gespritzt werden.

Die Ofenhaltbarkeit ist sehr verschieden. Meist muß man nach 450 bis 500 Schmelzen das Gewölbe und die Köpfe erneuern. Wenn diese dann wieder erneuerungsbedürftig geworden sind, muß man auch die Kammern mit einem neuen Gitterwerk versehen und den Herd erneuern. Für das erstere ist von großer Bedeutung, daß die Schlacke in Schlackenkästen oder Schlackenkammern abgefangen wird, wie dies in Abb. 4 u. 9 zum Ausdruck gebracht ist.

Für saure Öfen bestehen im allgemeinen günstigere Ziffern. Man kann die genannten Zahlen um etwa 50% erhöhen, so daß 750 Schmelzen beim sauren Ofen gelten, wenn der basische Ofen 500 Schmelzen aushält.

12. Der Betrieb mit Generatorgas.

Generatorgas ist bis vor einigen Jahren noch vorherrschend im Martinofenbetriebe gewesen, bis dann Koksofengas und Ferngas ihm starken Wettbewerb machten. Für Stahlgußschmelzöfen trifft die Vorherrschaft auch heute noch zu.

Generatorgas wird dadurch aus festen Brennstoffen erzeugt, daß man diese bei beschränktem Luftzutritt verbrennt. Es entsteht dann bei der Verbrennung des Kohlenstoffes ein Gemisch von CO und CO_2 mit weit überwiegendem Anteil an CO. Die Beschränkung des Luftzutrittes geschieht dadurch, daß man eine große Schütthöhe gibt und mit mäßigem Drucke bläst. Bläst man zu stark, so entsteht zuviel CO_2, bläst man zu schwach, so liefert der Gaserzeuger zu wenig Gas.

Die Gebläseluft enthält natürliche Feuchtigkeit. Diese liefert bei ihrer Zer-

---

[1] Über das Vermauern von Magnesitsteinen siehe Stahl u. Eisen 1927 S. 923.
[2] Unter dieser Bezeichnung ist er in chemischen Fabriken bekannt. Vgl. auch Stahl u. Eisen 1915 S. 1289.
[3] Stahl u. Eisen 1928 S. 993.

legung ein Gas mit nur etwa 5% H. Früher erzeugte man ein solches „Luftgas"
im Siemensgaserzeuger ohne Gebläse. Aber ein solcher leistete zu wenig. Man
führte Gebläse unter gleichzeitiger Zuführung von Wasserdampf ein. Man darf
aber nicht zuviel Wasserdampf einblasen, sonst wird die dadurch verursachte
Abkühlung zu groß. Man hält darauf, daß der Anteil an Wasserstoff im Gas
etwa 11% ausmacht.

Die Zusammensetzung von normalem Generatorgas ist dann etwa: 4% CO_2,
28% CO, 11,6% H, 0,1% C_2H_4, 2% CH_4, 0,3% O, Rest N (Raumteile).

In erster Linie kommt als Brennstoff Steinkohle in Betracht, die gasreich
ist, aber nicht stark backt.

In Oberschlesien und an der Saar hat man eine vorzügliche Generatorkohle
in Gestalt von Gaskohle. An der Ruhr benutzt man Gasflammkohlen. An
diesen war vor etwa 10 Jahren Mangel
eingetreten, der aber inzwischen behoben

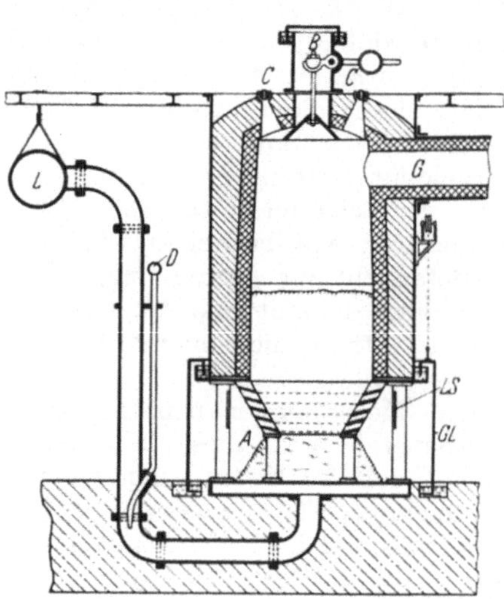

Abb. 10. Korbrostgaserzeuger.

B Aufgebevorrichtung. *C* Stochöffnungen. *G* Gas-
abzugöffnung. *A* Aschenhaufen. *LS* Schlitze für
den Austritt der Gebläseluft. *L* Gebläseluft.
D Dampf. *Gl* Glocke mit Wasserabschluß.

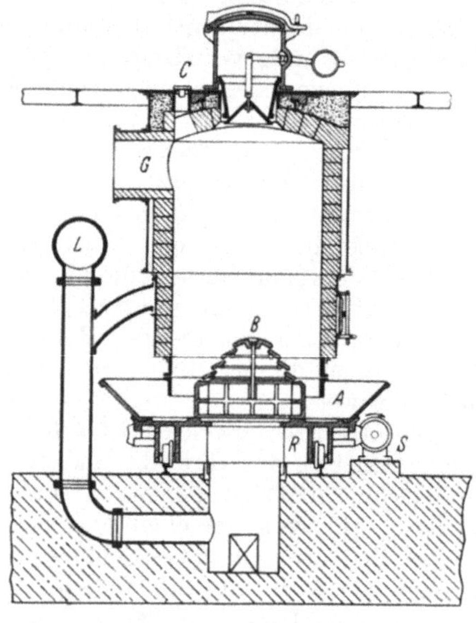

Abb. 11. Drehrostgaserzeuger der
Firma Thyssen in Mülheim a. Ruhr.

A Drehschüssel. *B* Haube mit Schlitzen für den
Eintritt der Gebläseluft. *C* Stochöffnungen.
G Gasabzugsöffnung. *S* Drehmechanismus.
R Rollen der Drehschüssel.

ist. Abgesehen von Steinkohlen kommen ältere Braunkohlen, wie sie in
Böhmen und Steiermark gefördert werden, und Braunkohlenbriketts zur
Anwendung. Koks man kann auch vergasen, aber er kommt in diesem Falle
nicht in Betracht.

Die Konstruktion und der Betrieb des Gaserzeugers[1].

Es soll hier eine Beispielrechnung folgen: Besteht die Aufgabe, eine Gaserzeugeranlage für einen Martinofen mit einem Fassungsvermögen für 10 t zu
entwerfen, so muß man nach der Zahlentafel 1 in Kapitel 10 mit 777 kg Steinkohle stündlich rechnen.

Ein Korbrostgaserzeuger (Abb. 10) kann 93 kg Steinkohle für 1 qm
Schachtquerschnitt vergasen. Man würde also 8,4 qm Querschnitt benötigen.

---

[1] Der Leser, der tiefer eindringen will, sei auf das Lehrbuch der Eisenhüttenkunde des
Verfassers verwiesen. Verlag Wilhelm Engelmann, Leipzig.

Bei einem Drehrostgaserzeuger (Abb. 11) mit einer Vergaseleistung von 125 kg für 1 qm Querschnitt würden es 6,2 qm sein. Im letzteren Falle würde man einen Gaserzeuger von 2,8 m ⌀ oder noch besser 2 Gaserzeuger von 2 m ⌀ aufstellen.

3 Gaserzeuger von 2,3 m ⌀ würden 2 Martinöfen von je 10 t Tagesleistung bedienen können. Menge der Gebläseluft $= 2{,}8$ cbm (bei $0°$) für 1 kg Steinkohle, stündlich 2176 cbm, sekundlich 0,6 cbm $= Q_1$. Winddruck in der Windleitung $= 10$ cm Wassersäule ($h = 100$ mm). $Q_2 =$ sekundlich anzusaugende Windmenge $= 2 \times Q_1 = 1{,}2$ cbm. Theoretische Gebläsearbeit $= N_t = \dfrac{h \cdot Q_2}{75}$ PS $= 1{,}6$ PS. Wirklich erforderliche Arbeitsleistung $= 2 \times N_t = 3{,}2$ PS.

Die Wasserdampfmenge, die dem Gebläsewind zugesetzt werden muß, um einen H-Gehalt im Gase von 11% zu gewährleisten, beträgt unter Berücksichtigung der natürlichen Feuchtigkeit des Gebläsewindes 173 g Wasserdampf für 1 kg Kohle. Für 777 kg Kohle stündlich also 134 kg.

Die Gasleitung wird heute nicht mehr unterirdisch, sondern oberirdisch in Gestalt eines stark ausgemauerten Blechrohres hergestellt. Bevor das Gas in dieses eintritt, geht es durch einen geräumigen Staubfänger, der hinter jedem Gaserzeuger in Verbindung mit einem Absperrventil eingebaut wird. Auch muß die Gasleitung Reinigungsöffnungen und Teerabflußröhren mit Wasserverschluß tragen.

Für den Fall, daß Braunkohlenbriketts oder böhmische oder steierische Braunkohle an Stelle der Steinkohle vergast werden sollen, muß man im Sinne der Heizwerte umrechnen, um die Vergaseleistung auf die gleiche Gasmenge umzustellen. Bei Braunkohlenbriketts kann man die 1,5fache Kohlenmenge gegenüber Steinkohlen im gleichen Zeitraum durchsetzen.

Die Maßnahmen zur Verminderung der Bedienungskosten.

Durch richtige Auswahl der Kohle gelingt es, die lästige Stocharbeit einzuschränken. Man bevorzugt eine Nuß- oder Würfelkohle. Förderkohle hat den Nachteil, daß sie sehr viel Staub und Feinkohle enthält, welche die Zwischenräume verstopfen. Eine Beimengung von Braunkohlenbriketts tut gleichfalls gute Dienste. Braunkohlenbriketts allein erfordern kaum ein Stochen.

Ein anderer Weg zur Vermeidung der Stocharbeit führt zur Anwendung eines sich langsam drehenden wassergekühlten Rührarms unter kontinuierlicher Aufgabe der Kohle mit Hilfe von mechanisch angetriebenen Walzen (Demag in Duisburg). Dies Verfahren befindet sich allerdings noch in der Entwicklung, obwohl es sehr alt ist[1].

Das Aufgeben der Kohle.

Die Beschickung des Gaserzeugers erfolgt heute mit Hilfe von Kübeln, deren Füllung und Entleerung mit ganz geringer Handarbeit, unter Anwendung eines Laufkranes, vor sich geht.

Die schwere Arbeit des Ausrostens ist heute durch Anwendung der Drehschüssel (vgl. Abb. 11) überflüssig geworden.

Es bleibt allerdings noch das Stochen mit der Hand übrig, das sehr sorgfältig ausgeführt und überwacht werden muß. Aber auch hier gibt es bereits mechanische Vorrichtungen, von denen oben bereits die Rede war.

Wassergas, Dawsongas und Mondgas sind wasserstoffreiche Abarten des Generatorgases, die hier nicht in Betracht kommen.

---

[1] Gaserzeuger von Talbot (vgl. Stahl u. Eisen 1910 S. 1002). Während des Rührens wird der Rührarm neuerdings auch in vertikaler Richtung bewegt.

Es muß noch das Vergasen von Holz erwähnt werden. Man hat in holz-
reichen Ländern, wie Finnland und Rumänien, Martinöfen, die mit Holzgas
betrieben werden. Holzgas ist auch in Spiegelglashütten bekannt und wird
heute noch dort erzeugt, wenn es sich um hochwertige optische Gläser handelt.

Das Holz wird in hohen Schächten vergast. Man muß es zuvor entweder in
Darren von der Feuchtigkeit befreien, die über 25% hinausgeht, oder muß es
im lufttrockenen Zustande vergasen, aber dann das Gas in langen eisernen Rohr-
leitungen auf niedrige Temperatur herunterkühlen, um Wasser und Teer in
Kondenstöpfen aufzufangen. Das letztere Verfahren traf der Verfasser in
Rumänien an. Das erstere ist in Finnland im Gebrauch[1].

13. Der Betrieb mit anderen gasförmigen Brennstoffen.

Es kommen hier Naturgas, Mischgas, Koksofengas und Ferngas in
Betracht.

Naturgas.

Es kommt für Europa nicht in Frage. Das pennsylvanische Naturgas
(Pittsburg) hat einen sehr hohen Heizwert (etwa 8000 WE), der nahezu doppelt
so hoch wie bei Koksofengas ist[2]. Es enthält sehr viel schwere Kohlenwasserstoffe.
Man kann es infolgedessen, im Zusammenhang mit starker Rußausscheidung
(vgl. bei Koksofengas), nicht vorwärmen. 1 cbm Gas verlangt 8 cbm Verbrennungsluft.

Mischgas[3].

Unter Mischgas versteht man ein Gasgemisch aus Hochofengas oder Generatorgas mit Koksofengas. Namentlich das Mischgas aus Hochofengas und Koksofengas hat große wirtschaftliche Bedeutung.

Wenn man Hochofengas und Koksofengas derart mischt, daß ein Heizwert
für das Kubikmeter herauskommt, der den des Generatorgases um nicht mehr
als 35% übertrifft (1800—2000 WE statt 1350 WE), so kann man ein solches
Mischgas ohne jede bauliche Veränderung ebenso wie Generatorgas verwenden.
Es ist auf mehreren deutschen Martinwerken mit bestem Erfolge in Anwendung.
Man muß allerdings das Hochofengas sorgfältig trocknen.

Koksofengas und Ferngas.

Ferngas ist nichts weiter als Koksofengas, das sorgfältig von Naphthalin
und Schwefelwasserstoff gereinigt ist. Es wird in gekühltem Zustande auf hohen
Druck gebracht und dann, nochmals gekühlt, in die Leitungen eingeführt.

In Steinkohlengebieten wird man Koksofengas verwenden und Ferngas nur
außerhalb dieses Gebietes.

Ein wesentlicher Unterschied besteht hinsichtlich des Gehaltes an Schwefelwasserstoff, der bei Ferngas durch Bindung an Eisen unschädlich gemacht werden
muß, weil das Gas auch gleichzeitig im Haushalt gebraucht wird und Vergiftungs-
erscheinungen vorgebeugt werden muß.

Bemerkenswert ist der große Bedarf an Verbrennungsluft, der sehr große
Kammerabmessungen bedingt. Auch wenn man die hier entbehrlichen Gaskammern zur Luftvorwärmung heranzieht, reicht dies nicht aus. Man braucht
einen um etwa 30% größeren Kammerraum als bei Generatorgas.

Die Verwendung von Koksofengas bei Martinöfen ist schon seit etwa 20 Jahren
bekannt. Die Frage, ob Mischgas oder Koksofengas wirtschaftlicher ist, ist schwer

---

[1] Persönliche Mitteilung aus dem Stahlwerk Wärtsilä.
[2] Vgl. auch VDI-Nachr. 1925 vom 25. Januar. 1 cbm kostet 4 RPf.
[3] Vgl. über Mischgasbetrieb das Lehrbuch der Eisenhüttenkunde, Bd. 2, des Verfassers.

zu beantworten. Bei Koksofengas muß man den Ofen von Grund auf umbauen, was man bei Mischgas nicht zu tun braucht.

Die Verwendung von Ferngas erscheint zunächst aus wirtschaftlichen Gründen bei der gegenwärtigen Preislage (2,4—3,2 Rpf. für 1 cbm) aussichtslos. Jedoch denkt man heute vielfach anders, wenn die volle Beschäftigung nicht immer gewährleistet werden kann.

Es ist von großer Bedeutung, daß man den Gaszufluß bei einem Stillstande einfach absperren kann, während der Gaserzeuger immer noch weiter brennt.

Man hat auch die Konstruktion verbessert und kommt bei Koksofengas heute mit viel weniger Gas aus. Auch spart man an Löhnen und hat einen sauberen Betrieb. Auch sind die Reparaturkosten geringer als bei Generatorgas.

Ein mit Koksofengas betriebener Martinofen braucht für 1 t Stahl bei durchgehendem Betrieb nur 900 000 WE, welche durch die Verbrennung des Gases geliefert werden, gegenüber 1 400 000 WE beim Betriebe von Generatorgas; also nur 64%, was dadurch zu erklären ist, daß die Wärmeverluste des Gaserzeugers und der Leitung wegfallen und das Gas mit viel geringerem Luftüberschuß verbrennt.

Man führt das Gas kalt ein, um eine Zersetzung des Methans unter Rußabscheidung in der Kammer zu vermeiden, die insofern zu befürchten ist, als sich Methan bei etwa 1000° zersetzt und Kammertemperaturen bis zu 1250° bestehen. Eine Zersetzung der schweren Kohlenwasserstoffe, die schon bei 500—600° stattfindet, braucht man allerdings hier nicht zu befürchten, weil diese sämtlich herausgewaschen sind.

Das Fehlen der schweren Kohlenwasserstoffe bedingt den Nachteil, daß die Flamme nicht leuchtend ist. Um diesen Nachteil zu beheben, hat man vielfach dem Koksofengas etwas Generatorgas und auch zerstäubten Teer oder zerstäubtes Teeröl

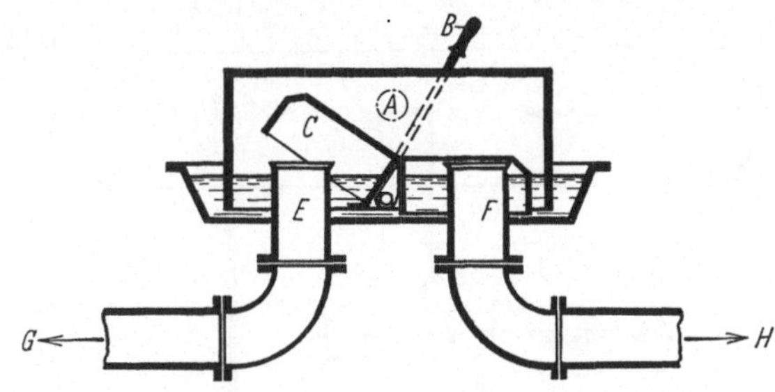

Abb. 12. Umsteuerventil für Koksofengas oder Ferngas.

zugesetzt, aber dies ist zu teuer. Man hat auch vorgeschlagen, das Gas vorzuwärmen und das Methan dabei zu zerlegen[1], aber dies ist nicht durchführbar (vgl. Kap. 18). Man steht heute auf dem Standpunkt, daß die Schmelzer sich an die unsichtbare Flamme gewöhnen müssen und dies auch möglich ist.

Ein Umsteuerventil für Koksofengas zeigt Abb. 12.

Es sollen hier einige Angaben folgen, die aus der Beschreibung des Ferngasbetriebes in Gelsenkirchen entnommen sind[2] (Abb. 13).

Der Martinofen faßt 25 t und erzeugt in 24 Stunden 100 t Stahl, wenn er voll ausgenutzt wird. Das Gas wird unter einem Druck von 0,6 Atü in das Werk geführt. In einem Druckregler wird der Druck auf 300 mm Wassersäule vermindert. Es tritt durch je zwei wassergekühlte Formen von 75 mm $\varnothing$ an jeder Stirnseite ein. Der untere Heizwert darf beim Martinofen nicht 4000 WE unterschreiten, er liegt bei etwa 89% des oberen Heizwertes. Bei voller Beschäftigung des Ofens würde man mit einem Verbrauch von 220 cbm für 1 t Stahl oder mit 900 000 WE auskommen.

Unter Berücksichtigung des Warmhaltens bei Stillständen und Reparaturen waren es allerdings 400—450 cbm, entsprechend 1 600 000—1 800 000 WE. Die Luft wird in den Kammern auf 1250° vorgewärmt. Das Umsteuern geschieht durch Umlegen der einfachen

---

[1] Vgl. Stahl u. Eisen 1928 S. 1354.   [2] Vgl. Stahl u. Eisen 1932 S. 481.

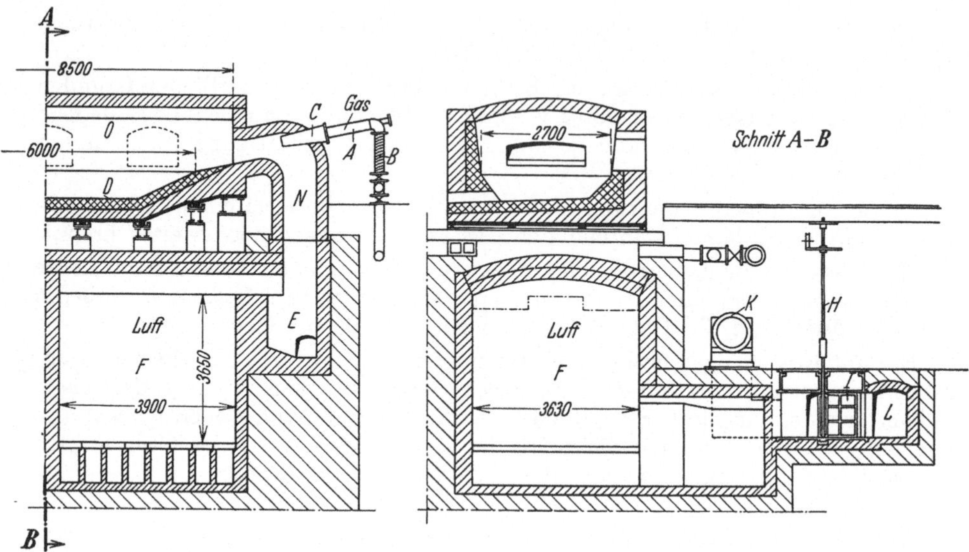

Abb. 13. Mit Ferngas, auf Stahlguß betriebener Martinofen in Gelsenkirchen.
Der Ofen hat ein Fassungsvermögen von 25—30 t, Man erkennt die geräumige Luftkammer mit Vorkammer.
K Gebläse, um die Verbrennungsluft in die Kammer einzuführen. *H* Luftklappe. *C* Wassergekühlte Form
für das Gas. *B* Metallschlauch. *E* Schlackenfang. Nach einer Zeichnung des Werkes.

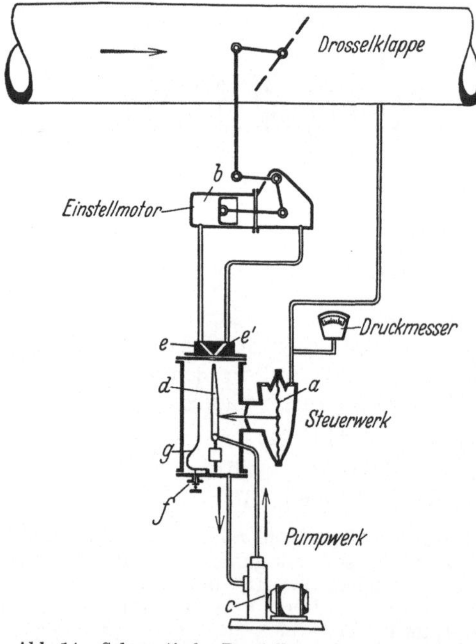

Abb. 14. Schematische Darstellung eines Gasmengen-
reglers der Askaniawerke in Berlin.
Eine Veränderung des Gasdrucks setzt die Membrane des
Steuerwerks in Bewegung, das den Ölstrahl aus der Düse *d*
nach links oder rechts lenkt und dadurch die Drossel-
klappe steuert.

Wechselklappe. Es sind 2 große Luftkammern vorhanden, die durch Vorkammern vergrößert und vor der Verschlackung durch einen Schlackenfang bewahrt sind.

Das Gas saugt die Luft in den Brennern an. Die Brenner sind an Metallschläuche angeschlossen.

Auch die Glühöfen und Trockenkammern werden mit Ferngas geheizt.

Der Luftüberschuß ist sehr gering. Man kommt mit 2—4% aus. Die Unterhaltungskosten des Ofens sind viel geringer als bei Generatorgas, weil er ein viel geringeres Steinvolumen hat. Sehr wichtig ist der Einbau von Druckreglern, welche den Gasdruck immer auf gleicher Höhe halten, die Anwendung von selbstschreibenden Gasmessern, die mit Staurand und Ringwaage arbeiten, und die Anwendung von selbstgesteuerten Gasmengenreglern (vgl. Abb. 14 Askaniaregler).

In den Vereinigten Staaten setzt man vielfach dem Koksofengas zerstäubtes Öl zu. Man rechnet dort mit einem Heizwert von 4650 WE und kommt mit 188 cbm für 1 t Stahl aus, wenn man die im Abhitzekessel gewonnenen Wärmeeinheiten in Abzug bringt[1]. Eine andere amerikanische Quelle[2] nennt 340 bis 370 cbm Koksofengas für 1 t Stahl.

---

[1] Stahl u. Eisen 1925 S. 167.　　[2] Stahl u. Eisen 1928 S. 378.

14. Der Betrieb mit flüssigen Brennstoffen.

Solche Martinöfen sind in den Vereinigten Staaten vielfach in Betrieb, sowohl ständig wie auch vorübergehend, wenn die Gasleitung der Gaserzeugeranlage gereinigt werden muß.

Teerfeuerung.

Man kann Martinöfen mit Teer heizen. Eine amerikanische Quelle nennt einen Teerverbrauch von 120—130 Liter für 1 t ausgebrachten Stahl. Wenn man Teer verbrennt, so gibt man alle die wertvollen Stoffe preis, die bei der Destillation des Teers gewonnen werden. Deshalb ist eine solche Feuerung in Deutschland nicht eingeführt.

Ölfeuerung.

Obwohl Öl in Deutschland im Gegensatz zu den Vereinigten Staaten sehr teuer ist,

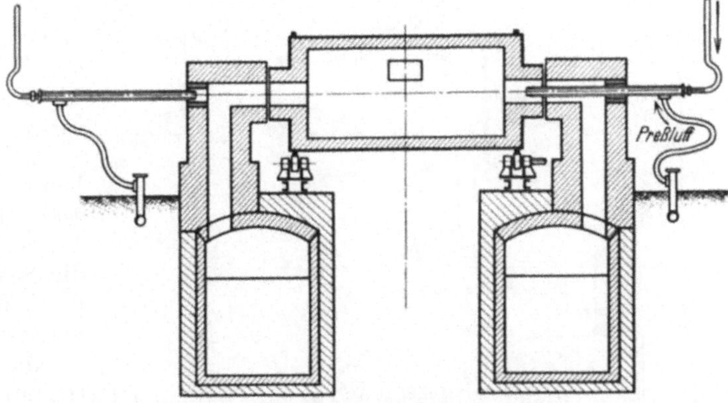

Abb. 15. Ölgefeuertes Schmelzfaß von Schury.
Die Luftkammern werden mit einem einfachen Wechselventil bedient. Rings um die Brenner ist Spielraum, damit die Sekundärluft einfließen kann.

hat sich doch der Ölschmelzofen für Gußeisen und Stahl für kleinere Schmelzmengen mit vollem Erfolg durchgesetzt. Ein solcher Ofen ist unter dem Namen Schuryofen[1] bekannt geworden (Abb. 15). Das Öl wird durch Preßluft in die Brenner eingeführt, die an eine Schlauchleitung angeschlossen sind und beim Umsteuern zurückgezogen oder eingeschoben werden. Der Ofen hat nur zwei Kammern, die zur Luftvorwärmung dienen. Schury hat einen solchen Ofen für 15 t Einsatz gebaut, der auf Grauguß und Stahlguß betrieben werden kann.

Es bestehen auch Öfen mit nur 1,5 t und 2,5 t Einsatz. Der Betrieb ist sehr einfach und sauber.

Eine amerikanische Quelle[2] nennt einen Ölverbrauch von 135—150 Liter für 1 t ausgebrachten Stahl.

Einen Trommelofen für Eisen- und Stahlguß mit Ölfeuerung und Luftvorwärmung in einem Stahlrohrrekuperator (Legierter Stahl) baut die Ofenbaufirma Dr. Schmitz in Barmen mit gutem Erfolg.

15. Der Betrieb mit Kohlenstaubfeuerung.

Man hat in den Vereinigten Staaten versucht, Kohlenstaub in Martinöfen gewöhnlicher Bauart durch die Stirnwand einzublasen. Angeblich glückten diese Versuche. Aber die später folgenden Mitteilungen sprachen offen den Mißerfolg aus, der dadurch verursacht wurde, daß die Asche des Kohlenstaubes das Gitterwerk der Kammern belegte und es bald vollständig unbrauchbar machte.

Ein Erfolg ist nur dem Brackelsbergofen (vgl. Abb. 16 u. 17) beschieden gewesen, bei dem die Asche aus dem Ofenraum, infolge des hohen Luftdruckes herausgeblasen wird[3].

---

[1] Schury in Berlin W 30.　　　[2] Stahl u. Eisen 1928 S. 378.
[3] Stahl u. Eisen 1930 S. 1328.

Im Gegensatz zum Betriebe auf Temperguß muß aber in diesem Falle die Verbrennungsluft in einem Stahlrohrrekuperator auf mindestens 200—300° vorgewärmt werden[1]. In einem solchen Schmelzofen[2] konnte man Stahl mit einem C-Gehalt von 0,13—0,47% C, bei einem Einsatz von 800 kg (Kernschrott und etwas Spiegeleisen) mit einem Aufwand von etwa 200 kg Kohlenstaub für 1 t schmelzen. Im Ofen wurde die Temperatur von 1800° gemessen.

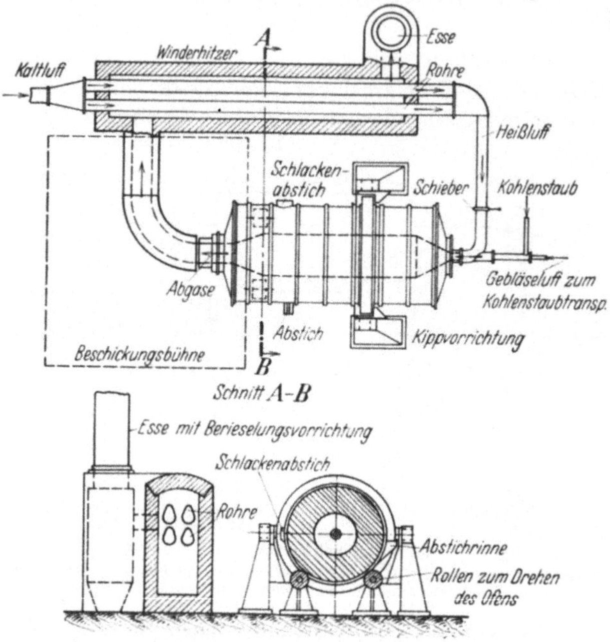

In neuerer Zeit wird beim Brackelsbergofen beim Stahlschmelzen die Primärluft auf 300° und die Sekundärluft auf 850° in Röhrenwinderhitzern vorgewärmt.

Ob es wirtschaftlicher ist, mit Öl oder mit Kohlenstaub zu schmelzen, kann nur von Fall zu Fall entschieden werden. Abgesehen davon, spricht für den Betrieb mit Öl die

Abb. 16. Brackelsbergofen. Grundrißplan und Schnitte.

unbedingte Sauberkeit, während man bei Kohlenstaubfeuerung immer mit Staubablagerung zu tun hat, die aus dem Aschengehalt des Staubes herrührt und schwer zu unterdrücken ist.

Abb. 18 kennzeichnet eine Ringwalzenmühle zur Erzeugung von Kohlenstaub, um ein Beispiel zu geben. Es gibt zahlreiche Konstruktionen von solchen Mühlen, u. a. die Kofinomühle des Krupp - Grusonwerkes (eine Schlagkreuzmühle), auch die Fullermühle (eine Horizontalkugelmühle), die Hildebrandtmühle des Eisenwerkes Wülfel (eine Zentrifugalkugelmühle).

Abb. 17. Brackelsbergofen mit einem Fassungsvermögen von 2 t und Windvorwärmung nach einem Lichtbild des Büros in Düsseldorf, Fischerstr. 53. Der Ofen kann zwecks Aufnahme der Beschickung und Ausbesserung des Futters, mit Hilfe des Zahnsegments aufgerichtet werden (vgl. Stahl u. Eisen 1930 S. 1328).

---

[1] Solche Stahlrohrrekuperatoren, welche die Luft bis auf 750° vorwärmen können, baut unter Verwendung von legiertem Stahl die Demag-AG. in Duisburg.

[2] Stahl u. Eisen 1930 S. 1328.

16. Die Gesamtanlage des Martinofenwerks.

Die Abb. 19 und ihr Text kennzeichnen diese und eine Einsetzmaschine. Für sehr kleine Schmelzleistungen begnügt man sich auch mit einer einfachen Beschickungsmaschine, wie sie Abb. 20 darstellt. Hier wird das Vorschieben des Auslegers mit der Mulde sowie das Entleeren von Hand besorgt. Nur das Fahren des Kranes und das Heben des Auslegers erfolgt durch Elektromotore.

Man kann im Zweifel sein, ob man eine zentrale Gaserzeugeranlage bauen oder jedem Martinofen seinen eigenen Gaserzeuger geben soll. Die erstere ist unbedingt geboten, wenn das Fassungsvermögen der Martinöfen über 30 t hinausgeht. Sie hat den Vorteil, daß die Überwachung, Reinigung und Bedienung vereinfacht wird. Andererseits hat die andere Anordnung den Vorteil, daß man leichter einer Unachtsamkeit bei der Bedienung auf die Spur kommen und Abhilfe schaffen kann.

Eine zentrale Esse anzulegen ist falsch. Jeder Martinofen erhält seine eigene, der Schmelzleistung angepaßte Esse.

17. Überblick über die Art der Heizung.

· Es soll hier eine amerikanische Statistik folgen, die kennzeichnend für das Zurückdrängen der mit Generatorgas betriebenen Martinöfen ist:

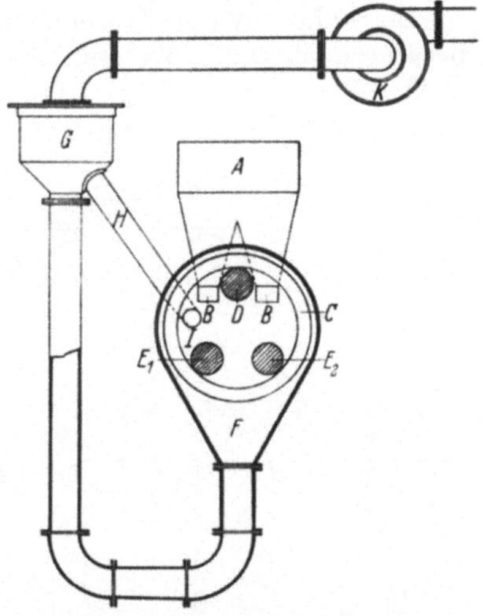

Abb. 18. Ringmühle der deutschen Babcock und Wilcoxwerke in Oberhausen, für Kohlenstaub.

A Zuführung der Kohle. *C* Ring. $E_1 E_2$ und *D* Walzen. *G* Windsichter. *K* Ventilator.

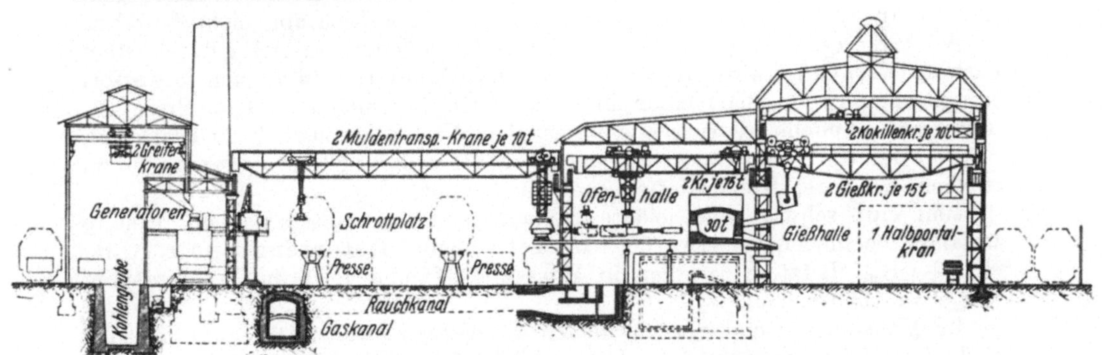

Abb. 19. Oberschlesischer Martinofen für 30 t Einsatz
mit Beschickungsbühne, Einsetzmaschine, Schrottplatz und Gaserzeugeranlage. Letztere ist durch einen unterirdischen Kanal mit dem Ofen verbunden. Heute würde man eine oberirdische, ausgemauerte Gasleitung anlegen (vgl. die Tafel Stahl u. Eisen 1910).

Im Jahre 1928 wurden bedient: 40% der Martinöfen mit Generatorgas (mit 20,5% Kohle) 10% mit Teer, 50% mit Teer + Koksofengas oder Öl + Koksofengas. Nur wenige Werke schmolzen ausschließlich mit Koksofengas[1].

Eine andere amerikanische Statistik[2] nennt 41% der Martinöfen mit Generatorgas, 11% mit Teer allein, 16% mit Teer + Koksofengas, 13% mit Naturgas + Koksofengas,

---

[1] Stahl u. Eisen 1928 S. 378.   [2] Stahl u. Eisen 1928 S. 1177.

6% mit Naturgas + Teer und Öl, 4% mit Koksofengas + Teer und Öl, 4% mit Koksofengas allein, 3% mit Öl allein, 3% mit Naturgas allein.

18. Die Veränderungen der Gaszusammensetzung in Kanälen und Kammern.

Bei hohen Wasserdampfgehalten des Generatorgases geschieht in Temperaturen oberhalb 600° ein Anwachsen des CO_2-Gehalts infolge der Reaktion $H_2O + CO = H_2 + CO_2$. Um diesem unerwünschten Umstande Rechnung zu tragen, muß man den Wasserdampfgehalt des Gases in niedrigen Grenzen halten; also trockene Kohle vergasen, nicht zuviel Wasserdampf einblasen und das Fernhalten des Grundwassers von der Kammersohle peinlich genau durchführen. Allerdings ist das Anwachsen des CO_2-Gehaltes oft irrtümlicherweise auf die genannte Reaktion zurückgeführt. Vielfach war die durch die Mauerwerksfugen eindringende Falschluft die Ursache, welche einen Teil des CO verbrannte.

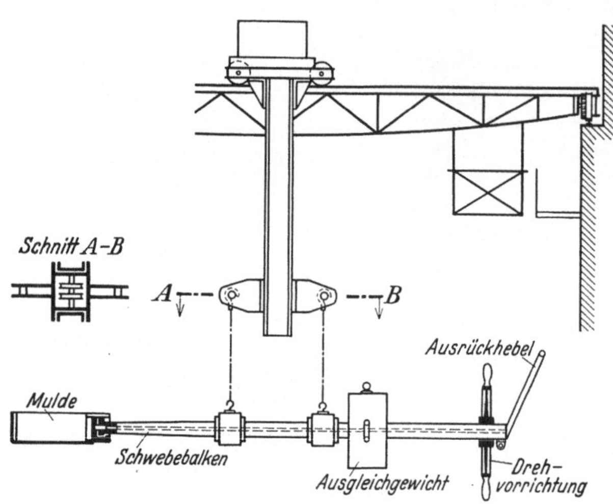

Abb. 20. Einfache Einsetzmaschine für einen Martinofen.

Man ist in dieser Erwägung darauf angewiesen, durch sorgfältige Mauerung und Verankerung und durch sorgfältiges Verstreichen der Fugen mit geeignetem Mörtel vorzubeugen. Blechgepanzerte Kammern haben sich aber in dieser Richtung nicht bewährt.

Bei Mischgas ist es wichtig, daß das Hochofengas in gut getrocknetem Zustande verwendet wird. Koksofengas und Ferngas sind an sich so wasserdampfarm, daß im allgemeinen in dieser Richtung nichts zu befürchten ist. Allerdings empfiehlt es sich auch hier, den Wasserdampfgehalt zu beachten[1].

Man hat bei diesen Gasen mit dem Zerfall der Kohlenwasserstoffe zu rechnen, die unter Kohlenstoffabscheidung erfolgt.

Man muß schwere und leichte Kohlenwasserstoffe unterscheiden. Erstere zerfallen, beginnend bei etwa 600° in Methan und Retortengraphit. $C_2H_4 = C + CH_4$. Letztere zerfallen in Wasserstoff und Ruß, in Temperaturen von etwa 1000°[2].

Im Koksofengas und Ferngas fehlen die ersteren, weil sie herausgewaschen sind. Die Kammern erreichen aber in so geheizten Öfen Temperaturen bis zu 1200°, so daß hier tatsächlich Methan zerlegt wird.

Manche befürworten sogar diese Zerlegung durch hohe Vorwärmung des Gases, damit Rußteile in die Flamme gelangen und diese leuchtend machen[3], aber bisher ist diese Ansicht nicht durchgedrungen, weil man die Verstopfung der Kammern durch ausgeschiedenen Ruß fürchtet und infolgedessen das Koksofengas im kalten Zustande einführt. Ein Teil des Rußes wird auch in den Poren der Steine abgelagert.

---

[1] Archiv 1929 S. 173. [2] Stahl u. Eisen 1928 S. 1465.
[3] Stahl u. Eisen 1928 S. 1354.

Man hat auch bei Generatorgas mit einer solchen Rußabscheidung zu tun und hat hier festgestellt, daß die Steine bis zu 3% ihres Gewichts Kohlenstoff aufnehmen können[1]. Andere Anteile des Rußes setzen sich mit dem CO_2 und Wasserdampfgehalt des Gases um, und viele andere verbrennen. Der größte Anteil lagert sich aber in der Leitung ab. Abgesehen von dieser Kohleausscheidung aus Kohlenwasserstoffen hat man auch bei Generatorgas, im Zusammenhang mit seinem hohen CO-Gehalt mit der Reaktion $2\,CO = C + CO_2$ zu rechnen, deren Bereich (das Maximum liegt bei etwa 450—500°) mit der Temperatur des Gases in der Leitung übereinstimmt. Die im Flugstaub nie fehlenden Eisenoxydkörper regen den Vorgang katalytisch an.

Wie weit der in dieser Weise ausgeschiedene und der aus Kohlenwasserstoffen abgespaltene Kohlenstoff an den starken Rußablagerungen in der Gasleitung beteiligt sind, ist schwer zu entscheiden.

Die Ansicht, daß nur Kohlenwasserstoffe in Betracht kommen, wie sie beispielsweise Ledebur vertreten hat, ist heute nicht mehr maßgebend.

Bemerkenswert ist allerdings, daß Generatorgas, aus Koks erzeugt, keine Rußablagerungen verursacht. Es ist aber sehr wohl möglich, daß die Zerlegung der Kohlenwasserstoffe katalytisch anregend auf das Zerfallen des Kohlenoxyds einwirkt.

Diese starken Ruß- und Staubablagerungen machen es notwendig, Staubbehälter in die Gasleitung einzubauen und die Gasleitung periodisch zu reinigen. Davon wird im folgenden Kapitel die Rede sein.

Die Ansicht, daß die vollständige Verbrennung des Kohlenoxyds und der Kohlenwasserstoffe dadurch behindert würde, daß die dabei erzeugten Kohlensäure- und Wasserdampfmengen der Dissoziation unterliegen, ist dahin richtigzustellen, daß die Temperaturen im Martinofen doch nicht hoch genug sind, um nennenswerte Mengen von CO_2 und Wasserdampf zu dissoziieren. Nach Haber handelt es sich bei der Temperatur von 1700°, die im Martinofen gilt, um sehr geringe Beträge und erst bei 2000° werden Anteile von 1% Wasserdampf und 4% CO_2 dissoziiert. Auch andere Forscher bestätigen dies[2].

Allerdings haben die Reaktionen, bei denen CO_2 und Wasserdampf oxydierend auf Fe wirken, nichts mit der Dissoziation zu tun.

Die Verbrennungsgase führen Staub mit, der Eisen-, Mangan- und Siliziumoxyd enthält und die Steine der Züge und Kammern mit Krusten überzieht, indem sich regelrechte Schlacken bilden. Man muß dafür sorgen, daß die gebildete Schlacke in Schlackenkästen oder Schlackenkammern abgefangen wird, wie dies beim Bau des Ofens gekennzeichnet ist[3]. Diese Schlacken wirken störend und machen sich dadurch bemerkbar, daß der Gasdruck im Ofen steigt und die Flammen heftig aus den Türfugen des Ofens herausblasen. Man spricht dann von verstopften Kammern oder auch altersschwachen Kammern, die immer mit einer Verminderung der Erzeugungsmenge und mit höherem Kohlenverbrauch verbunden sind.

Durch Anbringung von selbstschreibenden Druckmessern an den Gas- und Luftkammern[4] kann man den Zustand der Kammern überwachen.

Bei solchen altersschwachen Kammern hat man sich oft dadurch helfen müssen, daß man vor die Luftkammern ein Gebläse einbaute und dadurch nicht

---

[1] Sprechsaal S. 647.

[2] Stahl u. Eisen 1892 S. 893; ebenda 1914 S. 230; ebenda 1914 S. 1006. Metallurgie 1909 S. 305. Auch Nernst: Verbrennung in Gasmotoren. Berlin: Julius Springer.

[3] Kammerschlacke enthält etwa 51% SiO_2, 22% Fe, 2,3% Mn. Stahl u. Eisen 1912 S. 1774 u. 1869.

[4] Z. B. die von de Bruyn in Düsseldorf.

nur den Widerstand in den Luftkammern, sondern auch den in den Gaskammern überwand (das Gas wurde durch den Luftstrom angesaugt).

Von leuchtender Flamme war beim Schmelzen mit Hilfe von Koksofengas die Rede. Als man dies in Gestalt von Mischgas und auch als kaltes Gas in den Betrieb einführte, hörte man von Schwierigkeiten, weil die Flamme nicht leuchtete und unsichtbar war. Man erkannte erst ihr Bestehen, wenn die Steine der Köpfe und des Gewölbes anfingen, zu tropfen. Dann war es meist zu spät.

Man beobachtete auch, daß das Bad tot im Ofen lag, während es beim Betriebe mit Generatorgas lebhaft gekocht hatte. Die Erklärung dieses Vorganges ist in dem Fehlen von Kohlenstoffkörpern zu suchen, die aus schweren Kohlenwasserstoffen abgespalten werden. Diese fehlen im Koksofengas und Mischgas. Im Generatorgas sind sie aber vorhanden. Sie werden in der Temperatur des Martinofens weißglühend und bedingen die Leuchtkraft der Flamme. Gleichzeitig regen sie auch katalytisch die Vereinigung der brennbaren Gasbestandteile mit dem Sauerstoff an und wirken auf eine schnelle Verbrennung.

Man muß sich vorstellen, daß solche weißglühende Kohlenstoffkörper wie Geschosse durch die Gasatmosphäre fliegen und den Molekülen einen Anstoß erteilen, um sie gewissermaßen aus ihrer Trägheit aufzurütteln.

Einen Beweis für die Richtigkeit dieser Anschauung liefert die Verbrennung von Generatorgas, das aus Koks hergestellt ist, dem diese Kohlenwasserstoffe fehlen. Ein solches Gas wurde im Kriege im Martinofenbetriebe verwendet, aber der Versuch mußte aufgegeben werden, weil das Gas sich erst entzündete, wenn der gegenüberliegende Kopf getroffen wurde. Trotzdem dieser abschmolz, lag das Bad tot im Ofen[1].

Man hat Vieles über die Verwendung mit Gas ohne leuchtende Flamme gesprochen und geschrieben. Allgemein gesagt, ist man heute ruhiger in bezug auf die Nachteile geworden, weil sich die Schmelzer an die veränderten Verhältnisse gewöhnt haben und man den Ofenraum größer gestaltet hat, um die verspätete Entzündung auszugleichen.

Immerhin gibt es aber noch viele Martinwerke, die nicht auf einen kleinen Zusatz von Generatorgas verzichten wollen.

Auch der Zusatz von Teeröl oder Teer, wenigstens in der kritischen Zeit, am Ende der Schmelze, ist gehandhabt und scheint in den Vereinigten Staaten auch heute noch allgemein angewendet zu werden. Er wird aber in Deutschland nur selten oder überhaupt nicht in Betracht gezogen, weil er zu teuer ist.

Der Luftüberschuß muß bei der Verbrennung so gering wie möglich sein. Bei Generatorgas ist ein Gehalt von $4,5\%$ Sauerstoff in den Essengasen zuviel, allerdings ein solcher von 2% zu wenig, was dadurch angezeigt wird, daß noch unverbranntes CO angetroffen wird[2].

Bei Koksofengas kann man ganz ohne Luftüberschuß auskommen. Es ist dies ein großer Vorzug eines solchen Betriebes, der sich auch in einer besseren Wärmewirtschaft äußert. Bei der Feststellung des Luftüberschusses ist zu beachten, daß das Ergebnis durch Falschluft beeinflußt werden kann[3].

Der Schwefelgehalt des Gases muß sorgfältig geprüft werden, weil er teilweise oder ganz an den Stahl übergeht. Generatorgas hat meist nur 1—2 g im Kubikmeter.

Koksofengas wird, sofern es nicht als Ferngas gleichzeitig im Haushalte Verwendung findet, ungereinigt geliefert. Wenn es in diesem Falle 5—9 g S im Kubikmeter hat, so ist es unbedenklich. 13 g sind allerdings unstatthaft[4].

[1] Vgl. Osann: Generatorgas aus Koks im Martinofenbetrieb. Gießerei-Ztg. 1919 S. 193.
[2] Stahl u. Eisen 1931 S. 670.   [3] Archiv April 1931. Luftschreiber Omeco.
[4] Stahl u. Eisen 1928 S. 1354.

Das Mischgas der Dortmunder Union führte 2—5 g S im Kubikmeter. Der Schwefel ist fast vollständig in H_2S gebunden.

Es besteht die interessante Erscheinung, daß die Kammersteine gasförmige Schwefelverbindungen einatmen und nach dem Umschalten wieder ausatmen, indem der Schwefel an das Eisen und das Mangan der Staubbeschläge gebunden wird, dann durch den Sauerstoff der abziehenden Gase oxydiert und in die Esse geführt wird[1]. Das letztere stellt einen Röstvorgang dar. Beim Verhalten des Schwefels wird auch vom Gasschwefel die Rede sein.

19. Der Frischvorgang im Martinofen.

Die allgemeinen Ausführungen im Kapitel 5 sollen hier ergänzt werden: Der Frischvorgang verläuft beim Martinofen anders wie beim Konverter, wo

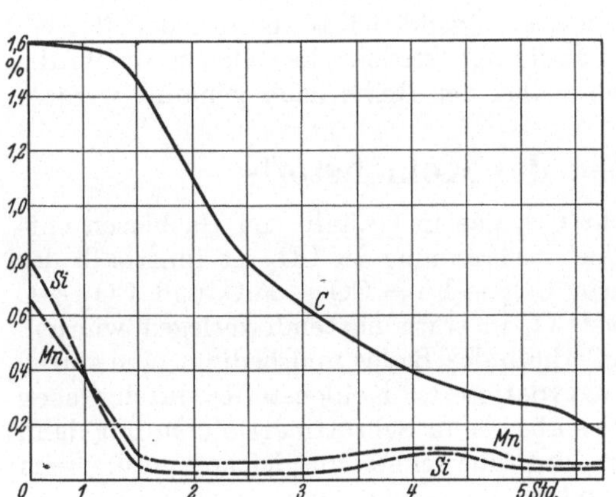

Abb. 21. Schaubild einer sauren Martinofenschmelze (mit sehr hohem C-Gehalt).
Man erkennt, daß sowohl Mn wie auch Si aus der Schlacke in das Bad gegen Ende der Schmelze einwandern. Man erkennt, daß anfangs der Kohlenstoff langsam, später schneller im Zusammenhang mit der höheren Temperatur oxydiert wird.
Vor dem Fertigmachen besteht die folgende Zusammensetzung: $0,16\,^0/_0$ C; $0,07\,^0/_0$ Mn; $0,04\,^0/_0$ Si; $0,08\,^0/_0$ P.

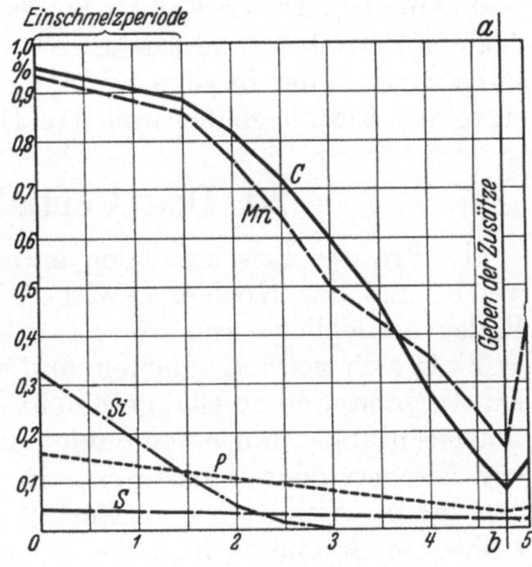

Abb. 22. Schaubild einer basischen Martinofenschmelze[2].
Man ersieht, daß sich anfangs Si vordrängt, hernach aber der Kohlenstoff, in der hohen Temperatur allen Wettbewerbern voreilend. Der P-Gehalt fällt, im Gegensatz zum Windfrischverfahren, in gleichmäßiger Neigung ab.
Vor dem Fertigmachen $0,09\,^0/_0$ C, $0,17\,^0/_0$ Mn; $0,0\,^0/_0$ Si; $0,04\,^0/_0$ P; $0,02\,^0/_0$ S.

ein Durchblasen von Luft stattfindet. Beim Martinofen sind es die Feuergase, welche den Sauerstoff herantragen, um FeO entstehen zu lassen, das vom Eisenbade gelöst wird, um im Verlauf der Schmelze den Sauerstoff an C, Si, Mn und P abzugeben.

Der Kohlensäure-, Wasserdampf- und Luftgehalt der Feuergase wirkt im Sinne der folgenden Reaktionen oxydierend:

$$CO_2 + Fe = CO + FeO$$
$$H_2O + Fe = 2\,H + FeO$$
$$O + Fe = FeO\,.$$

Die Abb. 21 (sauer zugestellter Ofen) und Abb. 22 (basisch zugestellter Ofen) stellen Schmelzschaubilder dar, aus denen ersichtlich ist, in welcher Weise die Gehalte der Eisenbegleiter abnehmen. Dabei mußten saure und basische Martinöfen unterschieden werden.

---

[1] Stahl u. Eisen 1926 S. 1251 und 1932 S. 677.
[2] Die beiden Schaubilder sind aus Osann: Kurzgefaßte Eisenhüttenkunde. Leipzig bei Jänecke entnommen.

Bei Stahlguß kommt nur das Schrottmartinieren in Betracht, das im Gegensatz zum Roheisenmartinieren steht.

Beide Verfahren unterscheiden sich durch den Roheisenanteil des Einsatzes, der beim Schrottmartinieren höchstens 30%, beim Roheisenmartinieren aber mindestens 60% beträgt. Das letztere Verfahren eignet sich aber nur für größere Martinöfen und große Erzeugungsmengen von stetiger Beschaffenheit. Es kommt beim Stahlguß schon im Hinblick auf den starken Wechsel der vorgeschriebenen Zusammensetzung nicht in Betracht.

Die obengenannten Schmelzschaubilder beziehen sich nur auf das Schrottmartinieren, was beachtet werden muß.

Man kann auch beim Schrottverfahren das Roheisen im flüssigen Zustande einsetzen, um wirtschaftliche Vorteile zu erzielen. Aber dies ist nur in großen Werken durchführbar, die über ein Hochofenwerk und einen Mischer verfügen (vgl. Abb. 19). Dieser Fall ist bei Stahlguß verhältnismäßig selten. Die Regel bildet der Betrieb mit festem Einsatz. In dem folgenden Kapitel über den Betrieb soll aber auch der flüssige Einsatz berücksichtigt werden. Es sollen nunmehr die einzelnen Eisenbegleiter und das Eisen selbst der Reihe nach genannt werden.

20. Das Verhalten des Kohlenstoffs.

Infolge der Frischreaktion entsteht CO, das in Gestalt von Gasblasen entweicht und das Kochen bewirkt. Eine Verbrennung zu CO_2 ist innerhalb des Bades unmöglich, weil die Reaktionen $CO_2 + Fe = CO + FeO$ und $CO_2 + C = 2 CO$ sich geltend machen und das CO_2 in statu nascendi zerlegen würden. Die Verbrennung zu CO_2 geschieht außerhalb des Bades und bedingt eine starke Wärmezufuhr. Man beschleunigt die Oxydation des Kohlenstoffes durch Geben von Eisenerz oder Walzsinter; wird dies aber beim Schrottmartinieren nur dann tun, wenn man nach dem Ausfall der Vorprobe schnell ausgleichen muß. Beim Roheisenmartinieren liegt die Sache anders.

Stark verrosteter Schrott und auch sperriger Schrott wirken auch beschleunigend. Letzterer insofern, als die Schrottstücke Gelegenheit haben, sich mit einem starken Überzug von Fe_3O_4 zu bekleiden.

Die Grenze der Entkohlung kann beim basischen Ofen mit 0,08%, beim sauren mit 0,10% genannt werden. Man kann auch noch tiefer herunterkohlen, wenn man reines Roteisenerz (Fe_2O_3) einführt und dabei im sauren Ofen besondere Vorkehrung gegen die Aufnahme von FeO ausübt (Aluminium). Man kann dann die Grenze von 0,04% erreichen, aber nur in sehr heiß geführten Öfen.

Der elektrische Ofen ist in einem solchen Falle vorzuziehen.

Bei den weiter unten folgenden Rechnungsbeispielen (Fertigmachen) ist ein Kohlenstoffgehalt von 0,10% und bei den „abgefangenen" Schmelzen ein solcher von 0,2% und 0,4% vor dem Geben der Zusätze zugrunde gelegt.

Unter abgefangenen Schmelzen versteht man solche, bei denen nicht vollständig heruntergefrischt wird, um an Zeit und an Mangan zu sparen.

Durch die entweichenden Gase wird die Schlacke beiseite geschoben, so daß die Wärmestrahlung unmittelbar das Schmelzbad trifft. In dieser Richtung kommen Störungen vor, die bewirken, daß das Bad tot liegt. Dies kann verschiedene Ursachen haben. Niedrige Ofentemperatur bewirkt, daß der Sauerstoff vom Kohlenstoff abgelenkt wird und sich mit den anderen Eisenbegleitern und dem Eisen selbst verbindet[1]. Davon macht man Nutzanwendung, wenn man eine phosphorreiche und eisenreiche Vorschlacke erzeugen will, um das Bad dann

---

[1] Es ist ein Fall bekannt, in dem der Kohlenstoffgehalt 4 Stunden lang auf 2,2% stehenblieb, während Silizium und Mangan fast vollständig entfernt wurde.

später bei höherer Temperatur zu Ende zu frischen (Bertrand-Thiel-, Hösch-, Talbotverfahren). Beim Schrottmartinieren kommt so etwas nicht in Frage. Man muß einen heißen Ofen haben, um möglichst schnell herunterzufrischen. Daß dabei auch die weißglühenden Kohlenstoffkörper, die aus schweren Kohlenwasserstoffen abgeschieden werden, eine besondere Bedeutung haben, wurde oben gesagt.

Auch bei einem heißen Ofen kann in Verbindung mit der Erscheinung einer stark schäumenden Schlacke die Entkohlung stocken. Dies ist dann beobachtet, wenn man, um an Roheisen zu sparen, den Schrott durch kohlende Mittel, z. B. Koksmehl, aufkohlt, und dies zusammen mit dem Schrott einsetzt. Es entsteht dann leicht eine, die Wärme schlecht leitende Decke über dem Bade, welche den aufsteigenden Gasblasen Widerstand entgegensetzt, so daß es bei dem gewaltsamen Durchdringen der angesammelten Gase zu einem Aufschäumen kommt. Dabei kommt der Frischvorgang in Verzögerung.

Man hilft sich dadurch, daß man in einem solchen Falle für einen sehr heißen Ofengang sorgt und den mit Koksmehl oder Kohle vermischten Schrott auf sehr heißen Schrott legt, damit das Kohlungsmittel schnell zur Verbrennung kommt, soweit es nicht von Eisen aufgenommen wird. Andere Maßnahmen sind im Kapitel 29 beim Einsetzen genannt.

Beim Arbeiten mit flüssigem Roheiseneinsatz ist der Fall denkbar, daß Garschaumgraphit mit in den Ofen gelangt und hier als schlechter Wärmeleiter Schwierigkeiten bereitet[1]. Dies muß dadurch vermieden werden, daß garschaumhaltiges Roheisen ausgeschlossen und der Graphit beim Einkippen zurückgehalten wird.

Im basischen Ofen erzielt man ein schnelleres Herunterfrischen als im sauren Ofen, weil hier die Wirkung der Kieselsäure in der Schlacke fortfällt. Diese reißt einen Teil des FeO an sich und entzieht ihn der Aufgabe zu frischen.

Bei Stahlguß werden C-Gehalte unter 0,10% nicht vorkommen. Ein solcher Stahl fließt außerordentlich schlecht und lunkert sehr stark.

Die oben genannten niedrigen C-Gehalte werden im ausnahmsweise heißgehenden Öfen erreicht, wobei eine sehr schlechte Ofenhaltbarkeit in den Kauf genommen werden muß.

Die Erfahrung hat gelehrt, daß im Einsatz ein bestimmter Siliziumgehalt bestehen muß, um Fehlergebnisse auszuschließen. Man gibt infolgedessen nicht ausschließlich Stahleisen und Schrott, sondern Stahleisen, Hämatit oder Kokillenbruch und Schrott, um Silizium in genügender Menge im Einsatz zu haben.

21. Das Verhalten des Siliziums.

Im basischen Ofen wird Si sehr schnell und unter gewöhnlichen Verhältnissen bis auf Spuren entfernt. Im sauren Ofen geht es langsamer, und es bleiben 0,15—0,35% Si zurück, wenn man nicht Eisenerz setzt, das allerdings schnell das Si bis auf Spuren entfernt.

Im sauren Ofen kann man hier ebenso wie in den sauren Elektroöfen mit einer Rückwanderung des Siliziums aus der Schlacke rechnen, die insofern von großer Bedeutung ist, als bei diesem stetigen Einfließen von Silizium in das Bad eine ebensolche Desoxydation geschieht, wie sie beim Tiegelschmelzen bekannt ist (vgl. Kapitel 6).

Die Kieselsäure wird durch den Kohlenstoff des Bades und vielleicht auch

---

[1] Einen solchen Fall berichtet Naske. (Stahl u. Eisen 1907 S. 230.) In einer Pfanne mit 10 t Roheisen waren 140 kg Garschaumgraphit abgeschieden. Dabei war der C-Gehalt von 4,54% auf 3,14% heruntergegangen.

durch das Mangan und das Eisen reduziert[1]. Es sind nicht unerhebliche Mengen. Man hat z. B. ein Anwachsen des Si-Gehalts von 0,018 auf 0,088% festgestellt[2].

Silizium ist auch bei abgefangenen Schmelzen aus dem Bade verschwunden, wenn das Fertigmachen beginnt. Vom Einsetzen der Siliziumlegierung in die Pfanne wird beim Phosphor und beim Fertigmachen die Rede sein.

22. Das Verhalten des Mangans.

Stahlguß enthält mindestens 0,3% Mn. Dieser Gehalt gilt bei Dynamostahl, meist aber 0,4—0,5% Mn bei gewöhnlicher Qualität und bis zu 0,8% bei harten Stücken. Das Schaubild Abb. 23, das für sauren Elektrostahl entworfen ist, nennt Si- und Mn-Gehalte, die beim gewöhnlichen Martinstahl erhöht werden müssen.

Abgesehen davon kommen hochmanganhaltige legierte Stähle in Betracht, die eine eingehende Betrachtung in anderen Kapiteln erfordern.

Die Rolle des Mangans als wirkungsvollstes Desoxydationsmittel ist im Kapitel 5 eingehend gewürdigt.

In der hohen Temperatur des Martinofens findet eine Rückwanderung des Mn aus der Schlacke statt, indem MnO reduziert wird. Dies kann durch den Kohlenstoffgehalt des Bades und auch im Sinne des Rechtsverlaufes der hier genannten Reaktion erfolgen: $MnO + Fe \rightleftharpoons Mn + FeO$. Die Rückwanderung geschieht allerdings nur im basischen Ofen. Im sauren Ofen hält die Kieselsäure das MnO fest und gibt es nicht oder in ganz geringem Maße zur Reduktion frei. Diese Rückwanderung des Mn in das Bad äußert sich bei Schöpfproben in einem Abnehmen des Mn-Gehaltes der Schlacke und einem Zunehmen des Mn im Bade, z. B. von 0,05% auf 0,15%, wie es Campbell feststellte[3]. Man kann, wenn die Reaktion stattfindet, an Ferromangan sparen, was wirtschaftlich von großer Bedeutung ist. Abgesehen davon muß man dieses stetige Einfließen von kleinen Manganmengen in das Bad als sehr wirkungsvoll in bezug auf die Desoxydation und die Entschwefelung ansehen.

Beim Roheisenmartinieren hat diese Rückwanderung des Mn eine größere Bedeutung als beim Schrottmartinieren. Aber auch bei letzterem muß die Schlackenführung so geschehen, daß sie in möglichst großem Maße stattfindet.

Es ist dies möglich, wenn man neben dem Mn-Gehalt den Kalkgehalt der Schlacke beachtet. Er darf nicht so gering sein, daß die Schlacke dickflüssig wird, aber auch nicht so hoch, daß ihr MnO-Gehalt zu weitgehend verdünnt wird.

Über die Rückwanderung des Mangans im Konverter und im Martinofen ist sehr viel theoretisch gearbeitet, indem man den Umkehrungspunkt der genannten Reaktion auf Grund der Nernstschen Gleichung zu berechnen versuchte[4]. Nach der Ansicht des Verfassers ist dies aussichtslos, weil die zu lösende Gleichung zuviel Faktoren enthält, deren Einfluß nicht übersehen werden

---

[1] Es kommt hier das Massenwirkungsgesetz in Erscheinung; vgl. darüber Stahl u. Eisen 1920 S. 1614 und 1921 S. 1569.

[2] Stahl u. Eisen 1891 S. 546, 1902 S. 638 und 1903 S. 48.

[3] Stahl u. Eisen 1893 S. 872.

[4] Den Anfang machte eine Clausthaler Doktorarbeit von Erich Faust (vgl. Stahl u. Eisen 1927 S. 1871), welche die Formel $\frac{(Mn_s)}{(Fe_s)} = K \cdot \frac{(Mn)}{(Fe)}$ brachte, wobei (Mn_s) = Mangangehalt der Schlacke, (Fe_s) = Eisengehalt der Schlacke, (Mn) = Mangangehalt des Stahls, (Fe) = Eisengehalt des Stahls, K = Konstante, die von Faust für das Thomasverfahren = 247 ermittelt wurde. Den Schluß dieser Arbeiten machte eine Arbeit von Körber (Stahl u. Eisen 1932 S. 133), wo die Konstante $K_{Mn} = \frac{(MnO)}{(FeO)} \cdot \frac{[Fe]}{[Mn]} = 261 \pm 10$ entwickelt ist. Dabei bedeuten die Symbole in [Klammern die Atomkonzentration des im flüssigen Stahlbade gelösten Stoffes, die in (Klammern gelten ebenso für die in der Schlacke gelösten Stoffe.

kann. Auch spielt die Temperatur des Ofens, die Zeit des Herunterfrischens, und die Schlackenmenge eine Rolle. Auch läuft die Reaktion $MnO + C = Mn + CO$ parallel der eben genannten Reaktion.

Man wird sich darauf beschränken müssen, praktische Richtlinien aufzustellen.

In dieser Richtung ist die Arbeit von Naske[1] bemerkenswert, der ein Gleichgewicht bei der Reaktion $MnO + Fe \rightleftharpoons FeO + Mn$ feststellte, wenn der Mn- und Fe-Gehalt der Schlacke gleich ist. Z. B. 15,6% Fe und 15,5% Mn in der Endschlacke. Dieses Gleichgewicht stellt sich bei genügender Zeit dadurch von selbst ein, daß bei weniger Mn in der Schlacke Mn aus dem Flußeisen herbeigeholt wird, und im umgekehrten Falle Mn in das Flußeisen übergeht.

Fehlt es an Mn, so besteht ein Überschuß an FeO in der Schlacke; dann gibt diese FeO an das Flußeisen ab, und es entsteht Rotbruch.

Es ist nach Naske gleichgültig, ob der Mn-Gehalt der Schlacke aus dem Roheisen, dem Ferromangan usw. oder auch aus zugefügtem Manganerz stammt. Ein Überschuß von Mn führt zur Bildung von Mn_3O_4, das die Schlacke dickflüssig macht, wie man beim Setzen von Ferromangan beobachten kann. Nebenbei sei erwähnt, daß auch weiches Flußeisen bei zuviel Mn sofort dickflüssig wird[2].

Diese Erfahrungen von Naske galten lange Zeit als maßgebend. Aber sie begegneten sehr bald Aussprüchen, die eine Verallgemeinerung ablehnten, weil die Verhältnisse meist andere seien, wie sie bei Naske bestanden (Roheisenfrischverfahren). Immerhin kann man den Satz gelten lassen, daß der Eisen- und Mangangehalt der Schlacke nicht allzuweit voneinander liegen soll, und daß es richtig ist, den Mangangehalt des Einsatzes hoch genug zu halten, um genug Mn in der Schlacke zu haben.

Schleicher[3] hat festgestellt, daß bei gutgehenden basischen Martinofenschmelzen der Wert $(CaO + MgO + MnO)$ konstant, und zwar 61,4%, ist. Er berechnet auf dieser Basis die CaO-Menge, die zugesetzt werden muß, wenn man den Mn-Gehalt der Schlacke kennt. Sein Rechnungsbeispiel bestätigt auch annähernd

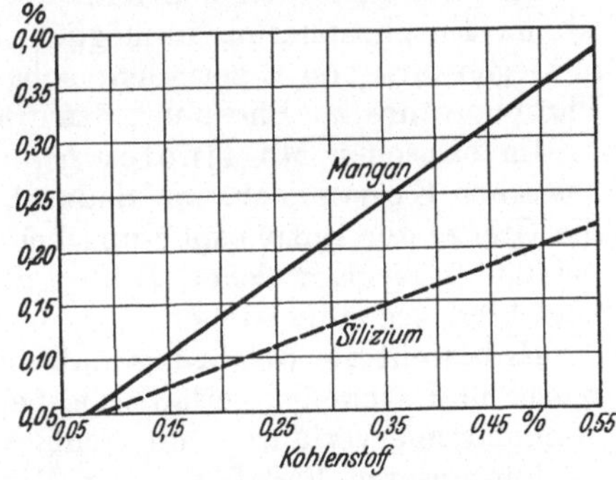

Abb. 23. C, Mn und Si im sauren Elektrostahl nach Barton, vgl. S. 36 oben. (Stahl u. Eisen 1926 S. 1326.)

die von Naske gegebene Regel. Er nimmt 11% Mn und 12% Fe in der Schlacke an. In diesem Beispiel berechnet er die Zusammensetzung einer idealen Schlacke mit folgenden Gehalten: 18,5% SiO_2, 1,5% P_2O_5, 15,4% FeO, 14,2% MnO, 47,2% $(CaO + MgO)$, 2% Al_2O_3, zusammen 98,8%. Aus dieser Betrachtung folgt, daß man bei hohem Mangangehalt im Einsatz weniger Kalk setzen muß.

Zu beachten ist auch, daß aus dem Dolomit des Ofenfutters CaO und MgO in die Schlacke gelangen und gleichzeitig SiO_2 aus den abgeschmolzenen Köpfen und Gewölben und durch Oxydation des Siliziums einfließen.

Der Verfasser berechnet im Hinblick auf den Manganhaushalt für den basischen Ofen die zuzufügende CO-Menge im Sinne des folgenden Beispiels: Eine normale Schlacke enthält 42% CaO, die bei einer Schlackenmenge von 18 kg für 100 kg Stahl[4] 7,6 kg CaO entsprechen. 1,6 kg stammen aus dem Herd,

---

[1] Stahl u. Eisen 1907 S. 157.   [2] Stahl u. Eisen 1902 S. 1357.

[3] Stahl u. Eisen 1930 S. 1778 und Archiv 1930 S. 239.

[4] Vgl. die Berechnungen des Verfassers in seiner Eisenhüttenkunde, Bd. 2, unter Schlacken im Martinbetriebe. Daselbst sind auch viele Analysenergebnisse von sauren und basischen Schlacken genannt.

so daß 6 kg CaO, entsprechend 6,3 kg Kalk, wenn die Verunreinigungen 5% betragen, gesetzt werden müssen.

Auch beim vollständigen Herunterfrischen bleibt beim basischen Ofen 0,2—0,25% Mn im Bade. Bei abgefangenen Schmelzen können es unter Umständen bis 0,5% Mn sein (vgl. die Beispiele für das Fertigmachen).

Beim sauren Ofen wird man am Schluß der Schmelze nur mit zurückgebliebenen Spuren von Mn rechnen können. Der Einfluß der Kieselsäure in der Schlacke begünstigt hier die Oxydation des Mangans in hohem Maße.

Abb. 23 bringt einen Vorschlag von Barton[1] zum Ausdruck, um im sauren Elektroofen den Si- und Mn-Gehalt nach dem Einschmelzen gegeneinander bei verschiedenem C-Gehalt abzustimmen. (Vgl. S. 36 oben.)

23. Das Verhalten des Phosphors.

Phosphor wird ebenso wie beim Windfrischverfahren oxydiert und die Phosphorsäure an FeO zu Eisenphosphat $3\,FeOP_2O_5$ gebunden. In Gegenwart von freiem Kalk zerfällt dieses leicht und geht die Verbindung $4\,CaOP_2O_5$ (andere behaupten $3\,CaOP_2O_5$) ein. Es handelt sich um sehr beständige Kalziumphosphate, die auch nicht durch Kohlenstoff zerlegt werden, sofern eine gut flüssige, kalkreiche Schlacke gebildet ist.

Im sauren Martinofen fehlt die Anwesenheit des freien CaO; infolgedessen ist eine Entphospherung unmöglich; denn das entstandene Eisenphosphat würde in Gegenwart von C zerfallen, sobald die Temperatur steigt. C reduziert die Phosphorsäure zu Phosphor, das wieder in das Bad geht.

Im basischen Martinofen gelingt die Entphospherung noch besser als im basischen Konverter, was dadurch gekennzeichnet wird, daß im ersteren Falle die Grenze der Entphospherung bei 0,01—0,02% und bei gewöhnlichem Einsatz bei 0,03% liegt, welchen Zahlen die Werte von 0,04—0,06 beim Windfrischverfahren gegenüberstehen.

Es besteht die Erfahrung, daß die Entphospherung bei niedriger Temperatur besser und schneller verläuft als bei hoher. Davon war in bezug auf die Roheisenmartinierverfahren mit Schlackenwechsel bereits die Rede.

Für unseren Fall hat dieser Hinweis seine Berechtigung; insofern man die Temperatur am Schlusse dämpfen muß, wenn es sich um die Erreichung ganz besonders niedriger P-Gehalte handelt. Es ist auch zu beachten, daß Phosphor durch die Zusatzlegierungen eingeführt werden kann und auch durch die Asche der als Kohlungsmittel eingesetzten Kohle und Koks.

Ebenso ist zu beachten, daß eine Rückwanderung in das Bad eintreten kann (Rückphospherung), wenn die phosphorhaltige Schlacke im Ofen mit Silizium und Kohle in Berührung tritt; vorausgesetzt, daß die Konzentration der Phosphorsäure in der Schlacke dazu ausreicht. Beim Fertigmachen in Kapitel 31 wird auch davon die Rede sein. Mangan bewirkt keine Rückphospherung.

Beim Schrottmartinieren, wo man selten mehr als 0,15% P im Einsatz und 2—3% P_2O_5 in der Schlacke hat, ist die Gefahr der Rückphospherung nicht so groß. Man kann Hochofenferrosilizium mit etwa 10% Silizium ohne Gefahr in den Ofen setzen; muß es allerdings vermeiden, hochhaltige Siliziumlegierungen und die Kohle zum Aufkohlen am Schluß in den Ofen einzusetzen. Es muß dies unter sorgfältigem Zurückhalten der Schlacke in die Pfanne geschehen. Der chemische Vorgang bei der Rückphospherung ist der, daß Si und C die Phosphorsäure der Schlacke reduzieren.

---

[1] Stahl u. Eisen 1926 S. 1326.

Auch das Aufstreuen von Sand auf die Schlackendecke im Ofen hat dieselbe Wirkung, weil die Kieselsäure die Phosphorsäure aus ihrer Verbindung mit dem CaO verdrängt und der Reduktion durch den Kohlenstoff preisgibt. Man macht von diesem letztgenannten Vorgange Gebrauch, wenn man absichtlich phosphorreiches Flußeisen (Schraubenmuttern) erzeugen will. Bei sauren Martinöfen ist von einer Rückphospherung keine Rede, weil die Schlacke keinen Phosphor enthält.

Durch den Zusatz von Flußspat, der zwecks Entschwefelung vielfach geschieht, wird die Entphospherung begünstigt. Das Setzen von Bauxit hat nicht dieselbe Wirkung (vgl. unter Schwefel).

Der Phosphorsäuregehalt der Schlacke, die beim Schrottmartinieren im basischen Ofen erfolgt, ist so gering, daß sie für Düngezwecke nicht in Frage kommt; wohl aber kann eine Verwendung, abgesehen von der im Hochofen, als Zuschlag im Kupolofen geschehen und geschieht auch unter günstigen Verhältnissen.

24. Das Verhalten des Schwefels.

Schwefel wird im Einsatz durch Schrott, Roheisen und mitunter durch den Kalk eingetragen; abgesehen davon durch die Feuergase, die den Schwefel als SO_2, SO_3, H_2S und andere gasförmigen Verbindungen enthalten, und an das Eisen abgeben. Ein Schwefelgehalt des Kalkes ($CaSO_4$) geht restlos in das Bad über. $CaSO_4 + Fe + 3 C = CaO + FeS + 3 CO$. Auch der Kesselstein, der mit dem Schrott (Siederohre) eingeführt werden kann, ist immer gipshaltig und deshalb auszuschalten.

Im Stahlbade vollzieht sich eine Abnahme des Schwefels. Diese kann den Zugang aus den Feuergasen ausgleichen und sogar übertreffen. Im letzteren Falle hat man dann eine Entschwefelung.

Man muß den sauren und den basischen Ofen unterscheiden. Im sauren Ofen liegt die Sache so, daß die Abnahme nicht den Zugang aus den Feuergasen ausgleicht. Man muß mit einem Wachsen des Schwefelgehalts rechnen. Im basischen Ofen hat man im allgemeinen eine Abnahme, z. B. von 0,04% im Einsatz auf 0,02% am Ende, wie es im Schaubild Abb. 22 dargestellt ist.

Es ist aber typisch für die Schwefelfrage, daß diese Abnahme mit einer Unzuverlässigkeit behaftet ist, die dazu zwingt, peinlich genau auf Schwefelarmut des Einsatzes bedacht zu sein, um eine Reserve zu haben, die vor Überraschungen im Betriebe schützt.

Es soll hier zunächst vom Gasschwefel die Rede sein, dessen Menge sehr bedeutungsvoll ist. Es besteht die Erfahrung, daß man im Generatorgas nicht mehr als 3 g S im Kubikmeter haben darf, wenn man mit Sicherheit die Grenze von 0,06% S im Stahl einhalten will. Man kann annehmen, daß durch die Gase ein Schwefelgehalt von mindestens 0,015—0,020 kg für 100 kg Stahl hineingetragen wird.

Braunkohlenbriketts sind schwefelreicher als Steinkohlen und bedingen in dieser Hinsicht Vorsicht[1]. Man verwendet deshalb meist Gemenge von solchen Briketts und Steinkohle und nicht erstere allein.

Eigenartig ist das Verhalten des Schwefels in den Luft- und Gaskammern. Die Steine dieser Kammern sind mit Flugasche belegt, die fast aus reinem Fe_2O_3 und Mn_2O_3 besteht. Diese halten den Schwefel zurück. Es bilden sich Sulfide und Oxysulfide.

Nach dem Umsteuern findet durch Herantreten der heißen Abgase ein Röst-

---

[1] Stahl u. Eisen 1924 S. 911.

vorgang statt. Der Schwefel wird wieder ausgeatmet[1]. Dieser Schwefelumsatz in den Kammern umfaßt 10—15% des gesamten Gasschwefels. Eine Verhinderung der Aufnahme des Gasschwefels kann geschehen, wenn man eine dichte Schlackendecke hält, welche das Bad von den Feuergasen trennt. Es ist dies allerdings nur in sauren Öfen möglich und kommt im Bochumer Duplexverfahren zum Ausdruck, indem der im basischen Ofen erzeugte Stahl in einen sauren Ofen zwecks Abstehenlassen übergeführt wird. In dem letzteren wird die richtige Schlackenbeschaffenheit durch Einsetzen von Sand und etwas Tonmehl herbeigeführt.

Der Vorgang der Entschwefelung des Bades ist im wesentlichen auf die Ausseigerung von Schwefelmangan zurückzuführen. Dies gelangt ebenso wie im Mischer an die Oberfläche. Hier wird es in der Schlacke gelöst und auf diese Weise der Schwefel mit ihr entfernt. Dabei sind allerdings einige Vorbedingungen zu erfüllen. Das zur Bildung von MnS nötige Mangan muß ebenso wie beim Thomasverfahren aus der Schlacke durch Reduktion zurückgewonnen werden, damit es in statu nascendi wirken kann[2]. Eine weitere Bedingung ist die, daß die Schlacke dünnflüssig und lösungskräftig genug ist. Das MnS muß sofort gelöst werden, um nicht der Zerlegung anheimzufallen. Die Betriebserfahrungen bestätigen die letzten Sätze.

Daß man im sauren Ofen keine oder eine sehr unbedeutende Entschwefelung hat, hängt damit zusammen, daß hier das durch Reduktion aus der Schlacke zurückgewonnene Mn fehlt, weil das MnO durch die Kieselsäure festgehalten wird. Es liegt nahe, zu glauben, daß CaS gebildet wird, aber dies ist unmöglich, solange FeO in großer Menge in der Schlacke anwesend ist.

Beim Elektroofen gelingt die Entschwefelung auch nur, wenn man eine FeO-freie Schlacke hat. Diese im Martinofen zu erzeugen, ist praktisch unmöglich. Im Elektroofen ist dies anders.

Sobald FeO in der Schlacke ist, vollzieht sich der Vorgang MnS + FeO = FeS + MnO, d. h. der Schwefel wandert wieder ein. Es bleibt auf diese Weise nur übrig, anzunehmen, daß das Mangan der Träger der Entschwefelung ist. Die Erfahrung bestätigt dies auch insofern, als nur bei einem ausreichenden Mn-Gehalt im Einsatz ein schwefelarmer Stahl erzeugt werden kann.

Künstliche Entschwefelungsmittel.

Als ein solches ist Flußspat zu nennen. Das Setzen von Flußspat wurde seit jeher überall da angewendet, wo die Schlacke nicht dünnflüssig genug war. Die entschwefelnde Rolle des Flußspats wurde erst etwa um 1920 bekannt[3]. Allerdings stimmte die Zunahme des Schwefelgehalts der Schlacke nicht mit der Abnahme des Schwefelgehalts des Bades überein, was zu der Annahme führte, daß ein Teil des Schwefels in gasförmigen Fluorverbindungen mit den Essengasen entführt wurde. Man stellte auch fest, daß die Schlacke nicht unbegrenzte Mengen von Flußspat aufnehmen kann. Das Maximum liegt bei 1% Flußspat vom Einsatz. Man setzt aber meist nur 0,2%.

Das Mittel wird aber nicht gern angewendet, weil Ofenhaltbarkeit und Pfannenhaltbarkeit leiden, wenn auch nicht in dem Maße, wie es anfangs befürchtet wurde. Man hat in dieser Richtung auch einiges hinzugelernt und gibt Flußspat erst am Ende der Schmelze.

---

[1] Die Versuche sind auf den mit Mischgas geheizten Martinöfen der Dortmunder Union gemacht. Im cbm Gas waren 2—5 g im Kubikmeter. Der Schwefel war zu 99% in H_2S gebunden. Stahl u. Eisen 1932 S. 677.

[2] Osann: Das Verhalten des Schwefels im Konverter. Stahl u. Eisen 1919 S. 961.

[3] Stahl u. Eisen 1921 S. 357 (Schleicher).

Schleicher[1] fand 0,08% S im Stahl und 0,26% S in der Schlacke, wenn er ohne Flußspat schmolz und 0,048% S und 0,31% S, wenn er mit Flußspatzusatz schmolz.

Ein amerikanischer Bericht[2] sagt, daß im Jahre 1924 in den Vereinigten Staaten 3,53 kg Flußspat für 1 t Stahl gesetzt seien. Der Berichterstatter (Bostwik) setzt 2,7 kg. $^1/_2''$—$^1/_6''$ sei die richtige Stückgröße. Bis 6% SiO_2 im Flußspat schadet nichts. Das Ofenmauerwerk leidet beim basischen Ofen nicht nennenswert, wohl aber beim sauren Ofen.

Die Wirkungsweise des Flußspats ist, abgesehen von den gasförmigen Fluorschwefelverbindungen, dahin zu deuten, daß die Schlacke dünnflüssig wird und das MnS in statu nascendi löst.

Die Tatsache, daß bei Flußspatzusatz die Zitratlöslichkeit der Schlacke verlorengeht, hat hier bei Stahlguß keine Bedeutung, weil man die Schlacke nicht als Düngemittel verwendet.

Das Zufügen von Manganerz hat keinen Erfolg[3]. Dasselbe gilt von einem Gemisch von Chlorkalzium und Kalk (Saniter[4]).

Die Anwendung von Bauxit ist in ungarischen Werken versucht. Es sind Tonerdegehalte bis zu 30% in der Schlacke erzielt. Nach Mars[5] kann man aber im Martinofen keine Vorteile in bezug auf Entschwefelung und Entphospherung erwarten.

Die Anwendung von Strontianit ist versucht. Sie ist viel zu teuer und leistet nicht mehr als Flußspat[6].

In einer Forschungsarbeit über den Schwefel im Martinofen gibt Herty[7] die folgende Zahlentafel für den Martinofen.

Zulässiger S-Gehalt im Stahl %	Zulässiger S-Gehalt		
	in der Generatorkohle %	im Teer oder Öl %	im Koksofengas g im cbm
0,02	0,38	0,40	2,22
0,03	0,49	0,51	2,82
0,04	0,59	0,61	3,43
0,05	0,67	0,69	3,87
0,06	0,73	0,75	4,19
0,07	0,77	0,79	4,44

25. Das Verhalten der anderen Eisenbegleiter.

Es sollen hier nur diejenigen besprochen werden, die für den Martinofenbetrieb in Stahlgießereien Bedeutung haben. Es sind Elemente, die absichtlich eingeführt werden, und solche, die ohne Wollen des Erzeugers in den Martinofen gelangen. Es kommen Cu, Ni, Cr, As, V, Ti, Mo, Sn, Zn, Co in Betracht.

Kupfer.

Ein geringer Cu-Gehalt ist fast immer im Stahlguß vorhanden. Er ist unschädlich; sofern der Schwefelgehalt gering ist. Der Kupfergehalt wird allein schon durch das Siegerländer Stahleisen in den Einsatz gebracht, das bis zu 0,3% Cu enthält. Ebenso war der Siegerländer Puddelstahl, den Krupp zum Tiegeleinsatz für Geschützrohrblöcke verwendete, stark kupferhaltig, ohne daß sich Nachteile ergaben.

Bei Sonderstählen werden wir von absichtlich zugefügtem Kupfer hören, wenn es sich darum handelt, hohe Festigkeitswerte und Korrosionswiderstand zu erzielen. Schwierigkeiten beim Zusatz bestehen nicht. Man kann annehmen, daß das gesamte zugesetzte Kupfer in das Stahlbad geht.

[1] Stahl u. Eisen 1921 S. 357.   [2] Stahl u. Eisen 1928 S. 550.
[3] Stahl u. Eisen 1902 S. 1357.   [4] Stahl u. Eisen 1895 S. 616.
[5] Stahl u. Eisen 1929 S. 1339 und Archiv 1929/30 S. 103.
[6] Persönliche Notiz.   [7] Stahl u. Eisen 1929 S. 1769.

Nickel.

Der Verlust beim Schmelzen ist gering — je nach den Umständen 0,7—7%. Letzterer Wert gilt, wenn viel Späne verwendet werden. Infolgedessen kann man im Gegensatz zu Chrom den Nickelschrott oder das Reinnickel (Würfelnickel[1]) gleich im Anfang setzen. Meist wird man aus wirtschaftlichen Gründen Nickelschrott verwenden, der eine sorgfältige Überwachung in bezug auf Lagerung und Bezeichnung erfordert. Man muß aber einen heißen Ofen haben, um der Schmelzpunkterhöhung durch Nickel Rechnung zu tragen. Würfelnickel darf man nur in den hoch aufgeheizten Öfen setzen und muß es vorwärmen.

Chrom.

Chrom wird im Martinofen so stark oxydiert und verschlackt, daß das anfangs gesetzte Chrom zu 90% verlorengeht. Man setzt das Ferrochrom[2] mit etwa 60% Cr, bei 6—10% C, gut vorgewärmt, erst am Schluß der Schmelze, etwa 15—20 Minuten vor dem Abstich ein. Man hat auch dann noch einen Verlust von etwa 30%. Die Schlacke wird durch die aufgenommene Chromsäure so dickflüssig, daß sie nicht mehr fließt. Man muß sie zum Ofen herausschieben. Ferrochrom wird auch kohlenstofffrei geliefert, was bei vielen Stählen sehr wesentlich ist. Es ist dann aluminothermisch, im Sinne der Reaktion $2\,Fe + Cr_2O_3 + 2\,Al = Al_2O_3 + 2\,FeCr$ im Tiegel ohne Zuhilfenahme von Brennstoff erzeugt[3]. Neuerdings erzeugt man es auch im Elektroofen. Kohlenstoffarmes Ferrochrom ist viel teurer als das gewöhnliche Ferrochrom.

Arsen.

Arsen findet sich im Roheisen und auch im Schrott. Es geht im vollen Betrage in den Stahl. Absichtlich wird es nicht eingeführt, es wirkt schädlich (Rotbruch und Kaltbruch). Ein etwaiger Arsengehalt wird am besten dem Schwefelgehalt zugezählt, um die Grenze zu halten, bei der Mißerfolge eintreten. Ein Arsengehalt bis 0,2% soll allerdings nach einer neueren Angabe nicht wesentlich schädlich sein[4].

Vanadium.

Man erfährt beim Schmelzen große Verluste, die zum großen Teil auf Rechnung des im Stahl gelösten FeO kommen. Vanadium ist ein sehr geschätztes Desoxydationsmittel.

Titan.

Titan wird im vollen Betrage verschlackt. Wenn man es in den Ofen einführt, so geschieht es, um zu desoxydieren.

Nach einem amerikanischen Bericht[5] setzte man beispielsweise 6 kg einer Legierung mit 17% Ti, 7,5% C für 1 t Stahl zu.

Titan hat auch die Eigenschaft, den Schwefel zu binden. Es bildet mit ihm einen Stein, der sich zwischen Bad und Schlacke einschaltet[6].

Molybdän.

Es wird absichtlich zugesetzt. Molybdänstähle haben in der Neuzeit eine große Bedeutung, gerade im Maschinen- und Automobilbau erlangt. Beim Zusatz hat man die Erfahrung gemacht, daß praktisch kein Abbrand stattfindet. Molybdän gilt als vorzügliches Entschwefelungsmittel. Es wirkt zweifellos katalytisch.

---

[1] Nickelwerke in Schwerte in Westfalen.
[2] Es enthält auch Mn. Es ist im Schachtofen mit sehr viel Koks erzeugt.
[3] Chemische Fabrik Goldschmidt in Essen.
[4] Stahl u. Eisen 1926 S. 990.   [5] Stahl u. Eisen 1927 S. 101.
[6] Osann: Vorkommen des Titan im Roheisenmischer. Stahl u. Eisen 1921 S. 1487.

Zinn.

Es wird nicht absichtlich zugesetzt, weil es den Stahl rotbrüchig macht. Bei 0,06% Sn bestand diese Erscheinung nach Schleicher[1] noch nicht; wahrscheinlich liegt die zulässige Grenze bei 0,10% Sn[2].

Zinn wird zum Teil oxydiert. Es fanden sich bei einem Versuch 4% in der Flugasche der Gase, 23% in der Schlacke, 74% im Stahl.

Verzinnte Konservenbüchsen kann man billig einkaufen. Man darf aber nicht mehr als 30% im Einsatz haben; andernfalls besteht Rotbruchgefahr[3].

Weißblechabfälle gelangen in Gestalt von Preßballen, im entzinnten Zustande[4] auf den Schrottmarkt. Aber auch diese enthalten noch 0,6% Sn, so daß Vorsicht geboten ist. Man darf höchstens 20% solcher Blechpakete, die sehr starke Neigung zum Rosten haben, im Einsatz haben.

Zink.

Zink verdampft, und der Zinkdampf wird sogleich oxydiert. Nur ein kleiner Teil bleibt im Bade zurück und wirkt zum Teil nützlich, zum Teil schädlich (als Rotbrucherzeuger). Nützlich wirkt es insofern, als es die Entschwefelung wegen der großen Verwandtschaft des Zinks zum Schwefel begünstigt.

Feuerverzinkter Schrott enthält 18% Zn, galvanisch verzinkter 2—3%. Im Mittel kann man mit etwa 8% Zn rechnen. Weil ein solcher verzinkter Schrott sehr billig eingekauft werden kann, hat das Verhalten von Zink praktische Bedeutung; um so mehr, als es möglich ist, den zinkoxydhaltigen Staub aufzufangen und nutzbringend zu verkaufen.

Eine solche Anlage ist auf der Bremer Hütte in Geisweid errichtet und von Schleicher beschrieben[5].

Die Schmelzen wurden mit einem Einsatz geführt, der zu etwa 15% ein sogenanntes Ausschußschmelzeisen war, d. h. aus solchem Schrott bestand, den niemand abnehmen wollte. Darunter waren auch emaillierte und verbleite Teile, die auch 1—1,3% Chlor einführten.

Eine ungünstige Beeinflussung der Stahlqualität ergab sich hierbei nicht. Man gewann für 1 t Stahl 4,5—5 kg Flugstaub mit 54% Zn, 16,5% Pb, 2,02% Sn, 1,2% Cl, der einen Wert von 250—300 RM. je Tonne hatte. (Für 1 t Stahl 1,12 bis 1,50 RM.) Die Abgase wurden in einem Abhitzekessel auf 230° heruntergekühlt und dann einer elektrischen Staubreinigungsanlage (System Cottrell) zugeleitet. Der gewonnene Staub war nicht pyrophor und wurde in Papiersäcken aufgefangen. Um Explosionen zu verhüten, mußte ein Ventil vor das Wechselventil eingebaut werden, um zu verhindern, daß beim Umsteuern Generatorgas in die Abgase fließt.

Das Verhalten des Kobalts.

Man hat Kobaltstähle als Werkzeugstähle. Man muß annehmen, daß es sich gleich oder ähnlich dem Nickel verhält.

26. Das Verhalten der Eisensauerstoffverbindungen.

Schrott und Roheisen führen Fe_3O_4 und Fe_2O_3 ein, die in der Schlacke gelöst werden. Dazu gesellt sich das mit dem Kalk, mit den abschmelzenden

---

[1] Stahl u. Eisen 1927 S. 169.   [2] Stahl u. Eisen 1901 S. 472.

[3] Stahl u. Eisen 1927 S. 169.

[4] Dies Entzinnen geschieht nach einem Verfahren von Goldschmidt (Chemische Fabrik in Essen) durch Einleiten von Chlorgas in vorher luftleer gemachte Gefäße, zwecks Gewinnung von Zinnchlorür (vgl. Stahl u. Eisen 1901 S. 472).

[5] Stahl u. Eisen 1927 S. 169.

Ofenbaustoffen und gegebenenfalls mit Eisenerz eingeführte Fe_2O_3 und das im Verlaufe des Schmelzens und Frischens oxydierte Fe.

Auf diese Weise erklärt sich der Eisengehalt der Schlacke, der als FeO und Fe_3O_4 in Erscheinung treten kann. Allerdings tritt das letztere nur im Anfang des Frischens in erheblicher Menge auf. Später verschwindet es beim sauren Verfahren vollständig und es tritt auch beim basischen Verfahren sehr stark zurück. Der Grund ist in der Reduktion im Sinne der Gleichung: $Fe_3O_4 + C$ (im Bade) $= 3 FeO + CO$ zu suchen. Da beim sauren Ofen dieser Reduktionsvorgang sehr wirksam dadurch unterstützt wird, daß das entstehende FeO von der Kieselsäure der Schlacke in Beschlag genommen wird, so erklärt es sich, daß Martinschlacken aus dem sauren Ofen nur FeO enthalten. Endschlacken aus dem basischen Ofen enthalten vielfach Fe_3O_4, wenn sie aus dem Roheisenmartinierverfahren stammen.

Endschlacken aus dem Schrottmartinierverfahren werden nur geringe Mengen von Fe_3O_4 oder wie meist angegeben wird, von Fe_2O_3 ausweisen. Es hängt dies damit zusammen, daß bei wachsender Temperatur die Verwandtschaft des Kohlenstoffes zum Sauerstoff so groß ist, daß er alle Wettbewerber schlägt. Es kommt infolgedessen in höchster Ofentemperatur nicht nur zu einer Reduktion des Fe_3O_4 zu FeO, sondern auch zur Reduktion des letzteren zu Fe. Die Schlacke wird eisenärmer. Beim Verhalten des Mn ist ausgeführt, daß der FeO-Gehalt zum MnO-Gehalt in einem bestimmten Verhältnis stehen muß. Es ist möglich, den Ofen so zu führen, daß ein Teil des FeO verschwindet. Jedenfalls bildet der FeO-Gehalt der Schlacke ein wichtiges Hilfsmittel, um den Ofengang zu überwachen[1].

27. Die Zusammensetzung und Verwendung der Schlacke.

Die Schlacke des sauren Ofens ist etwa wie folgt zusammengesetzt[2]: $54,2\%$ SiO_2, $2,0\%$ Al_2O_3, $18,1\%$ MnO, $22,2\%$ FeO, $3,5\%$ (CaO + MgO); zusammen 100%. Die eines basischen, auf Stahlguß betriebenen Ofens: $22,3\%$ SiO_2, $6,8\%$ MnO, $12,4\%$ FeO, $42,8\%$ CaO, $9,6\%$ MgO, $1,2\%$ P_2O_5, $1,7\%$ S, zusammen $96,8\%$[3]. Eine andere Zusammensetzung lautet nach Kerpely[4] wie folgt: 15 bis 20% SiO_2, 12—18% FeO, 8—13% MnO, 1—2% Al_2O_3, 41—45% CaO, 9—11% MgO, $1,1$—$2,4\%$ P_2O_5.

Eine Verwendung der Schlacke stößt auf Schwierigkeiten, namentlich dann, wenn der MnO-Gehalt so niedrig ist wie bei der vorstehenden Schlacke, weil die Hochofenwerke nur dann Interesse haben, wenn sie solche Schlacken als Phosphor und (oder) Mangantäger benutzen können. Das erstere kommt hier beim Schrottmartinieren gar nicht in Betracht und das letztere nur ausnahmsweise. Was anderes ist es, wenn die Martinofenschlacke aus basischen Öfen beim Kupolofen als Zuschlag an Stelle des Kalkes gesetzt wird. Davon war im Kapitel 23 die Rede.

Von der Schlackenmenge wird im Kapitel 35 gesprochen werden.

28. Die Vorbereitung des Ofens vor dem Einsetzen.

Das Anwärmen.

Es muß sehr sorgfältig und langsam geschehen, um die Hitze in das Mauerwerk allmählich eindringen zu lassen, damit das Entweichen der Feuchtigkeit

---

[1] Von einem amerikanischen Betriebe wird berichtet, daß der Ofen nicht eher abgestochen wird, als bis der Eisengehalt der Schlacke auf 18% FeO vermindert ist. Archiv April 1931.

[2] Durchschnittswert aus 6 Schlackenanalysen.

[3] Aus dem Aufsatz des Verfassers: Martinschlacke im Gießereischachtofen. Gießerei 1929 S. 772.   [4] Gießerei-Ztg. 1928 S. 568.

Schritt halten kann. Beim basischen Ofen muß man den Herd durch Ausschuß-
bleche und Kalkmehl schützen. Die Anker dürfen nicht in allzugroße Spannung
kommen. Man prüft am Klang, ob Rißgefahr besteht. Das Gewölbe wird gegen
die Anker abgestützt oder belastet, damit nicht die Fugen klaffen.

Man beginnt mit einem Holzfeuer, dann folgt ein Koksfeuer und erst dann,
wenn der Ofen warm ist, läßt man das Gas vorsichtig eintreten. Dabei darf
sich kein explosibles Gemisch bilden. Bei Generatorgas öffnet man alle Klappen
der Leitung und schließt sie, vom Gaserzeuger anfangend, erst dann, wenn reines
Gas ausströmt.

Das Flicken.

Nach jeder Schmelze muß der Herd geflickt werden, indem man beim sauren
Ofen einen etwas tonigen Sand, beim basischen Ofen Teerdolomit einträgt.
Vorher muß aber aller flüssiger Stahl „ausgepumpt" werden und auch da
ausgeschmolzen werden, wo sich Stahl in den Rissen festgesetzt hat.

Dieses Ausschmelzen geschieht beim sauren Ofen durch Eintragen von verrosteten Spänen oder Eisenerz, beim basischen Ofen am besten durch Eintragen
von Eisenerz, da Sand eine zu dünnflüssige Schlacke ergibt. Wenn man einen
von Stahl durchsetzten Herd hat, so kann man keinen heißen Stahl erwarten,
weil die Wärme nach unten abgeleitet wird. Die Rückwand flickt man beim
basischen Ofen durch Anwerfen von weißem Dolomit. Teerdolomit ist hier nicht
anwendbar, weil die Teerdämpfe die Beobachtung hemmen.

Das Umschalten.

Es geschieht in Zeiträumen, die zu Beginn der Schmelze etwa 30 Minuten,
am Ende unmittelbar vor dem Abstechen nur 5—7 Minuten betragen. Man
schränkt die Zahl der Umschaltungen ein, weil jedes Umschalten die in der Gaskammer befindliche Gasmenge ungenutzt in den Essenkanal abfließen läßt;
muß aber auch Rücksicht auf die Ofenhaltbarkeit ausüben.

Am Schluß der Schmelze, wenn nicht mehr nennenswerte Schmelzarbeit
geleistet wird, geht der Ofen so heiß, daß der Schmelzer die Flamme schnell
von dem gefährdeten Kopf wegnehmen muß, um ein Abschmelzen zu verhüten.
Zuerst muß man die Gasklappe umlegen, bis das in der Kammer befindliche
Gas in den Essenkanal abgeflossen ist. Erst dann folgt das Umlegen der Luftklappe. Nach einem Stillstande oder bei einem neuen Ofen muß man dafür sorgen,
daß der Essenkanal heiß ist, damit beim Umschalten das austretende Gas sofort
entzündet wird. Die neueren mit Preßluft gesteuerten Umschaltventile haben
sich gut bewährt. Die alten, von Siemens erfundenen, niemals dicht schließenden Klappenventile findet man heute nur noch bei der Luft. Für das Gas
verwendet man heute nur noch die Forterventile (Abb. 7), bei kleineren
Öfen wohl auch Glockenventile mit Wasserabschluß.

Die Messung des Gasdrucks und der Gasmengen.

Sie geschieht mit denselben Apparaten wie beim Hochofen und Kupolofen,
vorwiegend mit selbstschreibenden Vorrichtungen. Auch der Luftüberschuß[1]
wird auf diese Weise dauernd festgestellt (Omecoapparat)[1]. Ein Apparat zur
Regelung der Gasmengen ist in Gestalt des Askaniareglers in Abb. 14 dargestellt.

---

[1] Stahl u. Eisen 1931 S. 670 und Archiv April 1931.

29. Das Einsetzen.

Es handelt sich um Roheisen, Schrott und Zuschläge.

Die Zuschläge.

Beim sauren Martinbetriebe fehlen sie oder beschränken sich auf die Zugabe von ein wenig Sand, falls die aus dem Siliziumgehalt des Einsatzes gebildete SiO_2 nicht ausreichen sollte[1]. Fehlt es an Kieselsäure, so erhält die Schlacke einen höheren FeO-Gehalt, was nicht günstig ist. Mitunter muß man auch nachträglich etwas Kalk setzen, falls die Schlacke nicht dünnflüssig genug ist.

Beim basischen Ofen setzt man gebrannten Kalk, und zwar möglichst reinen und unter allen Umständen gipsfreien Kalk. Statt des Kalkes kann man auch Kalkstein setzen, wird dies aber beim Schrottverfahren nur ausnahmsweise tun, weil der Ofen dann zum Kaltgehen und zu Herdansätzen neigt, und die Schmelze verzögert wird.

Beim Roheisenmartinieren ist dies etwas anderes; aber das kommt beim Stahlguß nicht in Betracht. Man sucht an Kalk zu sparen. Meist kommt man mit 3—5% vom Einsatz aus, wenn man darauf hält, daß dieser nicht mehr als etwa 0,15% P enthält. Ein höherer P-Gehalt bedingt eine größere Schlackenmenge und verzögert die Schmelze. Im Sinne der Formel $4\,CaOP_2O_5$ kann man berechnen, daß auf 1 kg P 3,6 kg CaO oder etwa 3,9 kg Kalk kommen. Man kann annehmen, daß der Kalksatz gleichsinnig im Verhältnis zum P-Gehalt des Einsatzes steigt.

Vom Flußspatzusatz war beim Schwefel die Rede. Dasselbe gilt vom Zusatz tonigen Sandes als Schlackenbildner, um eine dichtschließende Schlackendecke im sauren Ofen zu bilden.

Der Roheisenanteil.

Die Regel bilden 25—33%, aber es kommen auch 12% und auf der anderen Seite 40%, ja sogar 70% vor. Man hält darauf, daß im metallischen Einsatz 0,7—1,3% (meist 1,1%) Si und 1,8—3% Mn[2] bestehen und erreicht dies durch Einsetzen von Stahleisen, dem man aber immer Hämatit oder Kokillenbruch zufügen muß, um den Si-Gehalt zu wahren. Meist ist es wirtschaftlich richtig, möglichst weit mit dem Roheisenanteil herunterzugehen, aber es ist dadurch eine Grenze gesetzt, daß die Qualität leidet und andererseits auch die Schmelze eine Verlängerung dadurch erfährt, daß der Schrott kein Schmelzbad zum Eintauchen vorfindet und dadurch das Schmelzen erschwert wird. Bei hohen Qualitätsanforderungen und (oder) bei hartem Stahl hält man auf einen höheren Roheisenanteil.

Von dem Aushilfsmittel, den Schrott durch Einfügen kohlender Mittel aufzukohlen, macht man vielfach, wenn auch nur ungern Gebrauch, kann aber auch dann nicht den Roheisenanteil unter 12% senken[3] (vgl. Kapitel 20). Als Kohlungsmittel kommt gemahlener Koks oder Anthrazit, Retortengraphit oder auch Holzkohle (in Stücken) oder auch böhmischer Graphit in Betracht. Es entwickelt sich bei der Verbrennung eine Stichflamme, welche das Gewölbe stark angreift. Um sie abzuschwächen, muß man dafür sorgen, daß die Kohle usw. sogleich überdeckt wird. Andererseits muß man dafür sorgen, daß das Einsetzen nur bei heißem Ofengang erfolgt und die kohlenden Mittel nur auf heißen Schrott

---

[1] Bei einem höheren Si-Gehalte des Roheisens (etwa 1,25—2% Si) reicht die daraus entstehende Kieselsäure meist aus.

[2] Unter 1,6% Mn soll man keineswegs haben.   [3] Vgl. Stahl u. Eisen 1927 S. 779.

gelegt werden, damit nicht eine schäumende Schlacke entsteht, von der beim Kohlenstoff die Rede war. Briketts aus einem Gemisch von Kohle und Eisenspänen haben sich in dieser Richtung gut bewährt. Auch kann man Briketts verwenden, die aus einem Gemisch von Rostspat oder Manganfeinerz und Kohle hergestellt sind, um gleichzeitig Mangan einzuführen. Beschränkt man den Roheisenanteil, so muß man Ersatz für den fehlenden Si- und Mn-Gehalt durch Zusatzlegierungen schaffen.

Bei den Martinöfen in Brandenburg kam man mit einem Zusatz von 2,5% Anthrazit aus, wenn man nur 12% Roheisen in Gestalt von Gußeisenspänen setzte[1]. Es ist wirtschaftlich richtig, einen Teil des Roheisens durch Gußeisenspäne zu ersetzen, muß aber berücksichtigen, daß diese infolge des Zerstäubens des Graphits weniger Kohlenstoff besitzen, als man gewöhnlich annimmt.

Abgesehen davon muß man beachten, daß solche Späne niemals auf die Herdsohle fallen dürfen. Man gibt sie am besten mit gemahlener Kohle oder Graphit, naß gemacht, mitten in den Schrott, falls man nicht die obengenannten Briketts anwenden will.

Wenn man das Roheisen im flüssigen Zustande einsetzen kann, so ist dies sehr vorteilhaft. Man erhöht die Ofenleistung um 10%, vermindert den Brennstoffverbrauch um 15% und kann den Roheisenanteil um 10% kürzen, ohne Nachteile in bezug auf Qualität und Ofenhaltbarkeit zu erfahren[2].

Die Auswahl des Schrottes.

Beim sauren Ofen muß man peinlich genau auf Phosphorarmut Bedacht nehmen, was aber keine Schwierigkeiten bereitet, wenn man auf die Verwendung von zusammengelesenem Altschrott verzichtet und die Abfälle der Konstruktionswerkstätten und Maschinenfabriken einsetzt.

Man unterscheidet Kernschrott und leichten Schrott. Man gibt ersterem den Vorzug, weil er weniger Abbrand und geringere Einsatzlöhne erfordert. Im Gegensatz dazu steht sperriger Schrott. Letzteren kann man allerdings in Schrottpressen paketieren, um das Einsetzen zu erleichtern; aber auch in dieser Form steht er hinter gutem Kernschrott zurück. Von Weißblechabfällen und verzinkten Blechabfällen war beim Zinn und Zink die Rede.

Feine Stahlspäne setzt man lieber nicht ein und überweist sie dem Hochofen. Grobe Späne kann man in geringem Anteil verwenden, im Notfalle mit gemahlener Kohle vermischt, wie bei Gußeisenspänen. Von Schrott, der Schwefel in das Bad einführt, war beim Schwefel die Rede.

Die Reihenfolge beim Einsetzen.

Die Reihenfolge ist: $1/4$—$1/3$ des leichten Schrottes vorweg (aber keine Späne!), dann Roheisen und dann der Rest des Schrottes, aber immer so, daß der leichteste Schrott und die Späne überdeckt sind.

Vom Kalk gibt man die Hälfte gleich zu Beginn, aber nicht unmittelbar auf die Herdsohle. Den Rest setzt man später zu, wenn das Kochen im vollen Gange ist. Es ist vorteilhaft, etwas Spiegeleisen kurz vor dem Herunterschmelzen einzusetzen. Muß man Kohlungsmittel einsetzen, so gibt man sie vermischt mit leichtem Schrott und immer bedeckt von Schrott obenauf. Muß man Flußspat zwecks Entschwefelung setzen, so darf dies nur am Schluß geschehen. Es hat keinen Zweck, mehr als 0,2% vom Einsatz zu setzen.

Nickel erfährt nur geringen Abbrand. Man setzt Nickelschrott gleich am Beginn ein. Würfelnickel setzt man, wenn der Ofen heiß geworden ist. Vgl. Kapitel 25. Chromeisen darf man erst kurz vor dem Abstich einsetzen.

---

[1] Vgl. die obige Quelle.   [2] Stahl u. Eisen 1930 S. 1489.

30. Das Schmelzen und Auskochenlassen.

Nach dem Flüssigwerden des Einsatzes setzt das Kochen ein, das durch starkes Blasenwerfen gekennzeichnet ist und nach $^3/_4$ bis 1 Stunde den Höhepunkt erreicht. Bei einem Martinofen von etwa 40 t Fassungsvermögen muß man für das Flicken und Einsetzen etwa 1 Stunde, für das Schmelzen $3^1/_2$ Stunden, für das Auskochenlassen $1^1/_2$ Stunden, und für das Fertigmachen und Abstehenlassen meist $^1/_2$ Stunde rechnen. Zusammen etwa $6^1/_2$ Stunden. Bei einem Fassungsvermögen von 30 t sind es etwa 6 Stunden, bei 20 t $5^1/_2$ Stunden, bei 10 t 5 Stunden, vom Beginn des Flickens bis zum vollendeten Abstich.

Will man die Schmelze abkürzen, so kann man durch Einsetzen von etwas stückigem Eisenerz oder Zugabe von stark verrosteten Spänen, das Herunterkohlen abkürzen. Man muß dies Hilfsmittel aber zeitig genug und nicht erst am Ende der Kochperiode gebrauchen. Während des Schmelzens und Auskochenlassens beschränkt sich die Aufgabe des Schmelzers auf die Überwachung der Temperatur und des Schlackenflusses, das Umschalten und das Nachsetzen von etwas Spiegeleisen am Schluß.

Die Schlacke des basischen Ofens muß den richtigen Grad der Dünnflüssigkeit haben; sie darf auch nicht zu dünnflüssig sein. Sie muß wie ein Pelz das Bad bedecken. Dies muß durch Geben der richtigen Kalkmenge, möglichst ohne Zugabe von Flußspat erreicht werden. Im allgemeinen gilt die Regel, mit dem Zusetzen von Kalk zögernd zu verfahren, um den Flüssigkeitsgrad immer in der Hand zu behalten.

Beim Einsetzen war auch vom Kalkgeben im Anfang und während des Kochens die Rede. Das Setzen von Kalkstein an Stelle des Kalkes wird nur dann zu empfehlen sein, wenn außerordentlich hohe Qualitätsforderungen bestehen[1]. Man kommt dann mit dem Phosphorgehalt weiter herunter und hat auch sonst bessere Qualität, allerdings bei höheren Gestehungskosten.

Beim sauren Ofen ist es leichter, die Dünnflüssigkeit der Schlacke richtig einzustellen, weil die Schlackenmenge viel geringer ist, und etwas Sand und im Notfalle etwas Kalk sofort in Wirkung tritt.

31. Das Fertigmachen der Schmelze.

Es geschieht am Schlusse des Kochens oder Frischens, um die Desoxydation durchzuführen und dem Stahl die zweckentsprechende Zusammensetzung zu geben. Das Ende des Frischens kann mit der weitmöglichsten Entkohlung zusammenfallen oder man kann auch die Schmelzen „abfangen", d. h. bei einem höheren C-Gehalt fertigmachen, um an Zeit und Mangan zu sparen.

Dies geschieht gern bei härteren Stahlgußstücken. Vorbedingung ist ein heißgehender Ofen, damit der Stahl trotz der verkürzten Zeit doch heiß genug ist.

Das Fertigmachen kann erst geschehen, wenn die Vorprobe erwiesen hat, daß der Zeitpunkt gekommen ist.

Die Vorprobe.

Sie steht im Gegensatz zur Fertigprobe, die beim Abstich oder aus der Gießpfanne geschöpft wird. Die Gußform für die Probe wird durch zwei rechtwinklig gebogene □-Eisen gebildet, die auf ein Blech derart gelegt werden, daß ein Stab von 50 □ bei 200 mm Länge gegossen werden kann. Man kann auch zylindrische Körper von etwa 50 mm ⌀ gießen.

Die Vorprobe soll zeigen, daß das Bad heiß genug und die Entkohlung und die Entphospherung weit genug fortgeschritten ist. Dies kann man erkennen,

____
[1] Vgl. Stahl u. Eisen 1932 S. 749.

wenn man zu einem Stabe von quadratischem Querschnitt (z. B. 15×15 mm) ausschmiedet und die im Wasser abgelöschte Probe um 180°, unter Zuhilfenahme eines Dorns biegt, um zu sehen, ob ein Riß entsteht. Je kleiner der Durchmesser des Dorns gewählt werden kann, um so kohlenstoffärmer ist der Stahl.

Dieses umständliche Verfahren wird durch Ablöschen und Brechen der ungeschmiedeten Probe (etwa 50×25 mm) ergänzt.

Bei mehr als 0,55% C entstehen Härterisse. Man hört das Knacken. Bei mehr als 0,4% C zerbricht die hohlgelegte Probe beim ersten Schlag. Bei 0,3—0,4 C zeigt sich in der Bruchfläche ein schmaler Saum von „Sehne" Bei 0,1% C füllt die Sehne den ganzen Querschnitt aus. Am Biegen vor dem Bruch und dem Zurückwerfen des Hammers merkt man, daß der Stahl weich ist.

Das Schöpfen der Probe geschieht mit dem immer in gleicher Weise angewärmten Gießlöffel. Man beobachtet das Spiel des flüssigen Stahls und den Gießlöffel nach dem Guß. Der letztere muß frei von Ansätzen sein; andernfalls ist der Stahl nicht heiß genug.

Das Fertigmachen im basischen Ofen darf nicht geschehen, bevor die Probe auf Kaltbruch anzeigt, daß die Entphospherung ausreichend ist. Man plattet den gegossenen Zylinder von etwa 50 mm $\varnothing$ unter dem Hammer zu einer Scheibe aus, löscht ab und bricht.

Ein zu hoher Phosphorgehalt wird durch Auftreten von „Perlschnüren" in der Bruchfläche, d. h. von in Reihen geordneten großen Krystallen gekennzeichnet.

Man verwendet auch vielfach ein sogenanntes Karbometer, um den Kohlenstoffgehalt der Probe unmittelbar festzustellen. Das Verfahren beruht darauf, daß der Kohlenstoffgehalt das elektrische Leitungsvermögen und die magnetischen Eigenschaften beeinflußt (Genauigkeit $= 0,01°$ C)[1].

Das Geben der Zusätze.

Es handelt sich um Legierungen, die Mn, Si und C einführen. Von anderen Elementen wird bei legierten Stahlgußstücken die Rede sein. Aluminium wird metallisch in kleiner Menge verwendet, um nachträglich den Stahl in der Pfanne oder in der Block- oder Gußform zu beruhigen. Neuerdings verwendet man allerdings auch eine Aluminium-Silizium-Legierung, die in der Pfanne zugesetzt wird (vgl. weiter unten).

Man gibt die Zusätze in den Ofen und in die Pfanne. Das erstere ist vorzuziehen, weil dabei eine Temperaturerniedrigung ausgeschlossen ist; das letztere muß geschehen, wenn eine Rückwanderung des Phosphors aus der Schlacke vermieden werden muß (vgl. unter Phosphor). Bei der Auswahl der Zusatzlegierungen muß erwogen werden, ob eine hochhaltige oder geringhaltige Legierung gewählt werden soll. Es ist wirtschaftlicher, die letztere zu wählen, weil sie verhältnismäßig billig ist.

Beim Konverterverfahren ist dies allerdings ausgeschlossen, aber beim Martinverfahren durchführbar, weil die mit dem Schmelzen der größeren Gewichtsmengen verbundene Temperaturerniedrigung durch die Brennstoffwärme ausgeglichen wird.

Im Hinblick auf die weiter unten folgenden Berechnungen ist die nachfolgende Zahlentafel eingefügt. Es sei hier auch auf Kapitel 5 verwiesen.

Man berechnet die Zusatzmengen, wie dies in den nachfolgenden Beispielrechnungen gezeigt ist. Dies Verfahren setzt voraus, daß die Zusammensetzung des Bades vor dem Zusatz und die Verlustziffern bekannt sind, welche C, Mn, Si erleiden. Diese sind nicht immer gleich. In den folgenden Beispielrechnungen

---

[1] Bezugsquelle Dujardin in Düsseldorf.

Zahlentafel. Chemische Zusammensetzung der beim Fertigmachen
gebräuchlichen Zusatzlegierungen.

	Mn %	Si %	C %	Al %	P u. S
Stahleisen.	5	0,75	4,0	—	
Spiegeleisen	10	0,75	5,0	—	
Ferromangan	60	1,00	6,0	—	
Ferromangan	80	1,00	7,0	—	
Ferrosilizium	1,0	10,00	1,6	—	gering-
Ferrosilizium[1]	0,3	25	0,3	—	fügig
Ferrosilizium[1]	0,3	50	0,3	—	
Ferrosilizium[1]	0,3	75	0,3	—	
Ferrosilizium[1]	0,3	90	0,3	—	
Silikospiegel[2]	20	16	1,1	—	auch
Alsimin[3]	—	35—40	0,5—1,0	40—50	2—3% Ti
Dreistofflegierung[2]	10	10	—	10	—

[1] Elektrisch erzeugt.
[2] Solche Mangan-Siliziumlegierungen bevorzugt man in den Vereinigten Staaten.
[3] Erzeugnis des Elektrizitätswerk Lonza AG. in Basel.

sind sie im voraus angegeben, und zwar sind typische Fälle für weiche, mittelharte und harte Stahlgußstücke herausgegriffen. In diesen Berechnungen
ist die Annahme gestellt, daß alle Zusatzlegierungen außer den Siliziumlegierungen mit 25% und mehr Si in den Ofen und nur die hochsiliziumhaltigen in
die Pfanne eingesetzt werden. In bezug auf die Verlustziffer ist dies von Bedeutung. Die Verlustziffern setzen sich aus den Abbrandziffern und den Verlusten
infolge der Anwesenheit von FeO im Bade zusammen. Es ist unmöglich, beide
Werte voneinander zu trennen.

Die Abbrandverluste sind bei sauren Öfen größer als bei basischen Öfen;
ebenso sind sie größer bei der Erzeugung kohlenstoffarmer Stahlgußstücke im
Gegensatz zum Schmelzen auf kohlenstoffreichere Stücke.

Beim Kohlenstoff muß man den Verlust des in der Legierung enthaltenen C
und den beim Zusatz von gemahlener Kohle usw. unterscheiden. Die letzteren
sind etwas größer. Der Einfachheit wegen ist durchweg mit einem Verlust von
40—50% gerechnet.

Berechnungen, um die Mengen der Zusatzlegierungen zu bestimmen.

1. Beispiel. Es sollen weiche Stahlgußstücke (Dynamostahl) hergestellt
werden. Einsatzgewicht = 10 t. Verlust beim Fertigmachen an C = 50%, an
Mn = 25%, an Si = 45%.

	C	Mn	Si
Erstrebte Zusam- mensetzung . . .	0,1%	0,25%	0,25%
Zusammensetzung des Bades vor dem Zusatz . . .	0,04%	0,20%	0,0%
Es fehlen demnach für 100 kg	0,06 kg	0,05 kg	0,25 kg
Es müssen für 100 kg, unter An- rechnung des Verlustes einge- setzt werden:	$0,06 \cdot \dfrac{100}{50} = 0,09$ kg	$0,05 \cdot \dfrac{100}{75} = 0,07$ kg	$0,25 \cdot \dfrac{100}{55} = 0,45$ kg

Man wählt Ferromangan mit 80% Mn, 7% C, 0,6% Si. Um 0,07 kg Mn
einzuführen, braucht man 0,09 kg Ferromangan, die neben Mn, praktisch ge-

nommen, 0,0 kg C und 0,0 kg Si einbringen. Um den Siliziumgehalt aufzufüllen, setzt man Ferrosilizium mit 45% Si und führt $0{,}45 \cdot \frac{100}{45} = 1$ kg Ferrosilizium ein. Um die fehlenden 0,09 kg C einzuführen, setzt man 0,11 kg Kohle in Gestalt von Koks- oder Holzkohlenpulver mit etwa 90% C in die Pfanne. Für 10 t Stahl demnach 9 kg Ferromangan in den Ofen, 100 kg Ferrosilizium in die Pfanne, 11 kg Kohlen- oder Kokspulver in die Pfanne.

2. Beispiel. Es sollen mittelharte Stahlgußstücke (gewöhnliches Maschinen- und Schiffsbaumaterial) hergestellt werden. Einsatzmenge = 10 t. Verlust beim Fertigmachen an C = 40%, an Mn = 40%, an Si = 45%. Das Bad ist nicht ebenso soweit vor dem Geben der Zusätze heruntergefrischt wie im Beispiel 1.

	C	Mn	Si
Erstrebte Zusammensetzung ...	0,30%	0,45%	0,30%
Zusammensetzung des Bades vor dem Zusatz ...	0,20%	0,30%	0,0%
Es fehlen demnach für 100 kg.....	0,10 kg	0,15 kg	0,30 kg
Unter Anrechnung des Verlustes müssen eingesetzt werden, für 100 kg Stahl :	$0{,}10 \cdot \frac{100}{60} = 0{,}17$ kg	$0{,}15 \cdot \frac{100}{60} = 0{,}25$ kg	$0{,}30 \cdot \frac{100}{55} = 0{,}55$ kg

Man wählt zum Fertigmachen Spiegeleisen mit 10% Mn, 5% C, 0,6% Si und setzt für 100 kg flüssigen Stahl $0{,}25 \cdot \frac{100}{10} = 2{,}5$ kg Spiegeleisen, die 0,12 kg C, 0,25 kg Mn, 0,02 kg Si einführen. Es fehlen dann noch 0,05 kg C, 0,0 kg Mn, 0,53 kg Si. Um das fehlende Si einzuführen, setzt man $0{,}53 \cdot \frac{100}{45} = 1{,}2$ kg Ferrosilizium mit 45% Si. Um die fehlende C-Menge einzuführen, setzt man 0,06 kg Kokspulver mit 90% C . Für 10 t Stahl demnach 250 kg Spiegeleisen in den Ofen, 120 kg Ferrosilizium in die Pfanne, 6 kg Kohlen- oder Kokspulver in die Pfanne.

3. Beispiel. Es sollen harte Stahlgußstücke, z. B. Mahlplatten hergestellt werden. Einsatzmenge = 10 t. Verlust beim Fertigmachen an C = 40%, an Mn = 40%, an Si = 45%. Die Schmelze ist abgefangen, so daß ein C-Gehalt = 0,5% vor dem Fertigmachen besteht.

	C	Mn	Si
Erstrebte Zusammensetzung ...	0,7%	0,8%	0,35%
Zusammensetzung des Bades vor dem Zusatz ...	0,5%	0,5%	0,0%
Es fehlen demnach für 100 kg.....	0,2 kg	0,3 kg	0,35 kg
Unter Anrechnung der Verluste müssen für 100 kg Stahl eingesetzt werden:	$0{,}2 \cdot \frac{100}{60} = 0{,}33$ kg	$0{,}3 \cdot \frac{100}{60} = 0{,}50$ kg	$0{,}35 \cdot \frac{100}{55} = 0{,}64$ kg

Man wählt zum Fertigmachen Spiegeleisen und Ferromangan von der obengenannten Zusammensetzung, unter der Maßgabe, daß die Hälfte des fehlenden Mangangehalts auf ersteres und die andere Hälfte auf letzteres entfällt. Demnach hat man für 100 kg Stahl $0,25 \cdot \frac{100}{10} = 2,5$ kg Spiegeleisen, die 0,12 kg C, 0,25 kg Mn, 0,03 kg Si einführen, und $0,25 \cdot \frac{100}{80} = 0,31$ kg Ferromangan, die 0,02 kg C, 0,25 kg Mn, 0,0 kg Si einführen. Es fehlen also noch $0,33—0,14 = 0,19$ kg C und $0,64—0,03 = 0,61$ kg Si. Wenn man $0,61 \cdot \frac{100}{45} = 1,36$ kg Ferrosilizium mit 45% Si und $0,19 \cdot \frac{100}{90} = 0,21$ kg Kokspulver setzt, so wird dieser Mangel ausgeglichen. Für 10 t demnach: 250 kg Spiegeleisen in den Ofen, 31 kg Ferromangan ebenso, 136 kg Ferrosilizium in die Pfanne, 21 kg Kokspulver ebenso.

Das saure Martinofenverfahren hat gegenüber dem basischen den Vorteil, daß keine Rückphospherung aus der Schlacke eintreten kann. Man kann auch eine gepulverte Legierung mit z. B. 10% Al, 10% Si, 10% Mn, 70% Fe (sogenannte Dreistofflegierung) auf die Schlacke aufstreuen und diese lange Zeit desoxydierend einwirken lassen. Gerade bei Sonderstählen, z. B. Chromnickelstählen, übt man ein solches Verfahren in sauren Martinöfen aus.

Die Art des Gebens der Zusätze.

Es sind hier, abgesehen von dem bereits Gesagten, einige Regeln zu beachten: Man kann im Gegensatz zum Konverterbetrieb hier die Schmelze, geschützt vor Abkühlungsverlusten, abstehen lassen, damit sich die Lösung und die Reaktionen unter Ausscheidung der Oxydationserzeugnisse auswirken können. Im allgemeinen läßt man beim basischen Ofen vom ersten Geben der Zusätze im Ofen bis zum Abstich 20—30 Minuten verstreichen. Nur wenn hochhaltiges Ferromangan gesetzt ist, muß man kürzere Zeit anwenden. Dies letztere gilt auch für den sauren Ofen, damit der Manganabbrand nicht zu groß wird. Ein zweimaliger Zusatz von Ferromangan — der zweite dann viel geringer — hat eine gute Wirkung. Das Abstehenlassen unter Abstellen der Flamme hat gleichfalls eine gute Wirkung.

Ferromangan wird auf den Schwellen der Arbeitstüren vorgewärmt und dann in das Bad gestoßen. Man braucht auf diese Weise nicht zu befürchten, daß die Schmelze infolge der entzogenen Schmelzwärme zu kalt wird, was beim Konverterbetriebe leicht geschehen kann.

Ferrosilizium mit mehr als 10—12% Si gibt man beim basischen Ofen immer in die Pfanne, um eine Rückphospherung zu vermeiden. Diese tritt dadurch ein, daß sowohl Silizium wie auch Kieselsäure das Kalziumphosphat zerlegen und die Phosphorsäure freimachen, die dann durch den Kohlenstoff der Schmelze reduziert wird, indem der Phosphor in das Schmelzbad zurückwandert.

Im Gegensatz dazu kann man sogenanntes Hochofenferrosilizium mit etwa 10% Si ohne Bedenken in den Ofen einsetzen. Man legt es am besten auf die Türschwelle und läßt es langsam abschmelzen.

Beim Auflösen von hochsiliziumhaltigen Legierungen im Stahlbade der Pfanne entsteht eine große Wärmemenge, indem dem Bade die Verbindungswärme einer chemischen Eisen-Silizium-Verbindung zugeführt wird (vgl. Abb. 120). Es kann dabei zu Spritzerscheinungen kommen, welche Lebensgefahr bedingen. Man setzt deshalb die Fe-Si-Legierungen nicht auf den Boden der Pfanne, sondern erst nachdem etwa ein Drittel der Pfanne gefüllt ist.

Während des Abstehenlassens nimmt man noch einmal Probe und verbessert den Kohlenstoffgehalt. Ist etwas zu viel C vorhanden, so setzt man vorsichtig stückiges, reiches Eisenerz, nachdem die Schlacke zur Seite geschoben ist; muß dann aber einige Zeit mit dem Abstich warten. Ist zu wenig C vorhanden, so setzt man Kohlenbriketts oder gemahlenen Koks beim Abstich in die Pfanne.

Die Fertigprobe.

Es wird ebenso wie bei der Vorprobe der Biegewinkel festgestellt, bei dem das Biegen des kalten Stabes erfolgen kann, ohne einen Riß zu erzielen.

Außerdem wird die Kaltbruchprobe auf Phosphor und die Rotbruchprobe auf Schwefel und Sauerstoff ausgeführt. Welcher von beiden der schuldige Teil ist, wenn ein Riß entsteht, weiß man meist von vornherein; endgültig muß die Schwefelbestimmung im Laboratorium entscheiden.

Man biegt bei der Rotbruchprobe in Rotglut scharf um. Man kann auch in folgender Weise verfahren: Es wird in Rotgluttemperatur ausgeplattet, dann mit einem Konus gelocht und nunmehr der Durchmesser des Loches immer mehr erweitert, bis ein dünnwandiger Ring entsteht. Je weiter man diesen verschwächen kann, um so weniger Schwefel oder Sauerstoff ist vorhanden. Es kommt darauf an, daß immer die kritische Rotbruchtemperatur beim Schmieden und Lochen besteht.

32. Das Abstechen des Ofens.

Nach dem Einstellen der Gießpfanne geschieht das Forträumen der Verdämmerung aus Formsand und das Durchbohren des Dolomits. Meist erfolgt das Durchstoßen der Wand von der entgegengesetzten Seite her.

Bei Martinöfen mit mehr als 50—60 t Fassungsvermögen hat man 2 Stichlöcher oder eine gegabelte Abstichrinne, weil eine Pfanne nicht ausreicht.

Eine gegabelte Abstichrinne hat man auch bei kleineren Öfen im Stahlformgußbetriebe, wenn viele kleine Gießpfannen (Scheerpfannen) in Betrieb genommen werden müssen, um die zahlreichen Formen zu füllen.

Ebenso leistet eine gegabelte Rinne auch gute Dienste, um die Schlacke seitwärts abzuleiten und zu verhindern, daß sie in die Stahlpfanne gelangt.

33. Duplexverfahren.

Unter Duplexverfahren versteht man Verfahren, bei denen Apparate und Öfen verschiedener Gattung hintereinandergeschaltet werden. Beim Roheisenmartinieren haben solche Duplexverfahren besondere Bedeutung, wie im Kapitel 7 ausgeführt ist, aber auch beim Schrottmartinieren auf Stahlformguß kommen Duplexverfahren vor.

Beim Verhalten des Schwefels war von dem Bochumer Verfahren die Rede, bei dem im basischen Martinofen geschmolzen wird, um hernach den flüssigen Stahl in einen sauren Martinofen überzuführen, wo er geschützt gegen die Schwefelaufnahme aus den Feuergasen in Ruhe abstehen kann. Es ist dies ein Veredelungsverfahren. Denkbar ist auch ein Duplexverfahren: Basischer Konverter und basischer oder saurer Martinofen, aber ein solches Verfahren wird zu teuer, weil die großen Erzeugungsmengen, wie sie beim Roheisenmartinieren bestehen, hier nicht gegeben sind.

Ist man darauf angewiesen, zur Erzielung höchster Qualität Opfer zu bringen, so ist heute der mit flüssigem oder festem Einsatz geführte Elektroofen das Gegebene. Im ersteren Falle hat man auch ein Duplexverfahren,

34. Störungen beim Schmelzbetriebe.

Kalter Ofengang kann eine Folge schlechter Gasbeschaffenheit sein, die im Zusammenhang mit nachlässiger Bedienung der Gaserzeuger oder schlechter

Kohlenbeschaffenheit bestehen kann. Selbstschreibende Gasmengenmesser und ebensolche Apparate, welche die Gaszusammensetzung oder ‚den Heizwert dauernd angeben, leisten in dieser Richtung gute Dienste. Bei Koksofengas ist die dauernde Messung des Heizwertes unerläßlich. Der untere Heizwert soll nicht unter 4000 WE sinken.

Der kalte Ofengang kann auch in zu hohem Wasserdampfgehalt des Gases seine Ursache haben, auch darin, daß Grundwasser in die Kammern eingedrungen ist.

Von schäumender Schlacke war im Zusammenhang mit dem Aufkohlen des Schrotts durch Koksmehl, beim Kohlenstoff, Kapitel 20, und beim Einsetzen, Kapitel 29, die Rede. Von den Störungen im Zusammenhang mit dem Fehlen der aus den schweren Kohlenwasserstoffen abgespaltenen Rußteile war bei den Veränderungen der Gaszusammensetzung Kapitel 18 die Rede.

Es können auch Störungen im Zusammenhang mit unrichtiger Schlackenführung oder hereingebrochenen Teilen aus Köpfen, Gewölben und Herd auftreten. Die Kunst des erfahrenen Schmelzers muß ausreichen, um durch richtige Kalkzugabe beim basischen Ofen oder Sandzugabe beim sauren Ofen Wandel zu schaffen.

Flußspat tut insofern gute Dienste, als er sofort hilft. Man darf ihn aber erst gegen Schluß der Schmelze setzen; sonst werden Gewölbe und Köpfe zu stark angegriffen.

Von Störungen durch Garschaumgraphit bei Verwendung flüssigen Roheisens war beim Einsetzen (Kapitel 29) die Rede. Der Einbau eines Roheisenmischers ist auch in dieser Richtung von guter Wirkung. Störungen infolge zu heißen Ofengangs begegnet man durch Kürzen der Zeiträume zwischen den Umschalten und Abdrosseln des Gases. Ist man gezwungen, die Temperatur im Ofen sofort zu dämpfen, so bleibt kein anderer Ausweg, als Luft unmittelbar in die Köpfe einsaugen zu lassen, obwohl dies, wärmetechnisch betrachtet, falsch ist. Es ist eben ein Notbehelf. Von Störungen infolge Eindringens von Stahl in die Herdsohle war beim Flicken des Ofens die Rede.

35. Betriebsdaten und Wärmerechnung.

Stündliche und tägliche Erzeugungsmenge.

Von ihr war beim Bau des Martinofens, Kapitel 10, die Rede.

Schlackenmenge.

Man kann beim Schrottschmelzen im basischen Ofen, mit etwa 18 kg für 100 kg Einsatz rechnen[1]. Diese Zahl ist auch der Berechnung der Kalkmenge bei einem basischen Ofen, vgl. unter Mangan Kapitel 22, zugrunde gelegt. Beim sauren Ofen ist die Schlackenmenge geringer. Überschläglich kann man die Zahlen verwenden, die S. 17 genannt sind.

Abbrand.

Er beträgt etwa 6% beim sauren Ofen und etwa 8% beim basischen Ofen.

Schmelzverlust.

Er umfaßt den Abbrand und den mechanischen Verlust in Gestalt von Schlackengranalien. Der letztere kann bis zu 0,5% des Schlackengewichtes betragen.

---

[1] Vgl. die Berechnungen des Verfassers, die in seiner Eisenhüttenkunde, Bd. 2, unter Schlacken im Martinofenbetriebe veröffentlicht sind. Verlag Wilhelm Engelmann, Leipzig.

Das Ausbringen.

Es berücksichtigt, unter Einbeziehung der in den Ofen beim Fertigmachen eingesetzten Legierungen auch das aus dem zugefügten Eisenerz in das Bad eingeführte Fe und Mn. Diese letzteren beiden kommen beim Schrottmartinieren auf Stahlguß nur in sehr geringem Betrage zur Geltung; man wird sie meist vernachlässigen können und hat dann ein Ausbringen von etwa 93% beim sauren und von etwa 91% beim basischen Ofen.

Die Temperatur im Ofen.

Der obere Schmelzpunkt einer Legierung von Eisen und Kohlenstoff geht aus dem Erstarrungsschaubild Fe-C hervor. Bei 0,3% C sind es 1510°. Gegen Ende der Schmelze, wenn wenig oder gar keine Schmelzwärme verausgabt wird, steigt die Temperatur stark an und erreicht an der heißesten Stelle 1700—1730°[1]. Wenn höhere Temperaturen genannt werden, so beruht dies auf Meßfehlern oder mangelhafter Korrektur der am optischen Pyrometer abgelesenen Werte. Bei 1650° beginnen die Silikasteine zu schmelzen.

In der Gießpfanne stellte ein Schüler des Verfassers (Carl Popp) die Temperatur von 1680° fest. Bei 1650° wurde gegossen[2].

Kohlenverbrauch.

Von ihm war beim Bau des Ofens, Kapitel 10, die Rede.

Bei einem Fassungsvermögen von 5 t sind es nach der dort abgedruckten Zahlentafel 40%, bei 10 t 35%, bei 20 t 28%, bei 30 t 26% vom Einsatz. Man erkennt ein starkes Abfallen der Zahl mit dem Steigen des Fassungsvermögens. Diese Erscheinung verleitet leicht dazu, eine Vergrößerung des Fassungsvermögens des Ofens über das Maß hinaus vorzunehmen, das der dauernden Auftragsmenge entspricht. Wie man richtig vorgehen soll, ist im Kapitel 9 gesagt.

Die Wärmebilanz des Martinofens.

Sie ist durch sehr große Verluste an die Umgebung gekennzeichnet, auch durch hohe Wärmemengen, die mit den Essengasen verlorengehen. Für die Schmelz- und Überhitzungsleistung werden nur Anteile von etwa 20% der eingeführten Wärmemenge aufgewendet.

Es soll als Beispiel ein Martinofen gewählt werden, der bei 30 t Fassungsvermögen mit 26% Steinkohlenverbrauch schmilzt. Kalter Einsatz. Schrottverfahren. Das Gas habe die Zusammensetzung: 3,7% CO_2, 28,3% CO, 0,1% C_2H_4, 2,0% CH_4, 11,5% H, 0,3% O, 54,1% N, zusammen 100 und 4,1% Wasserdampf (Raumteile). Auf 1 kg Kohle kommen (unter Berücksichtigung des Rostdurchfalls):

4,27 cbm Gas (feucht)	Für 100 kg Flußeisen demnach	111,0 cbm	Gas
5,2 ,, Luft		135,2 ,,	Luft
8,6 ,, Essengas		223,6 ,,	Essengas.

Die Temperatur der in das Umschaltventil eintretenden Gase sei 600°, die der Luft und des Einsatzes = 0°, die der Essengase ebendaselbst 800°. 1 cbm feuchtes Gas entwickelt 1286 WE.

Die Temperatur im Martinofen sei 1750°.

Die Zusammensetzung der Essengase ist 16,3% CO_2, 73,0% N, 1,2% O, 9,5% Wasserdampf.

Die Schlackenmenge sei 15% der Einsatzmenge.

---

[1] Stahl u. Eisen 1927 S. 463; 1928 S. 1049; 1930 S. 1505. Auch vgl. Das Lehrbuch der Eisenhüttenkunde des Verfassers, Bd. 2, unter Wärmerechnung des Martinofens.
[2] Stahl u. Eisen 1924 S. 1196.

Wärmeeinnahme für 100 kg Flußeisen.

111,0 cbm Gas führen mit sich 111,0 × 600 × 0,34 = 22644 WE
135,2 „ Luft „ „ „ —
Der Einsatz führt bei 0° ein —
111,0 cbm Gas verbrennen mit 111,0 × 1286 = 142746 „
1,3 kg C verbrennen mit 1,3 × 8080 = 10504 WE
0,4 „ Si „ „ 0,4 × 7830 = 3132 „
1,1 „ Mn „ „ 1,1 × 1730 = 1903 „
0,1 „ P „ „ 0,1 × 5900 = 590 „ 16129 „

Zusammen 181519 WE.

Wärmeausgabe für 100 kg Flußeisen.

100 kg Flußeisen verlassen beim Abstich den Ofen und nehmen die zum Schmelzen und Überhitzen zugeführte Wärmemenge mit.

Schmelzwärme = 100 · 32 . . . . = 3200 WE ⎫
Wärmemenge, die erforderlich war, um 100 kg Eisen auf die
· Temperatur von 1750° zu bringen, 100 · 1750 · 0,16 . . . = 28000 „ ⎬ = 21,4 %
15 kg Schlacke nehmen bei ihrem Abstich mit: 15 · 504 . . = 7560 „ ⎭
224 cbm Essengas führen bei 800° in die Esse 224 · 800 · 0,38 = 68096 „ = 37,5 %
Verluste durch Strahlung und Leitung, aus dem Unterschiede
ermittelt . . . . = 74663 „ = 41,1 %

Zusammen 181519 WE 100,0 %[1]

Die Wärmebilanz wird stark durch den Beschäftigungsgrad des Ofens beeinflußt. Ist man gezwungen, den Ofen nur am Tage zu betreiben und in der Nacht warmzuhalten, so muß man für das letztere etwa 50 % des normalen Gasverbrauchs in der Zeiteinheit rechnen. Setzt man das Roheisen flüssig ein, so erspart man 15 % an Brennstoff.

Von der Ofenhaltbarkeit war in Kapitel 11 die Rede, vom Luftüberschuß in Kapitel 10.

IV. Das Kleinkonverterverfahren.

36. Die Kennzeichnung des Windfrischens.

Im Konverter wird das Windfrischverfahren ausgeübt, das von Bessemer im Jahre 1855 erfunden ist. Es beruht auf der Erscheinung, daß beim Durchblasen von Luft durch flüssiges Roheisen dieses in schmiedbares Eisen umgewandelt wird; und zwar im Zusammenhang damit, daß der Kohlenstoff und die anderen Eisenbegleiter durch den Luftsauerstoff oxydiert werden.

Bei dieser Oxydation der Eisenbegleiter und des Eisens selbst entsteht eine solche Wärmemenge, daß nicht nur die Abkühlungsverluste während des Blasens ausgeglichen werden, sondern auch eine solche Höhererwärmung eintritt, daß der Unterschied zwischen dem Schmelzpunkt des Roheisens und dem des Flußeisens oder Stahls ausgeglichen und dadurch ein Einfrieren vermieden wird.

Voraussetzung ist allerdings, daß die chemische Zusammensetzung des Roheisens richtig gewählt und die Gebläsemaschine stark genug ist, um die Blasedauer kurz zu gestalten.

Die Erfindung Bessemers wurde im Jahre 1878 durch die von Thomas ergänzt, indem statt des kieselsauren Futters ein basisches Futter in den Konverter eingesetzt wurde, um die Abscheidung des Phosphors zu ermöglichen und gleichzeitig die Thomasschlacke zu gewinnen, die im gemahlenen Zustande ein wertvolles Düngemittel darstellt. Das basische Futter wird aus gebranntem Dolomit mit Teer als Bindemittel hergestellt.

Seit dieser Zeit hat man beide Verfahren nebeneinander, das saure und das basische Verfahren oder das Bessemerverfahren im engeren Sinne und das Thomasverfahren.

---

[1] Vgl. das Lehrbuch der Eisenhüttenkunde des Verfassers Bd. 2.

Das erstere hat zwar in Deutschland seine Bedeutung verloren, sofern man vom Stahlguß absieht; aber es wird in den Vereinigten Staaten, in England und Frankreich, auch außerhalb des Gebietes des Stahlgusses, in großem Maßstabe angewandt.

Für Stahlguß kommt das Thomasverfahren nicht in Betracht. Für seine Erzeugung gilt nur das Bessemerverfahren im Konverter mit kieselsaurer Auskleidung. Man kann also nicht entphosphern und muß phosphorarmen Einsatz haben. Der Grund, aus welchem dies geschieht, ist der, daß das Fassungsvermögen der für Stahlguß angewandten Konverter so klein ist, daß die Gefahr des Einfrierens heraufbeschworen werden kann, wenn man für die Vorwärmung des Kalkes und die Bildung und Schmelzung der großen Schlackenmenge Wärme aufwenden muß.

Für Stahlguß kommt nur der Kleinkonverter in Betracht, weil die Erzeugungsmengen nicht ausreichen, um Konverter von den Abmessungen, wie sie bei der Erzeugung von Blöcken in Erscheinung treten, dauernd zu beschäftigen. Es soll hier von der geschichtlichen Entwicklung des Kleinkonverterverfahrens die Rede sein.

Einen Vergleich mit dem Lichtbogenofen in wirtschaftlicher Beziehung findet der Leser in Kapitel 73.

37. Die geschichtliche Entwicklung des Kleinkonverterverfahrens[1].

Kleinkonverter zu betreiben, war eine Aufgabe, die in der Luft lag; denn nicht immer reichten die Bestellungen aus, um den Betrieb mit Konvertern, die 10—40 t fassen, durchzuführen. Im Grunde genommen waren Bessemers Konverter, im Sinne der heutigen Zeit gesprochen Kleinkonverter. Aber man ging dann schnell zu Fassungsvermögen von 5—10 t über.

1877 finden wir Konvertereinsätze von 170 kg und ähnlichen Werten, um Sondererzeugnisse herzustellen. Es handelte sich durchweg um gewalzten Stahl; an Stahlguß dachte man erst viel später.

Aber die Gefahr des Einfrierens ist bei solchen kleinen Fassungsvermögen viel zu groß, und so verschwanden diese aus dem Gesichtskreise, bis man etwa um 1906 versuchte, Stahlguß im Kleinkonverter herzustellen. Diese Versuche wurden auch mit viel zu kleinem Fassungsvermögen unternommen und scheiterten, bis man das Fassungsvermögen auf 1—1,5 t erhöhte.

Bahnbrechend in Deutschland war die Firma Krautheim in Chemnitz. Nunmehr lernte man die Vorzüge des Kleinkonverters kennen, der den Martinofen in sehr glücklicher Weise ergänzt und auch die Erzeugungsspitzen wegnimmt. In der Kriegszeit entstanden viele Kleinkonverteranlagen für Granatenguß. Sie erforderten viel weniger Anlagekapital und kürzere Bauzeit als Martinöfen.

Die Zuführung des Gebläsewindes geschieht heute nur noch im Sinne der zuerst von Tropenas[2] angewandten seitlichen, schräg nach unten oder horizontal gerichteten Düsen. Durch Stellung des Konverters kann man die Frischwirkung regeln. Bei dieser Art der Windzuführung wird das Blasen in die Länge gezogen. Man kann dabei besser den Zeitpunkt des Aufhörens treffen und dadurch

---

[1] Vgl. Osann: Eisenhüttenkunde, Bd. 2. Leipzig: Wilhelm Engelmann. Auch Beck: Die Geschichte des Eisens Bd. 5, S. 665. Braunschweig: Vieweg.

[2] Tropenas war Ingenieur in Stenay, wo Roberts einen Konverter für Stahlguß aufgestellt hatte. An anderer Stelle (Stahl u. Eisen 1923 S. 436) wird Levoz als Erfinder der seitlich nach unten gerichteten Düsen genannt.

einem Einfrieren vorbeugen. Man hatte früher mehrere Düsenreihen übereinander, heute besteht aber nur eine[1].

In Deutschland war es Zenzes[2] (Abb. 24 u. 25), der den Bau und Betrieb von Kleinkonvertern mit sehr gutem Erfolg ausführte und u. a. auch die Düsenkonstruktion verbesserte.

Die in der Kriegszeit erbauten Kleinkonverteranlagen sind fast alle wieder verschwunden, weil sie sich nicht gegenüber den Martinöfen behaupten konnten.

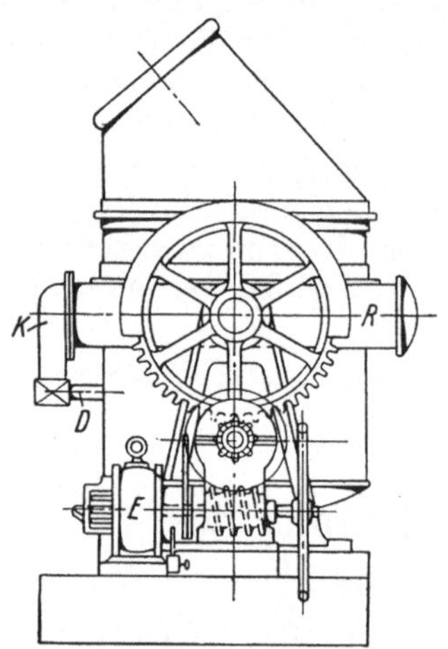

Abb. 24. Durch einen Elektromotor gesteuerter Kleinkonverter, konstruiert von der Firma Zenzes G. m. b. H. in Berlin-Westend.
Die Düsenrohre D werden nach Abnehmen des Windkastendeckels durch Öffnungen in der Windkastenwand und in der Konverterwand durch das Futter hindurchgestoßen. Sie schmelzen mit letzterem zusammen ab.

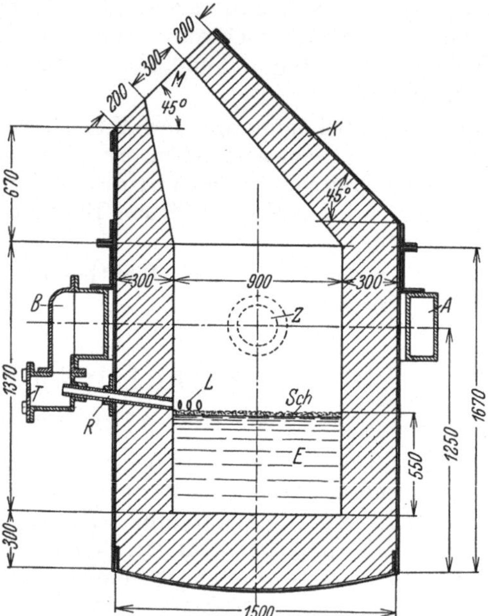

Abb. 25. Schnitt durch den Konverter der Abb. 24. Fassungsvermögen 2,0 t (vgl. auch Abb. 27).

Daraus soll man aber nicht schließen, daß der Martinofen durchweg billiger arbeitet. Es kommt auf die Verhältnisse an.

Dem Verfasser ist in der neuesten Zeit ein Werk bekannt geworden, das seine Martinöfen stillgelegt hat, aber die Kleinkonverteranlage betreibt und bis zur vollen Leistungsfähigkeit ausnutzt.

38. Das Fassungsvermögen.

Es muß der täglichen Sollerzeugung angepaßt werden. Man rechnet beispielsweise wie folgt: Es besteht die Aufgabe 15 t versandfähigen Stahlguß täglich zu erzeugen. Für 1 t solchen Stahlgusses braucht man 1,7 t flüssigen Stahl, in unserem Falle also 25,5 t.

Die Chargenfolge[3] beträgt bei einer Blasedauer von 18—20 Minuten 30 Minuten. Wenn täglich 7,5 Stunden zur Verfügung stehen, kann man mit 15 Chargen rechnen. Das Fassungsvermögen muß dann $= \dfrac{25{,}5}{15} = 1{,}7$ t sein. Um einige Reserve zu haben, wird man in diesem Falle die Anlage auf 2—2,5 t Fassungsvermögen einstellen.

---

[1] Stahl u. Eisen 1919 S. 861. [2] Konstruktionsbüro in Berlin-Westend.
[3] Das Wort Charge läßt sich leider nicht verdeutschen. Das Wort Schmelze paßt hier nicht.

Nach den Reisenotizen des Verfassers kam ein Durchschnittswert von 2,2 t heraus. Das kleinste Fassungsvermögen war 1,5 t, das größte 3 t[1]. Es sind allerdings auch Einsatzmengen von 4—5 t, ja sogar von 8 t bekannt geworden. Aber die wirtschaftlichen Verhältnisse befürworten es, nicht soweit zu gehen, sondern dem Martinofen den Vortritt zu lassen oder statt eines großen Konverters zwei kleine aufzustellen.

Sobald Betriebspausen eingelegt werden müssen, kostet das Aufheizen sehr viel Koks oder Gas und macht den Betrieb unwirtschaftlich. Dadurch, daß man ein Futter in den Blechkörper einsetzt, welches stärker als das normale ist, kann man eine spätere Erzeugungssteigerung ermöglichen. Natürlich muß dann auch das Gebläse von vornherein darauf eingestellt sein.

Die Abnutzung des Futters führt dazu, daß das Fassungsvermögen im Laufe der Betriebsdauer größer wird. Ein neu zugestellter Konverter faßte z. B nur 1,6 t, nach einiger Zeit aber 2 t. Dies muß beim Füllen des Konverters und bei der Bemessung des Gebläses beachtet werden. Allerdings findet insofern ein Ausgleich statt, als mit wachsendem Einsatz auch die Blasedauer wächst, z. B. von 18—20 Minuten bei 2 t auf 25—30 Minuten bei 3 t.

39. Der Konverter.

Der Konverter stellt ein **Blechgefäß** von 12—15 mm Wandstärke dar, das eine feuerfeste Auskleidung erhält. Es ist in einen Schildzapfenring derartig eingehängt, daß man es mit dem Kran herausheben und gegen ein anderes auswechseln kann, wenn das Futter erneuert werden muß. Das Blechgefäß ist unten durch einen Kesselboden abgeschlossen, oben ist auf den Zylinder ein schief abgeschnittener Kegelstumpf mit Hilfe einer Flanschverbindung aufgesetzt.

Der **Querschnitt** ist kreisrund. Eine andere Anordnung zeigt Abb. 26. Statt einer Kreisfläche ist es hier eine Halbkreisfläche, die an ein Rechteck angefügt ist. Bei dieser Anordnung wird das Anbringen des Windkastens erleichtert.

Solche Konverter gehören aber zu den Ausnahmen. Die Regel bildet der kreisförmige Querschnitt.

Das **Kippen** geschieht mit Hilfe eines Schneckenrades, in das eine von Hand bewegte Schnecke eingreift. Besser ist allerdings die Anordnung eines Elektromotors, wie es Abb. 24 darstellt. Man kommt aber dann nicht mit dem einfachen Schneckenradvorgelege aus. Man muß Stirnräder vorschalten.

Um ein genaues Einstellen des Konverters zu ermöglichen, schaltet man einen Bremsmagneten ein. Der Elektromotor, der die Kippbewegung ausführt, muß bei einem 2-t-Konverter 5—8 PS leisten.

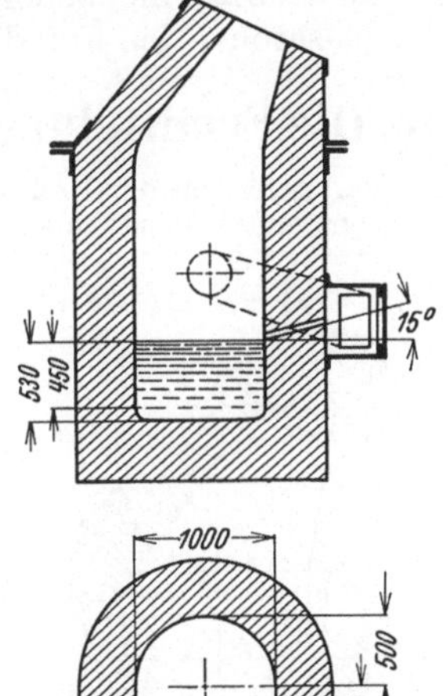

Abb. 26. Kleinkonverter mit torbogenartigem Querschnitt. Stahl u. Eisen 1919 S. 863.

Ein Verjüngung des Durchmessers nach unten, dergestalt, daß der untere Teil des Blechgefäßes einen Kegelstumpf darstellt, gilt heute als unzweckmäßig.

---

[1] Die Konstruktionsfirma Zenzes in Berlin-Westend, die über 200 Kleinkonverter gebaut hat, nennt Einsätze von 1—5 t. Der von Treuheit (Stahl u. Eisen 1919) beschriebene Kleinkonverter hat einen Einsatz von 2,5—3 t bei 25—30 Minuten Blasezeit.

Neuerdings hat auch die Badische Maschinenfabrik in Durlach den Bau von Kleinkonverteranlagen aufgenommen.

Der Gebläsewind wird durch einen der Schildzapfen in den Hohlraum des
Schildzapfenringes (Stahlguß) eingeführt und von hier aus in den Wind-
kasten, der in der Höhe der Düsenöffnungen angebracht ist. Die Zuführung des
Windes zu den Düsenöffnungen ist in Kapitel 42 beschrieben. Den Wind-
kasten kann man entweder unmittelbar auf die Blechwand aufnieten oder einen
Abstand bestehen lassen, wie es Abb. 25 zeigt. Das letztere ist vorzuziehen.

Die Gase werden durch ein Abzugsrohr, das in die Dachkonstruktion eingebaut ist, abgeführt. Man muß diesem Rohr einen lichten Durchmesser geben,
der mit dem lichten Durchmesser des Konverters übereinstimmt, und muß das
Rohr unten ausmauern.

Man muß auch berücksichtigen, daß der Laufkran den Konverter fassen und
zwecks Erneuerung des Futters herausheben kann. Dies ist nur möglich, wenn
man den Konverter auf eine Schiebebühne absetzt; also auf einen Wagen, der
in einer Geleisegrube fährt.

An eine Nutzbarmachung der Abhitze ist hier noch weniger zu denken
als bei einem Großkonverter. Der Heizwert der Gase ist bei Kleinkonvertern
noch geringer, weil mit großem Luftüberschuß geblasen wird.

Es ist vorteilhaft, den Kleinkonverter in eine Grube zu stellen, um in sein
Inneres hineinsehen und bequem die Zusätze durch Hineinwerfen geben zu können.

Neben dem Konverter wird eine Kanzel errichtet, auf der der Blasemeister
steht und von hier aus die Kippbewegung und das Gebläse steuert. Das letztere
geschieht dadurch, daß zwei Drosselklappen mit einem Handgriff bewegt
werden. Die eine beherrscht die Windleitung zum Konverter, die andere ein
Ausblaserohr, das auf die Windleitung aufgesetzt ist.

40. Die Ermittelung der Abmessungen des Konverters (Abb. 27).

Man geht von der Badtiefe aus, die man im Sinne der Erfahrungen bei Großkonvertern
als konstanten Wert, unabhängig vom Fassungsvermögen auf 500—600 mm, im Mittel auf
550 mm bemessen kann[1]. Treuheit hat bei 530 mm die
besten Werte gefunden[2].

Aus der Badtiefe wird der lichte und der äußere Durchmesser und die Höhe berechnet, wie das Beispiel hierunter
zeigt: Es sei die Aufgabe gestellt, einen Kleinkonverter
für ein Fassungsvermögen von 2 t zu konstruieren. Ge-
sucht ist δ = lichter $\varnothing$. 1 t flüssiges Roheisen nimmt einen
Raum von 0,14 cbm ein (Litergewicht = 7,14). $2 \times 0{,}14 =$
$0{,}28$ cbm, bei 2 t Fassungsvermögen $\delta^2 \cdot \dfrac{\pi}{4} \cdot 0{,}55 = 0{,}28$; $\delta =$
$0{,}81$ m. Um einer späteren Erzeugungssteigerung Rechnung
zu tragen, wird $\delta = 900$ mm gewählt, entsprechend einem
Fassungsvermögen von 2,5 t. Bei den anderen Abmessungen
ist zu berücksichtigen, daß der Auswurf nicht zu groß werden
darf. Man erreicht dies, wenn man den Inhalt des Konverters
ausreichend bemißt und die Konverterhaube nach oben
verjüngt

Die lichte Höhe des zylindrischen Körpers = h, wird $2{,}5 \times$
Badtiefe[3]. Die übrigen Maße sind in der Abb. 27 entwickelt.

Der Drehpunkt ist in $^2/_3$ der Höhe des zylindrischen Teiles
verlegt. Man ist dann sicher, daß der Konverter auch bei
einem Getriebebruch nicht umschlägt, sondern sich selbsttätig
aufrichtet.

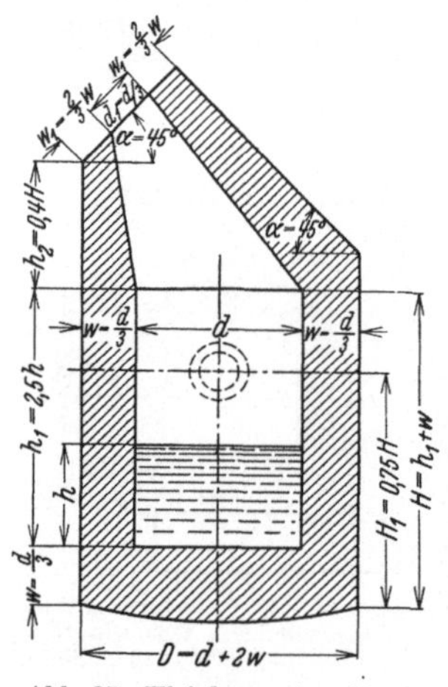

Abb. 27. Kleinkonverter für ein
Fassungsvermögen von 2 t.

Die Blechstärke ist in unserem Falle 12 mm, bei größerem Fassungsvermögen wird
sie auf 15 mm bemessen. Beim Großkonverter sind es 24—28 mm.

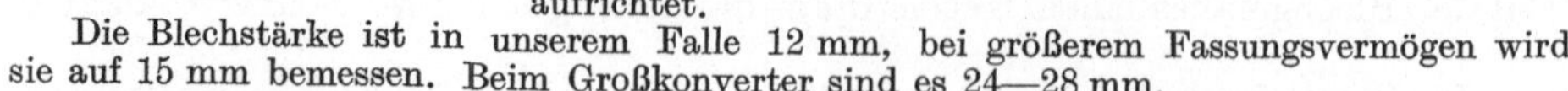
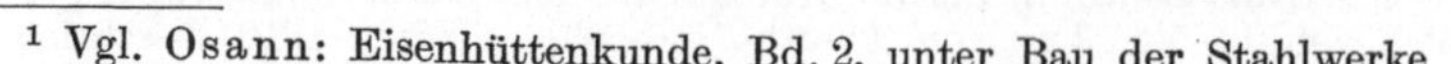

[1] Vgl. Osann: Eisenhüttenkunde, Bd. 2, unter Bau der Stahlwerke.
[2] Stahl u. Eisen 1919 Heft 31.
[3] Dies ist ein Wert, wie ihn Zenzes anwendet. Es gibt allerdings auch größere Werte,
z. B. bei Treuheit 3,6 × Badtiefe.

Das Gewicht eines Konverters von 2—2,5 t Fassungsvermögen beträgt im ausgekleideten Zustande 8 t. Die Auskleidung ist dabei mit 6,25 t beteiligt.
Vom Füllen ist im Kapitel 48 die Rede.

41. Die Auskleidung des Konverters.

Sie muß sehr sorgfältig geschehen. Die Wandstärke und Bodenstärke ist in unserem obigen Beispiel auf 300 mm bemessen, an der Mündung auf 200 mm. Dabei ist ein Fassungsvermögen von 2,5 t in Ansatz gebracht (Abb. 27). Bei 2 t ist die Wandstärke 345 mm. Man hat auch Konverter, die an der Düsenseite verstärkt sind.

Man kann ausmauern und ausstampfen. Das letztere wurde im Kriege notgedrungen ausgeübt, aber man behielt es allgemein bei, obwohl feuerfeste Steine wieder zur Verfügung standen. Dies geschah, weil man sich davon überzeugt hatte, daß Ausstampfen billiger ist und auch die gleiche Haltbarkeit ergibt, wenn man sorgfältig aufstampft und gut und langsam austrocknet. Man stampft auch nach geschehener Abnutzung Masse vor.

Zum Ausstampfen verwendet man dieselbe Masse, wie sie für Kupolöfen gebraucht wird, also Klebsande, wie sie in Eisenberg in der Pfalz, in Süchteln im Rheinlande als Bongsche Masse, als Stampfmasse der Gewerkschaft Heidelberg (Siegen) zur Verfügung stehen. Man verwendet auch mit gutem Erfolg die luftgetrockneten gepreßten Dörentruper Steine (Dörentrup in Lippe).

Das Trocknen der Stampfmasse muß zunächst bei sehr schwachem Holzfeuer und erst dann unter Blasen mit erst schwachem, dann stärkerem Winddruck geschehen. Man kann es auch in einer Trockenkammer ausführen, wenn man den Konverter ausheben und auf den Trockenkammerwagen aufsetzen kann. In die Stampfmasse werden die Düsenrohre aus Schamotte eingebettet (Abb. 25).

Die Haltbarkeit der Auskleidung beträgt etwa 200—250 Chargen, wenn man nach je dreitägigem Betriebe gründlich ausbessert. Die Düsenrohre halten 50—60 Chargen aus. An anderer Stelle wurde eine Haltbarkeit von 50—60 Chargen genannt, sowohl für die Auskleidung wie auch für die Düsenrohre. Dann erst wird vorgestampft, und es werden die Düsenrohre ausgewechselt.

Um die Mündung herum legt man einen Ring aus Silikasteinen. Hier kann man die Steine nicht entbehren.

42. Die Windversorgung des Konverters.

Die theoretisch für 100 kg Einsatz gebrauchte Windmenge sei Q_1. Die Berechnung fußt auf den zur Oxydation der Eisenbegleiter aufgewendeten Sauerstoffmengen.

Es soll hier eine Beispielsrechnung durchgeführt werden, indem ein Rinneneisen mit hohem Si-Gehalt betrachtet werden soll:

Die Zusammensetzung des zu verblasenden Roheisens möge sein 3,1% C, 2,1% Si, 0,7% Mn, P und S je 0,1%. Am Ende des Blasens sollen 0,05% C, 0,1% Si, 0,1% Mn vorhanden sein. Dann sind für 100 kg Einsatz entfernt: 3,1 kg C, 2 kg Si, 0,6 kg Mn und 3,5 kg Fe[1].

Die Verbrennung des C erfordert eine besondere Betrachtung. Die durchschnittliche Gaszusammensetzung betrug nach dem Ergebnis von etwa 50 Gasanalysen[2]: 7,5% CO_2, 2,8% CO, 5,7% O, 0,15% H, 83,8% N. 7,5 cbm CO_2 enthalten 4 kg C[3], 2,8 cbm CO ent-

---

[1] Dieser Wert ist vom Großkonverter übernommen. Vgl. Osann: Eisenhüttenkunde, Bd. 2.

[2] Durchschnitt von etwa 50 Gasanalysen, die Treuheit in Stahl u. Eisen 1919 Nr. 31 mitteilt.

[3] 1 cbm CO_2 oder 1 cbm CO oder 1 cbm eines beliebigen Gemisches von CO_2, CO und CH_4 enthält 0,54 kg C.

halten 1,5 kg C. In runder Zahl kann man sagen, daß 75% des C zu CO_2 und 25% zu CO verbrennen. Mit diesem Wert soll weiter unten gerechnet werden.

Man erhält dann 10,3 cbm (CO_2 + CO), die 10,3 × 0,54 = 5,6 kg C enthalten. Demnach entfallen auf 1 kg vergastes C: $\dfrac{5,7}{5,6}$ = rund 1 cbm überschüssiges O und auf 100 kg Roheisen, mit 3,1 kg C 3,1 cbm = 4,3 kg überschüssiges O.

Die Oxydationserzeugnisse sind CO_2 und CO, von denen oben die Rede war, ferner SiO_2, MnO und FeO. Von einer höheren Oxydationsstufe als FeO kann hier beim sauren Verfahren nicht die Rede sein, weil SiO_2 das FeO festhält und es nicht zur höheren Oxydation freigibt. Es ergibt sich dann das folgende Bild: Für 100 kg eingesetztes Roheisen verbrennen:

$$
\begin{array}{llllll}
\dfrac{75}{100}\cdot 3,1 = & 2,3 \text{ kg C} & \text{zu } CO_2 & \text{mit } 6,1 \text{ kg O} \\[2mm]
\dfrac{25}{100}\cdot 3,1 = & 0,8 \text{ ,, C} & \text{,, CO} & \text{,, } 1,1 \text{ ,, O} \\[2mm]
& 2,0 \text{ ,, Si} & \text{,, } SiO_2 & \text{,, } 2,3 \text{ ,, O} \\
& 0,6 \text{ ,, Mn} & \text{,, MnO} & \text{,, } 0,2 \text{ ,, O} \\
& 3,5 \text{ ,, Fe} & \text{,, FeO} & \text{,, } 1,0 \text{ ,, O} \\
& \text{Dazu überschüssig} & & 4,3 \text{ ,, O} \\
\hline
& \text{Zusammen} & & 15,0 \text{ kg O,}
\end{array}
$$

10,7 kg O

welche $15,0 \cdot \dfrac{100}{23} \cdot 0,77 \text{ cbm}^1 = 50,2$ cbm Luft entsprechen. Für 1 t Einsatz also 502 cbm Luft. Der überschüssige Sauerstoff beträgt 40,2% des theoretisch notwendigen.

Beim Großkonverter hat man keinen überschüssigen Sauerstoff, im Zusammenhange damit, daß der Wind durch das flüssige Eisen hindurchgeführt wird, während er hier darüber hinweggeblasen wird.

Die vom Gebläse aufzunehmende Windmenge = Q_2. Sie muß erheblich größer sein als Q_1, um auch an heißen schwülen Tagen und bei niedrigem Barometerstande die ausreichende Windmenge zu haben und unvermeidliche Undichtigkeiten auszugleichen. Eine Betrachtung lehrt, daß schon in Rücksicht auf den ersten Gesichtspunkt Q_2 um etwa 40% größer sein muß als $Q_1{}^2$.

Es liegt eine Messung von **Treuheit** vor, der bei der oben zugrunde gelegten Roheisenzusammensetzung in der Windleitung 862 cbm für 1 t Einsatz gemessen hat. Dies ist der 1,7fache Wert von Q_1. Bei der Veranschlagung des Gebläses wird man am besten mit der Windmenge $Q_2 = 2 \times Q_1$ rechnen, um eine Reserve zu haben. Das sind rund 1000 cbm für 1 t Einsatz, gemessen bei natürlichen Temperaturen und Drucken.

Das Gebläse.

Es kommt nur ein Schleudergebläse in Gestalt eines sogenannten **Turbogebläses** in Betracht (vgl. Abb. 28).

Früher gebrauchte man auch **Kapselgebläse**, die aber bei den hier vorliegenden hohen Winddrücken meist durch die Turbogebläse verdrängt sind, weil sie teurer sind.

Das **Zylindergebläse** kommt überhaupt nicht in Betracht, weil sein wirtschaftlicher Bereich erst bei viel höheren Winddrücken beginnt, und auch hier den neuen Zentrifugalgebläsen wirtschaftlich unterlegen ist.

Der Winddruck.

Da der Wind nicht durch das Eisenbad hindurch, sondern darüber hinweggeführt wird, hat man viel geringere Winddrücke als beim Großkonverter. Ein Winddruck von 0,2—0,25 at = 2—2,5 m Wassersäule reicht für die Fassungs-

---

[1] In 100 kg Luft sind 23 kg O und 77 kg N; 1 kg Luft = 0,77 cbm Luft.
[2] Vgl. die Ausführungen des Verfassers in seiner Eisenhüttenkunde, Bd. 1, unter volumetrischer Wirkungsgrad des Gebläses.

vermögen bis etwa 2 t aus[1]. Nur bei größerem Fassungsvermögen, z. B. 5 t, gilt
0,3 at = 3 m Wassersäule[2].

Die Windleitung.

Man wird ihr einen solchen Durchmesser geben, daß keine größere Geschwindigkeit als 15 m in 1 Sekunde herauskommt. Bei einem Konverter für 2,5 t Fassungsvermögen fließen bei 18 Minuten Blasezeit etwa 2,3 cbm sekundlich durch die Windleitung; $Q = 2,3 = 15 \cdot F$; daraus $F = 0,15$ qm. D etwa 450 mm.

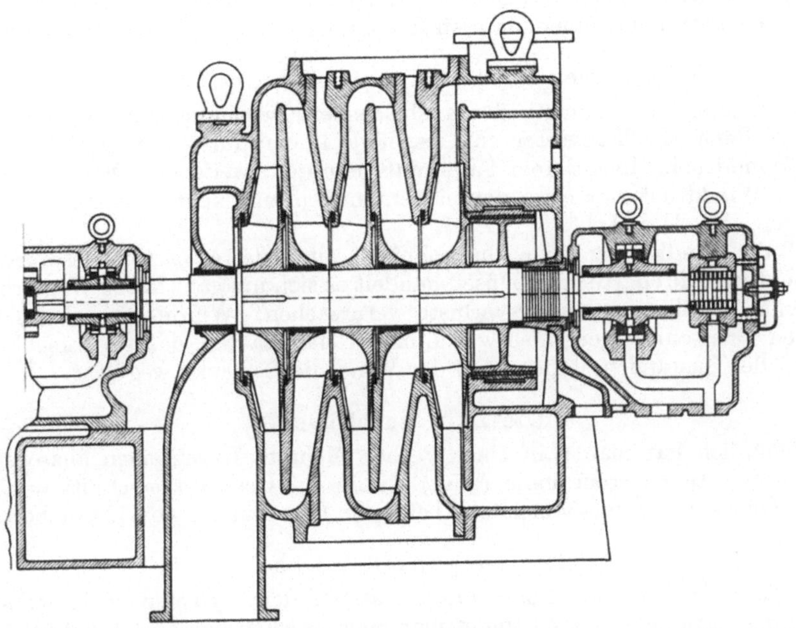

Abb. 28. Mehrstufiges Turbogebläse der Gutehoffnungshütte (vgl. Stahl u. Eisen 1913 S. 533). Die Luft tritt links ein und fließt rechts aus.

Für die Vermeidung von rechtwinkligen Abzweigungen und für die richtige Linienführung der Windleitung gelten die bekannten Regeln.

Die minutliche Windmenge.

Sie ergibt sich aus $\dfrac{\text{Windmenge}}{\text{Blasezeit}}$. Von der Blasezeit war oben die Rede. Bei einem Fassungsvermögen von 1,5—2 t sind es etwa 18 Minuten, bei 2,5 t etwa 20 Minuten, bei 5 t etwa 22 Minuten. Es besteht eine Beziehung zwischen Winddruck und Blasezeit. Durch Erhöhung des Winddrucks kann man die Blasezeit abkürzen.

Bei einem Fassungsvermögen von bis zu 2,5 t und 18 Minuten Blasezeit muß man dem Gebläse eine minutliche Ansaugeleistung von rund 140 cbm mit Zuschlag einer Reserve geben.

Die Gebläsearbeit.

Man ermittelt die theoretische Leistung N_t in PS und dann die wirkliche

---

[1] Treuheit nennt 0,2 at bei 2,5—3 t Einsatz, er hat allerdings eine verhältnismäßig lange Blaszeit.

[2] Ältere Literaturquellen nennen höhere Winddrücke als heute üblich sind, in Verbindung mit kürzeren Blaszeiten.

Leistung $= N$. Es gilt die Formel: $N_t = \dfrac{h \cdot Q_2 \cdot 10}{75}$; $N = N_t \cdot W$[1]. Dabei ist $h =$ Winddruck im cm Wassersäule, $Q_2 =$ sekundlich aufzunehmende Windmenge in cbm, $W =$ Wirkungsgrad, den man hier $= \dfrac{1}{0{,}8}$ einsetzen kann. In unserem Beispiel (2,5 t in 18 Minuten, bei 0,2 at verblasen) ist $N_t = 62$ PS; $N = 78$ PS. Dies stimmt auch ungefähr mit einer Angabe von Piwowarski[2] überein, der für 2—3 t Einsatz 95 PS nennt. Für 1,6—1,7 t sind von dem Verfasser früher 50 PS genannt. Man soll das Gebläse jedenfalls immer mit großer Reserve ausstatten, um einer späteren Erzeugungssteigerung Rechnung zu tragen.

Der Gesamtblasquerschnitt.

Darunter soll die Summe der ausblasenden Düsenquerschnitte verstanden werden. Beim Großkonverter sind es etwa 17 cm² für 1 t Einsatz bei rund 1,4 at Winddruck. In unserem Falle muß man den zweifachen Wert anwenden, weil der Winddruck nur etwa den siebenten Teil ausmacht. Für 1 t Fassungsvermögen also 34 cm².

Daß die Windleitung einen Querschnitt besitzt, der etwa 18 mal so groß ist, darf nicht irreführen. Bei den Düsen handelt es sich um ganz kurze Wegstrecken, die nicht erhebliche Reibungsverluste verursachen. Würde man ihnen einen größeren Querschnitt geben, so würde man Gefahr laufen, daß sie verschlacken. Es muß der Zustand bestehen, daß der Wind die Schlacke wegbläst.

Die Zahl der Düsen.

Gewöhnlich hat man 6 in einer Reihe. Mehrere Düsenreihen anzuwenden, wäre falsch. In unserem Falle (2,5 t) würde ein Gesamtquerschnitt $= 85$ cm² und ein Düsenquerschnitt von 14 cm² bei einem Durchmesser von 42 mm bestehen.

Die Neigung der Düse.

Man läßt die Düse schräg nach unten blasen, indem man einen Neigungswinkel von 5—15° anwendet. Meist findet man einen solchen von 5—9° (vgl. Abb. 25).

Abgesehen von der Schrägstellung der Düsenrohre im Futter kann man auch durch Schiefstellen des Konverters jeden Neigungswinkel einstellen und ihn auch während des Blasens wechseln.

Es soll auch von einem Verfahren von Levoz die Rede sein, der es durch Schiefstellen des Konverters um 20° bewirkt, daß die Düsenöffnungen untertauchen, und der Wind durch das Bad hindurchgeht[3]. Dies Verfahren hat in Deutschland keinen Anklang gefunden.

Der Windkasten.

Er muß die Möglichkeit bieten, die Düsen nach dem Blasen untersuchen und reinigen zu können. Dies geschieht unter Öffnen des Windkastendeckels. Es muß ein winddichter Schraubenverschluß angewendet werden.

Der Windkasten muß so eingerichtet sein, daß man vor dem Aufstampfen durch den Deckel hindurch eiserne Dorne in den Konverter hineinschieben kann, welche den Düsenrohren aus Schamotte Lage und Richtung geben. Von der Haltbarkeit dieser Düsenrohre war bei der Auskleidung des Konverters die Rede.

---

[1] Für dies eniedrigen Winddrücke genügt die folgende Betrachtung: Um 1 cbm Luft in 1 Sek. auf h cm Wassersäule zu verdichten, muß man einen Kolben von 1 qm Fläche, der mit P belastet ist, 1 m hoch heben. $P = \dfrac{h}{1000} \cdot 10\,000 = h \cdot 10$, weil 1 Atm. einer Wassersäule von 10 m $= 1000$ cm entspricht.

[2] Gießerei 1928 S. 314. [3] Stahl u. Eisen 1923 S. 436.

Sehr gut bewährt hat sich die hierunter beschriebene Anordnung von Zenzes, die in den Abb. 25 angedeutet ist.

Der Windkasten ist gegenüber den Düsenrohren angeordnet. Er wird mit dem Konverterkörper durch ebensoviel Rohre verbunden, wie Düsenrohre vorhanden sind. Diese Verbindungsrohre tragen Flanschen an der Konverterseite. Sie sind winddicht vernietet. Durch diese Verbindungsrohre werden eiserne Rohre geschoben, die entweder die Dorne für die einzulegenden Schamotterohre abgeben oder einfach eingestampft werden. Sie bleiben dann in der Masse und schmelzen mit ihr ab.

Den Grundrißplan einer Kleinkonverteranlage findet der Leser im Kap. 61.

43. Die chemischen und physikalischen Vorgänge beim Blasen.

Es handelt sich dabei um die Zusammensetzung des einzusetzenden Roheisens, um den Oxydationsvorgang, um die Oxydationserzeugnisse, um die Flammen-, Rauch- und Funkenbildung beim Blasen, um den Auswurf, die Zusammensetzung der Gase und die Zusammensetzung der Schlacke.

Die Zusammensetzung des einzusetzenden Roheisens.

Sie wird dadurch bestimmt, daß der Konverter nicht einfrieren darf. Die Verbrennung der Eisenbegleiter muß als einzige Wärmequelle die nötige Wärmemenge aufbringen. Davon wird in dem folgenden Kapitel ausführlich die Rede sein.

Da der Phosphor hier nicht in Betracht kommt, bleibt praktisch nur Silizium als wirksamer Wärmeträger übrig. Man beginnt mit etwa 2,1 % Si und schließt, den Siliziumgehalt von Charge zu Charge[1] vermindernd, bei etwa 1,1 % Si. Im Mittel hat man 1,7 % Si.

Den Kohlenstoffgehalt hält man am besten auf 2,9—3,1, ein höherer Gehalt verlängert die Chargendauer und ist auch insofern unwirtschaftlich, als er nicht erlaubt, größere Schrottmengen einzugattieren. Ein niedrigerer C-Gehalt legt die Gefahr nahe, daß der Schwefelgehalt infolge zu hohen Schrottanteils und des damit verbundenen hohen Kokssatzes im Kupolofen zu hoch wird. Abgesehen davon wird das Eisen dickflüssig, und es entsteht stärkerer Auswurf beim Blasen.

Den Mangangehalt hält man auf etwa 0,7. Weniger ist nicht im Hinblick auf die Stahlqualität erlaubt.

Den Phosphor- und Schwefelgehalt muß man unterhalb von je 0,1 % halten, weil im Konverter keine Abnahme zu erwarten ist.

Der Oxydationsvorgang.

Über den Werdegang der Eisenbegleiter ist folgendes zu sagen: Vom Kohlenstoff war bei der Windmengenberechnung die Rede. Etwa 75 % verbrennen zu CO_2, 25 % zu CO. (Beim Großkonverter sind es etwa 15 und 85 %, also ungefähr umgekehrte Zahlen.) Si verbrennt zu SiO_2, Mn zu MnO, Fe zu FeO. Eine höhere Oxydationsstufe kommt im letzteren Falle nicht in Erscheinung, weil SiO_2 das FeO festhält und nicht zur Höheroxydation freigibt. P wird nicht oxydiert. Es fehlt die Base, an die sich die Phosphorsäure anschließen könnte. S bleibt unverändert, denn die Vorbedingung für die Bildung des MnS fehlt. Das gesamte Mn wird zu MnO oxydiert und dies an SiO_2 gebunden, so daß nichts für die Sulfidbildung übrigbleibt.

---

[1] Das Wort Charge ist ein Fremdwort. Man kann es nicht durch „Schmelze" an dieser Stelle ersetzen und muß es als Lehnwort übernehmen.

Wenn kein MnS gebildet wird, kann auch kein Ausseigern stattfinden, wie es im Mischer und auch im basischen Konverter und Martinofen geschieht.

Das Schaubild einer Kleinkonvertercharge (Abb. 29) kennzeichnet ihren chemischen Verlauf und verzeichnet die Flammenhöhe als wichtiges Hilfsmittel in dem Gesichtsfeld des Blasenmeisters.

Man bläst bis auf 0,05—0,20% C herunter. Solche abgefangenen Schmelzen wie beim Martinofen kennt man hier nicht. Auch wenn Hartstahl erzeugt werden soll, muß man doch weit herunterblasen, weil es nicht möglich ist, in der kurzen Zeitspanne die Höhe des Kohlenstoffgehaltes zuverlässig genug festzustellen.

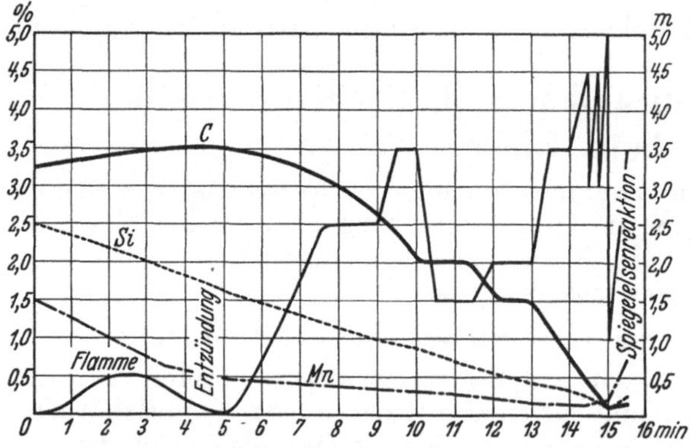

Abb 29. Schaubild einer Kleinkonvertercharge und Kennzeichnung der Flammenspitzenhöhe (vgl. Gießereizeitung 1906, S. 130).

Die anderen Eisenbegleiter sind am Ende des Blasens bis auf etwa 0,1 bis 0,12% Si und 0,1—0,15% Mn entfernt. P und S sind nicht vermindert und nicht vermehrt.

Ob mehr oder weniger Si und Mn am Ende verbleibt, hängt im Sinne des Massenwirkungsgesetzes von den Gehalten im Rinneneisen ab. Ein höherer Mn-Gehalt von z. B. 1% äußert sich in einem hohen Mn-Gehalt am Schluß, z. B. = 0,2%.

Die Flammen-, Rauch- und Funkenbildung.

Sehr wichtig ist der Zeitpunkt der Zündung, die nicht immer zu gleicher Zeit nach Beginn des Blasens einsetzt. Meist nach 3—5 Minuten, aber es kann bei kalten und (oder) zu siliziumarmen Chargen auch viel länger dauern. Das letztere muß natürlich vermieden werden, denn solche Chargen bedingen einen Zeitverlust und eine hohe Abbrandziffer.

Der Vorgang der Zündung beruht darauf, daß die entweichenden Gase CO enthalten, das sich entzündet. Vielleicht ist auch Wasserstoff beteiligt, der beim Ansteigen der Roheisentemperatur ausgelöst wird und verbrennt. In dem Schaubild Abb. 20 ist der Zeitpunkt der Zündung vermerkt. Von da steigt die Flamme in etwa 5 Minuten auf die Höhe von 3,5 m, im Einklang mit starker Abnahme des C, das bis zur Zündung auf seiner anfänglichen Höhe geblieben ist.

In der anfangs niedrigen Temperatur ist die Verwandtschaft des C zum O so gering, daß sich Fe, Si und Mn vordrängen können.

Dieses erstmalige Ansteigen der Flamme darf den Blasenmeister nicht irreführen. Würde er daraufhin abbrechen, so würde ein völlig unbrauchbarer Stahl mit etwa 2% C in die Pfanne gelangen. Die Flamme fällt dann wieder auf ihre halbe Höhe und erhebt sich dann wieder, etwa 10 Minuten nach der Zündung zu noch größerer Höhe als zuvor (das ist das zweite Ansteigen), flattert aber und zuckt mehrmals empor, um dann schnell zusammenzufallen. Dieser Augenblick muß erfaßt und schnell der Hebel umgelegt werden, der gleichzeitig die Windleitung nach dem Konverter hin schließt und nach außen öffnet. Ein Zögern des Blasemeisters bedingt ein Überblasen, d. h. eine Aufnahme von FeO, das den Stahl verdirbt und auch Explosionen beim Fertigmachen der Charge im Gefolge haben kann. Vgl. Kapitel 49 beim Blasen.

Die Erklärung dafür, daß die Flammenhöhe ansteigt, dann wieder fällt und dann wieder ansteigt, sucht der Verfasser darin, daß die Verbrennungsreaktion des C, einmal eingeleitet, über ihr Ziel hinausschießt, dabei andere Elemente von der Vereinigung mit dem Sauerstoff zurückdrängend. Dadurch wird das Gleichgewicht gestört. Nach einiger Zeit stellt sich dies aber wieder ein. Man muß an die Unterkühlungserscheinungen denken, bei denen auch vorübergehend das Gleichgewicht gestört wird.

Abgesehen von der Flammenhöhe muß vom Blasemeister die Farbe und der Grad der Durchsichtigkeit der Flamme und der Rauch an ihrer Spitze beobachtet werden. Zuerst ist die Flamme dunkel und führt braunen Rauch, der allmählich immer heller wird. Nach der ersten Flammenhöhe nimmt er eine graue Farbe an, während die bis dahin durchsichtige Flamme undurchsichtig wird. Die Braun- und Gelbfärbung der Flamme beruht auf der Verbrennung des Eisens und dann folgend des Mangans. Durch die auftretenden SiO_2-Schwaden wird die Flamme grau und undurchsichtig.

Wenn der Kohlenstoff fast vollständig verbrannt ist, hört man ein brausendes Geräusch, im Zusammenhang damit, daß die Entstehung der gasförmigen Kohlenstoffverbindungen und damit ihre hebende Wirkung aufgehört hat. Dann ist es Zeit abzubrechen.

Die Beobachtung mit dem Spektroskop läßt nach der Zündung ein grünes Feld und in ihm 3 dunkle Linien erkennen. Die letzteren verschwinden, wenn der Kohlenstoff verbrannt und die Charge heruntergeblasen ist. Man nennt diese Linien Kohlenstofflinien, was eigentlich nicht richtig ist; denn sie kennzeichnen nicht C, sondern Mn; und zwar ist es gasförmiges, metallisches Mn, das nur in Gegenwart von CO bestehen kann[1]. Fällt letzteres fort, so kann auch kein gasförmiges Mn, bestehen und im Zusammenhange damit stehen die 3 dunkeln Linien im grünen Felde.

Der Verfasser fand das Spektroskop nur selten in Anwendung. Das unbewaffnete Auge und das Ohr genügen vollständig, wenn die nötige Schulung und Erfahrung besteht. Von Störungen der Beobachtung wird weiter unten die Rede sein.

Eine Verzögerung der Zündung ist mehrfach, auch bei Chargen von normaler Temperatur, bekannt geworden, ohne daß man immer eine greifbare Erklärung geben konnte. So wurde dem Verfasser auf einem rheinländischen Werke ein Fall im Zusammenhang mit einem Ni- und Cr-Gehalt des Rinneneisens bekanntgegeben[2]. Die beiden Elemente waren durch Aufgeben von Pufferfedern in den Kupolofen gelangt.

In einem anderen Falle konnte die Erklärung in Hinweis auf eine zähflüssige Schlacke gegeben werden, welche das Roheisen bedeckte und den Windstrahl fernhielt. Es kam dann auch zu einer Explosion, als man den Konverter etwas kippte und dadurch die Schlackendecke brach. Das hoch überhitzte Bad reagierte dann so heftig, daß große Gasmengen plötzlich freigemacht wurden.

In einem dritten Falle war es ein stark graphithaltiges, hochgekohltes Roheisen, das unmittelbar aus dem Hochofen eingesetzt war. Dieser Graphit und Garschaum mußte erst verbrennen, was viel Zeit in Anspruch nahm[3].

Kennzeichnend war, daß die Zündung normal einsetzte, wenn eine Schöpfprobe beim flüssigen Roheisen nach dem Erstarren weißes Bruchgefüge (also

---

[1] Diese Erkenntnis ist eine Errungenschaft der neuesten Zeit.

[2] Vielleicht war es das Chrom, welches den Kohlenstoff festhielt.

[3] Vgl. Osann: Die Beantwortung einiger Fragen aus dem Gebiete des Stahlformgusses. Gießerei 1928 S. 466.

keinen Graphit) zeigte. Diese Erfahrung läßt es als richtig erscheinen, daß das
eingesetzte Rinneneisen nicht mehr als 3,2% C enthält.

Eine Störung der Beobachtung der Flamme tritt ein, wenn die Düsen
sich verstopfen. Dies kann vorkommen, wenn das Futter nicht standhält, und
eine große Schlackenmenge dadurch entsteht oder Kupolofenschlacke mit
einfließt.

Eine andere Störung tritt ein, wenn man während des Blasens Ferrosilizium
einsetzt, was bisweilen geschieht, wenn man fürchtet, daß die Charge zu kalt geht.
Man soll dieses Nachsetzen vermeiden. Ist die Befürchtung gerechtfertigt, so
ist es ratsam, Ferrosilizium gleich beim Einfließen des Roheisens in den Konverter zu geben.

Das Auswerfen des Konverters.

Es beginnt etwa 1 Minute nach der Zündung und steigert sich dann bis
zum Schluß. Um allzuheftiges Auswerfen zu vermeiden, muß man gegen Ende
Wind wegnehmen.

An den ausgeworfenen Funken verfolgt ein geübtes Auge auch den
Verlauf. Im Anfang wenige massige Funkenkörper, gegen Schluß unzählige
kleine Sprühkörper. Es soll hier ein Blasebericht folgen:

Fassungsvermögen = 1,25 t,   Roheisen in der Kupolofenrinne 1,8—2% Si.
Beim Anblasen dunkle kurze Flamme mit brauner Spitze.
2 Minuten später verschwindet letztere. Hellere Flamme, weiße Dämpfe an der Spitze.
Die Flamme wird dann immer heißer und länger.
3 Minuten später wird die Flamme kürzer, ist aber noch sehr hell. Es erscheinen braune
Dämpfe an der Spitze.
7 Minuten später wird die sehr helle Flamme wieder länger, um dann schnell (innerhalb
5—6 Sekunden) mit einem brausenden Geräusch zusammenzufallen. Jetzt ist es Zeit
zum Kippen.
3 Minuten später wird Ferromangan (80% Mn) und Ferrosilizium in angefeuchteten Stücken
eingeworfen. Blasedauer = 15 Minuten; vor dem Zusatz hatte z. B. das Flußeisen 0,15% C,
0,07—0,15% Mn, 0,1—0,12% Si. Nach dem Zusatz 0,2% C, 0,4% Mn, 0,25% Si.

Die Schlacke des Kleinkonverters.

Es soll hier eine durchschnittliche Schlackenzusammensetzung[1] genannt
werden:

$$62,0\%\ SiO_2$$
$$6,7\%\ Al_2O_3$$
$$16,7\%\ FeO$$
$$13,4\%\ MnO$$
$$0,2\%\ CaO + MgO$$

Zusammen 99,0%

Im Verlauf des Blasens wächst SiO_2 stetig, Al_2O_3 bleibt bestehen, FeO ist
anfangs sehr hoch, z. B. 67%, fällt dann aber, wenn der Konverter heiß geworden
ist, infolge der Reduktion durch Kohlenstoff. MnO zeigt ein etwas unregel-
mäßiges Verhalten. Meist fällt es ebenso wie FeO, aber nicht so stark. Der Gehalt
an Tonerde stammt aus dem Futter.

Die Schlackenmenge kann man auf 10—11 kg für 100 kg Einsatz veranschlagen. An ihr sind die Oxydationserzeugnisse (SiO_2, MnO, FeO) mit 8,5 kg,
das Futter mit etwa 2,5 kg beteiligt.

Die Konvertergase.

Von der Zusammensetzung der Konvertergase war im Kapitel 42 die Rede.
Im Verlauf des Blasens steigt der $CO_2 + CO$-Gehalt, während der O-Gehalt fällt.

---

[1] Stahl u. Eisen 1919 Nr. 31. Durchschnitt aus zahlreichen Analysen, die von Treuheit
mitgeteilt sind.

CO tritt im Anfange stark gegen CO_2 zurück. Hernach wird es anders, weil die hohe Temperatur den Bestand des CO_2 in Gegenwart von Fe gefährdet. Erst beim Heißwerden des Konverters tritt die Verwandtschaft des C zum O deutlich in Erscheinung. Solange noch keine Zündung stattgefunden hat, bestehen O-Gehalte bis 20%.

Wieviel C zu CO_2 und wieviel C zu CO verbrennt, ist im Kapitel 43 gesagt. In runder Zahl sind es 75% und 25%. Auf 100 cbm an Kohlenstoff gebundenen Sauerstoff kommen etwa 40 cbm überschüssiger Sauerstoff. In den Gasen ist auch Wasserstoff 0,15%, der aus der Zersetzung des Wasserdampfes der Gebläseluft stammt.

44. Die Wärmerechnung.

Um den Einfluß der Roheisenzusammensetzung in dieser Richtung beurteilen zu können, sei die folgende Betrachtung eingeschaltet, die der Verfasser für das Thomasverfahren im Großkonverter durchgeführt hat[1].

Man denke eine flüssige Legierung, bestehend aus 99 kg Fe und 1 kg Si bei einer Temperatur von 1250° in einen Konverter eingetragen und derartig verblasen, daß weder Wärmeverluste entstehen, noch Fe oxydiert wird. Dann würde man nach vollständiger Oxydation des Si eine Temperatursteigerung um 335° feststellen. $T = 1250 + 335 = 1585°$. Die Oxydationswärme des Si = 7830 WE ist benutzt, um zunächst die benötigte Luft auf die Temperatur von 1250° (dazu sind 1617 WE nötig) und dann SiO_2, Fe und den entweichenden Stickstoff auf die Temperatur T zu bringen.

In derselben Weise kann man verfahren, wenn es sich um Legierungen mit Mn, C, P usw. handelt.

Für	Si	gilt + 335°	Für	C	gilt + 57°
„	Mn	„ + 76°	„	Fe	„ + 63°
„	P	„ + 216°			

Man erkennt, daß Si und P die hauptsächlichen Wärmeträger sind. Letzteres ist hier ausgeschlossen. Es kommt also nur ein siliziumreiches Roheisen als Einsatz im Kleinkonverter in Frage. Man kann aber keine einheitlich geltende Zahl nennen. Es kommt auf die Umstände an. Auch wenn der Konverter gut aufgeheizt ist, ist er doch immer bei Tagesbeginn kälter als am Tagesende. Dies muß durch den Si-Gehalt ausgeglichen werden. Meist fängt man morgens mit 2% Si an und endet am Abend mit 1,1%, indem man von Charge zu Charge um 0,1% Si erniedrigt. Im Mittel hält man auf etwa 1,7% Si. Bei kleinem Fassungsvermögen etwas mehr, bei größerem etwas weniger Silizium. Man kann berechnen, daß ein Si-Gehalt von 1,7% genügt, um eine Höhererwärmung des Bades von 1250° auf 1650° durchzuführen, wenn man annimmt, daß etwa 12% der erzeugten Wärme an die Umgebung verlorengehen. Diese Temperatur von 1650° ist im Kleinkonverter als Höchsttemperatur von Treuheit gemessen. Sie liegt etwa 200° über dem Schmelzpunkt des Stahls. Im Großkonverter ist sie auch nicht höher.

Zwecks Aufstellung der Wärmebilanz für 100 kg Einsatz sollen die folgenden Angaben zugrunde gelegt werden. Das eingesetzte Roheisen habe die folgende chemische Zusammensetzung: 2,9% C, 1,7% Si, 0,7% Mn, 0,1% P, 0,1% S. Am Ende des Blasens sind vorhanden: 0,1% C, 0,1% Si, 0,1% Mn, 0,1% P, 0,1% S. Es sind also durch Oxydation entfernt: 2,8 kg C, 1,6 kg Si, 0,6 kg Mn und 3,5 kg Fe (vgl. Kapitel 42).

---

[1] Osann: Lehrbuch der Eisenhüttenkunde, Bd. 2, unter Wärmerechnung des Konverters und auch Osann: Die Wärmerechnung des Konverters. Stahl u. Eisen 1919 S. 961.

Das flüssige Roheisen hat beim Einfließen 1250°[1]. Der flüssige Stahl und die flüssige Schlacke 1650°[2]. Nach dem Blasen sind 92 kg Stahl vorhanden; während des Blasens sind es im Durchschnitt also 96 kg. Vom Futter schmelzen 2,5 kg ab und vermehren die Schlackenmenge[3]. Für 100 kg Einsatz werden an Gasbestandteilen 7,7 kg CO_2, 1,6 kg CO, 4,3 kg O und 49,5 kg N erzeugt. Die Gase entweichen mit einer Temperatur von 1000°[4]. Mit dem Winde werden bei 10 g Wasserdampf im Kubikmeter Luft $50 \times 10 = 500$ g $= 0,5$ kg Wasserdampf eingeführt und zersetzt.

Beim Fertigmachen werden 1,3 kg Rinneneisen zwecks Erzeugung eines mittelharten Stahls mit 0,25% C zugefügt und von 1250° auf 1650° erwärmt; außerdem 0,6 kg Ferromangan und 0,7 kg Ferrosilizium, die zum Schmelzen und Überhitzen je 300 WE für 1 kg erfordern sollen.

Wärmeeinnahme.

2,1 kg C	verbrennen zu	CO_2	je 8080 WE	=	16 968 WE
0,7 „ C	„	„ CO	„ 2470 „	=	1 729 „
1,6 „ Si	„	„ SiO_2	„ 7830 „	=	12 528 „
0,6 „ Mn	„	„ MnO	„ 1730 „	=	1 038 „
3,5 „ Fe	„	„ FeO	„ 1350 „	=	4 525 „

Zusammen   36 788 WE

Wärmeausgabe.

Es werden an WE aufgewendet:

1. Um das Roheisen auf Stahltemperatur zu bringen $96 \times 400 \times 0,2$ $= 7680$ WE
2. Die Schlackenbestandteile von 1250° auf 1650° zu erhitzen

$$\left(\underset{SiO_2}{3,4 \times 0,29} + \underset{MnO}{0,8 \times 0,26} + \underset{FeO}{4,5 \times 0,25} + \underset{Futter}{2,5 \times 0,29}\right) \cdot 400° \ldots = 816 \text{ „}$$

3. Zum Schmelzen von 11,2 kg Schlacke $11,2 \times 100$ (Schmelzwärme) $= 1120$ „
4. Zum Erwärmen der Gasbestandteile von 0° auf 1000°

$$\left.\begin{array}{l} 7,7 \text{ kg } CO_2 = 3,9 \text{ cbm } CO_2; \; 3,9 \times 0,5 \cdot 1000 \\ 1,6 \text{ „ } CO = 1,3 \text{ „ } CO \\ 4,3 \text{ „ } O = 3,0 \text{ „ } O \quad 55,4 \times 0,34 \cdot 1000 \\ 49,5 \text{ „ } N = 39,6 \text{ „ } N \end{array}\right\} \ldots = 20800 \text{ „}$$

5. Zum Zerlegen des Wasserdampfes $0,5 \times 3220 \ldots = 1610$ „
6. Um 1,3 kg Rinneneisen auf Stahltemperatur zu bringen
$1,3 \times 0,2 \times 400 \ldots = 104$ „
7. Um 1,3 kg Legierungen zu schmelzen und zu überhitzen $1,3 \times 300 = 390$ „
8. Verluste an die Umgebung aus dem Unterschied $\ldots = 4268$ „ $= 12\%$

Zusammen   36 788 WE

45. Flüssiges Roheisen aus dem Hochofen.

Seine Verwendung ist versucht, aber sie ist, auch da, wo ein Hochofen in unmittelbarer Nähe vorhanden ist, mit zu großen Schwierigkeiten verknüpft. Es wird kaum gelingen, stetig ein Roheisen von richtiger Zusammensetzung in richtiger Menge in Bereitschaft zu haben. Abgesehen davon würde auch im zutreffenden Falle die Frage offen sein: Was soll mit den Gießabfällen geschehen? Diese Frage findet leicht ihre Beantwortung, wenn ein Umschmelzverfahren eingeschaltet wird.

Das, was zugunsten der unmittelbaren Verwendung des flüssigen Eisens aus dem Hochofen oder dem Roheisenmischer spricht, ist sein geringer Schwefelgehalt.

---

[1] Nach dem Vorbilde des Großkonverters.
[2] Treuheit hat durchschnittlich 1643° ermittelt.
[3] Nach dem Vorbilde des Großkonverters.
[4] Die Gastemperatur beträgt beim Großkonverter 1340°. Beim Kleinkonverter hat man aber infolge des Luftüberschusses eine größere Gasmenge. Die Gasmengen verhalten sich wie 3:4. Demnach $^3/_4 \cdot 1340° = $ rund 1000°.

Infolgedessen ist eine Zumischung solchen Eisens zum Kupolofeneisen nicht ausgeschlossen.

Von einer Verzögerung der Zündung bei Verwendung flüssigen Hochofeneisens war im Kapitel 43 die Rede.

Einen Beitrag zur Frage der unmittelbaren Verwendung flüssigen Hochofeneisens liefert die Erzeugung des Silbereisens mit 2,3—2,8% C auf der Friedrich-Wilhelms-Hütte in Mülheim-Ruhr. Diese geschieht in folgender Weise: Aus einer Roheisenpfanne, die 20 t faßt, werden 5 t abgekippt und im Konverter verblasen. Der Stahl wird in die Pfanne zurückgekippt. Alsdann werden wiederum 5 t abgekippt, verblasen und der Stahl in die Pfanne zurückgekippt, um den richtigen Kohlenstoffgehalt zu gewährleisten. Das Ausgießen erfolgt in gußeiserne Masselformen, die zwecks bequemen Entleerens schwenkbar sind.

46. Die Erzeugung des flüssigen Roheiseneinsatzes im Umschmelzbetriebe.

In Flammöfen.

Sie kommen aus wirtschaftlichen Gründen nur dann in Frage, wenn rohe Brennstoffe (Kohlen und Holz) sehr billig sind und Koks sehr teuer ist.

Dieser Fall scheidet für das Inland aus, ist aber sehr wohl im Auslande, z. B. im Ural, in Rumänien, in den Balkanstaaten und in Finnland, wo das Holz sehr billig ist, denkbar.

Auch das Werk Kladno in Böhmen kennzeichnet ein Beispiel, indem hier eine minderwertige Steinkohle vergast und das Gas in Flammöfen mit Umschaltfeuerung verbrannt wird, um flüssiges Roheisen für das Windfrischen zu erzeugen.

In Kupolöfen.

Es ist, für deutsche Verhältnisse gesprochen, das normale Umschmelzverfahren für den Kleinkonverterbetrieb. Es muß dabei die große Menge der Stahlabfälle berücksichtigt werden, welche eingattiert werden müssen. Größtenteils sind es Gießabfälle aus dem eigenen Betriebe. Aus wirtschaftlichen Gründen wird aber auch Schrott zugekauft.

Der große Anteil an Stahlabfällen bedingt einen hohen Kokssatz, und dieser wieder einen hohen Schwefelgehalt im flüssigen Eisen. Da dieser in seiner Gesamtheit in den Stahl übergeht, muß es das Bestreben sein, den Schwefelgehalt in so niedrigen Grenzen wie möglich zu halten.

Nur im Notfalle wird man sich dazu entschließen, eine Entschwefelung des flüssigen Eisens vor dem Einfüllen in den Konverter, unter Zuhilfenahme von Soda oder Sodapaketen vorzunehmen, weil dabei die Temperatur herabgedrückt wird. Man wird eher bestrebt sein, den Schwefelgehalt dadurch einzuengen, daß man sehr guten und schwefelarmen Koks verwendet und nur soviel Koks braucht, wie unbedingt nötig ist. Bei diesem Bestreben wird man selbsttätig zu der Erkenntnis geführt, daß es ein Maximum des Anteils an Stahlabfällen gibt, das nicht überschritten werden darf, auch wenn der geringe Schrottpreis es fordert, den Roheisenanteil noch mehr zu beschränken.

Die stündliche Schmelzleistung des Kupolofens.

Sie muß Schritt mit dem Konverter halten. Wenn dieser z. B. ein Fassungsvermögen von 2—2,5 t hat und in der Stunde 2 Chargen bläst, so muß man dem Kupolofen eine stündliche Schmelzleistung von 4—5 t geben.

Die Menge der Gießabfälle.

Sie bildet die Grundlage bei der Berechnung der Gattierung. Erfahrungsgemäß hat man 40 kg versandfähige Stahlgußstücke für 100 kg Kupolofeneinsatz. Demnach entfallen auf Schmelzverlust und Gießabfälle 60 kg. Ersteren kann man auf 3 kg im Kupolofen und (unter Anrechnung des Gewichtes der Zusatzlegierungen) auf 10 kg im Konverter zusammen = 13 kg, veranschlagen. Man hat also 47 kg Gießabfälle für 100 kg aufgegichtetes Eisen. Mit dieser Zahl soll gerechnet werden.

Die erstrebte Zusammensetzung des Rinneneisens.

Sie lautet: 2,9—3,1% C, im Mittel 1,6% Si (bei der ersten Charge 2,1%, bei der letzten 1,1% Si); 0,6% Mn, im Max. 0,1% P und ebenso 0,1% S. Ein niedrigerer C-Gehalt als 2,9% deutet auf einen zu hohen Anteil an Schrott, der einen zu hohen Schwefelgehalt zur Folge hat.

Vom Si-Gehalt war bei der Wärmerechnung die Rede.

Ein höherer Mn-Gehalt als 0,6% würde unwirtschaftlich sein. Ein geringerer würde die Stahlqualität gefährden.

Der Phosphor- und Schwefelgehalt erfährt im Konverter keine Abnahme. Die genannten Gehalte stellen das Maximum dar, das ertragen werden kann. Die hohen Gehalte an diesen beiden Elementen, wie sie in der Kriegszeit und Nachkriegszeit stillschweigend geduldet werden mußten, gehören der Vergangenheit an.

Die Gattierung.

Sie setzt sich aus Gießabfällen, Roheisen und angekauftem Schrott zusammen. Es soll die historische Entwicklung der maßgebenden Anschauung an 3 Beispielen gezeigt werden.

1. Eine Gattierung vor dem Kriege.

Damals war der Preisunterschied zwischen Roheisen und Schrott viel geringer als heute. Man setzte deshalb nur Gießabfälle und Hämatit.

Gattierungsberechnung Nr. 1.

	An-teile	C %	C kg	Si %	Si kg	Mn %	Mn kg	P %	P kg	S %	S kg
Gießabfälle	47	0,3	0,14	0,25	0,12	0,4	0,19	0,1	0,05	0,1	0,05
Hämatit	53	3,5	1,76	3,20	1,70	1,1	0,58	0,1	0,05	0,07	0,04
Zusammen	100	—	1,90	—	1,82	—	0,77	—	0,10	—	0,09
Zugang	—	—	a) 1,13	—	—	—	—	—	—	b)	+ 0,04
Abgang	—	—	—	10	0,18	20	0,15	—	—	25	— 0,02
Zusammensetzung des Rinneneisens	—	—	% 2,03	—	% 1,64	—	% 0,62	—	% 0,10	—	% 0,11

a) Die Gießabfälle kohlen sich von 0,3 auf 2,7% C auf.

b) Der Schwefelgehalt erfährt eine Abnahme um 25% und andererseits eine Zunahme aus dem Koksschwefel. Bei 14% Koks mit 1% S sind dies $0,14 \cdot \dfrac{30}{100} = 0,04$ kg.

2. Eine Gattierungsberechnung zur Zeit des Krieges.

Sie wird dadurch gekennzeichnet, daß kein Roheisen verwendet ist. Sie wird aus Gießabfällen, Schrott und Hochofenferrosilizium und etwas Spiegel- oder Stahleisen gebildet. Ein hoher Schwefelgehalt war unvermeidlich. Man mußte dann nötigenfalls mit Soda entschwefeln.

Man hielt auf hohen Si-Gehalt, um viel Siliziumabbrand zu haben. Man heizte also den Kupolofen zum Teil mit Silizium.

Gattierungsberechnung Nr. 2.

	An-teile	C %	C kg	Si %	Si kg	Mn %	Mn kg	P %	P kg	S %	S kg
Gießabfälle	47	0,3	0,14	0,25	0,12	0,4	0,19	0,12	0,06	0,12	0,06
Ferrosilizium.............	20	1,8	0,36	10	2,00	1,0	0,20	0,1	0,02		
Stahleisen	10	4,0	0,40	1	0,10	5,0	0,50	0,1	0,01	0,10	0,05
Schrott.................	23	0,1	0,02	—	—	0,3	0,07	0,1	0,02		
Zusammen	—	—	0,92	—	2,22	—	0,96	—	0,11	—	0,11
Zugang.................	—	a)	1,75	—	—	—	—	—	—	b) —	+ 0,06
Abgang.................	—	—	—	10	0,22	20	0,20	—	—	—	— 0,03
Zusammensetzung des Rin-neneisens	—	—	% 2,67	—	% 2,00	—	% 0,76	—	% 0,11	—	% 0,14

a) Die Gießabfälle und der Schrott kohlen sich von 0,3 und 0,1 auf 2,7% C auf.

b) Bei 20% Koks mit 1% S sind es $+\,0{,}20 \cdot \dfrac{30}{100} = 0{,}06$ kg S und $0{,}11 \cdot \dfrac{25}{100} = -\,0{,}03$ als Abgang.

Gegenwärtig gebrauchte Gattierungen.

Es ist angenommen, daß ein sehr guter Koks mit nur 0,8% S zur Verfügung steht. Trifft dies nicht zu, muß mit Soda entschwefelt werden. Der Siliziumgehalt soll bei der ersten Charge auf 2,1% gehalten werden, bei den folgenden aber bis auf 1,1% heruntergehen. Es ist die Berechnung für den ersten Fall und für den letzteren Fall durchgeführt.

Gattierungsberechnung Nr. 3 (2,1% Si im Rinneneisen).

	An-teile	C %	C kg	Si %	Si kg	Mn %	Mn kg	P %	P kg	S %	S kg
Gießabfälle	47	0,3	0,14	0,25	0,12	0,4	0,19	0,10	0,05	0,1	0,05
Hämatit...............	30	3,5	1,05	4,00	1,20	1,1	0,33				
Ferrosilizium...........	8	1,8	0,14	11,00	0,88	1,0	0,08	0,07	0,04	0,07	0,04
Stahleisen	5	3,8	0,19	1,00	0,05	5,0	0,25				
Schrott................	10	0,1	0,01	—	—	0,3	0,03				
Zusammen	100	—	1,50	—	2,25	—	0,88	—	0,09	—	0,09
Zugang.................	—	a)	1,48	—	—	—	—	—	—	b) —	+0,012
Abgang.................	—	—	—	10	0,22	20	0,18	—	—	—	
Zusammensetzung des Rin-neneisens	—	—	% 2,98	—	% 2,03	—	% 0,70	—	% 0,09	—	% 0,102

a) Die Gießabfälle und der Schrott kohlen sich auf 2,7% C auf. $2{,}5 \cdot \dfrac{57}{100} = 1{,}48$.

b) Bei 14% Koks mit 0,8% S entsteht ein Zugang von $\dfrac{14}{100} \cdot 0{,}8 \cdot \dfrac{30}{100} = 0{,}034$ kg. Der Abgang an Schwefel beträgt $\dfrac{25}{100} \cdot 0{,}09 = 0{,}022;\ +\,0{,}034 - 0{,}022 = +\,0{,}012$.

Gattierungsberechnung Nr. 4 (1,1% Si im Rinneneisen).

	An-teile	C %	C kg	Si %	Si kg	Mn %	Mn kg	P %	P kg	S %	S kg
Gießabfälle	47	0,3	0,14	0,25	0,12	0,4	0,19	0,10	0,05	0,1	0,05
Hämatit	25	3,5	0,90	4,00	1,00	1,1	0,28				
Ferrosilizium	—	—	—	—	—	—	—	0,07	0,04	0,07	0,04
Stahleisen	5	3,8	0,19	1,00	0,05	5	0,25				
Schrott	23	0,1	0,02	—	—	0,3	0,07				
Zusammen	100	—	1,25	—	1,17	—	0,79	—	0,09	—	0,09
Zugang	—	a)	1,82	—	—	—	—	—	—	b) —	+0,012
Abgang	—	—	—	10	0,12	20	0,16	—	—	—	
Zusammensetzung des Rinneneisens	—	—	% 3,07	—	% 1,05	—	% 0,63	—	% 0,09	—	% 0,102

a) Die Gießabfälle und der Schrott kohlen sich auf 2,7% auf. $2{,}5 \cdot \dfrac{70}{100} = 1{,}82$.

b) Wie bei Gattierungsberechnung Nr. 3.

Man beginnt mit der Gattierung 3. Durch stufenweises Wegnehmen des Ferrosiliziums und Vermindern des Hämatits zugunsten der Schrottzugabe kommt man schließlich bei der Gattierung 4 an.

Es soll hier noch einiges nachgetragen werden: Es muß ein heißes Eisen erschmolzen und andererseits ein möglichst niedriger Schmelzkokssatz angewendet werden. Diese Forderung bedingt die Fürsorge für beste Koksbeschaffenheit und ein kräftiges Gebläse.

Die früher vielfach genannten Schmelzkokssätze von 16 und mehr Prozent gelten heute als fehlerhaft. Mit 13—14% Schmelzkoks und mit 12—13% bei bester Koksbeschaffenheit kann man auskommen. Dazu kommt der Füllkoks = etwa 600—700 kg bei einem Kupolofen, der stündlich 4—5 t schmilzt, so daß etwa 14,5—15,5% oder im zweiten Falle 13,5—14,5% Gesamtkoksaufwand herauskommen.

Im Hinblick auf die Erzeugung von Stahlguß mit sehr geringem S-Gehalt empfiehlt es sich, einen Teil der Gießabfälle abzustoßen und durch besten Kernschrott zu ersetzen. Die abgegebenen Gießabfälle können bei der Erzeugung starkwandiger Eisengußstücke aufgebraucht werden.

Statt des Ferrosiliziums können auch die Eßlinger Formlinge Verwendung finden. Sie waren im Kriege die einzige Rettung und haben sich auch in der Folgezeit behauptet. Man kann mit ihrer Hilfe sehr bequem den Siliziumgehalt von Charge zu Charge abstufen.

Das Gewicht der Kupolofengicht muß man so wählen, daß ein Mehrfaches mit dem Konvertereinsatz im Einklang steht.

Das erste abgestochene Kupolofeneisen verwendet man besser für Eisengußstücke weniger kritischer Art und geht erst dann zum Füllen der Pfanne für den Konverter über, wenn das Eisen heiß genug ist.

Auf eine leichtflüssige Schlacke muß man Gewicht legen, damit man das Miteinfließen von Schlacke in den Konverter verhindern kann, was bei zähfließender Schlacke sehr schwer ist. Man wendet deshalb meist Flußspatzusatz an.

Von der Entschwefelung des flüssigen Roheisens in der Pfanne vor dem Einkippen in den Konverter war oben die Rede. Man wendet es nur im Notfalle an, weil es immer mit einer starken Abkühlung und lästigen Dämpfen verbunden ist. Man muß in einem solchen Falle die Schlacke beim Abstich des Kupolofens sehr sorgfältig zurückhalten und die Sodapakete einwerfen. Hernach wird Kalkpulver aufgebracht, um die außerordentlich dünnflüssige Schlacke anzusteifen und sorgfältig abzuziehen, damit sie nicht mit dem flüssigen Eisen in den Konverter gelangt und hier das Futter zerstört. Dies letztere ist sehr wichtig. Der Verfasser traf in einer norddeutschen Gießerei ein Verfahren an, bei dem eine Roheisenpfanne mit Syphonausguß angewendet wurde, damit jedes Mitfließen von Schlacke verhindert wurde.

Im Kriege verwendete man auch unter dem Druck des Roheisenmangels sogenannte Zerzogsche[1] Pakete, d. h. Formlinge aus Stahlspänen, Graphit und Ferrosilizium. Heute sind diese aus dem Gesichtskreis verschwunden.

47. Das Anwärmen des Konverters.

Das Anwärmen darf nicht zu sehr beschleunigt werden. Man füllt den Konverter vollständig mit Koks, läßt eine Nacht durch brennen, bläst dann schwach eine halbe Stunde lang, stellt den Konverter bei natürlichem Luftzuge 1 Stunde auf den Kopf, bläst wieder schwach von unten, eine halbe Stunde lang, wiederholt dies und kann nunmehr füllen.

---

[1] Ludwig Zerzog in München-Neubiberg.

In einem anderen Werke fand der Verfasser die Vorschrift, 2 Schichten auf das Anwärmen zu verwenden. Man muß in diesem Falle 2 Konverter im Wechselbetriebe nebeneinander betreiben.

In einem dritten Falle wurde etwas Koks abends vorher im Konverter in Glut gebracht und darauf der Konverter bis oben mit Koks gefüllt. Man ließ in der Nacht durchbrennen, um am anderen Morgen 2—4mal Wind von 0,1 at je 10 Minuten lang anzulassen. Jedesmal stellte man danach den Konverter auf den Kopf, um bei geöffneter Windkastenplatte natürlichen Zug wirken zu lassen.

Bevor man den Konverter auf den Kopf stellt, schließt man seine Öffnung durch eine im Sinne eines Mannlochdeckels befestigte Blechscheibe. Diese muß aber Öffnungen haben, damit die Luft eindringen und die Verbrennungsgase aus den Öffnungen entweichen können.

Man darf keinen schlechten Koks für das Anwärmen verwenden und muß große Sorgfalt, auch in bezug auf das vorhergehende Trocknen ausüben, damit die erste Charge, auch bei einem neu ausgekleideten Konverter, nicht „kocht".

Das Auf-den-Kopf-Stellen des Konverters geschieht, damit die Düsen und der Boden gehörig warm werden. Darauf kommt sehr viel an.

Da, wo ein Hochofen vorhanden ist, kann man Hochofengas an Stelle von Koks mit bestem Erfolg verwenden. Da, wo Öl billig ist, kommt auch dieser Heizstoff in Betracht.

Ein Konverter für 2—2,5 t Fassungsvermögen hat einen Rauminhalt von etwa 1,1—1,2 cbm und kann dementsprechend etwa 500 kg Koks aufnehmen, die ziemlich restlos zur Vorwärmung aufgebraucht werden.

Der Geldwert im Betrage von etwa 15 RM. verteilt sich bei 16 Chargen auf rund 30 t flüssigen Stahl. Das sind also 2 RM. für 1 t flüssigen Stahl und etwa 4 RM. für 1 t versandfähigen Stahlguß. Es sind dies hohe Geldbeträge, die allerdings eine Verringerung erfahren, wenn man die Chargenzahl erhöht und womöglich Tag und Nacht bläst. Da, wo dies nicht möglich ist, kommt der Martinofen als überlegener Wettbewerber vielfach in Erscheinung.

48. Das Füllen des Konverters.

Man legt zu diesem Zweck den Konverter waagerecht. Früher geschah das Füllen indem der Kupolofen auf eine höhere Sohle gestellt wurde, damit das flüssige Eisen in einer geneigten Rinne, die am Ende ein Schwenkstück hatte, einfließen konnte. Dies tut man heute nicht mehr. Man wendet allgemein die Gießpfanne an, die an einem Kranhaken hängt und überläßt die Überbrückung der Entfernung dem Laufkran oder Drehkran. Dies Verfahren ist einfacher, vermeidet die hohen Wärmeverluste des Rinnenbetriebes und erlaubt es, die Einsatzmenge genau zu bemessen und ihr Gewicht festzustellen.

Man ist auch nicht mehr darauf angewiesen, daß die Kupolöfen in nächster Nähe sein müssen; ist auch in bezug auf die Höhenlage nicht mehr gebunden und benutzt denselben Kran, der zum Gießen und auch zu anderen Maßnahmen in der Gießerei gebraucht wird.

Die Gießpfanne muß sehr gut angewärmt sein. Solche Maßnahmen werden beim Gießen genannt.

Die Menge des flüssigen Eisens stellt man am besten mit Hilfe der am Kran hängenden Laufgewichtswaage fest, kann aber auch die Höhe des Eisenspiegels in der Gießpfanne mit einem verschiebbaren Fühldraht feststellen.

Daß die Schlacke vorher sorgfältig entfernt werden muß, wurde oben gesagt.

Bei großen Entfernungen oder längerer Wartezeit ist es vorteilhaft, die Kupolofenschlacke mit in die Pfanne fließen zu lassen und sie erst unmittelbar vor dem Einfüllen des Eisens in den Konverter abzuwerfen.

Der Konverter wird beim Füllen in annähernd waagerechte Lage gebracht und dann vorsichtig aufgerichtet. Man hält durch Einstellen des Kippmechanismus, unter Beobachtung bei geöffnetem Windkastendeckel, darauf, daß der Spiegel des flüssigen Eisens 10 mm unter Unterkante der Düsenöffnungen steht. Erst nach erfolgter Zündung läßt man diese mit dem Eisenspiegel abschneiden. Bei dieser Maßnahme muß man das Handrad zu Hilfe nehmen, das zu diesem Zwecke neben dem Elektromotor angeordnet ist.

Der Blasemeister beobachtet bei allen diesen Maßnahmen das Zifferblatt und den Zeiger, der die Stellung des Konverters kennzeichnet.

49. Das Blasen.

Vom Blasen und von der Zündung, in Verbindung mit der Flammenhöhe, dem Aussehen der Flamme und der Kennzeichnung des Zeitpunktes, in dem schnell abgebrochen werden muß, war ausführlich im Kapitel 43 die Rede. Es sollen hier nur einige praktische Winke gegeben werden:

Die Chargen verlaufen nicht immer übereinstimmend, namentlich in Bezug auf den Zeitpunkt der Zündung. Kaltes Eisen und andererseits hochsiliziumreiches Eisen zündet später. Dasselbe gilt von Roheisen mit hohem Graphitgehalt. Dies erschwert die Aufgabe des Blasemeisters.

Dasselbe gilt, wenn die Düsen im Zusammenhang mit einer Vermehrung der Schlackendecke durch abgeschmolzenes Futter verstopft werden und auch dann, wenn während des Blasens Ferrosilizium nachgesetzt wird. Solche Störungen müssen vermieden oder beseitigt werden.

Gelingt es nicht, den richtigen Zeitpunkt für das Abbrechen zu treffen, so sind zwei Fälle möglich: Das Unterblasen und das Überblasen. Das erstere geschieht, wenn vor dem richtigen Zeitpunkt, das letztere, wenn nach ihm abgebrochen wird.

Das erstere kann geschehen, wenn die erste Flammenerhebung mit der zweiten verwechselt wird (vgl. Kapitel 43). Die Folge ist ein unbrauchbarer Stahl, der wieder eingeschmolzen werden muß.

Das Überblasen ist viel gefährlicher. Das Stahlbad nimmt große FeO-Mengen auf und gleichzeitig bildet sich eine große Menge von eisenreicher Schlacke, die neben FeO auch viel Fe_3O_4 enthält und eine stark frischende und fressende Wirkung hat. Sie zerstört das Futter. Abgesehen davon entstehen beim Fertigmachen Explosionen, weil die Eisensauerstoffverbindungen mit dem Kohlenstoff der Zusatzlegierungen, unter plötzlicher Bildung sehr großer CO-Mengen in Reaktion treten. Diese Explosionen können Menschenleben gefährden. Ein solches Überblasen muß unter allen Umständen vermieden werden; denn außer dem Stahl ist auch das Konverterfutter verloren.

Um die Auswurfmenge zu vermindern, vermindert man den Winddruck bald nach der Zündung, wenn die Flammenhöhe steigt.

Die Blasedauer.

Sie beträgt 15—22 Minuten, die erstere Zahl bei 1,5 t, die letztere bei 3 t Einsatz. Je nach dem Winddruck, mit dem geblasen wird, mehr oder weniger. Bei einem Einsatz von 2—2,5 t kann man mit 18—20 Minuten Blasedauer und einer Chargendauer von 30 Minuten rechnen. Es ergebn sich dann bei einer normalen Schicht 16 Chargen und bei einer verlängerten Schicht (12 Stunden) 24 Chargen.

50. Das Fertigmachen.

Es geschieht, um die richtige Zusammensetzung des Stahls herzustellen und gleichzeitig zu desoxydieren. Es muß hier auf Kapitel 31 verwiesen werden, das vom Fertigmachen beim Martinofen handelt. Gegenüber dem Martinofen besteht aber hier ein Unterschied insofern, als man das flüssige Kupolofeneisen so weit wie möglich zum Fertigmachen heranzieht, wie es in den nachfolgenden Beispielen zur Geltung kommt.

Man gibt die Zusatzlegierungen in den Konverter und in die Pfanne. Beim Martinverfahren war das letztere dann am Platze, wenn eine Rückwanderung des Phosphors aus der Schlacke befürchtet werden mußte, wenn man die Legierungen in den Ofen setzte. In unserem Falle fällt diese Erwägung fort, weil die Schlacke keine Phosphorsäure enthält.

Man gibt das Kupolofeneisen (auch Rinneneisen genannt) in den Konverter aus einer kleinen Pfanne, deren Inhalt man entweder mit der Kranwaage oder durch Einstellen des Flüssigkeitsspiegels abmißt.

Das Ferromangan und Spiegeleisen wird in kaltem Zustande in den Konverter eingeworfen. Hochhaltiges Ferrosilizium und Kohlenpulver werden in die Pfanne gegeben. Beim Einwerfen des Ferromangans oder Spiegeleisens wird der Kunstgriff angewendet, daß man die Stücke vorher anfeuchtet. Es kommt dann eine Wasserzersetzung zustande. Das Knallgas schleudert die Schlacke zurück und verhindert, daß die Stücke in der Schlacke hängenbleiben.

In den hierunter durchgeführten Berechnungen ist ein Kunstgriff angewandt, den der Verfasser auch in der Gattierungsberechnung gebraucht hat[1]. Er wird dem Leser in der Beispielsrechnung klar werden.

Aufgabe 1. Ein Kleinkonverter soll harten Stahl mit 0,6% C erzeugen. Ausbringen vor dem Zusatz 87%. Im Konverter brennen ab: 18% C, 25% Mn, 33% Si. Der Einsatz beträgt 1500 kg.

Zusammensetzung am Ende des Blasens vor dem Zusatz: 0,10% C, 0,15% Mn, 0% Si. Gewünschte Zusammensetzung: 0,6% C, 0,70% Mn, 0,25% Si.

Es stehen zur Verfügung: Ferromangan mit 5,7% C, 30.% Mn, 0,7% Si. Ferrosilizium mit 0,25% C, 0% Mn, 45% Si. Flüssiges Rinneneisen mit 2,7% C[2], 0,6% Mn, 1,6% Si.

In den Konverter müssen also eingeführt werden:
$$\frac{1500 \cdot 87}{100} \cdot \frac{(0,6-0,1)}{100} \cdot \frac{100}{82} = 8 \text{ kg C};$$

$$\frac{1500 \cdot 87}{100} \cdot \frac{(0,7-0,15)}{100} \cdot \frac{100}{75} = 9,6 \text{ kg Mn}; \qquad \frac{1500 \cdot 87}{100} \cdot \frac{(0,25-0,0)}{100} \cdot \frac{100}{67} = 4,9 \text{ kg Si}.$$

Es sind also diese Mengen C, Mn, Si einzuführen. Es wird nun der oben erwähnte Kunstgriff angewandt. Wir wollen von der einzuführenden Mn-Menge ausgehen. Man läßt zunächst den Si-Gehalt außer Betracht und berechnet, wieviel Ferromangan und wieviel Rinneneisen — jedes für sich — nötig ist, um das gewünschte Mn-Gewicht einzuführen. Dann bestimmt man, wieviel Kilogramm C jede von den beiden errechneten Zusatzmengen einführt, und mischt dann beide Legierungen in einem solchen Verhältnis, daß die richtige C-Menge gewahrt wird.

Um die bei unserem Beispiel erforderlichen 9,6 kg Mn einzuführen, braucht man entweder $\frac{9,6 \cdot 100}{0,6} = 1600$ kg Rinneneisen mit 43,2 kg C oder: $\frac{9,6 \cdot 100}{30} = 32$ kg Ferromangan mit 1,8 kg C. Benötigt werden 8 kg C. Es wird eine Mischungsgleichung aufgestellt, worin $x =$ Anteil in Prozenten an Ferromangan, $100 - x =$ Anteil an Rinneisen:

$$\frac{x \cdot 1,8}{100} + \frac{(100-x)\,43,2}{100} = 8 \,.$$ Daraus $x = 85\%$; $100 - x = 15\%$. Danach muß gesetzt werden:

$$\frac{85 \cdot 32}{100} = 27 \text{ kg Ferromangan mit } 1,5 \text{ kg C und } 0,2 \text{ kg Si,}$$

$$\frac{15 \cdot 1600}{100} = 240 \text{ kg Rinneneisen mit } 6,5 \text{ kg C und } 3,8 \text{ kg Si.}$$

Zusammen mit 8,0 kg C und 4,0 kg Si.

---

[1] Vgl. Gießerei-Ztg. 1920 S. 41. [2] Meist wird man mit 2,9—3,0% C rechnen müssen.

Man ersieht, daß der C-Gehalt stimmt:

Es fehlen noch $4{,}9 - 4{,}0 = 0{,}9$ kg Si, die durch $\dfrac{0{,}9 \cdot 100}{45} = 2$ kg Ferrosilizium eingeführt werden. Man hätte gerade so gut auch vom C-Gehalt ausgehen können.

Um die Rechnung zu vereinfachen, kann man ein graphisches Verfahren wie bei der Gattierungsberechnung benutzen[1]. Man trägt zweckmäßig die Skizze auf Millimeterpapier oder auf einen karierten Notizblock auf, um schnell im Betriebe das Mischungsverhältnis zu berechnen.

Es ist noch zu erwähnen, daß man statt Ferromangan auch Spiegeleisen hätte verwenden können, möglicherweise mit wirtschaftlich besserem Erfolg.

Aufgabe 2. Es soll ein Dynamostahl von folgender Zusammensetzung erzeugt werden: 0,15% C, 0,25% Si, 0,3% Mn. Zur Verfügung stehen dieselben Legierungen wie bei Aufgabe 1. Ebenso sind die Abbrandverhältnisse dieselben. Die Zusammensetzung des Stahls vor dem Zusatz ist: 0,1% C, 0,25% Mn, 0% Si.

Es müssen in den Konverter eingeführt werden:

$$\frac{1500 \cdot 87}{100} \cdot \frac{(0{,}15 - 0{,}1)}{100} \cdot \frac{100}{82} = 0{,}79 \text{ kg} = \text{etwa } 0{,}8 \text{ kg C,}$$

$$\frac{1500 \cdot 87}{100} \cdot \frac{(0{,}3 - 0{,}25)}{100} \cdot \frac{100}{75} = 0{,}87 \text{ kg} = \text{etwa } 0{,}9 \text{ kg Mn,}$$

$$\frac{1500 \cdot 87}{100} \cdot \frac{(0{,}25 - 0{,}0)}{100} \cdot \frac{100}{67} = 4{,}87 \text{ kg} = \text{etwa } 4{,}9 \text{ kg Si.}$$

Man geht vom Mn-Gehalt aus: Um 0,9 kg Mn einzuführen, braucht man $\dfrac{0{,}9 \cdot 100}{30} = 3$ kg Ferromangan mit 0,17 kg C oder $\dfrac{0{,}9 \cdot 100}{0{,}6} = 150$ kg Rinneneisen mit 4,05 kg C. Wenn x Menge des Ferromangans und $100 - x$ Menge des Rinneneisens, so lautet die Gleichung:

$$\frac{x \cdot 0{,}17}{100} + \frac{(100 - x)\, 4{,}05}{100} = 0{,}8; \quad x = 84\%; \quad 100 - x = 16\%.$$

Demnach $\dfrac{84 \cdot 3}{100} = 2{,}5$ kg Ferromangan; $\qquad \dfrac{16 \cdot 150}{100} = 24$ kg Rinneneisen.

$$
\begin{array}{ll}
\text{2,5 kg Ferromangan führen ein} & \text{0,018 kg Si} \\
\text{24 kg Rinneneisen führen ein} & \underline{\text{0,38 kg Si}} \\
\text{Zusammen} & \text{0,40 kg Si.}
\end{array}
$$

Es müssen also noch eingeführt werden: $4{,}9 - 0{,}4 = 4{,}5$ kg Si oder $\dfrac{4{,}5 \cdot 100}{45} = 10$ kg Ferrosilizium.

Aufgabe 3. Es soll ein sehr harter Stahl hergestellt werden, dessen Zusammensetzung lautet: 1,1% C, 0,9% Mn, 0,25% Si.

Zur Verfügung stehen dieselben Zusätze wie bei Aufgabe 1, nur statt des Ferromangans ein Spiegeleisen mit 4,9% C, 0,6% Si, 11% Mn. Außerdem soll ein sorgfältig getrocknetes Kokspulver mit 88% C bereitgehalten werden. Dies ist nötig, weil ohne seinen Zusatz dem Verhältnis zwischen C und Mn nicht genügt werden kann. Der C-Gehalt vor dem Zusatz soll 0,25% betragen.

Es müssen eingeführt werden:

$$\frac{1500 \cdot 87}{100} \cdot \frac{(1{,}1 - 0{,}25)}{100} \cdot \frac{100}{82} = 13{,}5 \text{ kg C,}$$

$$\frac{1500 \cdot 87}{100} \cdot \frac{(0{,}9 - 0{,}25)}{100} \cdot \frac{100}{75} = 11{,}3 \text{ kg Mn,}$$

$$\frac{1500 \cdot 87}{100} \cdot \frac{(0{,}25 - 0{,}0)}{100} \cdot \frac{100}{67} = 4{,}9 \text{ kg Si.}$$

Wir gehen vom Mn-Gehalt aus: Um 11,3 kg Mn einzuführen, braucht man: $\dfrac{11{,}3 \cdot 100}{11}$

$= 103$ kg Spiegeleisen mit 5 kg C, oder $\dfrac{11{,}3 \cdot 100}{30} = 38$ kg Ferromangan mit 2,2 kg C.

---

[1] Vgl. Osann: Schema und Beispiel einer Gattierungsberechnung. Gießerei-Ztg. 1924 Heft 15.

Die Aufstellung einer Mischungsgleichung führt hier zu keinem Resultat, weil auch mit dem kohlenstoffreichen Spiegeleisen allein nicht die nötige C-Menge (13,5 kg) eingetragen wird. Man muß also Kokspulver anwenden. Die Rechnung stellt sich dann so: 103 kg Spiegeleisen führen 5 kg C ein. Es fehlen also $13,5 - 5 = 8,5$ kg C. Diese entsprechen bei einem Kohlenstoffabbrand von 30%: $\dfrac{8,5 \cdot 100}{88} \cdot \dfrac{100}{70} = 13,8$ kg Kokspulver.

103 kg Spiegeleisen führen 0,6 kg Si ein. Es fehlen noch 4,3 kg Si, entsprechend $\dfrac{4,3 \cdot 100}{45} = 9,6$ kg Ferrosilizium.

Die Schmelze muß also mit 103 kg Spiegeleisen, 13,8 kg Kokspulver und 9,6 kg Ferrosilizium fertiggemacht werden.

Fürchtet man, daß die große Menge Spiegeleisen abkühlend wirkt, muß man wenigstens einen Teil im Tiegel verflüssigen oder auch statt des Spiegeleisens Ferromangan setzen, um mit geringerer Zusatzmenge auszukommen.

Aufgabe 4. Es soll ein mittelharter Stahl mit 0,25% C, 0,4% Mn, 0,25% Si hergestellt werden. Zur Verfügung stehen dieselben Zusätze wie in Aufgabe 1.

Die Zusammensetzung der Schmelze vor dem Zusatz soll sein: 0,20% C, 0,25% Mn, 0% Si.

Es müssen eingeführt werden:

$$\frac{1500 \cdot 87}{100} \cdot \frac{(0,25 - 0,20)}{100} \cdot \frac{100}{82} = 0,80 \text{ kg C,}$$

$$\frac{1500 \cdot 87}{100} \cdot \frac{(0,4 - 0,25)}{100} \cdot \frac{100}{75} = 2,6 \text{ kg Mn,}$$

$$\frac{1500 \cdot 87}{100} \cdot \frac{(0,25 - 0,0)}{100} \cdot \frac{100}{67} = 4,9 \text{ kg Si.}$$

Wir gehen wieder vom Mn-Gehalt aus. Um 2,6 kg Mn einzuführen, braucht man: $\dfrac{2,6 \cdot 100}{30} = 8,7$ kg Ferromangan mit 0,5 kg C oder $\dfrac{2,6 \cdot 100}{0,6} = 433$ kg Rinneneisen mit 11,8 kg C.

Die Mischungsgleichung lautet, wenn x die Menge des Ferromangan, $100 - x$ die Menge des Rinneneisens: $\dfrac{x \cdot 0,5}{100} + \dfrac{(100 - x) \, 11,8}{100} = 0,8$. Daraus $x = 97\%$; $100 - x = 3\%$.

Demnach $\dfrac{97 \cdot 8,7}{100} = 8,4$ kg Ferromangan und $\dfrac{3 \cdot 433}{100} = 13$ kg Rinneneisen.

$$
\begin{aligned}
&\text{8,4 kg Ferromangan führen ein} && \text{0,1 kg Si}\\
&\text{13,0 kg Rinneneisen führen ein} && \underline{\text{0,2 kg Si}}\\
&&& \text{Zusammen 0,3 kg Si.}
\end{aligned}
$$

Es fehlen demnach $4,9 - 0,3 = 4,6$ kg Si, entsprechend: $\dfrac{4,6 \cdot 100}{45} = 10,2$ kg Ferrosilizium.

Das Einsetzen der Zusatzlegierungen.

3 Minuten nach dem Abbrechen wird flüssiges Kupolofeneisen, Ferrosilizium und Ferromangan gegeben. Man wartet dann wieder einige Minuten, rührt um und entleert dann in die gut vorgewärmte Gießpfanne (mit dem Kokspulver), in die man gleichzeitig ein Stück Aluminium (etwa 0,04% = 0,4 kg auf 1 t Einsatz) einwirft. Aus der Gießpfanne gießt man unmittelbar mit dem Stopfen oder füllt in kleine, sorgfältig vorgewärmte Scheerpfannen um, wenn es sich um Naßguß handelt. Die Schlacke wird dadurch zurückgehalten, daß man sie mit Tonmehl ansteift.

Von Manganstahl und seiner Zusammensetzung wird bei legierten Stählen die Rede sein. Hier sei nur gesagt, daß man die Charge mit flüssigem, im Tiegel geschmolzenen Ferromangan fertigmachen muß.

Manganstahlguß bildet gerade auch in den Vereinigten Staaten ein wichtiges Sondererzeugnis des Kleinkonverters.

51. Duplexverfahren.

Beim Großkonverter ist ein sogenanntes Wittkowitzer Duplexverfahren bekannt, das in Europa nicht mehr ausgeübt wird; wohl aber noch heute in den Vereinigten Staaten.

Man bläst im sauren Konverter auf etwa 1° C, 0,0% Si und 0,5% Mn herunter und führt den vorgefrischten Stahl in den basischen Martinofen über, um hier zu entphosphern und zu Ende zu frischen.

Ein solches Verfahren kommt für Stahlformguß kaum in Frage, es sei denn, daß man die Erzeugungsmenge, auch nötigenfalls unter Vermehrung der Selbstkosten, steigern muß. Einen solchen Betrieb traf der Verfasser in Zeiten der Hochkonjunktur auf einem sächsischen Werke an.

52. Mit Öl geheizte Konverter.

Vor etwa 20 Jahren wurde ein sogenannter Stockkonverter bekannt, in dessen Hohlraum fester Einsatz mit Öl geschmolzen und dann gleich verblasen wurde. Von diesem Verfahren ist später nichts mehr verlautet; jedenfalls deshalb, weil ein solcher ölgefeuerter Flammofen viel teurer als ein Kupolofen schmilzt.

V. Allgemeines über das Schmelzen im elektrischen Ofen (Elektroofen)[1].

53. Die elektrische Wärmeerzeugung[2].

Man hat Lichtbogen- und Widerstandswärme. Die erstere wird durch den Lichtbogen einer Bogenlampe, die letztere durch das Schmelzen einer Sicherung veranschaulicht.

Bei dem Schmelzen mit Widerstandswärme kann der Strom unmittelbar einfließen, z. B. in eine um den Tiegel herumgeführte Drahtwicklung, und es kann auch geschehen, daß dieser Strom (Primärstrom) einen Sekundärstrom durch Induktion erzeugt und dieser letztere die Widerstandswärme hervorbringt. Man hat dann einen Induktionsofen.

Man hat auch elektrische Öfen, bei denen beides, Lichtbogenwärme und Widerstandswärme, auftritt.

Eigentlich ist es falsch, diese beiden Gattungen der Wärmeerzeugung voneinander zu trennen, denn im Grunde genommen ist Lichtbogenwärme nichts anderes wie Widerstandswärme. Nur besteht der Stromleiter in diesem Falle aus Gasen.

Der Hergang ist beim Lichtbogen der, daß ein stromdurchflossener Leiter aus Kohle unterbrochen wird. Stellt man den lufterfüllten Abstand der Enden immer größer ein, so entsteht schließlich infolge des Leitungswiderstandes eine solche Wärmenge, daß die Kohle verdampft. Die Dämpfe oder die Gemische aus weißglühenden Kohlenteilchen und Luft übernehmen nunmehr die Leitung des Stroms, aber die dadurch geschaffene Brücke bietet soviel Leitungswiderstand, daß immer soviel Wärme entsteht, wie zur Verdampfung nötig ist. Der Lichtbogen wird dadurch beständig.

Der gewöhnliche Sprachgebrauch hält aber an der eingangs genannten Unterscheidung fest.

Im Ofenraum hat Hase 1650° gemessen[3]. Die Temperatur, die im Lichtbogen entstehen kann, wird auf 3500° geschätzt.

---

[1] Vgl. auch Osann: Lehrbuch der Eisenhüttenkunde, Bd. 2. Leipzig: Wilh. Engelmann.

[2] Vgl. auch Wotsche: Die Grundlagen des elektrischen Schmelzofens. Düsseldorf Stahleisen und auch Kosack: Elektrische Starkstromanlagen. Berlin bei Springer, dem auch einige Abbildungen entlehnt sind.

[3] Archiv 1930 S. 261.

Die Joulesche Gleichung.

Das Wesen der Widerstandswärme wird durch die Joulesche Gleichung dargestellt.
$Q =$ Wärmemenge in cal, welche in dem stromdurchflossenen Leiter erzeugt wird

$$0{,}24 \cdot i^2 \cdot r \cdot t$$

$t =$ Zeit in Sekunden
$i =$ Stromstärke in Ampere
$e =$ Spannung in Volt
$r =$ Widerstand in Ohm

$$r = \varrho \cdot \frac{L}{q} \text{ , wobei}$$

$\varrho =$ spezifischer Leitungswiderstand, der sich mit der Temperatur ändert
$L =$ Länge des Leiters in Meter
$q =$ Querschnitt des Leiters in Quadratmillimeter.

Es gilt das Ohmsche Gesetz $i = \dfrac{e}{r}$; $r = \dfrac{e}{i}$; $i^2 \cdot r = e \cdot i$. Es wird dann $Q = 0{,}24 \cdot e \cdot i \cdot t$.

Um die elektrische Arbeit $= A \cdot$ Wattsekunden in Wärmemengen umzurechnen, gilt die Formel:

$A = t \cdot e \cdot i = t \cdot i^2 \cdot r$ bei Gleichstrom
$A = t \cdot e \cdot i \cdot \cos \varphi$ bei einphasigem Wechselstrom
$A = t \cdot e \cdot i \cdot \cos \varphi \cdot \sqrt{3}$ bei dreiphasigem Wechselstrom (Drehstrom)
$A = t \cdot e \cdot i \cdot \cos \varphi \cdot \sqrt{2}$ bei zweiphasigem Wechselstrom
1 Wattsekunde $= 0{,}24$ cal
1 Wattstunde $= 864$ cal
1 Kilowattstunde (kWh) $= 864$ WE $= 1{,}36$ PS-Stunden
1 WE $= 1{,}16$ Wattstunden (Wh)
1 PS-Stunde $= 0{,}736$ kWh
Der oben genannte $\cos \varphi$ stellt den Leistungsfaktor dar.

Dieser Wert kennzeichnet die durch die Selbstinduktion des Stromes hervorgerufene Phasenverschiebung, die bei Wechselstrom auftritt. Beträgt die Phasenverschiebung z. B. den zehnten Teil einer Periode, so würde $\varphi = \dfrac{360}{10} = 36°$ sein. Beträgt sie $0°$, so wird $\cos \varphi = 1$, beträgt sie $90°$, wird $\cos \varphi = 0$. Meist liegt der Wert von $\cos \varphi$ zwischen 0,8 und 0,9. Man ermittelt den Wert des $\cos \varphi$, wenn man den Quotienten:

$$\frac{\text{Wirkliche Leistung des Stromes in kW}}{\text{Zugeführte Leistung des Stromes in kW}} = \cos \varphi \text{ setzt.}$$

Im Sinne der Formel $Q =$ Wärmemenge $= 0{,}24 \cdot i^2 \cdot r \cdot t$ liegt es, daß es vorteilhaft ist, i möglichst groß zu machen, weil die Wärmemenge im Verhältnis des Quadrates von i wächst. Man erreicht dies unter Beibehaltung des Wertes von $A = t \cdot e \cdot i \cdot \cos \varphi$, wenn man die Spannung heruntertransformiert.

Die zum Überführen von 1 t festen Eisens in den flüssigen Zustand theoretisch erforderliche elektrische Arbeit ist mit 340 kWh zu bewerten.

Für Elektroöfen kommt nur Wechselstrom in Frage, soweit es nicht Laboratoriumsöfen betrifft, die vielfach mit Gleichstrom bedient werden.

Neuerdings ist es so, daß fast nur dreiphasiger Wechselstrom = Drehstrom verwendet wird und einphasiger und zweiphasiger Wechselstrom eine Ausnahme bilden.

54. Die Einteilung der Elektroöfen.

Im Sinne der obigen Darlegung hat man Öfen mit Widerstandswärme und solche mit Lichtbogenwärme. Es gibt auch Öfen, bei denen beides auftritt. Öfen mit primär erzeugter Widerstandswärme können hier aus der Betrachtung ausscheiden, wenn man von Laboratoriumsöfen absieht. Man hat neben Lichtbogenwärme nur mit sekundär erzeugter Widerstandswärme, also mit Induktionsöfen zu tun. Diese erscheinen als Niederfrequenz- und Hochfrequenzöfen. Der Unterschied wird im folgenden Kapitel klargemacht werden. Abgesehen davon hat man Lichtbogenöfen, bei denen man Strahlungslichtbogenöfen und Badlichtbogenöfen unterscheiden kann; je nachdem der Lichtbogen oberhalb des Schmelzbades zwischen den Kohleelektroden oder zwischen Bad und Kohleelektrode entsteht. Beide Arten finden Anwendung. Es gibt auch Öfen, die beides sind.

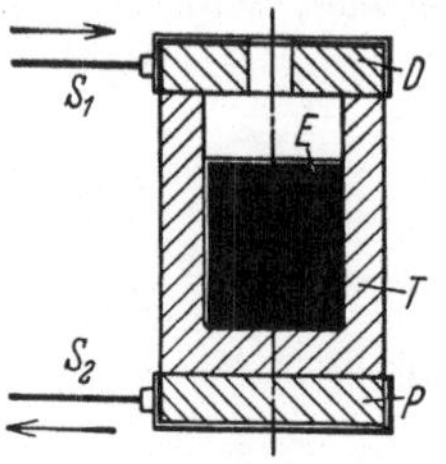

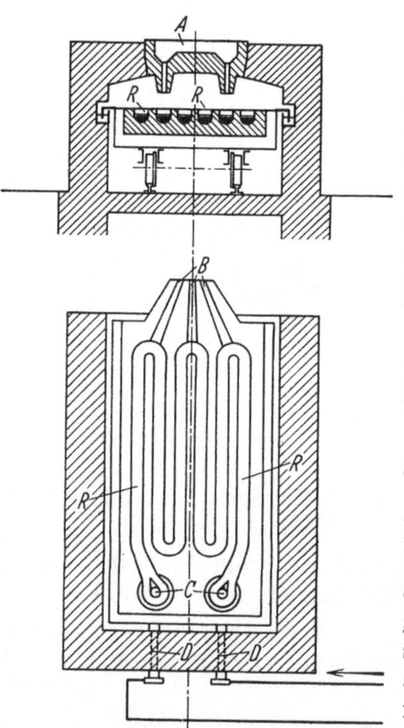

Es war oben von Laboratoriumsöfen die Rede, die mit primärer Widerstandswärme arbeiten. Als ein solcher ist der Tamannofen und der Hellbergerofen zu nennen (Abb. 30). Man hat versucht, solche Öfen in die Stahlwerke einzuführen und hat den Ginofen aufgestellt (Abb. 31), aber es war ein Mißerfolg.

Dagegen findet der Widerstandsofen, bei dem ein Tiegel umwickelt ist und durch den Leiter ein Strom geführt wird, beim Schmelzen von Nichteisenmetallen vielfach Anwendung. Beim Eisen und Stahl reicht aber die Wärme nicht aus. Man muß hier Induktionsöfen anwenden.

Abb. 30. Hellbergerofen. Es ist ein Ofen mit reiner Widerstandswärme. Der Strom geht durch die mit Graphit leitend gemachte Tonmasse und erzeugt dabei Wärme.

Die Bauart der Öfen wird in Kapitel 55 an der Hand der geschichtlichen Entwicklung gekennzeichnet werden.

Man kann die Elektroöfen auch nach der Stromgattung einteilen. Man verwendet Gleichstrom und Wechselstrom. Ersterer kommt nur da in Betracht, wo eine chemische Zersetzung nach dem Vorbilde der Wasserzerlegung ausgeschlossen ist. Man muß in allen anderen Fällen Wechselstrom anwenden, um durch Umkehrung des Stroms die etwa eingetretene Aufspaltung wieder aufzuheben. Diese Anforderung besteht durchweg bei Gußeisen und Stahl.

Was anderes ist es beim Schmelzen von Metallen und Metallegierungen. Hier kann man vielfach Gleichstrom verwenden.

Beim Wechselstrom unterscheidet man einphasigen, zweiphasigen und dreiphasigen Wechselstrom. Letzterer heißt Drehstrom. Alle drei Gattungen werden beim Eisen- und Stahlschmelzen angewendet, aber in der Neuzeit werden kaum mehr größere Öfen gebaut, die nicht mit Drehstrom betrieben werden. Die Ursache ist auf wirtschaftliche Erwägungen zurückzuführen.

Abgesehen von der Art der Wärmeerzeugung unterscheidet man Tiegelöfen und Flammöfen und bei letzteren beiden solche, die sauer und solche, die basisch ausgekleidet sind. Man hat auch feststehende und kippbare Öfen. Unter die letzteren sind auch die Trommelöfen einzureihen. Auch die Zahl der Elektroden und deren Baustoff sind kennzeichnend. Auch hat man Öfen mit festem und solche mit flüssigem Einsatz.

Abb. 31. Ginofen. Es ist ein Ofen mit reiner Widerstandswärme. Der Strom tritt bei D ein und legt den Weg durch die Eisenrinne R, im Sinne der Pfeile zurück, dabei Widerstandswärme erzeugend. A = Gefäß zum Füllen der Rinne mit flüssigem Roheisen. Durch Einführen von Schmiedeisenschrott sollte das Roheisen in Stahl verwandelt werden.

55. Die geschichtliche Entwicklung der Elektroöfen.

Es sei das Folgende vorausgeschickt: Noch vor 15 Jahren war es so, daß man den elektrischen Ofen bei der Herstellung von Stahlgußstücken nicht beachtete, weil er viel zu teuer arbeitete. Dieses Bild hat sich vollständig geändert.

Heute wird der elektrische Ofen neben dem Martinofen und Kleinkonverter angewendet, wenn es sich darum handelt, kleine Mengen zu schmelzen, die man früher im Tiegel geschmolzen hat. Dasselbe gilt für die Erzeugung von Stahlgußstücken, an die sehr hohe Anforderungen in bezug auf P- und S-Gehalt gestellt werden und für legierte Stahlgußstücke, die in so kleinen Mengen und so unregelmäßig bestellt werden, daß der Martinofen und der Kleinkonverter ausgeschlossen ist oder auch in bezug auf die Qualität versagt.

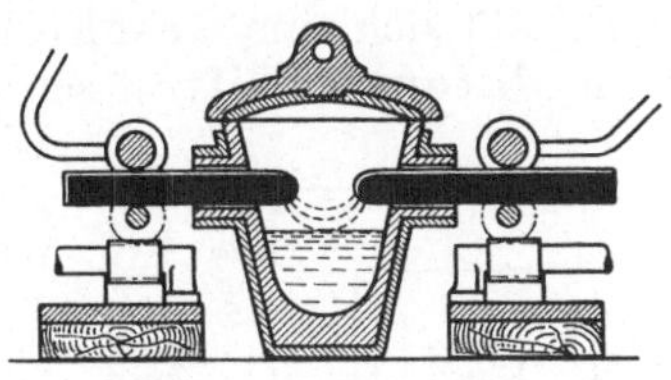

Abb. 32. Lichtbogenofen von Wilhelm Siemens. Die Elektroden wurden von Hand eingestellt. (Strahlungslichtbogenofen.) Nach Stahl u. Eisen 1905 S. 632.

Neuerdings ist auch die Erwägung hinzugetreten, daß die Erzeugung häufig wegen Auftragsmangel unterbrochen werden muß, aber andererseits sogleich wieder aufgenommen werden muß, wenn eilige Aufträge eingehen. In dieser Hinsicht ist der Elektroofen dem Martinofen überlegen, dessen Anwärmen eine längere Zeit erfordert.

Es gibt Stahlgießereien, die lediglich im Elektroofen schmelzen und auf andere Öfen verzichten.

Einen ganz besonderen Aufschwung hat die Elektrostahlgußtechnik in den Vereinigten Staaten und auch in den Ländern erfahren, welche über große Wasserkräfte verfügen und keine oder nur geringe Kohlenvorkommen besitzen. Dies letztere gilt in ganz besonderer Weise von der Schweiz, Italien, Schweden, Norwegen, Südostfrankreich und Österreich.

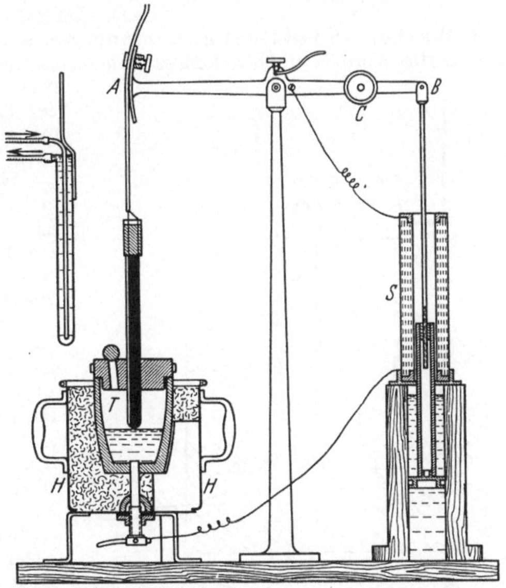

Der Ausbreitung des elektrischen Schmelzbetriebes kam nach dem Kriege der Umstand zu Hilfe, daß der hochwertige Ceylongraphit, der zur Herstellung des Tiegelgußstahls unentbehrlich ist, nach dem Kriege unerschwinglich teuer wurde. Abgesehen davon konnte man im Elektroofen auch kohlenstoffarmen Stahl erzeugen, was im Tiegel so gut wie unmöglich ist.

Abb. 33. Lichtbogenofen von Wilhelm Siemens mit wassergekühlter Bodenelektrode (links oben ist die Wasserkühlung gekennzeichnet). Rechts steht das Solenoid, dessen Anziehungskraft der elektromotorischen Kraft zwischen beiden Elektroden oder dem Widerstande des elektrischen Bogens proportional ist. Dadurch wird der Abstand der Elektroden geregelt. Es ist ein Ofen mit Badlichtbogen, bei dem der Strom von der Bodenelektrode aus, durch das Bad zur oberen Elektrode geht. Es wird Widerstandswärme und Lichtbogenwärme erzeugt. Nach Stahl u. Eisen 1881 S. 240.

Man lernte auch die Stromkosten zu verringern, wobei die Ausnutzung des billigen Nachtstromes eine große Rolle spielt; ebenso auch das Fassungsvermögen und die Ofenhaltbarkeit zu vergrößern, so daß man den Selbstkosten des Konverters und des Martinofens immer näher kam und dabei den Vorsprung

der besseren Qualität und der besseren Anpassungsfähigkeit an die geforderte
Erzeugungsmenge behaupten konnte.

Fehlen Aufträge, so wird der Strom ausgeschaltet. Die Wiederaufnahme des
Schmelzens ist beim Elektroofen einfacher und weniger kostspielig als bei den
anderen Schmelzapparaten.

Es läßt sich eine Geschichte des Elektrostahls auf Grund des Einblicks
in die Patentschriften schreiben. Aber diese würde ein falsches Bild geben.
Eine brauchbare geschichtliche Darstellung müßte
auch berücksichtigen, wann und unter welchen
Umständen die Einführung der Erfindung in die
Technik erfolgt ist. Dies ist vielfach erst geschehen,
als das Patent bereits verfallen oder in Vergessen-
heit geraten war. Es kann dies auf Zufall beruhen,
aber auch dadurch begründet sein, daß die Vorbedingungen für die Anwendung mit wirtschaftlichem
Nutzen erst später gegeben waren. Erfinderschick-
sale sind meist tragisch. Dies gilt auch auf diesem
Gebiet.

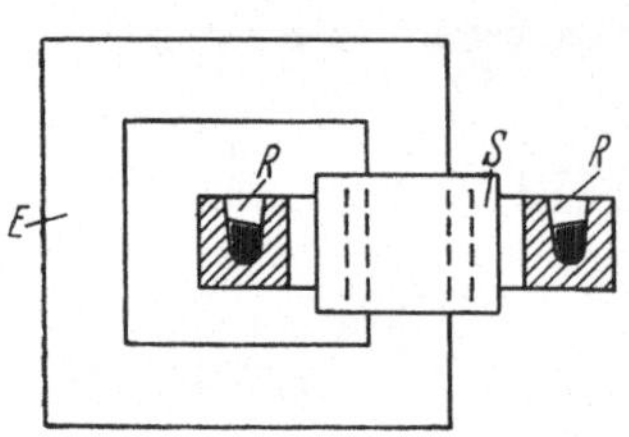

Abb. 34. Induktionsofen von Kjellin. E = Rahmen, der aus weichen
Eisenblechen gebildet wird. R =
Schmelzrinne, S = Solenoid (Wicklungskörper).

Die Darstellung muß mit dem Hinweis auf die Patente
von Werner und Wilhelm Siemens aus den Jahren 1878 und 1879 beginnen. Sie sind
durch die Abb. 32 u. 33 gekennzeichnet. Es sind Lichtbogenöfen, aber in Abb. 33 erkennt
man eine Bodenelektrode. Mit der Anordnung
der Elektrodensteuerung sind die Gebrüder Siemens ihrer Zeit weit vorausgeeilt. Sie geschieht
auch heute nach demselben Prinzip.

Wilhelm Siemens hielt 1881 einen Vortrag
in London, in dessen Verlauf er im Sinne der
Abb. 33 innerhalb 8 Minuten Stahl zum Schmelzen brachte.

Es war also schon damals der Strahlungsofen
und der Ofen mit Schmelzbadlichtbogen erfunden.

An diesen Erfindungen ging das Eisenhütten-
und Gießereiwesen achtlos vorbei. Dasselbe geschah, als Ferranti 1887 ein Patent nahm, welches die Erzeugung von Widerstandswärme mit
Hilfe eines durch Induktion erzeugten Stromes be-
traf, und als Taussig ein Patent 1893 auf einen
Ofen nahm, der die Anwendung unmittelbarer
Widerstandswärme zum Schmelzen bezweckte,
wie es später von Gin ausgeführt wurde (Abb. 31).

Erst im Jahre 1898 wurde zum ersten Male
Eisen in größerer Menge elektrisch geschmolzen.
Dies geschah seitens des italienischen Artillerie-
offiziers Staßano, im Sinne eines Hochofenvor-
ganges — allerdings ohne wirtschaftlichen Erfolg.
Er wollte in einem Schachtlichtbogenofen ein
Gemisch von edlen Erzen mit Holzkohlenklein
in Stahl überführen und diesen unmittelbar in
Blockformen abstechen, um auf diese Weise
Schmiedeblöcke für Geschützrohre und anderes
Kriegsmaterial zu erzeugen.

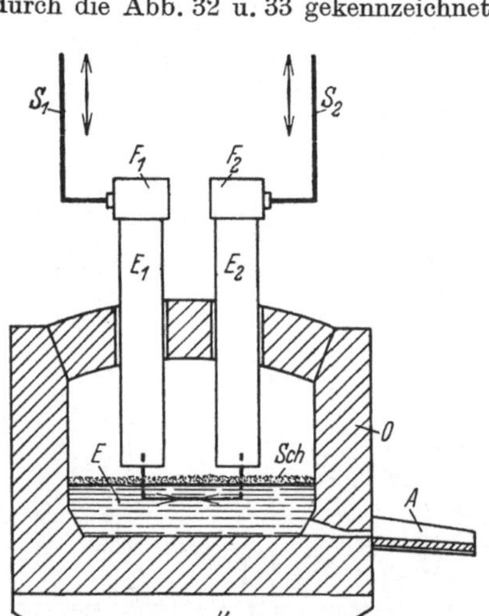

Abb. 35. Lichtbogenofen von Héroult. Der
Wechselstrom wird durch die Leitungen S_1 und S_2
in die Elektroden E_1 und E_2 eingeführt und geht
im Sinne der Pfeile durch das Bad hindurch,
unter jeder Elektrode einen Badlichtbogen erzeugend. Der Ofen ist kippbar.

Die Aufrechnung der Selbstkosten war gegenüber dem Umweg über den Hochofen,
Martinofen oder Tiegel bestechend; um so mehr als in Italien genügende Wasserkräfte, aber
keine Kohlen zur Verfügung stehen.

Die italienische Heeresverwaltung gab bereitwillig Gelder her, aber Staßano hatte
immer Mißerfolge, bis er einen anders gestalteten Lichtbogenofen nur zum Umschmelzen
und Veredeln benutzte. Inzwischen waren ihm aber andere zuvorgekommen, von denen
hier folgend die Rede sein wird.

Den gleichen Mißerfolg hatte Héroult, als er in den Jahren 1889—1900 einen elektrischen
Hochofen betreiben wollte.

Besseren Erfolg hatte Kjellin, der den ersten Induktionsofen im Sinne Ferrantis in Gysinge in Schweden errichtete, um Stahlgußstücke für havarierte Schiffsmaschinen zu liefern. Es geschah dies im Sinne der schematischen Abb. 34.

Ein solcher Induktionsofen stellt einen ruhenden Transformator dar. An die Stelle der einen Wicklung tritt die mit Eisen oder Stahl gefüllte Rinne, in der nunmehr durch den induzierten Strom Widerstandswärme erzeugt wird. Voraussetzung ist der weiche Eisenkern, der hier durch einen Rahmen aus weichen Blechlamellen gebildet wird, die auf der einen Seite mit Papier beklebt werden. Voraussetzung ist auch die Benutzung von Wechselstrom.

So kam es, daß man dem Elektroofen im Eisenhüttenwesen bis zum Jahre 1905 schroff ablehnend gegenüberstand; denn der Ofen in Gysinge erzeugte so kleine Mengen und schmolz so teuer, daß er für laufenden Betrieb nicht ernstlich in Betracht kam.

Inzwischen hatte man aber den Lichtbogenofen mit gutem Erfolg in die Elektrochemie eingeführt.

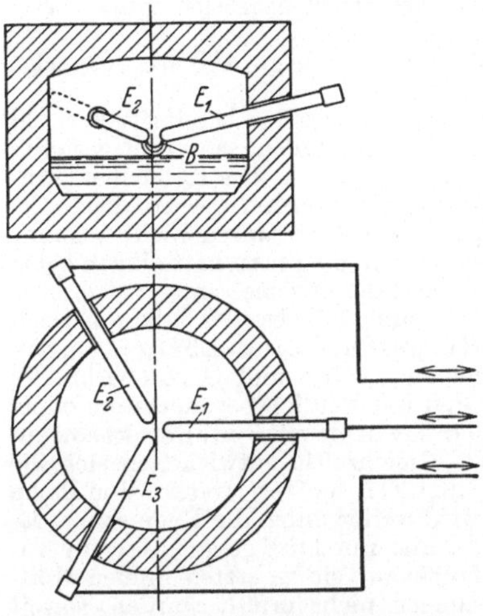

Abb. 36. Schematische Darstellung des Stassanodrehstromofens bei Mönkemöller in Bonn. E_1—E_3 = Elektroden, B = Lichtbogen (vgl. Stahl u. Eisen 1908 S. 654 aus der Feder des Verfassers).

Héroult hatte sich für diesen Zweck seinen Lichtbogenofen bereits im Jahre 1880 schützen lassen. 1887 hatte man Aluminium im Lichtbogenofen erzeugt, 1894 Kalziumkarbid. 1894 folgten auch die Ferrolegierungen, die in Lichtbogenöfen erzeugt wurden, die Héroult, (Abb. 35) Keller und Girod konstruiert hatten. Diese Öfen konnten ohne weiteres zum Stahlschmelzen benutzt werden. Es fehlte nur die Anregung dazu und der Mut, den früheren Mißerfolgen zum Trotz die Schwierigkeiten zu überwinden.

Es war eine Tat, als die Firma Lindenberg in Remscheid einen Héroultofen aufstellte, um Werkzeugstahl zu erzeugen. Dies

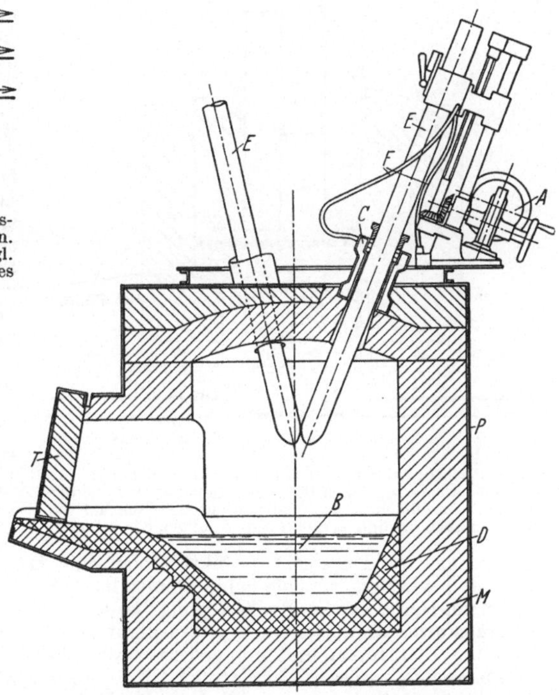

Abb. 37. Strahlungslichtbogenofen der Hirsch-Kupferwerke in Eberswalde, für 500 kg Einsatz. Man erkennt die luftdicht schließenden, wassergekühlten Elektrodenfassungen.

geschah im Jahre 1905. Ziemlich gleichzeitig oder wenig später wurde ein Héroultofen in Amerika zum Stahlschmelzen verwendet[1].

Héroult verstand nichts vom Stahlschmelzen. Die Anlage wurde von dem nachmaligen Professor Eichhoff, dem Erfahrungen im Martinofenbetriebe zur Verfügung standen, entworfen und mit Erfolg in Betrieb gesetzt. Es wurde ein basisches Futter gegeben, und so konnte man entphosphern und auch entschwefeln. Das letztere war eine Überraschung für die beteiligten Fachleute, und die Erklärung wurde erst viel später einwandfrei gegeben. Im Jahre 1907 teilte Eichhoff die Ergebnisse in einem Vortrage mit[2].

Nunmehr erinnerte man sich auch der Konstruktion von Staßano, der nach dem Mißlingen seines elektrisch geheizten Hochofens sich dem Stahlschmelzen in Turin zugewandt

---

[1] Nach Barton: Stahl u. Eisen 1926 S. 1157.
[2] Stahl u. Eisen 1907 S. 41 u. 1908 S. 844.

hatte. Wie der Text der Abb. 36 lehrt, wurde schon im Jahre 1908 bei einem Staßanoofen, den die Firma Mönkemöller in Bonn aufstellte, Drehstrom angewendet. Daß auf diesem Wege nicht weiter geschritten wurde, hängt damit zusammen, daß sich Strahlungsöfen nur für kleine Einsatzmengen eignen, weil der Lichtbogen nur einen kleinen Flächenraum beherrscht. Sobald eine größere Einsatzmenge einen größeren Ofenquerschnitt verlangt, geht der Strahlungsofen zu kalt. Für die Anwendung kleiner Einsatzmengen waren aber inzwischen andere Konstruktionen herausgebracht, die wirtschaftlich überlegen waren. Von diesen wird noch die Rede sein.

Einen modernen Strahlungsofen für einen Einsatz von 0,5 t zeigt Abb. 37. Er zeigt gegenüber dem Staßanoofen erhebliche Verbesserungen.

Ebenso wie beim Staßanoofen erinnerte man sich daran, daß Keller bereits 1902 Stahl geschmolzen hatte. Er hatte die Ofensohle stromleitend gemacht, indem senkrecht gestellte

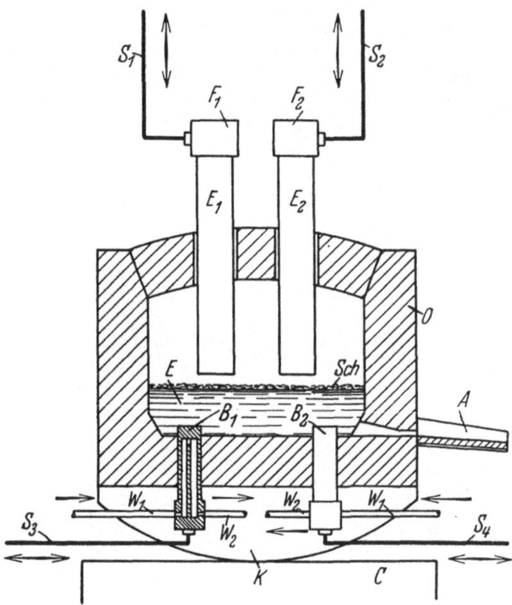

Eisenknüppel in das Kohlenbett eingestampft wurden. Aber diese Errungenschaften waren nicht bekannt geworden, oder man hatte ihnen keine Bedeutung zugemessen.

Nunmehr bauten die Firmen Héroult und Lindenberg (Abb. 35), neben Keller und Girod (Abb. 38) Öfen mit Badlichtbogen, erstere ohne, letztere beide mit Bodenelektroden.

Gleichzeitig entwickelten sich die Induktionsöfen weiter. Von ihnen wird weiter unten die Rede sein. Es sei hier nur kurz gesagt, daß die anfangs auf sie gesetzten großen Hoffnungen nicht erfüllt wurden, soweit sie den Niederfrequenzofen betrafen. Dieser ist beim Eisen und Stahlschmelzen dem Lichtbogenofen wirtschaftlich unterlegen. Er fand und findet aber ein großes Anwendungsgebiet beim Schmelzen von Metallen und Metallegierungen, bei denen die Einschränkung des Abbrandes von großer Bedeutung ist, und geringere Temperaturen ausreichen.

Abb. 38. Lichtbogenofen von Girod. Kennzeichnend für ihn sind die wassergekühlten Bodenelektroden B_1 und B_2, der Strom geht aus ihnen in das Bad und springt dann auf die Elektroden über. S_1 und S_3 und S_2 und S_4 bilden Stromkreise.

Solche Metallschmelzinduktionsöfen werden u. a. von Siemens & Halske[1] und auch von der Firma Russ[2] gebaut. (vgl. Abb. 42 u. 43).

Allerdings wurden solche Induktionsöfen eine Zeitlang den Stahlschmelzlichtbogenöfen gegenüber bevorzugt, weil sie keine unmittelbare Berührung des Lichtbogens mit dem Bade zulassen und eine starke Badbewegung besitzen, was beim Schmelzen für legierte Stähle, z. B. Transformatorenbleche usw., vorteilhaft zur Geltung kommt. Abgesehen davon hatte man keine Elektroden und infolgedessen auch keine Störungen durch Elektrodenbrüche.

Andererseits war es ein hindernder Umstand, daß man die Schlackenarbeit schlecht ausführen kann, weil die Badoberfläche schlecht zugänglich ist. Auch ist das Anlagekapital sehr hoch.

Im Hinblick auf diese Erwägungen geschah es, daß die inzwischen wesentlich verbesserten Lichtbogenöfen die Niederfrequenzöfen überflügelten und in den Hintergrund drängten. Sie kommen heute nicht mehr in Frage, wenn es sich um den Bau neuer Öfen handelt.

Hochfrequenzinduktionsöfen (vgl. die schematische Abb. 39) nehmen eine gesonderte Stellung ein. Sie sind seit 1924 zum Stahlschmelzen herangezogen. Man sagt ihnen eine große Zukunft voraus. Weiter unten wird von ihnen eingehend die Rede sein.

Im Jahre 1912 wurde der Rennerfeldofen bekannt und auf einem schwedischen Werk in Betrieb gesetzt. Es ist ein Lichtbogenstrahlungsofen in Gestalt eines Schmelzfasses im Sinne der Abb. 40 u. 60, der aber nur kleine Einsätze bewältigen kann. Er machte dem Staßanoofen wirkungsvoll Wettbewerb, wird aber selbst durch den Wettbewerb des Hochfrequenzinduktionsofens bedroht.

---

[1] Berlin-Siemensstadt, Wernerwerk.
[2] Industrie-Elektroofen AG., Köln a. Rh.

Der Nathusiusofen wird bereits 1908 durch eine Patentbeschreibung gekennzeichnet (vgl. Kapitel 60). Er besitzt ebenso wie der Girodofen Bodenelektroden, aber sie werden nicht durch Wasser gekühlt, weil Nathusius sie nicht in das Bad hineinragen läßt. Sie werden durch eine dünne Schicht von Masse geschützt. Der Ofen kann wie ein Héroultofen und auch wie ein Girodofen betrieben werden, und es kann auch gleichzeitig beides geschehen, indem ein Strom von den Bodenelektroden aus senkrecht durch das Bad geht und ein anderer von Oberelektrode zu Oberelektrode schreitend dasselbe tut (vgl. Abb. 63). Die neueren Nathusiusöfen besitzen keine Bodenelektroden. Sie werden heute wie die Héroultöfen gebaut. Nathusius hat aber das Verdienst gehabt, daß er die Elektrodenbewegung vereinfachte und verbesserte und von vornherein Drehstrom anwandte.

Für kleine Einsatzmengen benutzt man Lichtbogenöfen, die je nach Einstellung der Elektroden zueinander als Strahlungsöfen im Sinne von Staßano und auch als Badlichtbogenöfen im Sinne von Héroult arbeiten (vgl. Abb. 37).

Wenn es sich um Lichtbogenöfen handelt, so kommt heute nur noch der Héroultofen in Betracht, nachdem sich die Lichtbogenöfen mit Bodenelektroden als nicht wettbewerbsfähig erwiesen haben.

Nur für sehr kleine Einsatzmengen hat man Strahlungsöfen im Sinne von Rennerfeld und für Versuchszwecke kleine Widerstandstiegelöfen wie den Hellbergerofen (vgl. Abb. 30). Wahrscheinlich wird aber in kurzer Zeit der Hochfrequenzofen auch in solchen Fällen der gegebene Ofen sein. Bisher erfordert er allerdings noch sehr großes Anlagekapital.

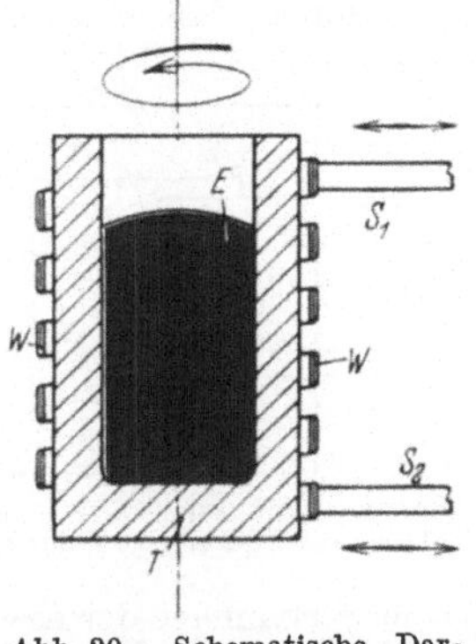

Abb. 39. Schematische Darstellung eines Hochfrequenzinduktionsofens. Durch die Windungen W fließt Wechselstrom von außerordentlich hoher Frequenz, der innerhalb des Tiegelinhalts, durch Induktion einen Sekundärstrom erzeugt, dessen Widerstandswärme ausgenutzt wird. Kennzeichnend ist das Aufwölben des Tiegelinhalts (vgl. auch Kap. 79 und folg.).

Es muß hier noch einiges vom Héroultofen gesagt werden. Seine Entwicklung erfolgte verhältnismäßig langsam, weil der Stromverbrauch und die Schmelzkosten sehr hoch waren. Dasselbe gilt von dem Anlagekapital und den Unterhaltungskosten. Die Haltbarkeit des Ofens, besonders des Deckels, waren anfangs sehr schlecht. In bezug auf die Stromkosten war es ein großer Fortschritt, daß man von dem einphasigen und zweiphasigen Wechselstrom zum Drehstrom überging und nunmehr die vorhandenen großen Leitungsnetze anzapfen konnte. Man hatte auf diese Weise einen günstigen Strompreis und verteilte die beim Schmelzen von festem Einsatz unvermeidlichen Stromstöße auf dieses große Netz. Abgesehen davon lernte man es, durch Verbesserung der Elektrodenregulierung und der Einsatztechnik die Stromstöße abzuschwächen.

Auch die Einführung der Anwendung von verschiedener Spannung brachte Ersparnisse und Vorteile mit sich. Die Heranziehung des billigen Nachtstromes tat ein übriges, um die Schmelzkosten zu senken, ebenso die Verbesserung der Elektrodeneinführung und der luftdichte Abschluß des Ofens, so daß das Eindringen von Falschluft, soweit wie möglich ausgeschlossen wurde. Man lernte auch statt des teuren Magnesits den billigen Teerdolomit, soweit wie möglich einzusetzen. Man lernte es auch, den Deckel schnell auszuwechseln und hatte auch gerade in bezug auf die Deckelhaltbarkeit sehr gute Erfolge. Weiterhin erfand man die mechanische Beschickung und kürzte dadurch die Schmelzdauer ab.

Abb. 40. Rennerfelds Schmelzfaß für kleine Einsätze, z. B. 100 kg. Es ist ein Strahlungsofen (Demag-Elektrostahl).

Ohne diese Fortschritte wäre es nicht möglich gewesen, den Elektrostahl erfolgreich mit dem Martin- und Konverterstahl in Wettbewerb zu bringen.

Nach dem Wegfall der Bodenelektroden war der Aufbau des Ofenkörpers verhältnismäßig einfach. Die Wasserkühlungen konnte man im allgemeinen auf die Elektrodenfassungen und Einführungen beschränken. Nur die Elektrodenregulierung erforderte eine umständliche Apparatur. Unter dem Einfluß des Wettbewerbs von Siemens, AEG., und Brown Boveri wurden aber alle Schwierigkeiten beseitigt und unbedingt zuverlässig arbeitende Anlagen geschaffen.

Die möglichst weitgehende Anwendung des sauren Elektroofens wird dem Elektrostahl noch weitere Verbreitung sichern. In den Vereinigten Staaten ist. man in letzterer Beziehung viel weiter.

Es muß hier noch einiges über die Entwicklung der Induktionsöfen gesagt werden: Der Kjellinofen war in seiner ursprünglichen Gestalt nicht brauchbar. Man verbesserte ihn dadurch, daß man ihn kippbar machte und auf das Abstechen verzichten konnte; daß man größere Fassungsvermögen anwandte (bis zu 25 t) und schließlich Drehstrom einführte. Man konnte auf diese Weise einen sehr guten Wert des cos φ erzielen, der bisweilen günstiger als bei den Lichtbogenöfen war. Man gebrauchte Röhrenwicklung und Scheibenwicklung. Letztere wandte Frick[1] an. Abb. 41—43 kennzeichnen solche Öfen.

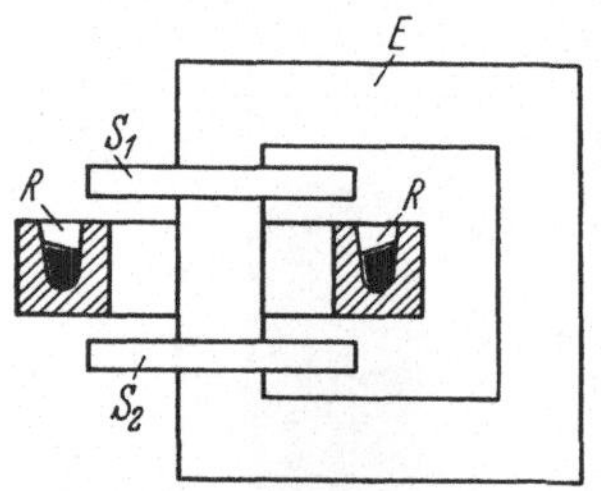

Abb. 41. Induktionsofen von Frick, mit 2 Scheibenwicklungen.

Den Höhepunkt bezeichnet die Konstruktion von Röchling-Rodenhauser, die in den Völklinger Werken entstanden ist (1906)[2]. Die zweite Wicklung hat die Aufgabe, die Wirbelströme aufzunehmen. Es wird dadurch in einem Stromkreis ein zweiter Induktionsstrom (Sekundärstrom) erzeugt, in den Kupferleitschuhe innerhalb des Ofenmauerwerkes eingeschaltet sind. Wenn das Herdmauerwerk infolge der Erwärmung leitend wird, so fließt auf diese Weise ein Strom durch das Bad, der Widerstandswärme erzeugt. Allerdings haben die Erfinder später auf die Sekundärwicklung verzichtet und sich wieder mit der Primärwicklung begnügt (Abb. 44).

Der Ofen hat einen Arbeitsherd im Mittelpunkt der kreisförmigen Rinne, der die Möglichkeit bietet, Schlackenarbeit auszuführen, was beim Kjellinofen nicht der Fall ist.

Bei der Anwendung von Drehstrom hat man drei Eisenrahmen und drei Wicklungskörper. Bei diesen Induktionsöfen ist die Kühlung der Wicklungskörper durch Gebläsewind oder natürlichen Zug sehr wichtig. Die Fernhaltung des flüssigen Metalles von den Wicklungskörpern ist in Anbetracht der hohen Kosten einer Neuwicklung von außerordentlicher Bedeutung. Auch dieser Gesichtspunkt ist von nachteiligem Einfluß auf die Anwendung der Niederfrequenzinduktionsöfen gewesen, von der oben die Rede war.

Ziemlich gleichzeitig mit dem Röchling-Rodenkauserofen brachte das Werk von Schneider in Creusot einen Niederfrequenzofen mit 2 Eisenrahmen heraus[3].

Ehe von den Hochfrequenzinduktionsöfen die Rede sein wird, muß noch von einigen besonderen Lichtbogenöfen die Rede sein. Es sind dies die Lichtbogenöfen mit Bodenheizung und die Drehlichtbogenöfen. Bei den ersteren sind Metallplatten in das Bodenmauerwerk eingelassen, in denen ein gesonderter Stromkreis endet und Widerstandswärme erzeugt. Man kann diese gleichzeitig mit der Lichtbogenwärme benutzen oder auch für sich beim Warmhalten wirken lassen. Solche Öfen wurden durch den Paragonofen[4] und Stobbieofen gekennzeichnet. Beide Öfen sind seit über 20 Jahren bekannt, aber haben sich nicht einbürgern können.

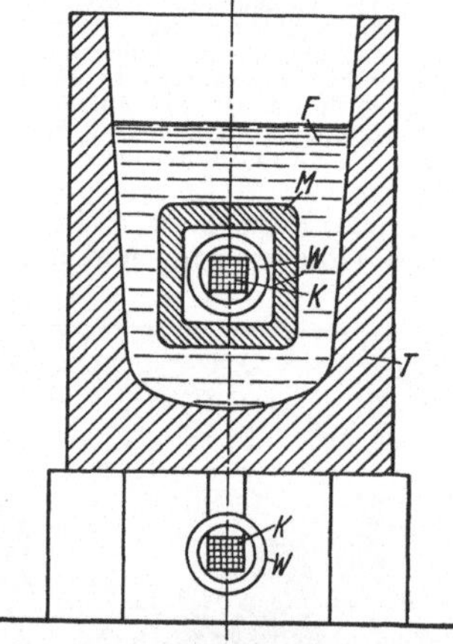

Abb. 42. Niederfrequenzofen zum Schmelzen von Metallegierungen. System Ajax-Wyatt.

K Eisenkern, *W* Wicklung, *M* Schamottkörper, *T* Tiegel, *F* flüssiges Metall.

In neuerer Zeit ist von der Gesellschaft für Elektrostahlanlagen in Berlin-Siemensstadt der Gestaofen herausgebracht (Abb. 45). Ein vom Hauptumformer unabhängiger Zusatztransformator liefert den Strom, der von einem Bodenpol zum anderen geht.

Bei den Drehlichtbogenöfen sind Elektromagnete in das Ofenmauerwerk eingelassen, die von einem Zusatztransformator aus bedient werden. Dadurch kann der Lichtbogen abgelenkt werden, und man kann ihm eine kreisende Bewegung erteilen, von der die Erfinder sich Vorteile versprechen. Die Sache ist zu neu, um ein Urteil fällen zu können. Die Abb. 46 ist ein solcher Ofen der russischen Erfinder Evrainoff und Telny dargestellt[5]. Es sind kleine Öfen von 100—350 kg Inhalt, die angeblich eine sehr gute Haltbarkeit besitzen, weil

[1] Stahl u. Eisen 1921 S. 116. Die oben genannten 25 t beziehen sich auf einen Frickofen.
[2] Stahl u. Eisen 1907 S. 82 u. 1605; 1908 S. 1163.
[3] Stahl u. Eisen 1908 S. 1479.   [4]   Stahl u. Eisen 1911 S. 738.
[5] Gießerei-Ztg. 1928 S. 138.

der Lichtbogen ständig seinen Strahlpunkt wechselt. Er nimmt die Gestalt einer sich drehenden Spirale an.

Man hat auch kleine Lichtbogenöfen mit veränderlicher Elektrodenstellung. Man kann sie je nach Bedarf im Sinne von Staßano und im Sinne von Héroult betreiben (vgl. Abb. 37 Ofen der Hirsch-Kupferwerke).

Die Entwicklung des Hochfrequenzofens.

Man nennt diese Öfen auch eisenlose Induktionsöfen.

Sie ist von den Niederfrequenzöfen aus erfolgt, und zwar unter der Wahrnehmung, daß sie Wärmeerscheinungen zeigten, die man auf Wirbel- oder Foucaultsche Ströme zurückführte. Diese mußte man verstärken und nutzbringend ausnutzen. Man erkannte sehr bald, daß man die geringe Periodenzahl von 50, wie sie fast überall bei den eingangs genannten Öfen besteht, verlassen und eine ungleich größere anwenden müsse. Alsdann konnte man auf die kreisförmig geführte Rinne verzichten und gelangte zum stromumflossenen Tiegel, in dessen Inneren Induktionsströme von großer Stärke erzielt werden, kenntlich an einer starken Aufwölbung der Badoberfläche in der Mitte (vgl. Abb. 39), im Gegensatz zum Niederfrequenzofen, wo sich die Badoberfläche schräg im Sinne der Zentrifugalkraft einstellt (Abb. 34 u. 41).

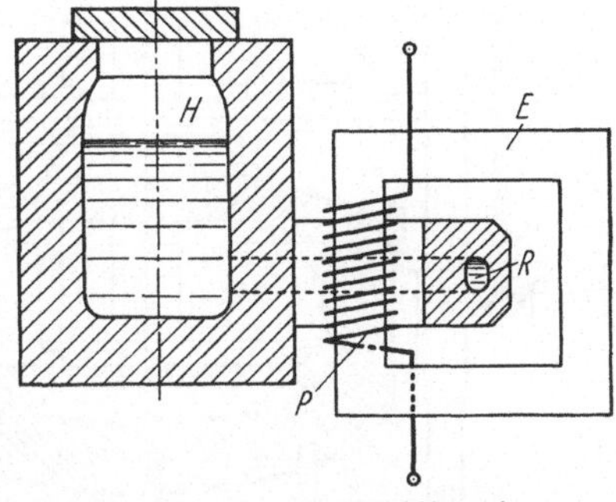

Abb. 43. Niederfrequenzinduktionsofen zum Schmelzen von Metallegierungen. Gießerei 1932 S. 270 (Ruß).

E Eisenrahmen, R Rinne, H Tiegelraum, P Wicklung.

Der Vorteil eines solchen Ofens ist der, daß ein sehr geringer Kilowattstundenverbrauch besteht, daß man die Temperatur ganz nach Wunsch einstellen kann und auch im Vakuum oder besonderer Gasatmosphäre arbeiten kann, auch daß man sehr gut und erfolgreich Schlackenarbeit ausführen kann. Die außerordentlich heftige Wirbelung unterstützt auch das Erschmelzen legierter Stähle.

Auf Grund dieser Erkenntnis sind schon seit 1905 einige Patente genommen[1]. Die Erfindernamen sind in der unten genannten Literaturstelle nachzulesen.

Es soll hier nur erwähnt werden, daß der Braunschweiger Professor Peukert bereits 1912 Frequenzen bis zu 40000 Hertz[2] anwandte und Schmelzversuche ausführte. Solche und ähnliche Versuche wurden aber nicht bekannt, weil sie in Hinblick auf den damaligen Stand der Elektrotechnik keinen praktischen Erfolg versprachen. In ungefähr dieselbe Zeit fallen die Versuche von Debuch in den Hirsch-Kupferwerken in Eberswalde.

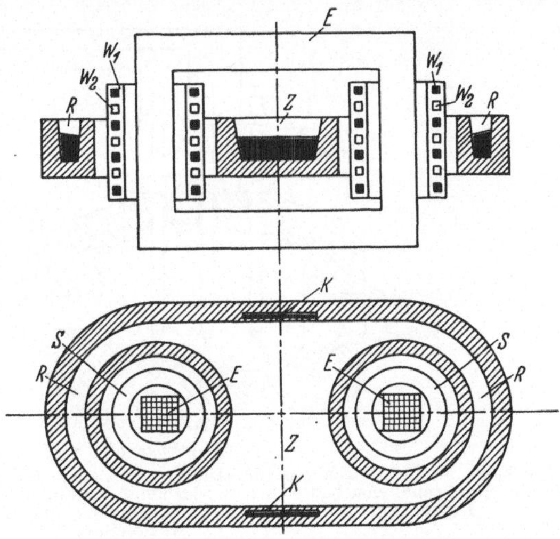

Hier stellte die Firma C. Lorenz & Co. in Berlin eine Schwingungslichtbogen-Generatoranlage nach Poulsen in ihrer Eberswalder Radiostation zur Verfügung. Diese Versuche wurden von Rust fortgesetzt, bis der Kriegsbeginn ein Ende bereitete.

Abb. 44. Ofen von Röchling-Rodenhauser.

R Rinnenherd, Z Arbeitsherd, E Rahmen aus weichem Eisen, W_1 Primärwicklung, W_2 Sekundärwicklung, K eingemauerte Kupferschuhe.

Die Früchte dieser Versuchsschmelzungen fielen in den folgenden Jahren den Amerikanern zu, die mit großen Geldmitteln an die Aufgabe herantreten konnten. Northrup stellte den ersten Ofen 1916 in der Universität Princeton auf und benutzte eine Funkenstrecke zur Hochfrequenzerzeugung. Allerdings waren noch bis 1924 (nach Rust) keine praktischen Ergebnisse erzielt. Man arbeitete bis dahin rein empirisch und konnte erst in der Folgezeit systematisch und rechnerisch beim Bau der Anlage vorgehen.

[1] Gießerei 1932 S. 270 (Ruß).

[2] Hertz und Periodenzahl in der Sekunde ist dasselbe.

Der Straßburger Professor R i b a u d arbeitete seit 1920 an der Aufgabe.
Die Arbeiten des K a i s e r W i l h e l m - I n s t i t u t s in Düsseldorf beginnen im Jahre 1926.

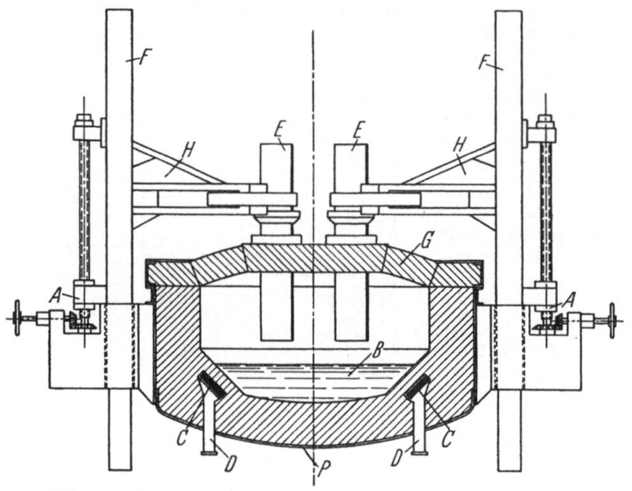

Abb. 45. Gestaofen der Gesellschaft für Elektrostahlanlagen in Berlin-Siemensstadt. *C* = Bodenpole.

Die Firma C. L o r e n z zeigte im Jahre 1927 gelegentlich der Werkstofftagung einen Hochfrequenzlaboratoriumsofen von 1 dm³ Inhalt. Später lieferte diese Firma einen Ofen mit 50 kg Schmelzleistung an das Kaiser Wilhelm-Institut in Düsseldorf. Über dort ausgeführte Schmelzversuche ist mehrfach berichtet[1].

Der S i e m e n s - H a l s k e - Hochfrequenzofen wird für Einsätze von 1 kg bis zu 1 t gebaut (2,4—150 Liter Inhalt). Der Strom wird in Hochfrequenz-Motorgeneratoren erzeugt, die an jedes Stromnetz angeschlossen werden können[2].

Die Abstimmung des Ofenstromkreises wird mit K o n d e n s a t o r e n nach den Patenten von N o r t h r u p durchgeführt. Bei großen Öfen wendet diese Firma Luftkühlung statt der Wasserkühlung, bei den stromleitenden Kupferröhren an.

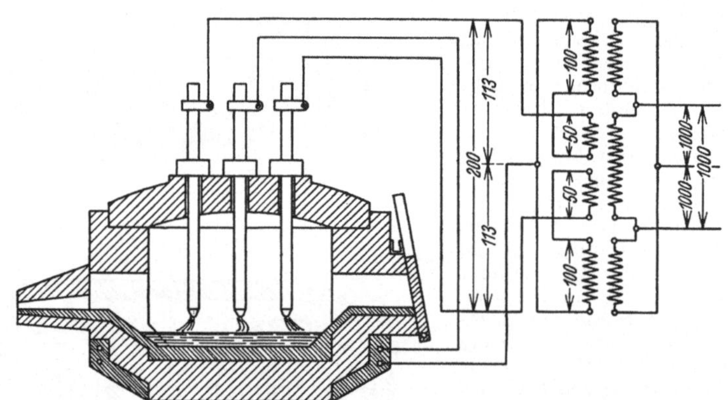

Abb. 46. Drehlichtbogenofen von E v r a i n o f f und T e l n y.

Man kann mit Lichtbögen von 150—200 mm und auch mit solchen von 300—500 mm Länge arbeiten. Die in die Herdwand eingebaute Erregerwickelung besteht aus einem flachgedrückten, wasserdurchflossenen Kupferrohr. Die Schaltung ist im Sinne der amerikanischen Taylorschaltung ausgeführt.
(Gießerei-Ztg. 1928 S. 138.)

Daß die eisenlosen Induktionsöfen eine große Zukunft haben, wurde bereits oben gesagt. Man arbeitet heute schon mit Fassungsvermögen bis zu 5 t, bei flüssigem und 2 t bei festem Einsatz und wird zweifellos noch weiter gehen[3]. Hinderlich ist allerdings das hohe Anlagekapital.

---

[1] W e v e r u. F i s c h e r: Mitt. Kais. Wilh.-Inst. Eisenforschg., Düsseld. Bd. 8 (1926) Lfg. 10. — W e v e r u. N e u h a u ß: Ebenda Bd. 8 (1926) Lfg. 11. — W e v e r u. H i n d r i c h s: Ebenda Bd. 9 (1927) Lfg. 21.
[2] Gießerei 1932 S. 288.
[3] Stahl u. Eisen 1930 S. 619; 1931 S. 605/635; 1932 S. 1121 (5-t-Ofen der Böhlerwerke).

56. Statistik der Elektroöfen.

Zahlentafel 1. Elektrostahlerzeugung in der Welt.

1913 .... 170000 t	1918 .... 1170000 t	1922 .... 720000 t
1915 .... 305000 t	1919 .... 720000 t	1923 .... 914000 t
1916 .... 558000 t	1920 .... 920000 t	1924 .... 863000 t
1917 .... 835000 t	1921 .... 476000 t	1925 ...... 1109000 t

Man erkennt die Steigerung im Kriege. Nach dem Kriege besteht ein Rückgang, der sich im Jahre 1921 katastrophal äußert. Seitdem wieder eine stetige Steigerung. In diesen Zahlen sind Walzblöcke, Schmiedeblöcke und Stahlgußstücke zusammengefaßt. Eine Trennung ist schwierig. Sie ist aber in den folgenden Zahlentafeln zum Teil durchgeführt.

Zahlentafel 2. Deutschlands Elektrostahlerzeugung[1].

Jahr	Schmiede- und Walzblöcke t	Stahl- form- guß t	Ins- gesamt t	Anteil an der Welter- zeugung %	Jahr	Schmiede- und Walzblöcke t	Stahl- form- guß t	Ins- gesamt t	Anteil an der Welter- zeugung %
1910	—	—	36 188	—	1918[2]	—	—	240 037	21
1911	—	—	60 654	—	1919	—	—	81 761	11
1912	—	—	74 177	—	1920	75 679	12 046	87 725	9
1913	—	—	88 881	52	1921[2]	70 236	8 821	79 057	17
1914	—	—	88 256	—	1922[2]	93 327	11 717	105 044	14
1915	—	—	131 579	43	1923	65 427	13 756	79 183	9
1916	—	—	190 036	34	1924	74 450	7 478	81 928	9
1917	—	—	219 700	26	1925	115 798	11 255	127 053	11

Das Sinken des deutschen Anteils ist in erster Linie auf die Steigerung der Erzeugung in den Vereinigten Staaten zurückzuführen.

Zahlentafel 3. Elektrostahlerzeugung in den Vereinigten Staaten[3].

1913 waren es .... 31000 t,   1920 .... 511000 t,

1925 ... 626000 t, davon 341000 t Blöcke und 285000 t Stahlgußstücke.

Dazwischen wechselnd fallend und steigend.

(Demnach hat die Erzeugung von Stahlguß aus dem Elektroofen in Deutschland 1925 nur 4% der amerikanischen Erzeugung betragen.)

1919 zählte man nach Iron Age 233, 1929 590 elektrische Öfen.

In den Vereinigten Staaten werden 25% des Stahlgusses in Elektroöfen hergestellt. Meist sind es sauer zugestellte Öfen von 500—1000 kg Fassung des Systems Héroult.

Von den 1914 gezählten 195 + 43 = 238 Öfen entfielen 56 + 5 = 61 auf Deutschland und Luxemburg, 30 auf die Vereinigten Staaten, 37 auf Frankreich, 21 auf England, 19 auf Schweden, 17 auf Österreich-Ungarn, 14 auf Norwegen, 13 auf Italien, 10 auf Rußland, 4 auf Belgien, 3 auf Kanada, 3 auf die Schweiz.

Nach einer Statistik über elektrische Öfen[4] in den Vereinigten Staaten (1920) steht Héroult mit 152 unter 323 Öfen an der Spitze. Staßano und Girod sind nur mit 1 und 5 und Induktionsöfen nur mit der Zahl 3 vertreten. Nach derselben Quelle kommen 233 Öfen auf die Vereinigten Staaten, dann folgt England mit 131 Öfen, dann Deutschland mit 91 Öfen, Frankreich mit 50 Öfen, Schweden mit ungefähr ebensoviel Öfen, Italien mit 40 Öfen. Von der Gesamterzeugung der Welt an Elektrostahl in diesem Jahre (1920) = 1115273 t lieferten die Vereinigten Staaten 511364 t, also fast die Hälfte.

Im Jahre 1924 wurden etwa 961 Elektroöfen gezählt, davon 440 in den Vereinigten Staaten (Vortrag Sommer)[5]. Es waren 90% aller Öfen der Welt und 70% derjenigen in Deutschland Lichtbogenöfen. Das System Héroult war mit 301 Öfen beteiligt.

---

[1] Stahl u. Eisen 1927 S. 1333.

[2] Deutsches Zollgebiet: Bis Oktober 1918 Deutsches Reich und Luxemburg. Ab November 1918 ohne Lothringen und Luxemburg. Ab Januar 1921 auch ohne Saargebiet. Ab Juli 1922 auch ohne Ostoberschlesien.

[3] Stahl u. Eisen 1927 S. 1333.

[4] Stahl u. Eisen 1921 S. 83.   [5] Stahl u. Eisen 1924 S. 490.

Zahlentafel 4. Die Entwicklung der verschiedenen Ofensysteme von 1910—1925.

Lichtbogenöfen					Induktionsöfen und Öfen gemischten Systems				Zusammen			
System	1910[1]	1914[2]	1920[3]	1924[4]	System	1910	1914	1920	1910	1914	1920	1924
Héroult	29	69	300	301	Röchling-Rodenhauser	14	20					
Girod	17	33			Kjellin	12	14					
Staßano und Bonner Maschinenfabrik	6	23			Frick	1	6	103				
Nathusius	2	8	622	564	Hiorth	1	1					
Keller	6	8			Andere	4	2					
Elektrometall	4	20										
Chaplet	5	15										
Lorentzen	—	8										
Andere	3	11										
Zusammen:	72	195	922	865	Zusammen:	32	43	103	104	238	1025	961

[1] Stahl u. Eisen 1910 S. 498.   [2] Nach einem Buche von Oswald Meyer 1914.   [3] Stahl u. Eisen 1921 S. 83.   [4] Stahl u. Eisen 1924 S. 490.

Rückblick.

Der statistische Überblick wird durch mehrere Umstände außerordentlich erschwert. Viele Elektroöfen werden gebraucht, um Schmiede- und Walzblöcke neben Stahlgußstücken herzustellen. Die Erzeugungsmengen werden dann zusammengeworfen.

Vielfach wird das Wort Edelstahl gebraucht. Man weiß aber nicht, was es bedeuten soll, und man weiß auch nicht, ob es sich um Stahlgußstücke handelt.

Diese können aus legiertem und unlegiertem Stahl bestehen. Ob der Hersteller das Wort „Edelstahl" auf ersteren beschränkt, weiß man nicht.

Ein weiterer erschwerender Umstand ist dadurch gegeben, daß sehr viele Öfen als Héroultöfen und ebensogut als Fiatöfen, Demagöfen, Humboldtöfen, Siemensöfen, Nathusiusöfen, Brown-Broveri-Öfen, AEG-Öfen, Hirsch-Kupfer-Öfen, je nach der Erbauerfirma bezeichnet werden können. In allen diesen Fällen handelt es sich um die grundlegende Form, die Héroult gegeben hat, wenn auch jeder einzelne Konstrukteur Verbesserungen und Neuerungen zugefügt hat.

In gleicher Weise enthalten die Niederfrequenzöfen von Röchling-Rodenhauser, Frick, Schneider in Creusot den Grundgedanken des Kjellinofens. Dasselbe gilt vom Rennerfeldtofen, der den Grundgedanken des Staßanoofens enthält.

Auch beim Hochfrequenzofen können solche Zweifel auftreten. Die in Deutschland gebräuchliche Form geht auf die Firma Lorenz zurück.

Vereinfacht wird aber die Sachlage dadurch, daß viele Ofensysteme als veraltet ausgeschieden sind oder wenigstens nicht mehr bei Neuanlagen in Betracht kommen.

Für Stahlguß kommt, wenn es sich um größere Erzeugungsmengen handelt, nur noch der mit Drehstrom betriebene Héroultofen in Betracht.

Wenn es sich um kleinere Erzeugungsmengen handelt, nur noch der Rennerfeldtofen oder der Gestaofen und der Hochfrequenzinduktionstiegelofen. Dieser letztere ist aber auf dem besten Wege, den Lichtbogenöfen starken Wettbewerb zu machen. Im Kapitel 79 wird davon die Rede sein. Nur für sehr kleine Einsatzmengen, wie sie bei Laboratoriumsöfen bestehen, kommen der Tamannofen und der Hellbergerofen als reine Widerstandsöfen in Betracht.

Der Niederfrequenzinduktionsofen kann nicht mehr wirtschaftlich Schritt halten. Für Metallegierungen wird er allerdings neben dem Hochfrequenzofen und dem Lichtbonenofen heute noch angewendet.

Es sollen in den folgenden Ausführungen zuerst die Lichtbogenöfen, dann die Niederfrequenzinduktionsöfen, die Mittelfrequenzöfen und dann die Hochfrequenzinduktionsöfen behandelt werden.

VI. Lichtbogenöfen.

57. Der zugeführte Strom bei Lichtbogenöfen.

Er wird nach Umspannung aus dem Werksverteilungsnetz mit einer Spannung von meist 3000—5000 Volt entnommen und heruntertransformiert. Der Fall, daß man den Strom mit einer Spannung von beispielsweise 25000 Volt unmittelbar in den Ofentransformator einführt, ist selten. Unter 48 Öfen, die Kriz[1] auf Grund einer Rundfrage bei Werken deutschen Sprachgebiets beschreibt, waren es nur 6 Öfen (vgl. die weiter unten folgende Zahlentafel.

Bei der unmittelbaren Einführung hat man allerdings den Vorteil der Ersparnis des Anlagekapitals für den Zwischentransformator und der um 1—3% höheren Leistung. Bei diesen 48 Öfen handelt es sich um Drehstrom, bis auf 4 Héroultöfen mit Einphasenstrom.

Zahlentafel 1. Schmelzleistungen elektrischer Lichtbogenöfen in Deutschland und Nachbarstaaten, auf Grund einer Rundfrage.

Nr.	Bauart	t_E [2]	Nr.	Bauart	t_E	Nr.	Bauart	t_E
1	Rheinmetall ...	0,5	21	Nathusius	5,0	40	Héroult-Sie-	
2	Rheinmetall ...	0,75	22/23	Héroult-Fiat ..	6,0		mens	15,0
3	Héroult	0,3	24	Héroult	6,0	41	Héroult	15,8
4	Héroult	1,1	25	Héroult	6,0	42	Héroult	2,8
5	Brown-Boveri .	1,0	26	Héroult-Fiat ..	6,6	43	Girod.........	2,0
6	Héroult	2,0	27	Héroult	6,0	44/45	Héroult	4,0
7	Humboldt.....	2,5	28	Moore-Nathu-		46	Héroult	2,5
8	Héroult-Fiat ..	3,0		sius	6,0	47	Héroult	2,35
9	Héroult	3,0	29	Héroult-Fiat ..	7,5	48	Héroult	2,15
10	Héroult	3,0	30	Gesta[3]	7,0	49	AEG	2,5
		3,5	31	Héroult	6,9	50	Staßano	3,0
11	Héroult	bis	32	Héroult	8,0	51	Nathusius.....	4,0
		4,8				52	Héroult	5,5
			33	Héroult-Sie-		53/54	Héroult	6,0
12	Héroult	4,0		mens	8,0	55	Nathusius.....	6,0
13	Héroult	4,0	34	Héroult-Sie-		56	Héroult	6,0
14	Héroult-Fiat ..	5,0		mens	8,0	57	Héroult	6,0
15	Héroult-Fiat ..	5,0	35	AEG	8,8	58	Héroult	7,0
16	Héroult-Fiat ..	5,0	36	Héroult-Fiat ..	10,0	59	Nathusius.....	8,0
17	Héroult-Sie-		37	Héroult	10,0	60	Héroult	7,0
	mens	5,0	38	Héroult-Demag	10,0	61/62	Héroult	6,0
18	Héroult	5,0	39	Héroult-Sie-		63/64	Héroult	6,0
19	Héroult	5,0		mens	10,0	65	Héroult	7,0
20	Brown-Boveri .	5,0						

---

[1] Stahl u. Eisen 1929 S. 417.   [2] t_E = Fassungsvermögen in t.
[3] Gesta in Berlin-Siemensstadt.

Zahlentafel 2. Transformatorleistung und Spannung[1].

Nr.	Bauart	Einsatz-gewicht t	Trans-forma-tornenn-leistung kVA	Primäre Span-nung V	Phasen-zahl Nieder-span-nungs-seitig	Verfügbare Sekundärspannung V
1	Héroult	0,3	230	3 000	3	133/**121**/**77**/70/44
2	Héroult	0,5	250	5 500	3	**130/110**
3	Héroult	0,5	320	3 000	3	**140/81**
4	Héroult (Fiat)	1,6	640	6 000	3	**164/104**
5	Héroult	2,5	880	5 000	3	**110**
6	Héroult	2,8	750	5 000	1	**115**
7	Staßano	3,0	600	5 500	3	140/**125**/110
8	Héroult	3,0	1100	3 000	3	**150**/135/**87/78**
9	Héroult	3,4	850	3 000	3	118/**108/98**/87
10	Héroult	4,0	1700	5 250	3	**115**/105/95/85
11	Héroult	4,2	1000	25 000	3	**105**
12	Héroult	4,5	660	3 000	1	**111**
13	Héroult	4,5	2000	25 000	3	191/**173**/110/**100**
14	Héroult	4,5	1450	5 000	3	**175**/160/114/**100**
15	Nathusius (ohne Boden-strom)	5,4	950	5 000	3	**110**
16	Nathusius	5,5	1100	3 000	3	**145/135/125**
17	Héroult	6,0	2000	5 000	3	180/**120**
18	Héroult	6,0	1200	2 000	3	120/110/100/90/80
19	Héroult	6,0	1500	2 000	3	140/125/110/95/80
20	Héroult	6,0	1500	2 000	3	**130**/120/110/100/80
21	Nathusius (ohne Boden-strom)	6,0	2000	5 000	3	**140/90**
22	Héroult	6,2	1000	5 500	3	**110**/105/100/**95**/90/85
23	Héroult	6,3	880	5 000	1	**135/105**
24	Héroult	6,4	2000	25 000	3	191/**173**/110/**100**
25	Héroult	6,5	1250	3 400	3	**115**
26	Héroult (Fiat)	6,6	1500	5 000	3	**175/125**
27	Héroult	6,6	2000	3 000	3	**183/104**
28	Héroult	7,0	1200	6 000	3	**110**
29	Héroult	7,0	2000	3 000	3	158/139/112/**93**
30	Héroult	7,0	2300	5 000	3	197/172/150/**114**
31	Héroult	7,2	1500	5 100	3	127/**114**/102/94
32	Nathusius (ohne Boden-strom)	7,2	1200	25 000	3	140/**130**/120
33	Nathusius (ohne Boden-strom)	7,2	1600	10 000	3	**155/140/125**/110
34	Héroult	7,2	880	6 000	1	**110**
35	Héroult (Fiat)	7,5	2000	3 000	3	190/173/**160**/149/**110/100**/80
36	Héroult	8,0	3000	25 000	3	**175/100**
37	Nathusius (ohne Boden-strom)	8,0	1600	10 000	3	75/68
38	Héroult	8,0	3000	20 000	3	**175/100**
39	Girod	8,5	1700	6 000	3	75/65
40	Héroult	8,8	1800	5 000	3	**125/90**
41	Héroult	9,0	1800	5 000	3	**133/119/107**
42	Nathusius (ohne Boden-strom)	9,5	1500	25 000	3	150/**140/130**
43	Héroult	10,0	2700	3 000	3	**190**/156/110/90
44	Nathusius	11,7	2300	3 000	3	**136/125/115**
45	Héroult	15,0	3500	5 000	3	146/128/**107**
46	Héroult	15,0	4000	3 000	3	200/**176/136**/115/102
47	Héroult	15,0	4000	3 000	3	200/**176/136**/115/102
48	Héroult	15,4	5000	3 000	3	**183/104**

---

[1] Vgl. Stahl u. Eisen 1929 S. 417 (Kriz). Die beim Einschmelzen und Feinen wirklich be-nutzten Spannungsstufen sind durch stärkere Zahlen gekennzeichnet. Unter diesen Öfen sind 14 Stahlgießereiöfen. Unter den 48 Öfen werden nur 4 mit flüssigem Einsatz betrieben.

Zahlentafel 1 beruht auf dem Ergebnis einer Rundfrage, die sich auf Lichtbogenöfen in Deutschland, Österreich, Ungarn, der Schweiz, Tschechien und Polen erstreckte. Sie kann keinen Anspruch auf Vollständigkeit machen — schon aus dem Grunde, weil viele Werke die Fragen nicht beantwortet haben; gibt aber einen Überblick, der sich auf die letzten Jahre (1927—1930) erstreckt[1].

Es sind durchweg Öfen des Systems Héroult, wenn man von 1 Staßanoofen, 1 Gestaofen, 1 Girodofen und 2 Nathusiusöfen mit Bodenelektroden absieht. Die Nathusiusöfen ohne Bodenelektroden sind den Héroultöfen zugezählt.

Da der heruntertransformierte Strom sehr große Leitungsquerschnitte und infolgedessen sehr hohes Anlagekapital fordert, so wird man bestrebt sein, den Ofentransformator so nahe wie möglich an den Ofen heranzubringen. Dies ist auch im Hinblick auf die Lebensgefahr, welche hochgespannter Strom mit sich bringt, notwendig.

Zahlentafel 2 berichtet über Transformatorleistung und Spannung, die auf Grund der oben genannten Rundfrage entstanden ist.

Je größer die Zentrale ist, an welche der elektrische Ofen angeschlossen ist, um so günstiger ist dies im Hinblick auf die Stromstöße im Leitungsnetz.

Die Fortschritte in der Anwendung elektrischer Schmelzöfen sind nicht zum kleinen Teile der Erkenntnis zu verdanken, daß es vorteilhaft ist, den elektrischen Ofen an ein großes Landnetz anzuschließen.

58. Die Transformatoren bei Lichtbogenöfen.

Das Prinzip eines Transformators für Einphasenstrom ist in Abb. 47 dargestellt. Abb. 48 stellt einen Kerntransformator für Drehstrom schematisch dar. Jeder der drei Kerne trägt die primäre und sekundäre Wicklung einer Phase. (In der Abbildung ist nur eine Wicklung gezeichnet.)

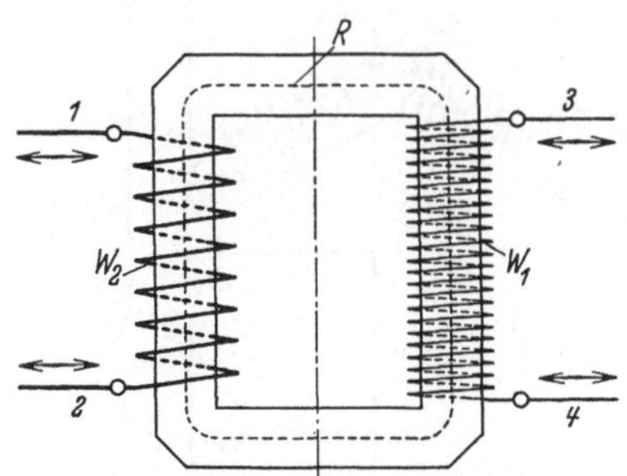

Abb. 47. Schematische Darstellung eines Transformators für Einphasenwechselstrom. Primärstrom 1—2, Sekundärstrom 3—4.

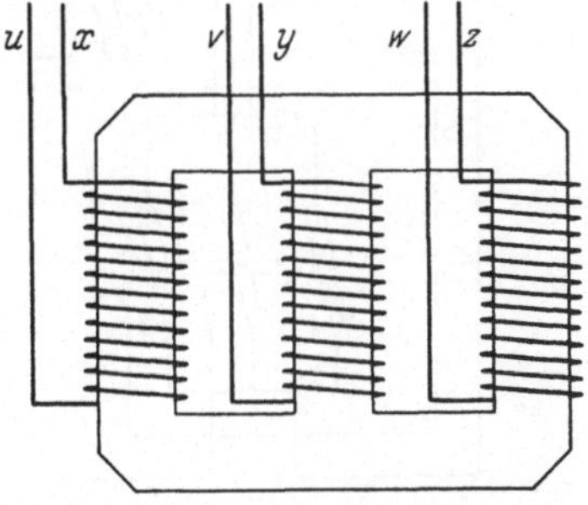

Abb. 48. Kerntransformator für Drehstrom. Jeder der 3 Kerne trägt die primäre und sekundäre Wicklung einer Phase.

Vorbedingung für die Betriebssicherheit ist, abgesehen von richtiger Querschnittsbemessung, die gute Isolierung der Drähte untereinander und gegen den Eisenkern und die Abführung der entwickelten Wärme durch Öl, indem man den Transformator in einen ölgefüllten Kasten versenkt.

Bei sehr großen Leistungen muß das Öl in durch Wasser gekühlten Rohrschlangen zurückgekühlt werden, wie es in den später folgenden Grundrißplänen durch die Worte Rückkühlanlage und Ölkühler angedeutet ist. Der Eisenrahmen

---

[1] Vgl. auch Kothny: Maße und Leistungen der Elektrolichtbogenöfen. Zu beziehen durch den Verein deutscher Gießereifachleute in Berlin, Friedrichstr. 100. — Auch Gießerei 1931 S. 873.

und der Kern des Transformators wird aus Eisenblechen aufgebaut, die besondere
Eigenschaften haben müssen.

Es sei hier kurz das Folgende gesagt: Die Umwandlung der elektrischen
Energie mit hoher Spannung in eine solche mit niedriger Spannung muß mit
möglichst geringem Wattverlust stattfinden. Man muß auf möglichst geringe
Hysteresis halten und Wirbel-
stromverluste durch Herab-
setzung der Leitfähigkeit
einschränken. Dies letztere
bewirkt der für Transfor-
matorenbleche kennzeich-
nende hohe Si-Gehalt.

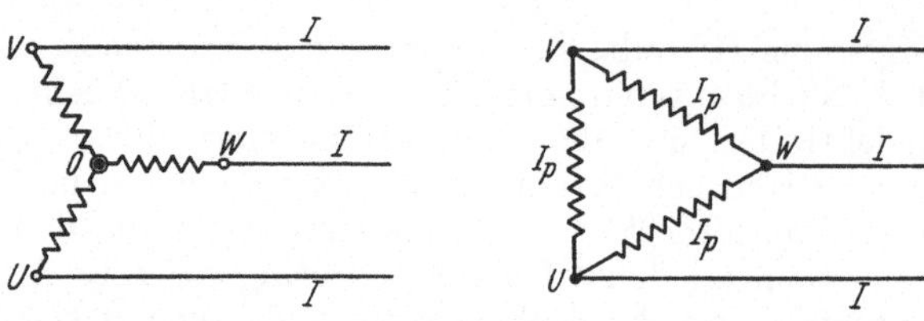

Abb. 49. Sternschaltung (links), Dreieckschaltung (rechts).

Die Verkettung der pri-
mären und auch der sekundä-
ren Wicklungsdrähte kann im Sinne der Sternschaltung und der Dreieckschaltung geschehen (vgl. die Abb. 49). Wenn man es möglich macht, von Dreieckschaltung auf Sternschaltung überzugehen (Abb. 50), so kann die Sekundärspannung im
Verhältnis von $\sqrt{3} : 1 = 1{,}73 : 1$ erniedrigt werden. Dies geschieht auch, um beim
Einschmelzen eine höhere Spannung als beim Abstehenlassen anzuwenden. Nur

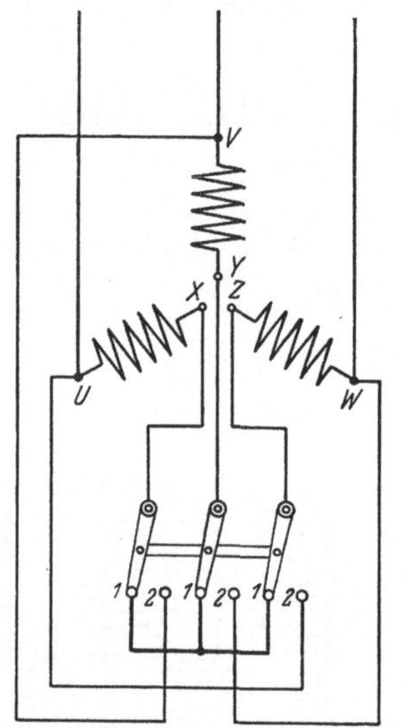

Abb. 50. Umschaltung von Stern auf
Dreieck. Bei Stellung des Schalters
auf 1 — Stern. Bei Stellung des
Schalters auf 2 — Dreieck.

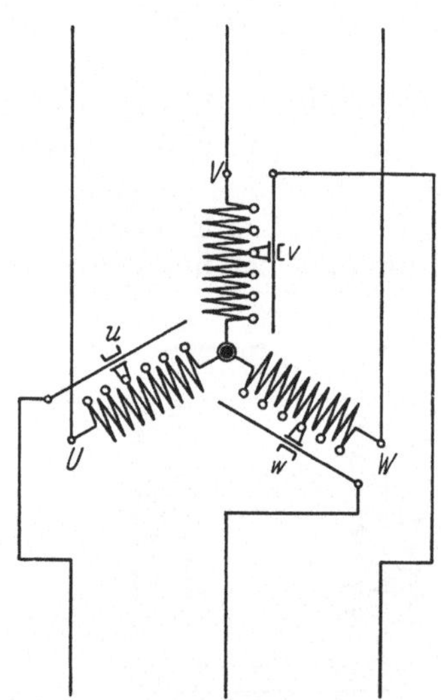

Abb. 51. Abzapfstellen an den Se-
kundärwicklungen einer Sternschaltung. Die Schieber *UVW* sind
zwangsläufig miteinander verbunden.

ist der Sprung zu groß, wenn man nicht Abzapfstellen bei den Sekundär-
wicklungen des Transformators im Sinne der Abb. 51 vorsieht. Auf diese Weise
werden die in der Zahlentafel 2 (im vorigen Kapitel) aufgeführten verschiedenen
Spannungen erzielt.

Die zweckmäßige Sekundärspannung beim Einschmelzen und Abstehenlassen
(einige sagen „Feinen") ist durch Abb. 52 gekennzeichnet.

Die Spannung darf nicht zu niedrig und nicht zu hoch bemessen werden.
Im ersteren Falle müßte man sehr hohe Stromstärken zum Ausgleich anwenden,
was sehr große Leitungsquerschnitte und Anlagekapitalausgaben bedingt. Im
letzteren Falle werden die Stromstöße beim Einschmelzen zu hoch, wenn auch

die allseitige Umhüllung des Lichtbogens mit Schrott die Gefahr vermindert. Abgesehen davon darf nicht Leben und Gesundheit bei einer Berührung gefährdet werden. Dies letztere geschieht bei einer Spannung von 200 Volt (zwischen den Drehstromphasen) oder $200 : \sqrt{3} = 115$ Volt zwischen Leiter und Erdboden im allgemeinen noch nicht[1].

Zur Vermeidung der Stromstöße ist es üblich, den Nullpunkt des Sterns bei Sternschaltung mit dem Ofenunterteil zu verbinden. Besteht bei allen drei Phasen gleiche Spannung, so ist diese Leitung stromlos, aber sie führt Strom, wenn Ungleichheit besteht, und wirkt auf diese Weise ausgleichend. (Abb. 61.)

Die Berechnung der erforderlichen Transformatornennleistung N geschieht im Sinne einer von Sommer angegebenen Formel[2]: $N = \dfrac{\dfrac{L \cdot G}{T} + S}{\cos \varphi}$ kVA, wobei L = theoretischer Energieverbrauch zur Verflüssigung für 1 t festen Einsatz = 340 kWh, G = Einsatzgewicht in t, T = Einschmelzzeit in Stunden,

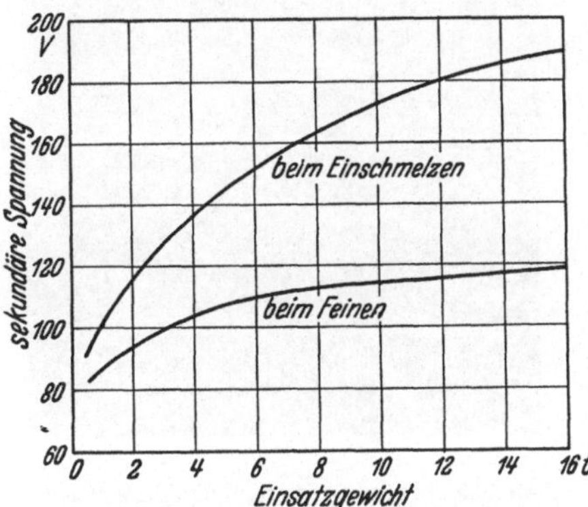

Abb. 52. Zweckmäßige Spannung beim Einschmelzen und Feinen. Stahl u. Eisen 1929 S. 419 (Kriz).

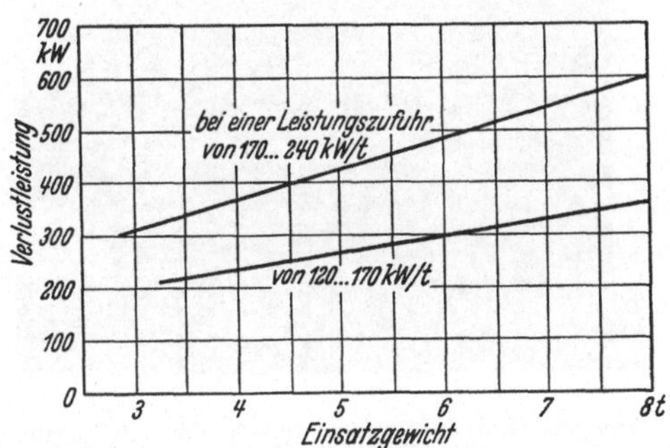

Abb. 53. Verluste bei Lichtbogenöfen, auf die Einschmelzzeit bezogen, bei verschiedenem Einsatzgewicht. Nach Sommer, Stahl und Eisen 1926 S. 909.

S = Leistung zur Deckung der Verluste während der Einschmelzzeit in kW, $\cos \varphi$ = Leistungsfaktor. S ist aus Abb. 53 zu entnehmen.

Bei einem 7-t-Lichtbogenofen, 2 Stunden Einschmelzzeit, einem Leistungsfaktor = $\cos \varphi = 0{,}85$ wird $S = 540$ kW; $N = 2035$ kVA. Bei 4 Stunden würde $S = 330$ kW und $N = 1088$ kVA werden. Man soll aber die Transformatoren nicht zu klein wählen und lieber einen Zuschlag geben[3].

Drosselspulen.

Zur Abpufferung der Stromstöße benutzt man Drosselspulen. Sie sind nicht unbedingt notwendig, aber von den 48 Öfen, die Kriz[4] beschreibt, waren 28 mit Drosselspulen ausgestattet. Diese stellen einen in die Leitung eingeschalteten Blindwiderstand dar. Es sind Kupferspiralen in einem ölgefüllten Behälter. Sie umschließen einen Eisenkern.

Steigt die Stromstärke bei einem Stromstoß plötzlich an, so tritt die Drosselspule in Wirkung, allerdings unter gleichzeitiger Verminderung des $\cos \varphi$, z. B. von 0,85 auf 0,70.

---

[1] Nach Kriz: Stahl u. Eisen 1929 S. 419.   [2] Stahl u. Eisen 1926 S. 909.
[3] Vgl. die Erörterung des Sommerschen Vortrages.   [4] Vgl. Zahlentafel 2.

Diese Erwägung zwingt dazu, die Drosselspule auszuschalten, sobald die Stromstöße aufhören; also nach dem Einschmelzen. Manche Fachleute sind auch Gegner der Drosselspulen und verweisen auf die Möglichkeit, die Stromstöße durch eine große Kapazität des Netzes, durch zweckmäßiges Einsetzen und durch richtige Anlage der Leitungen herabzumindern[1].

Auch die Verbindung des Nullpunktes des Sterns mit dem Boden des Ofens wirkt stromstoßvermindernd ein.

Bei flüssigem Einsatz kommt man mit einer geringeren Transformatorleistung aus[2]. Die Abb. 54 u. 55 stellen große Ofentransformatoren dar.

Abb. 54. Großer Ofentransformator der AEG., aus dem Ölkasten gehoben.

Abb. 55. Großer Drehstrommanteltransformator von Siemens & Halske. 6500 kVA, 50 Perioden, 135 V 25000 A, 105 V 28100 A.

59. Die Stromzuführung zu den Elektroden der Lichtbogenöfen.

Sie geschieht durch Kupferschienen (Flachschienen) mit angeschlossenen Kabeln. Die letzteren tragen dem Umstande Rechnung, daß der Ofen gekippt wird, und daß die Elektroden beweglich und auswechselbar sind.

Von den verschiedenen Anordnungen, die diesen Umständen Rechnung tragen, wird beim Bau des Ofens die Rede sein. Hier soll nur einiges von der Elektrodenregulierung oder Steuerung gesagt werden. Diese bezweckt die Aufrechterhaltung der gleichmäßigen Energiezufuhr trotz der verschiedenen Länge des Lichtbogens, die durch die Höhe der eingesetzten Schrott- und Roheisenstücke und durch die Abnutzung der Elektroden bestimmt wird.

Man kann die Regelung von Hand vornehmen, indem ein Handrad und eine Schraubenspindel gedreht werden. Dies geschieht bei kleinen Öfen (unterhalb 1 t Einsatz; vgl. z. B. Abb. 37 u. 45).

Bei allen größeren Öfen, wie sie für Stahlguß die Regel bilden, muß die Steuerung selbsttätig geschehen. Dies geschieht, indem die Änderung des Wider-

---

[1] Vgl. die Ausführungen im Zusammenhange mit dem Vortrage von Kriz. Stahl u. Eisen 1929 S. 425.

[2] Vgl. die Ausführungen im Zusammenhang mit dem Vortrag von Sommer. Stahl u. Eisen 1926 S. 913.

standes, die durch die verschiedene Länge des Lichtbogens bewirkt wird, nutzbar gemacht wird, um einen magnetischen Kern zu bewegen (vgl. Abb. 33) und ihn auf die Steuerung eines Windenmotors oder auf das Ventil einer Druckwasserleitung wirken zu lassen, um die Elektroden zu heben oder zu senken.

Man hat rein elektrische und elektrisch-hydralische Elektrodensteuerung. In jedem Falle muß die Handsteuerung ohne weiteres einsetzen können. Es muß auch der Fall vorgesehen werden, daß die Elektrode bricht oder der Strom plötzlich ausbleibt. In beiden Fällen müssen die Elektroden auf höchste Stelle gehoben werden und dort verweilen.

Brown-Boveri[1] steuert elektrisch-hydraulisch, indem er einen hydraulischen Zylinder anordnet, dessen Kolben entweder an ein Drahtseil angreift, das über eine Rolle hinweg die Elektrode hebt oder senkt, oder einen an einer Säule gleitenden Ausleger verschiebt, der mit einem Ende an die Leitungskabel, mit dem anderen an die Elektroden angeschlossen ist (Abb. 56). Dieser hydraulische Zylinder kann von Hand und auch selbsttätig gesteuert werden, und zwar geschieht der Wechsel durch einfaches Umlegen eines Schalthebels.

Das von einer Pumpe gelieferte Druckwasser von 4—10 at wird durch ein Ventil unter den Kolben geführt, der Kolben hebt sich unter Senken eines Gegengewichts. Beim Öffnen der Verbindung mit der Abflußleitung sinkt der Kolben. Dieser Vorgang

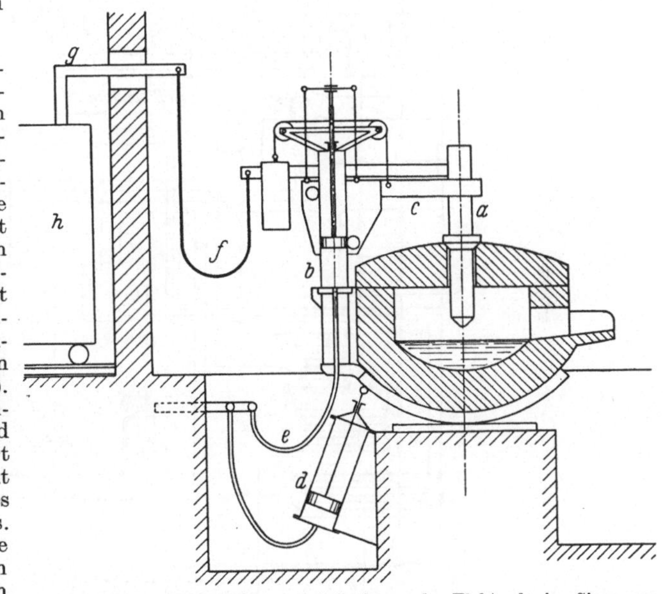

Abb. 56. Hydraulische Hebung und Senkung der Elektrode im Sinne von Brown-Boveri.

a = Elktrode, die sich durch den wassergekühlten Kragen hindurchschiebt, b = hydraulischer Zylinder. Das Druckwasserventil wird elektrisch gesteuert. e = Druckwasserschlauch, c = Ausleger, der an der Säule vermittelst von Rollen an der Säule von b = gleitet. f = Kabel, g = Leitungsschienen aus Flachkupfer, h = Transformator, d = hydraulischer Zylinder zum Kippen des Ofens.

muß gleichzeitig bei allen drei Elektroden geschehen, was durch Verkuppelung der Steuerhebel bei Handbetrieb erreicht wird.

Bei selbsttätiger Regelung arbeitet jede Phase selbständig (vgl. Abb. 57). Es sind folgende Hauptorgane vorhanden:

1. Ein Stromwandler, der in die Stromzuführung eingeschaltet ist. Er stellt einen kleinen Transformator dar, der kurzgeschlossen wird.

2. Ein Ventilschnellregler C, der aus einem Magnetsystem besteht, dessen zwei Wicklungen phasenverschobene Ströme führen, die zusammengesetzt ein Drehfeld erzeugen, wenn sich der Widerstand in der Stromzuführung infolge Wechsel der Lichtbogenlänge ändert. Dieses Drehfeld betätigt eine Welle, auf der ein Zahnrad aufgekeilt ist, das auf ein Zahnsegment wirkt. An dieses Zahnsegment ist die Kolbenstange angeschlossen, dessen Kolben die Druckwasserleitung nach dem Hubzylinder oder nach der Abflußleitung hin öffnet oder schließt. Die Wirkung dieser Regelung wird durch Abb. 57 gekennzeichnet.

Die AEG läßt dem Auftraggeber freie Wahl zwischen rein elektrischer Regelung oder elektrisch-hydraulischer Regelung.

Beim ersten (LT) Verfahren kommt eine Regelung im Sinne von Leonard-Tirrill zur Anwendung. Ein fremderregter Gleichstrommotor, der durch Regelung der Ankerspannung in Leonardschaltung gesteuert wird, kommt als Windenmotor zur Verwendung. Ein gemeinsamer Motor treibt die 3 Windenmotore, die 3 Steuergeneratoren und eine Erregermaschine.

---

[1] Vgl. Gießerei-Ztg. 1928 S. 632.

Die Wirkungsweise des Tirrillapparates als Steuerorgan ist gleich der eines normalen Spannungstirrills; jedoch ist an die Stelle der Netzspule eine Stromspule vorhanden, die von einem Stromwandler gespeist wird, dessen Strom auf gleichbleibenden Wert geregelt wird. Dies ist der Elektrodenstrom.

Das zweite hydraulische (HA) Verfahren beruht auf der Verwendung des Arcastromrelais mit Membran. Es wird Druckwasser von 5—10 at verwendet, das entweder in den

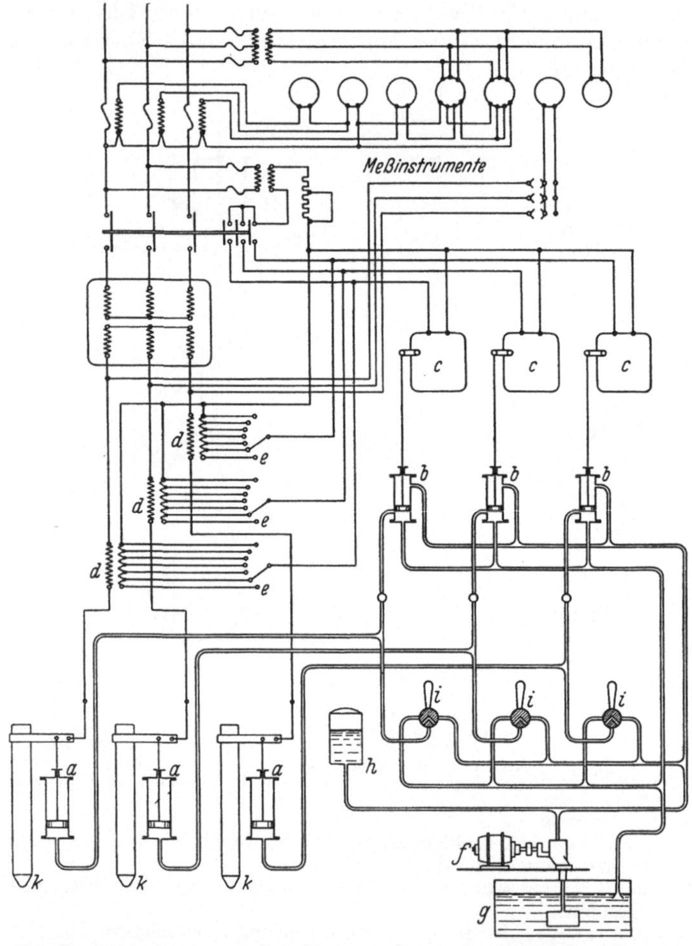

Abb. 57. Elektrodensteuerung von Brown-Boveri. Gießerei-Ztg. 1928 S. 632.

Die Elektroden k werden durch die hydraulischen Kolben a gehoben und gesenkt. je nachdem das Druckwasser durch die handgesteuerten Hähne i oder durch die durch die selbsttätig bewegten Kolben in den hydraulischen Zylindern b freigegeben wird. Bei den letzteren kann der Kolben in Mittelstellung sein; dann fließt kein Druckwasser zu, oder höher stehen, dann fließt letzteres zu den Zylindern a und hebt die Elektroden, oder tiefer stehen, dann fließt das Wasser aus den Zylindern a ab. Die Elektroden senken sich. f Druckwasserzentrifugalpumpe, h Windkessel, c Kasten für den Ventilschnellregler.

hydraulischen Zylinder oder aus ihm in die Abflußleitung eintritt. Dies geschieht je nach Einstellung eines Membranventils, die durch einen besonderen Steuerzylinder geregelt wird. Dieser wird Steuerrelais genannt. Es besteht aus einem Zylinder, dessen Kolben unter dem Einfluß von Druckwasser steht, das ihn verschiebt, nachdem ein Druckwasserventil geöffnet wird. Dieses letztere ist an einen Hebel angeschlossen, der von einem Elektromagnet bewegt wird. Die Erregung dieses Elektromagneten besorgt der Schienenstromwandler.

Siemens & Halske steuert die Elektroden rein elektrisch, indem ein Windenmotor für jede Elektrode angeordnet ist, dessen Seil einen Rahmen hebt oder senkt. Dieser Rahmen umgibt eine Säule, die an den Ofenmantel angeheftet ist und mit ihm kippt. Der mit

Rollen gleitende Rahmen trägt einerseits die Enden der Kabel und andererseits die Elektrode. Der Windenmotor wird mit Gleichstrom von außerhalb gespeist. Für jede Elektrode ist ein Differentialrelais vorgesehen, das 2 Spulen, die eine für Spannungsänderung, die andere für Stromänderung besitzt. Jede Veränderung im Stromkreis wird angezeigt und auf den Hubmotor übertragen.

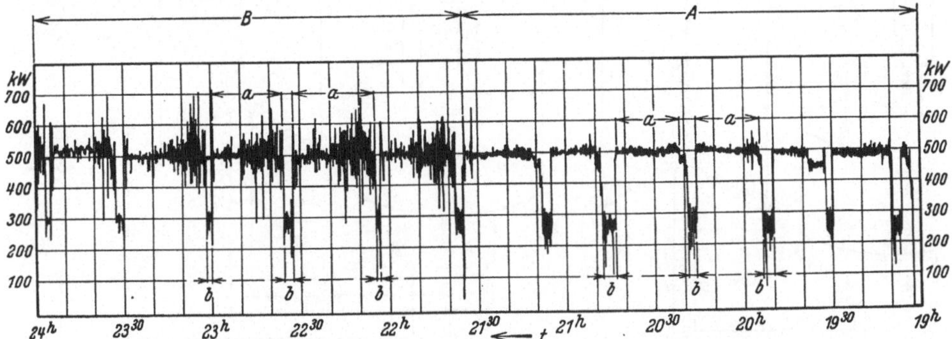

Abb. 58. Belastungsschaubild eines im Sinne von Brown-Boveri gesteuerten Ofens.

60. Das Schaltschema der Lichtbogenöfen.

Die Abb. 59—64 kennzeichnen solche für Einphasenstrom, Zweiphasenstrom und Drehstrom. Abb. 64 (Drehstrom) läßt Einzelheiten erkennen[1]. Die Beschreibung erfolgt hier.

Die hochvoltseitige Transformatorwicklung eines Drehstromtransformatores ist in *1, 2* und *3* dargestellt. Die sekundären Spannungswicklungen *4, 5* und *6* sind in Dreieck geschaltet und stehen mit den Elektroden *7, 8* und *9* des Ofens *10* in Verbindung. Der Primärstrom wird durch Leitungen *12, 13* und *14* mit dem Hauptölschalter *11* geschaltet. Ist er geschlossen, so sind die Leitungen *12, 13* und *14* zwischen Transformator und Ölschalter unter Strom. *15, 16* und *17* sind elektrisch oder mechanisch verriegelte Ölschalter, von denen jeweils einer nach der zu schal-

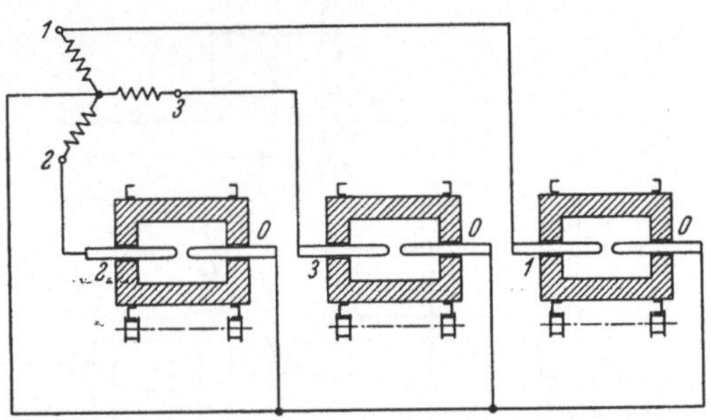

Abb. 59. Drei hintereinander geschaltete Trommelöfen, mit Einphasenstrom bedient. Nach Ruß. Es ist Sternschaltung mit herausgeführtem Nullpunkt angewendet.

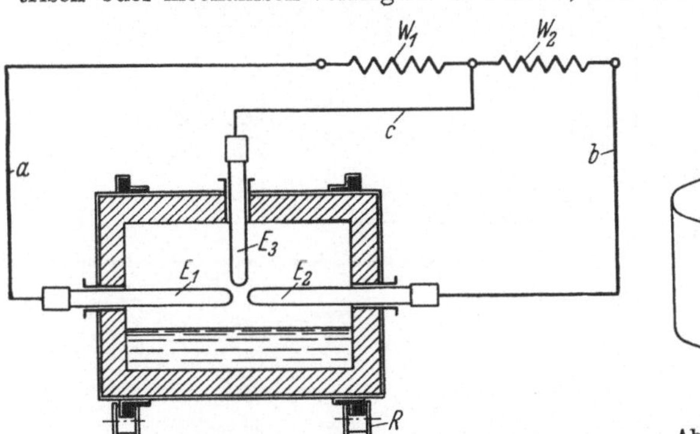

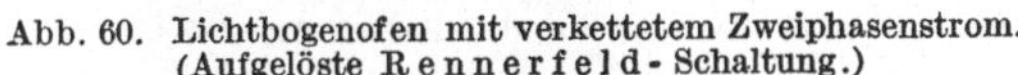

Abb. 60. Lichtbogenofen mit verkettetem Zweiphasenstrom. (Aufgelöste Rennerfeld-Schaltung.)

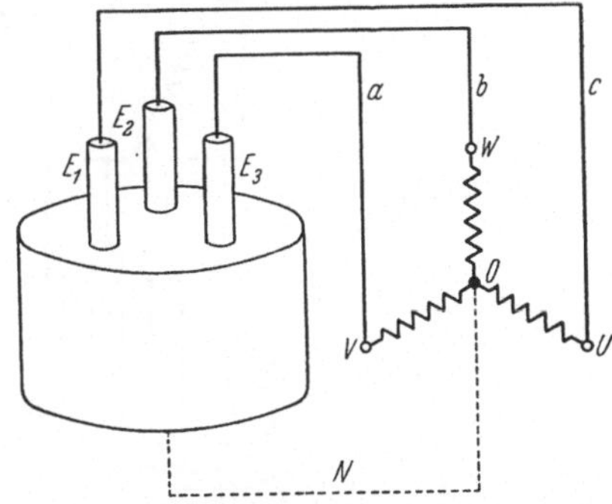

Abb. 61. Lichtbogenofen für Drehstrom, mit Sternschaltung. Der Nullpunkt *O* ist mit dem Ofenboden verbunden (*N*).

tenden Spannung kurzgeschlossen wird. Mit Schalter *15* und *16* stehen die Wicklun-

---

[1] Vgl. die in der Abb. 64 genannte Literaturstelle.

gen *18, 19* und *20* in Verbindung. Die Punkte *15a, 15b* und *15c* des Ölschalters sind durch die Leitungen *a, b* und *c* mit den Stellen *a′, b′* und *c′* der Hochvoltwicklung in

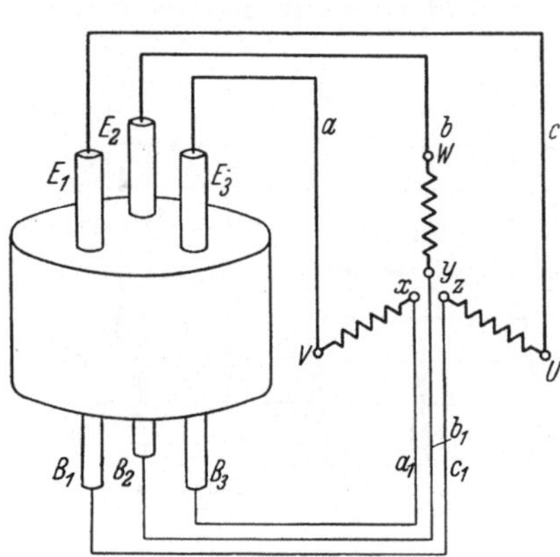

Abb. 62. Lichtbogenofen für Drehstrom, mit Bodenelektroden.

E_1—E_3 = obere Elektroden, B_1—B_3 = Bodenelektroden.

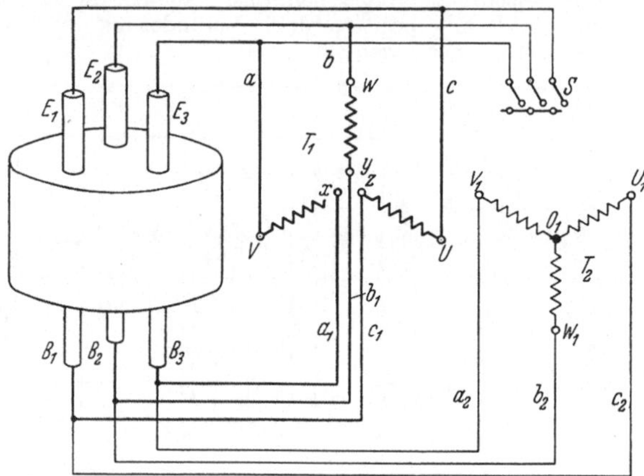

Abb. 63. Dasselbe wie in Abb. 62, unter Zufügung eines Zusatztransformators T_2 zur Bedienung der Bodenelektroden. Der Ofen kann mit jedem der beiden Transformatoren und auch mit beiden zusammen betrieben werden. S = Schalter. (System Nathusius.)

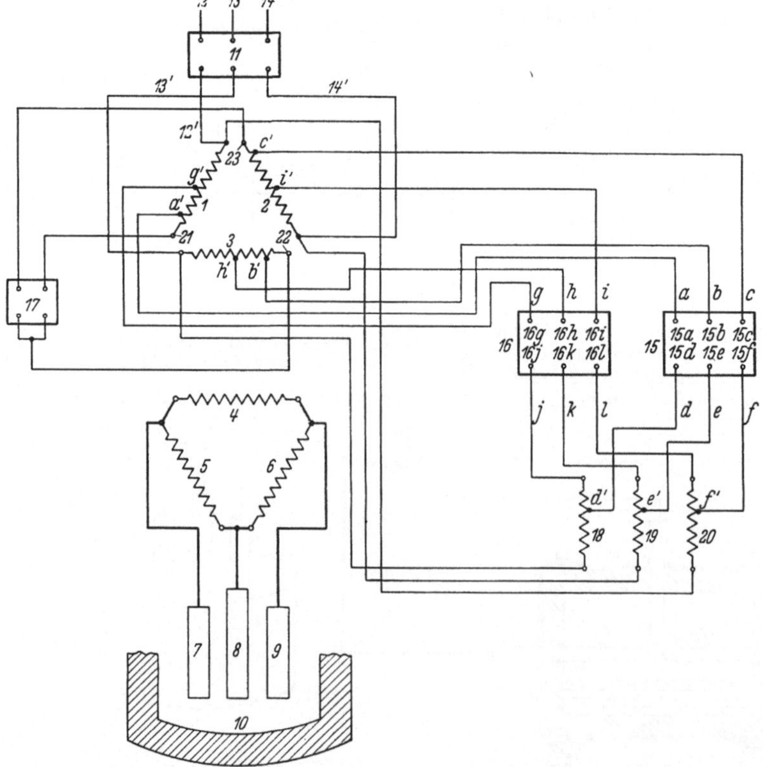

Abb. 64. Schaltschema eines amerikanischen Drehstromofens nach Arnold. Gießerei-Ztg. 1928 S. 144.

Verbindung, während die Ausführungen *15d, 15e* und *15f* des Schalters *15* mit den Stellen *d′, e′* und *f′* der Widerstandswicklungen *18, 19* und *20* in Verbindung stehen.

Ähnlich ist die Schaltung des Schalters *16*. Die Punkte *16g, 16h* und *16i* sind durch die Leitungen *g*, *h* und *i*, mit den entsprechenden Stellen *g′*, *h′* und *i′* der Hochvoltwicklung verbunden, die Anschlüsse *16j*, *16k* und *16l* durch *j*, *k* und *l* wieder mit dem einen Ende der Wicklung *18*, *19* und *20*. Die anderen Enden stehen wieder in unmittelbarer Verbindung mit der Hochvoltwicklung durch *12′*, *13′* und *14′*.

Bei Beginn des Schmelzganges soll mit mittlerer Spannung angefahren werden, um die Stromschwankungen auf ein Minimum zu verringern. In diesem Falle sind nach Schließen des Hauptölschalters *11* die Punkte *12*, *13* und *14* mit den Enden des Transformator-Primärstromkreises verbunden. Durch Schalter *15* ist eine Verbindung der Kontakte *15a*, *15b* und *15c* mit den Punkten *d′*, *e′* und *f′* und der Widerstandswicklung *18*, *19* und *20* hergestellt.

Durch die Verbindungen wird der Transformator hochspannungsseitig in Dreieck geschaltet und parallel hierzu die Reaktanzspulen *18*, *19* und *20*[1].

Nachdem die Charge teilweise einzuschmelzen beginnt und sich unter den Elektroden ein Sumpf von flüssigem Metall gebildet hat, wird auf die höchste Spannung umgeschaltet und das Einschmelzen hierbei beendet. Die Schaltung wird hergestellt, indem Schalter *15* ausgeschaltet und *16* eingeschaltet wird. Es wird dadurch eine Verbindung mit *g′*, *h′* und *i′* der Hochvoltwicklung bzw. den Enden der Spulen *18*, *19* und *20* hergestellt. Die Schaltung ist wieder Dreieck mit dem Unterschied, daß nur eine gewisse Anzahl Windungen des Transformators, dagegen der ganze reaktive Widerstand, eingeschaltet wird, also in umgekehrter Reihenfolge, wie es bei der Schaltung auf mittlere Spannung der Fall war.

Ist die Charge eingeschmolzen und der Ofen heiß, so wird zur Feinung der Schmelze die niedrigste vorhandene Spannung eingestellt, indem Ölschalter *16* ausgeschaltet und Schalter *17*, der die sekundären Windungen des Transformators *21*, *22* und *23* in Stern schaltet, eingeschaltet wird.

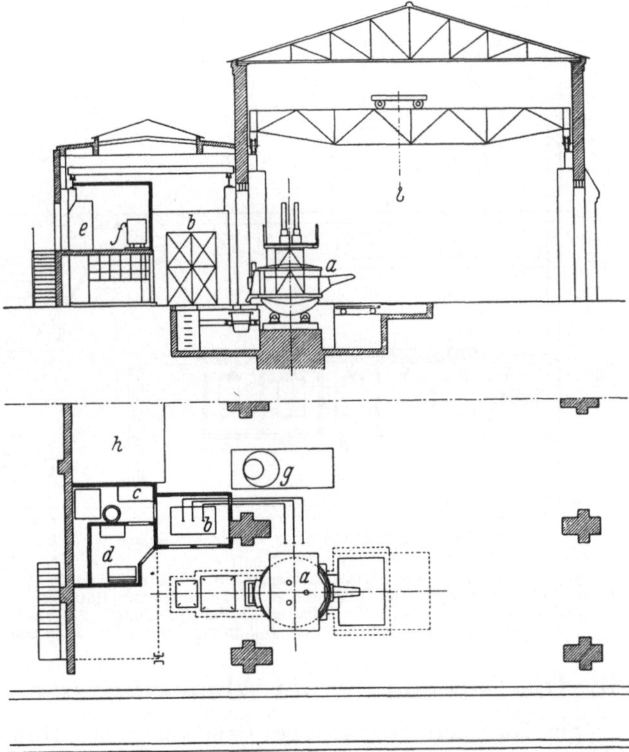

Abb. 65. Schnitt und Grundrißplan einer Lichtbogenofenanlage der Demag Elektrostahl. Stahl u. Eisen 1926 Nr. 48.

a = Elektroofen, *b* = Transformator, *c* = Rückkühlanlage, *d* = Steuerkabine, *e* = Hochspannungszellen. *f* = Drosselspule, *g* = Konverter, *h* = Gebläsehaus.

61. Der Grundrißplan einer Lichtbogenofenanlage.

Einen solchen kennzeichnen die Abb. 65 u. 66.

Ein Leonardumformer ist zuweilen notwendig, um dem beim Ofen gebrauchten Strome die richtige Frequenz zu geben. Vielfach ist ein solcher Umformer aber entbehrlich.

Man muß darauf Bedacht nehmen, daß derselbe Laufkran, der zur Bedienung der Gießerei dient, auch zur Bedienung des Ofens benutzt werden kann. Man

---

[1] Solche Reaktanzspulen werden auch „Überstromdrosselspulen" genannt. Ihr Ohmscher Widerstand ist so klein, daß der verursachte Leitungsverlust unbedeutend ist.

erreicht dies dadurch, daß man den Ofen an eine Schmalseite legt. Kleine Öfen, die keinen Kran zur Bedienung erfordern, kann man allerdings in einem Neben-schiff unterbringen. Man stellt den Ofen so auf, daß man ihn von der Gießerei-sohle aus bedienen und beschicken kann.

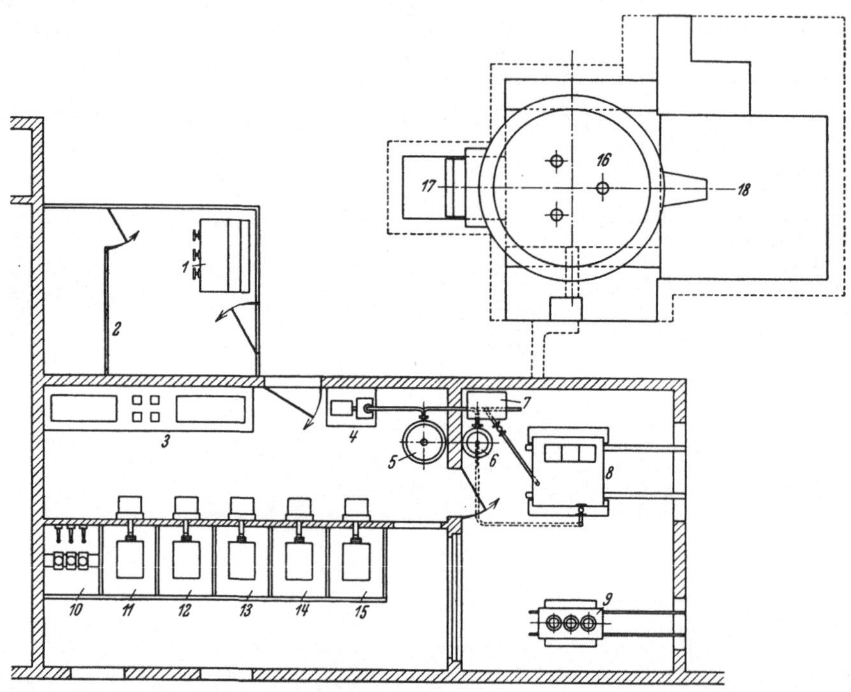

Abb. 66. Grundrißplan einer Elektroofenanlage der AEG. für 5 t Schmelzleistung.

1 = Schaltpult im Ofenwärterraum, *2* = Schaltschrank im Ofenwärterraum, *3* = Leonard-Umformer, *4* = Öl-pumpe, *5* = Ölkühler, *6* = Luftabscheider, *7* = Ausdehnungsgefäß, *8* = Ofentransformator, *9* = Reaktanz-Drosselspule, *10* = Zelle für Meßwandler, *11* = Zelle für Hauptölschalter, *12* = Zelle für Drossel-Über-brückungsschalter, *13* = Zelle für Schalter „Hohe Spannung", *14* = Zelle für Schalter „Mittlere Spannung", *15* = Zelle für Schalter „Niedrige Spannung, *16* = Ofen, *17* = Schlackengrube, *18* = Gießgrube.

62. Die Berechnung der Abmessungen eines Lichtbogenofens.

Sie läuft auf die richtige Bemessung des lichten Ofendurchmessers hinaus. Dieser ergibt sich ohne weiteres, wenn man den Einsatz und die Badtiefe kennt. Die letztere kann man mit 400 mm bewerten; nur bei Öfen unter 1 t Einsatz wird man 250 mm und bei Öfen über 10 t Einsatz bis zu 500 mm anwenden. Wenn man 1 dm³ Stahl = 7 kg setzt, ergeben sich unter dieser Maßgabe:

bei	2 t	Einsatz	286 dm³	und	960 mm	l. ⌀
,,	5 t	,,	710 ,,	,,	1500 ,,	,,
,,	7 t	,,	1000 ,,	,,	1790 ,,	,,
,,	13 t	,,	1857 ,,	,,	2180 ,,	,,

Vergleicht man diese Zahlen mit denen bestehender Elektroofen, so wird man viel größere Durchmesser finden, obwohl keine geringere Badtiefe angewendet ist. Z. B. bei 2 t 1500 mm, bei 7 t 2600 mm, bei 13 t 3000 mm l. ⌀[1]. Dies läßt darauf schließen, daß es üblich ist, bei der Berechnung dem normalen Fassungs-vermögen einem Zuschlag von 50% zu geben.

Die Höhe des Gewölbescheitelpunktes über der Badoberfläche wird zwischen 650 und 1200 mm gehalten; man wird sie mit 900 mm ausreichend

---

[1] Gießerei 1929 S. 437.

bemessen[1]. Die Stärke des Mauerwerks wird in der Zone der Badoberfläche auf 520 mm bemessen, unter dem Gewölbe auf 450 mm; die Stärke des Bodenmauerwerks = 500 mm; die Stärke des gewölbten Deckels = 250 mm; die Pfeilhöhe der Wölbung = 12,5% des oberen lichten Durchmessers (vgl. Kap. 64).

Der Elektrodenkreisdurchmesser. Die Werte bewegen sich zwischen 540 und 1450 mm. Man kann die folgenden Zahlenwerte zum Anhalt nehmen, soweit es sich um Graphitelektroden handelt: Unter 1 t Einsatz 350 mm, bis 5 t 450 mm, bis 10 t 700 mm, bis 13 t 800 mm. Bei sehr vielen Öfen findet man auch erheblich größere Zahlenwerte.

Der Elektrodendurchmesser[2]. Graphitelektroden erhalten den halben Querschnitt der Kohleelektroden. Bei Öfen unter 1 t Fassungsvermögen hat man Graphitelektroden von 100 mm $\varnothing$; bis zu 10 t abgestuft, ergeben sich Durchmesser von 200—300 mm und darüber hinaus solche von 350 mm. Bei Kohleelektroden sind es 140 mm, 280—425 mm und 500 mm. Bei Graphitelektroden gelten 500 mm, bei Kohleelektroden 900 mm als Maximaldurchmesser.

Die Länge der Elektroden bemißt man auf 1500—2000 mm.

Eine zuverlässige Berechnung des Elektrodenquerschnitts erfolgt auf dem Wege über die Stromdichte, d. h. $\dfrac{\text{Querschnitt in mm}^2}{\text{aufzunehmende Ampere}}$. Man rechnet bei Kohleelektroden bis zu 350 mm $\varnothing$ mit 6—8 A/cm², bei über 350 mm $\varnothing$ mit 4—6 A/cm². Man kann die folgenden Zahlentafeln zur Berechnung verwenden[3].

Zahlentafel 1. Sollstromdichte in A/cm² bei Kohleelektroden.

Elektroden-$\varnothing$ in mm	150—250,	300,	350,	400,	450
Zulässige Stromdichte	8	7	6	5,5	5

Zahlentafel 2. Sollstromdichte in A/cm² bei Graphitelektroden.

Elektroden-$\varnothing$ in mm	100—275,	300,	350
Zulässige Stromdichte	15	12,5	11

63. Der Ofenmantel und seine Armierung bei Lichtbogenöfen.

Der Ofenmantel wird aus starkem Blech mit überlappten Stößen genietet. Oben erhält der Zylinder eine kräftige Versteifung durch ein Winkeleisen, auf das sich der Deckelring dicht auflegt. Dieser besteht aus drei zusammengeschraubten Stahlgußsegmenten von L-Querschnitt. In die Trennungsfugen wird Holz vor dem Zusammenschrauben gelegt, um ein elastisches Mittel zu haben, wenn die Ausdehnung des Deckelgewölbes infolge der Erwärmung einsetzt (vgl. Abb. 67).

Der Boden wird bei kleinen Öfen durch einen gekümpelten Kesselboden gebildet, bei allen größeren Öfen ist er aus Blechformstücken und einem Winkelring zusammengenietet. Die Versteifung des Bodens erfolgt durch die beiden Kufenkörper, die sich auf einer geradlinigen Schienenbahn abwälzen, wenn das Kippen erfolgt (vgl. Abb. 67).

Die Vermittlung der Kippbewegung durch angeheftete Zapfen wie bei einer Gießpfanne ist nur bei kleinen Öfen statthaft. Bei diesen kleinen Öfen werden die Elektrodensäulen von einer Traverse getragen. Bei größeren Öfen sind seitwärts an den Ofenmantel 3 Konsolkörper angenietet, welche die Säulen aufnehmen, die die Elektrodenausleger tragen. Diese sind nicht mit den Säulen

---

[1] Vgl. hier und im folgenden Gießerei 1929 (Kothny: Maße und Leistungen der Elektrolichtbogenöfen. Verein deutscher Gießereifachleute, Berlin).

[2] Vgl. Gießerei 1931 S. 873 (Kothny).

[3] Nach Liseo-Kriz: vgl. Gießerei 1931 S. 879.

starr verbunden, sondern an kastenartige Körper angeheftet, die innerhalb der
Säule an Rollen gleiten. Von ihrer Bewegung war im Kapitel 59 die Rede.

Der Ofenmantel nimmt die Rahmenkörper der Beschickungsöffnungen
und der Abstichöffnung auf. Es sind kräftige Stahlgußstücke, die mit breiter
Flanschfläche an den Mantel angeschraubt sind. Die Türen liegen schräg und
mit breiter Fläche auf den Rahmen auf, damit möglichst wenig falsche Luft
eindringt (vgl. Abb. 67 u. 68). Man macht die Beschickungsöffnungen möglichst
klein und beschränkt sich auf eine. Die Türbewegung erfolgt bei größeren
Öfen mechanisch, am besten hydraulisch, um schnell öffnen und schließen zu
können.

Früher legte man nicht soviel Wert auf das Abwehren des Eindringens von

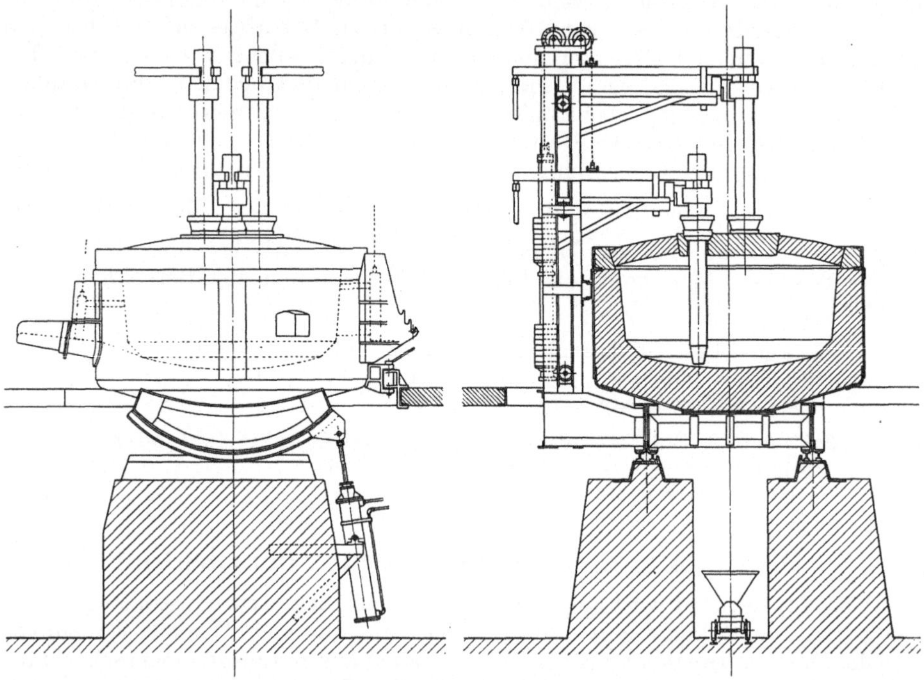

Abb. 67. Brown-Boveri-Ofen für 5 t Fassungsvermögen mit seitwärts stehenden Elektrodensäulen, welche
die Kippbewegung des Ofens mitmachen. Die Elektroden werden vor dem Kippen gehoben.

falscher Luft und hatte infolgedessen viel größere Stromverbrauchszahlen, längere
Chargendauer und größere Ausgaben für Elektroden als heute.

Bei großen Öfen sind die Türrahmen wassergekühlt. Vielfach begnügt man
sich aber auch hier mit einem Kühlkasten am Gewölbebogen.

Die Kippbewegung erfolgt in verschiedener Weise: Teils elektromechanisch,
teils hydraulisch. Im letzteren Falle steht die Hochdruckpumpe und der Akku-
mulator am besten in der Nähe des Ofens. Wenn die Elektrodenregulierung
rein elektrisch erfolgt, liegt es nahe, die Kippbewegung und die Türbewegung
auch rein elektrisch zu gestalten. Erfolgt sie aber elektrisch-hydraulisch, so wird
man hydraulische Zylinder anwenden. Im ersteren Falle ordnet man auch Rollen-
bahnen und ein Zahnsegment an, in das ein Zahnrad greift. Statt des hydraulischen Plungers kann man auch eine Zahnstange setzen, in die ein Zahnrad eingreift. Man kann den Ofen auch auf eine Plattform stellen, die um eine Seite
beim Kippen schwingt, wenn eine Zahnstange oder ein hydraulischer Kolben

dies veranlaßt. Dies Verfahren gilt allerdings als veraltet. Kippt der Ofen im Zapfen, so ist das Zahnsegment das Gegebene. Die Abb. kennzeichnen das Gesagte.

Sehr kleine Öfen kann man mit dem Gießereikran heben und unmittelbar aus ihnen gießen[1].

Bei dem Entwurf des Kippmechanismus spielt die Frage eine große Rolle: **Wie verhalten sich die Elektroden beim Kippen?** Bis vor 10 Jahren war es üblich, die Elektroden herauszuheben, wenn der Ofen kippen sollte. Dies gilt heute bei allen größeren Öfen als falsch, in Hinblick auf die Wärmeverluste und die Schädigung der Elektroden. Dementsprechend gelten auch Öfen, bei denen die Elektroden an Drahtseilen hängend mit einer Winde bedient werden, als veraltet. Man hat heute den Grundsatz, die Ofenkonstruktion so zu gestalten, daß die Elektroden in ihrer Stellung bis zur restlosen Entleerung des Ofens verbleiben. Dies ist bei kleinen Öfen leicht zu erreichen. Bei größeren ist die Aufgabe schwieriger.

Man hat sie auf zwei Wegen gelöst: Indem man einmal an den Ofenmantel Säulen heftet, welche die Elektrodenausleger in oben beschriebener Anordnung tragen und indem man andererseits eine **Brücke** anordnet und fest mit dem Ofenmantel verbindet. Diese Brücke nimmt Säulen auf, welche die Elektrodenausleger und das Hubwerk tragen (Abb. 65). Bei diesen Anordnungen muß Fürsorge geschehen, daß der Ofendeckel, der meist stärkerer Abnutzung als das Ofenmauerwerk unterliegt, ohne

Abb. 68. 10 t-Lichtbogenofen von **Brown-Boveri** in Mannheim, zum Schmelzen und Raffinieren von Stahl aufgestellt in einem Rheinstahlwerk.

Schwierigkeit mit Hilfe des Laufkranes ausgewechselt werden kann.

Es gibt auch Öfen, bei denen die Beschickung nach einem Abheben des Ofendeckels mechanisch geschieht. (Verfahren der Demag-Elektrostahl.) In diesem Falle ist die Brücke im Sinne eines Portalkranes **fahrbar** angeordnet. Der Deckel wird gehoben und mit den Elektroden zusammen zur Seite gefahren. Alsdann bringt ein Laufkran einen Drahtgeflechtkorb (der mit dem Einsatz schmilzt) mit Schrott und Roheisen heran und entleert ihn in den Ofen. Nunmehr fährt die Brücke über den Ofen. Der Deckel mit den Elektroden wird aufgesetzt und die Brücke nunmehr durch eingesteckte Bolzen mit dem Ofenmantel verbunden, um an der Kippbewegung teilzunehmen.

Statt des Drahtgeflechtknrbes wendet Brown-Boveri einen Kübel mit Bodenentleerung an (Abb. 72).

---

[1] Gießerei-Ztg. 1926 S. 371.

Abb. 69. Lichtbogenofen der Demag-Elektrostahl in Düsseldorf für 1000 kg Fassung. Der Ofen findet auch
bei der Herstellung von legiertem Eisenguß Verwendung.

Abb. 70. S i e m e n s lichtbogenofen für 1,5 t Fassung mit Ölbrenner zum Warmhalten.

Abb. 71. Demaglichtbogenofen in Kippstellung.

Abb. 72. Stahlschmelzofen von Brown-Boveri in Mannheim, 7,3 t, elektrisch-hydraulischer Elektrodenregulierung, hydraulische Kipp- und Türbetätigungsvorrichtungen. Die Beschickung erfolgt mit einem Kübel,
der Bodenentleerung hat.

Man hat auch eine Drehung des Ofens unterhalb des gehobenen Deckels eingeleitet, um die Schmelzung gleichmäßig im Ofenquerschnitt zu gestalten. Der Deckel hat dann am Rande eine Sanddichtung[1].

Ein anderer Weg zur mechanischen Beschickung des Ofens führt über eine Rutsche, die an die geöffnete Beschickungstür angeheftet wird. Wenn der Ofen soweit gekippt wird, daß das Beschickungsgut selbsttätig in der Rutsche abgleitet, so geschieht diese Arbeit sehr schnell und auch insofern zweckdienlich, als man die Neigung der Rutsche veränderlich einstellen kann, um die ganze Ofenfläche zu beherrschen.

Einige Teile des Ofens werden mit Wasser gekühlt. Man wird diese Wasserkühlung nach Möglichkeit vermeiden, weil sie sehr sorgfältige Überwachung erfordert und Wärmeverluste bedingt; aber man kann sie an den Stellen, wo die Elektroden durch das Gewölbe geführt werden und vielfach auch in den Elektrodenfassungen nicht entbehren. Abgesehen davon sind auch Türgewölbe gefährdete Stellen und erhalten einen wassergekühlten Kühlkörper, von dem oben die Rede war.

Die Ausgüsse der Kühlwasserleitungen müssen übersichtlich und nebeneinander angeordnet werden, um ständig die Temperatur messen zu können.

Einen Elektroofen mit einer Hilfsölfeuerung kennzeichnet Abb. 70.

Von den Einzelheiten der Elektrodenarmierungen wird in einem folgenden Kapitel die Rede sein.

64. Das feuerfeste Mauerwerk bei Lichtbogenöfen.

Es gelten hier auch die Ausführungen über den Bau des Martinofens.

Man unterscheidet saure und basische Ofenfutter. Was vorzuziehen ist, ist nicht mit wenigen Worten zu sagen. Bei den Eigenschaften des Stahlgusses wird davon die Rede sein (vgl. Kap. 74).

In Amerika herrscht der saure Ofen, in Deutschland der basische Ofen vor. Über den Wert der niedrigen P- und S-Gehalte, die als Vorzug des basischen Ofens gelten, bestehen verschiedene Auffassungen unter der Erwägung, daß der saure Ofen in der Anschaffung und im Betrieb billiger ist.

Bei beiden Ofengattungen wird der obere Aufbau der Ofenwand, außerhalb der Einwirkung der Schlacke, und der gewölbte Deckel aus saurem Material, und zwar aus besten Silikasteinen hergestellt. Ebenso ist die Isolierschicht zwischen Panzer und Mauerwerk bei beiden Ofengattungen meist sauer. Sie besteht aus Schamottemasse, 20—40 mm (seltener aus Asbest) und anschließend aus Mauerwerk, das aus Silikasteinen oder Schamottesteinen in einer Stärke von etwa 125 mm gebildet ist (vgl. Abb. 73 u. 74).

Der Unterbau des sauren Ofens wird aus Silikasteinen gebildet; innerhalb dieses Mauerkörpers wird der Herd aus Quarzsand eingestampft und eingesintert[2].

Beim basischen Ofen treten Magnesitsteine an die Stelle der Silikasteine und eingestampfter Teerdolomit an die Stelle des Quarzsandes. Man zieht das Magnesitmauerwerk etwa 2—3 Steinlagen über die Schlackenoberfläche hinaus, um dem Spritzen der Schlacke Rechnung zu tragen.

Statt der teuren Magnesitsteine hat man mit bestem Erfolg Preßsteine aus Teerdolomit verwendet, wie man sie beim Konverter benutzt. Man hat sogar die ganze Wand bis zur Deckelfuge in dieser Weise hergestellt und nur oben

---

[1] Ausführung der Demag für eine mitteldeutsche Stahlgießerei.

[2] Stahl u. Eisen 1914 S. 89 wird eine Stampfmasse aus 80% gemahlenen alten Silikasteinen, 6% Tonmehl, 14% Teer genannt.

einen Ring aus Kohlenstoffsteinen aufgesetzt, weil die Dolomitsteine nicht fest genug sind.

Eine sehr wichtige Frage bildet die Haltbarkeit und die leichte Auswechselbarkeit des Deckels. Man hat in dieser Richtung gute Fortschritte gemacht. Wie bereits im vorigen Kapitel gesagt, muß die Möglichkeit bestehen, den Deckel mit dem Kran abzuheben, abzusetzen und einen neuen Deckel, den man bereit hält, aufzusetzen, ohne daß große Wärmeverluste entstehen.

Die Deckelsteine sind Formsteine. In der Mitte ist ein zylindrischer großer Stein angeordnet. Es müssen Dehnungsfugen vorgesehen werden. Bei Auswahl des besten Silikamaterials hat man heute gute Haltbarkeit, wie die weiter unten genannten Zahlen beweisen. Sehr wichtig ist es, daß die Steine keinen schroffen Temperaturwechsel erleiden. In dieser Richtung hat sich die Maßnahme, die Elektrode beim Kippen im Ofen zu belassen, sehr günstig ausgewirkt. Dasselbe gilt von dem Bestreben, die Elektroden möglichst wenig oder gar nicht auszuwechseln.

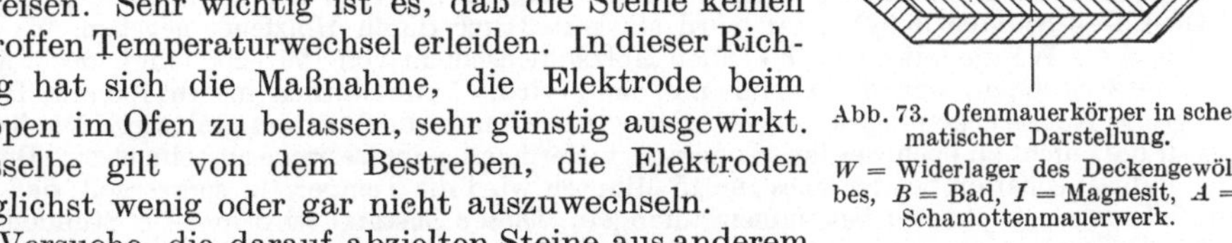

Abb. 73. Ofenmauerkörper in schematischer Darstellung.

W = Widerlager des Deckengewölbes, B = Bad, I = Magnesit, A = Schamottenmauerwerk.

Versuche, die darauf abzielten Steine aus anderem Baustoff zu verwenden, haben keinen Erfolg gehabt[1]. Dies gilt auch von Chromeisensteinen, Siliziumkarbidsteinen (mit 73% SiC), Sillimanit ($Al_2O_3SiO_2$). Korundsteinen (Al_2O_3).

Es sollen hier noch Einzelheiten über die Herstellung des feuerfesten Futters gegeben werden[2].

Das basische Ofenfutter (vgl. Abb. 74).

Man legt an den Blechmantel eine 25 mm starke Lage von dickem Schamottebrei, darauf möglichst fugenlos zwei Schamottesteinlagen, dann zwei Lagen von Magnesitsteinen, die man vorher in Wasserglas getaucht hat[3]. Die Fugen werden mit Wasserglas ausgegossen. Darauf folgt das lagenweise Einstampfen und Einsintern der Magnesitmasse. Diese besteht aus gekörntem Magnesit, mit gemahlener Siemens-Martinschlacke und mit Teer

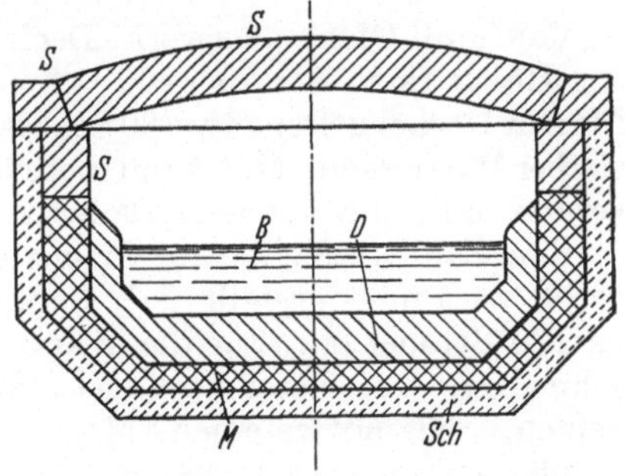

Abb. 74. Schematische Darstellung des Mauerkörpers eines basischen Elektroofens.

Sch = Schamotte, M = Magnesit, D = Dolomit, S = Silika, B = Bad. (Brown-Boveri).

vermengt. In den unteren Lagen: Magnesit : Schlacke = 6 : 1, in den oberen Lagen = 12 : 1. Ehe man den Herd lagenweise (10—15 mm) einsintert, muß man die Wände und das Gewölbe aus Silikasteinen aufmauern. Wie dies geschieht, wird weiter unten gesagt werden. Man wärmt mit Koksfeuer vor, läßt dann Gasflammen 3 Stunden lang wirken und sintert mit Hilfe des Lichtbogens ein, nachdem man auf den Magnesitsteinsockel zerkleinerte Kohleelektroden als Stromleiter aufgelegt hat. Die Temperatur muß langsam ansteigen. Nach 12 Stunden gibt man einige Schaufeln Schlackenmehl, das flüssig wird, um alle Fugen des Herdes zu schließen. In dieser Weise bringt man eine Lage nach der anderen ein. Die Fläche darf nicht zu hart und auch nicht zu weich sein. Man prüft beständig mit einer Eisenstange und regelt durch Zufügen von Schlackenmehl oder Magnesit.

Dies Verfahren erfordert bei einem 6-t-Ofen allerdings längere Zeit. Es ergibt aber eine sehr gute Herdhaltbarkeit. Wenn man den Herd in einem Zuge aufstampft und erst dann einsintert, läuft man Gefahr, daß Teile des Herdes in größerer Entfernung von den Elektroden „hochkommen".

---

[1] Stahl u. Eisen 1930 S. 800.

[2] Vgl. Stahl u. Eisen 1926 S. 1158 nach amerikanischer Quelle (Barton).

[3] Dies Verfahren ist angeblich besser als das Verlegen der Magnesitsteine in Magnesitmehl. Es sichert besser gegen das Eindringen von Stahl.

Einen basischen Herd macht man aus Sicherheitsgründen stärker als einen sauren Herd unter gleichen Verhältnissen. Für die Erzeugung von Manganstahl kommt nur ein basischer Herd in Frage. Ein saurer würde zu schnell zerstört werden.

Die Zustellung des sauren Herdes erfolgt in ähnlicher Weise. Die unteren zwei Lagen auf dem Ofengehäuse selbst sind auch Schamottesteine; darauf kommt die Silikasteinlage. Die Wände werden ganz aus Silikasteinen mit Dehnungsfugen gemauert. Die Herdsteine werden mit einem dicken feuerfesten Mörtel (Sand- und Wasserglas) überstrichen; ehe dieser getrocknet ist, wird der Sand eingeschaufelt und gestampft. 12—15 Teile Quarzsand werden mit einem Teil feingemahlenem Ton gemischt. Der Herd wird entweder hintereinander eingestampft und auf einmal gesintert oder lagenweise nach und nach aufgeschmolzen; in letzterem Falle darf die aufzuschmelzende Lage nicht zu stark sein.

Da der Schmelzpunkt der sauren Masse tiefer liegt als der der basischen, liefern beide Verfahren gute Ergebnisse; der vollständig aufgestampfte Herd ist billiger. Bei kleinen Öfen unter 1—2 t mit durchgehendem Betriebe werden oft auch die Seitenwände schneller und billiger vollständig aufgestampft. Für die Flickarbeiten ist dieses auch einfacher, während die Haltbarkeit geringer ist.

Nach dem Aufsetzen des Gewölbes wird erst langsam mit Holzfeuer getrocknet (in einem 3-t-Ofen 3—4 Stunden lang), dann wird stärkere Hitze durch Holzfeuer gegeben, bis der Herd und die Wände mit einer glühenden Holzkohlenschicht von 150—200 mm bedeckt sind (in 10—12 Stunden) und der Ofenmantel heiß wird. Dann werden bis zu 100 mm Höhe faustgroße Koksstücke eingeschaufelt, weiter geheizt und unter Strom gesintert. Die Temperatur darf nicht zu hoch werden, da derartige Herdstellen im Betriebe ausschmelzen. Durch Ein- und Ausschalten des Stromes für 15 Minuten wird die Temperatur so geregelt, daß die Türpfeiler eben Glasur zu bekommen anfangen. Dieser Zustand wird in 6—8 Stunden erreicht. Dann wird der eingesinterte Herd gereinigt und die erste Schmelzung durchgeführt.

65. Die Haltbarkeit des Mauerwerks bei Lichtbogenöfen.

Man muß Ofenmauerwerk, Deckel und Herd unterscheiden. Für ersteres gilt eine Haltbarkeit von 70—200 Schmelzen, im Durchschnitt etwa 100 Schmelzen. Für den Deckel gelten etwa 80 Schmelzen, und für den Herd gilt ungefähr dasselbe wie bei Martinöfen. Man kann mehr als 1000 Schmelzen ausführen, ehe er erneuert werden muß und hat eine Dauer von bis zu 2 Jahren.

Eine Zahlentafel, die auf Grund einer Rundfrage des V. d. Gießereifachleute in Berlin zusammengestellt ist[1], nennt folgende Zahlen: Für den Ofendeckel 56 bis 170 Schmelzen. Für die Wand 58—600 Schmelzen, für den Herd 87—3600 Schmelzen. An dieser Stelle ist auch der Verbrauch an Silikasteinen, Magnesitsteinen, Schamottesteinen, Magnesitstampfmasse und Dolomitstampfmasse genannt.

66. Die Elektroden und ihre Armierung.

Die Haltbarkeit der Elektroden hat eine sehr große wirtschaftliche Bedeutung. Abgesehen davon hat ein Elektrodenbruch meist eine ungünstige Einwirkung auf die Stahlqualität, weil eine unerwünschte Aufkokung des Stahls erfolgt.

Wie im Kapitel 53 bei der Entstehung des Lichtbogens erörtert ist, erfährt die Elektrode eine regelrechte Abnutzung dadurch, daß die Kohle vergast und durch die Gase Kohlenteile mitgerissen werden. Es kommt darauf an, diese Abnutzung gering zu gestalten.

Es besteht die Anwendung von Graphitelektroden und von Kohleelektroden. Die Entscheidung, welchen von beiden der Vorzug gebührt, muß uns eingehend beschäftigen:

Die Auswahl der Elektroden.

Die Baustoffe beider Gattungen können sehr verschiedener Art sein. Es gibt sehr verschiedene Arten von Graphit, u. a. auch Retortengraphit und auch sehr

---

[1] Gießerei 1929 S. 443.

verschiedene Kohlen- und Koksarten: Holzkohle, Anthrazit, Steinkohlenkoks, Petrolkoks und Elektrodenreste, die verarbeitet werden.

Die amerikanische Graphitelektrode, die auch in Deutschland vielfach verwendet wird, besteht aus Achesongraphit. Dies ist ein künstlich im Elektroofen erzeugter Graphit. Man schmilzt Ferrosilizium ein und reichert den Si-Gehalt immer weiter an. Dadurch wird der Kohlenstoff in Gestalt von Garschaumgraphit aus dem Bade herausgedrängt. Dies ist der Achesongraphit.

Man erzeugt aber auch in Deutschland heute Graphitelektroden.

In allen Fällen wird das Mahlgut von Graphit, Koks oder Kohle mit Pech innig vermengt und einem starken Preßdruck (200—400 kg/cm²) ausgesetzt. Alsdann folgt das Brennen oder besser gesagt Verkoken unter Luftabschluß, um die Kohlenwasserstoffe des Bindemittels unter Abscheidung des Kohlenstoffes aufzuspalten. Durch die Einlagerung der Kohlenstoffkörper wird eine sehr dichte Elektrode geschaffen. Wenn man alte Elektrodenreste verarbeiten will, muß man sie vor dem Vermahlen unter Luftabschluß glühen.

Die Söderbergelektrode gehört zu den Kohleelektroden. Von ihr wird noch die Rede sein.

Kennzeichnend ist für die Graphitelektrode der geringe Leitungswiderstand. So hatte eine Achesonelektrode bei 6′ Länge einen Widerstand = 0,00055 Ω, gegenüber einer Kohleelektrode gleicher Abmessungen mit 0,00155 Ω[1]. Nach einer anderen Quelle hat die Kohleelektrode den vierfachen Leitungswiderstand[2]. Daraus folgt, daß man der Kohleelektrode einen größeren Querschnitt geben muß, um diesen Umstand auszugleichen.

Graphit : Kohle = 1 : 3,5. Da die Preise sich wie 4,2 : 1 (z. B. 1,40 : 0,33 RM für 1 kg) verhalten, so würde die Kohleelektrode günstiger abschneiden, wenn sie auch so gleichmäßig und zuverlässig geliefert würde wie die Graphitelektrode[3]. Da letzteres aber nicht immer der Fall ist, bevorzugen viele Werke die Graphitelektrode. Auch in Amerika sind die Ansichten sehr geteilt. Man verwendet auch hier vielfach Kohleelektroden[4].

Von 69 europäischen Werken, die Kothnys Rundfrage[5] beantworteten, arbeiten 17 mit deutschen Graphitelektroden, 24 mit amerikanischen Graphitelektroden, 24 mit Kohleelektroden, darunter 5 Söderbergelektroden.

Abgesehen von dem Leitungswiderstand kommt auch bei den Graphitelektroden als Vorteil zur Geltung, daß sie sich bearbeiten lassen. Die dadurch erzielte glatte Oberfläche ermöglicht es, den Elektroden in den Kühlringen innerhalb des Gewölbes einen luftdichten Abschluß zu geben. Auch das geringere Gewicht der Graphitelektroden kommt bei der Hubbewegung und der Regulierung vorteilhaft zur Geltung.

Kohleelektroden werden bis zu einem Durchmesser von 800 mm geliefert. Dies ist allerdings selten. Meist geht man nur bis 450 mm ⌀. Bei Graphitelektroden hat man meist die Abmessungen von 175, 200 und 300 mm ⌀.

Für kleine Elektroöfen kommt die Kohleelektrode deshalb mehr zur Geltung, weil hier kleine Durchmesser gefordert werden. Von der Berechnung der Elektroden war im Kapitel 62 die Rede.

Das Anstücken der Elektroden.

Wenn eine Elektrode abgenutzt ist, so kann man den Zeitpunkt ihrer Auswechslung hinausschieben, wenn man ein Stück oben ansetzt und durch einen

---

[1] Zentralblatt für Hütten- und Walzwerke (Nathusius), Heft 30.
[2] Gießerei 1931 S. 873 (Kothny). [3] Gießerei 1931 S. 915.
[4] Stahl u. Eisen 1927 S. 457. [5] Gießerei 1931 S. 873.

Nippel mit ihr verbindet. Dieser Nippel kann zylindrische oder konische Gewindekörper haben (vgl. Abb. 75).

Ein anderes Verfahren besteht darin, daß man im Sinne von Söderberg die Elektrode mit einem geschweißten Blechmantel versieht, der über die obere Stirnfläche hinausragt, diesen Hohlraum mit Kohlenmasse füllt und aufstampft[1]. Dies Verfahren wird im Betriebe ausgeübt. Das Brennen der Elektrode geschieht durch die Ofenwärme. Der Blechring schmilzt mit der Elektrode zusammen ab. Die Elektroden haben auf diese Weise unbegrenzte Dauer. Man spricht deshalb von einer Dauerelektrode. Dieses Verfahren hat sich gut bewährt und hat auch Eingang in Stahlgießereien gefunden. Man kann es aber nur bei Öfen mit mehr als 5 t Einsatz anwenden. Die Söderbergelektrode kostet nur den vierten Teil einer Graphitelektrode. Neuerdings wendet man bei ihr eine Wisdamfassung[2] an.

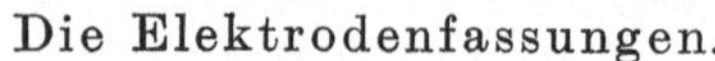

Abb. 75. Verbindung zweier Elektrodenkörper durch einen Nippel.

Die Elektrodenfassungen.

Es sind dies geteilte ringförmige Körper, die um die Elektrode herumgelegt und durch Anziehen von Schrauben befestigt werden. Diesen Fassungen fällt die Aufgabe zu, die Elektroden stromleitend mit den Kabeln zu verbinden und sie andererseits mit den Auslegern oder Drahtseilen zu verbinden, welche die Hubbewegung vermitteln.

Beide Ziele lassen sich vereinigen. Meist wird man aber getrennte Ringe haben, wenn es sich um größere Öfen handelt (vgl. Abb. 76). Es muß bei dem Anschluß an die Hubvorrichtung durch gute Isolation dafür gesorgt werden, daß der Strom nicht fehl geht. Bei allen größeren Öfen sind die Fassungen, welche an die Elektrodenausleger anschließen, wassergekühlt (vgl. Abb. 67, 68, 69).

Die Elektrodeneinführungen.

Es besteht die Aufgabe, die Elektroden durch das Gewölbe hindurch einzuführen, ohne die durch die Reguliervorrichtung eingeleitete Bewegung zu behindern und andererseits den Luftzutritt abzuwehren.

Man hat früher recht verwickelte Anordnungen erfunden, u. a. die Konstruktion der Fiatwerke (vgl. Abb. 77), die auch heute noch in Anwendung ist. Man beschränkt sich aber heute meist auf einen genau gedrehten, wassergekühlten Ring, der in das Gewölbemauerwerk versenkt wird. Allerdings setzt diese Anordnung bearbeitete Graphitelektroden voraus. Bei Kohleelektroden kann man sich in der durch Abb. 78 dargestellten Anordnung helfen.

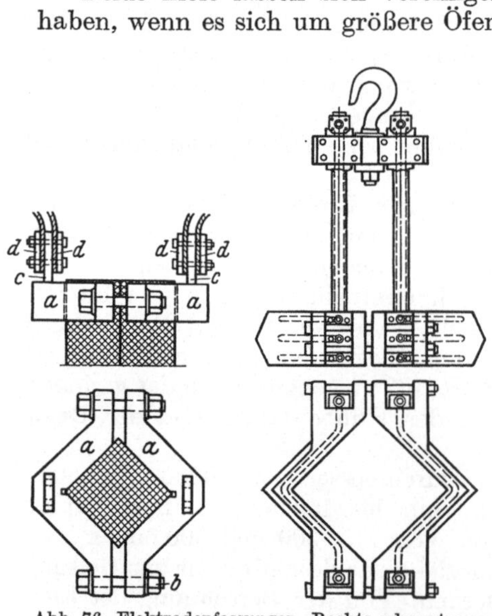

Abb. 76. Elektrodenfassungen. Rechts erkennt man die Wasserkühlung. Stahl u. Eisen 1913 S. 475.

Eine Wasserkühlung ist an diesen Stellen, abgesehen von sehr kleinen Öfen, nicht zu umgehen. Bei gut abgedichteten Türen und Elektroden entsteht im Ofen ein Gasüberdruck, dem man durch ein kleines Loch im Deckel Rechnung tragen muß.

---

[1] Stahl u. Eisen 1920 S. 1599; 1924 S. 364.　　　[2] Stahl u. Eisen 1931 S. 1545.

Die Elektrodenhaltbarkeit.

Sie wird durch die hier folgende Zahlentafel gekennzeichnet. Man ersieht, daß die Graphitelektrode die 2,5fache Haltbarkeit gegenüber der Kohleelektrode besitzt. Nach einer anderen Quelle[1] kann man bei Graphitelektroden mit einem Abbrand von 0,8—1,55 kg für eine Stunde und Quadratmeter rechnen.

Für Edelstähle ergeben sich 2,1—4,06 kg Elektrodenverbrauch bei Graphitelektroden, bei flüssigem Einsatz, und 2,7—9 kg Elektrodenverbrauch bei festem Einsatz. Bei Grauguß sind es 1,58—2,4 kg und 3,4— 10 kg für 1 t Einsatz.

Eine gestampfte Kohleelektrode mit eingeschlossenem Drahtnetz ist in der Literatur genannt, scheint aber keine Anwendung gefunden zu haben[2]. Man hat auch versucht, Elektroden aus Chromeisen anzuwenden, die in die Schlacke tauchen, um dem Bade

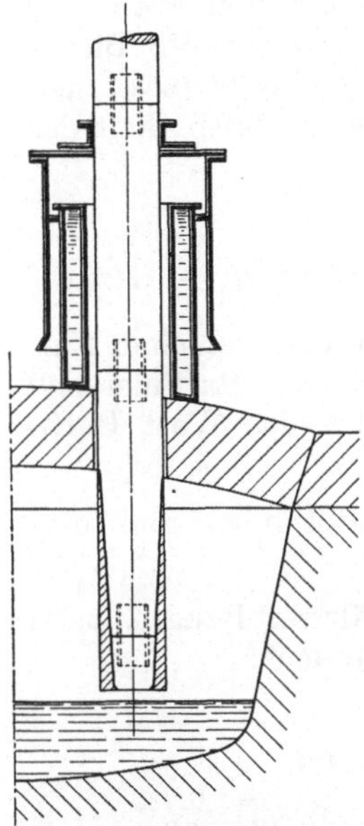

Abb. 77. Elektrodenabdichtung beim Fiatofen. Stahl u. Eisen 1922 S. 922.

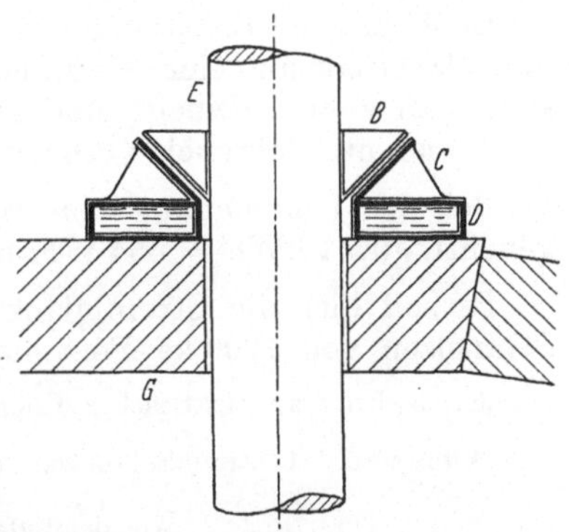

Abb. 78. Luftdichtschließende Elektrodeneinführung.

Zahlentafel*. Elektrodenart und Elektrodenverbrauch.

Einsatzgewicht t	Elektrodenart	Elektrodendurchmesser mm	Elektrodenverbrauch bei festem Einsatz je t Einsatz kg	je 1000 kWh kg	Einsatzgewicht t	Elektrodenart	Elektrodendurchmesser mm	Elektrodenverbrauch bei festem Einsatz je t Einsatz kg	je 1000 kWh kg
0,2	Graphit	100	3,0	4,5	2,5	Kohle	210	9,5	10,2
0,5	,,	120	8,0	—	3,0	,,	110	9,0	11,0
1,6	,,	130	6,9	5,9	3,4	,,	325	22,0	24,0
3,0	,,	200	5,0	7,0	4,2	,,†	350	23,0	25,0
6,6	,,	250	7,9	8,5	4,3	,,	325	13,0	14,0
6,6	,,	250	7,9	8,3	4,5	,,†	400	22,0	18,0
7,0	,,	300	5,0	—	4,5	,,	350	12,0	—
7,0	,,	300	4,5	6,0	5,4	.,	300	14,6	17,6
7,2	,,	250	7,4	9,0	5,5	,,	325	14,5	16,0
7,2	,,	300	7,8	9,8	6,0	,,†	450	14,0	26,0
7,5	,,	250	4,0	5,0	6,0	,,	350	11,7	—
8,0	,,	300	6,0	8,0	6,0	,,	400	11,0	—
8,8	,,	400	8,0	8,8	6,0	,,	350	10,5	—
9,5	,,	300	8,0	8,5	6,0	,,	300	8,1	—
10,0	,,	300	3.3**	—	6,2	,,	400	16,4	20,0
11,7	,,	300	5,4	6,5	6,3	,,†	400	—	11,8
15,0	,,	350	1,5**	11,7	6,4	,,†	450	22,0	21,5
15,0	,,	350	—	—	6,5	,,	325	19,0	21,5
15,4	,,	350	8.5	11,2	6,5	,,	325	9,0**	25,5
					7,0	,,	400	39,0	31,7
im Durchschnitt 6,0					7,2	,,	420	11,0	—
					8,0	,,	350	12,3	14,0
					8,5	,,	400	26,2	36,4
					9,0	,,	450	6,5**	23,0
					im Durchschnitt 15,5				

* Kriz: Abmessungen, Betriebsverhältnisse und Leistungen deutscher Elektrostahlöfen. Stahl u. Eisen 1929 S. 423.
** Bei flüssigem Einsatz.
† Söderberg-Elektrode.

[1] Gießerei 1931 S. 915 (Kothny).   [2] Stahl u. Eisen 1926 S. 44.

gleichzeitig den nötigen Chromgehalt zuzuführen. Auch davon ist weiter nichts verlautet[1].

Mars[2] berichtet von einem Verfahren, das in den Werken von Manfred Weiß in Budapest geübt wird. Die Elektroden sind in geschweißte Blechmäntel luftdicht eingehüllt. Die letzteren schmelzen mit dem Einsatz zusammen ab. Nachahmung scheint dies Verfahren, das zu einer besseren Haltbarkeit der Elektroden führen soll, nicht gefunden zu haben.

67. Der Wärme- und Stromhaushalt bei Lichtbogenöfen.

Es sei hier auf Kapitel 53 Bezug genommen. Im folgenden wird von einer Einschmelzperiode und einer Raffinierperiode die Rede sein. Statt des „Raffinierens" sagt man auch „Feinen" und auch „Abstehenlassen". Aber das Wort Raffinieren ist im Gebrauch vorherrschend.

Bei der Umrechnung von Wärmeeinheiten in Kilowattstunden und umgekehrt gilt 1 kWh = 864 WE und 1 WE = 1,16 Wh.

Es soll hier die Strombilanz eines Nathusiusofens älterer Bauart, beim Schmelzen von 1000 kg Ferromangan niedergeschrieben werden[3]:

Einnahme an elektrischer Energie = 833 kWh = 100%.

Ausgabe: 1. Zum Schmelzen des Ferromangans .... 354,0 kWh = 42,5%
2. „ „ der Schlacke .... 7,4 „ = 0,9%
3. „ Ausgleich der Transformatorverluste 33,3 „ = 4,0%
4. „ „ „ Leistungsverluste .. 58,3 „ = 7,0%
5. „ „ „ Kühlwasserverluste . 50,0 „ = 6,0%
6. „ „ „ Wärmeverluste durch
Leitungs- und Strahlungsverluste ...... 330,0 „ = 39,6%

Zusammen: 833,0 kWh = 100,0%

Dabei ist die zum Schmelzen benötigte Energie auf Grund der Feststellung im Kalorimeter ermittelt, daß das Schmelzen von Ferromangan für 1 kg 304 WE = 354 kWh, bei einer Temperatur von 1340° erfordert. Demnach ist der Wirkungsgrad $\eta_1 = \dfrac{354 \cdot 100}{833} = 42,5\%$.

Mars[4] rechnet wie folgt: Theoretisch sind zum Schmelzen von 1 t Stahl 340 kWh nötig. Die Ofenverluste während der Einschmelzperiode betragen 140 kWh. Daraus ergibt sich ein Einschmelzwirkungsgrad von $\dfrac{340 \cdot 100}{480} = 71\%$. Nach dem Schmelzen folgt eine Feinperiode, die $^3/_4$ Stunden dauerte und 110 kWh erforderte.

Den Wirkungsgrad kann man nach verschiedenen Gesichtspunkten berechnen. Man kann die Reaktionswärme, andererseits die Schlackenwärme und auch die Wärmeeinnahme durch Elektrodenabbrand berücksichtigen. Der Verfasser schlägt vor, dies nicht zu tun, sondern nur Stahlwärme und Stromwärme während des Einschmelzens (η_1) und Stahlwärme und Stromwärme während des ganzen Verlaufs (η_2) zu berücksichtigen. Dies ist hier geschehen:

$$\eta_1 = 71\%, \qquad \eta_2 = \frac{340 \cdot 100}{590} = 58\%.$$

---

[1] Stahl u. Eisen 1927 S. 1880.   [2] Gießerei-Ztg 1926 S. 117 u. 154.
[3] Vgl. die Doktorarbeit von Bittner. Andere Zahlenwerte siehe Stahl u. Eisen 1912 S. 1136/1181.
[4] Gießerei-Ztg. 1926 S. 117.

Der eben genannte Wert von 340 kWh beruht auf einer Feststellung Durrers, der weiches Flußeisen einschmolz. Man kann den Einwand erheben, daß Stahl wegen seines höheren Gehaltes an Eisenbegleitern einen niedrigeren Schmelzpunkt besitzt und eine geringere Energiemenge fordere. Aber es steht dieser Darlegung die Feststellung gegenüber, daß die spezifische Wärme des Stahls höher sei, so daß ein Ausgleich stattfindet[1].

Auch andere Autoren haben diesen Wert von 340 kWh für 1 t Stahl übernommen. Er scheint allgemein bei solchen Rechnungen verwendet zu werden.

Ein Schmelzversuch wurde bei Lindenberg in Remscheid von Lyche und Neuhaus bei einem 6-t-Héroultofen durchgeführt[2]. Beim Einschmelzen wurden bei 173 V Spannung (Hochspannung) 471 kWh für 1 t Einsatz gebraucht. Der Elektrodenabbrand (Söderbergelektroden) betrug 16—17 kg für 1 t Einsatz. Die Deckelhaltbarkeit war 50—60 Schmelzen. Wirkungsgrad $\eta_1 = 76\%$, $\eta_2 = 46\%$. Der Versuch wurde ausgeführt, um zu entscheiden, ob das Arbeiten mit dem alten Transformator mit 1175 kVA oder das mit dem neuen 2000-kVA-Transformator wirtschaftlicher sei. Mit dem letzteren konnte man die Spannung von 173 V beim Einschmelzen erreichen. Dies geschah bei gleichbleibender Gesamtleistung auf Kosten der Stromstärke. Es wurde die Einschmelzzeit dadurch fast auf die Hälfte verkürzt und 60—90 kWh für 1 t Einsatz gespart. Statt 15 kg ergaben sich 13,5 kg Elektrodenverbrauch für 1 t. Die Deckelhaltbarkeit blieb dieselbe. Es sollen hier 3 Zahlentafeln folgen, die bei diesem Versuch aufgestellt sind.

Zahlentafel 1. Wärmebilanz.

A. Wärmeeinnahme.

	Einschmelz-periode kcal	Raffinier-periode kcal	Gesamtwärme kcal	in %
Stromwärme	2 883 233	1 893 236	4 776 469	84,81
Eigenwärme des Schrotts und der Zuschläge	16 836	2 683	19 519	0,35
Reaktionswärme	165 826	272 991	438 817	7,79
Abbrennen der Elektroden	209 276	187 688	396 964	7,05
Summe der Wärmeeinnahme	—	—	5 631 769	100,00

B. Wärmeausgabe.

	Be-schickungs-periode kcal	Einschmelz-periode kcal	Raffinier-periode kcal	Gesamtwärme kcal	in %
Stahlwärme	—	2 190 000	144 000	2 334 000	41,46
Schlackenwärme	—	100 455	386 920	487 375	8,65
Verkokung der Elektroden	—	768	1 152	1 920	0,03
Stahlung und Leitung:					
a) durch die Ofenzustellung	117 700	383 100	444 200	945 000	16,78
b) durch die abziehenden Ofengase	—	83 305	176 995	260 300	4,62
Wasserkühlung	79 216	292 690	343 144	715 050	12,69
Elektrische Verluste	—	444 962	392 563	837 525	14,87
Beschickungsverluste als Restglied	50 599	—	—	50 599	0,90
Summe der Wärmeausgaben	—	—	—	5 631 769	100,00

---

[1] Nach Sommers Bericht an den Stahlw.-Ausschuß des Verein dtsch. Eisenhüttenleute 1925. Verlag Stahl-Eisen Düsseldorf. Stahl u. Eisen 1926 S. 909.

[2] Bericht an den Stahlwerkausschuß des Verein dtsch. Eisenhüttenleute 1925. Verlag Stahl-Eisen Düsseldorf. Stahl u. Eisen 1926 S. 780.

Zahlentafel 2. Elektrische Verluste.

	Einschmelzperiode			Raffinier-periode
Zeit	7.25 bis 7.50	7.50 bis 10.25	10.25 bis 10.47	10.47 bis 2.15
Schaltung	Niederspannung	Hochspannung	Niederspannung	Niederspannung
Durchschnittsbelastung in kWh	480	1122	682	634
Gesamtverlust in kW	80,1	166,2	151	132
Gesamtverlust in % der Durchschnittsbelastung	16,7	14,8	22,1	20,8
Gesamtstromverbrauch kWh	200	2900	250	2200
Verlust in kWh	33	43	55	457

Zahlentafel 3.

Der zeitliche Verlauf der Versuchsschmelzung, sowie die jeweilige Belastung des Transformators war folgende:

6,30 Uhr Abstich der vorhergehenden Schmelzung.
6,30 bis 7,25 Uhr Flicken und Einsetzen.
7,25 Uhr Einschalten des Stromes (Niederspannung).
7,25 bis 7,50 Uhr Schmelzen mit Niederspannung; kWh-Verbrauch 200.
7,50 bis 10,25 Uhr Schmelzen mit Hochspannung; kWh-Verbrauch 2900.
10,25 bis 10,47 Uhr Schmelzen mit Niederspannung; kWh-Verbrauch 250.
10,47 Uhr Einsatz war eingeschmolzen; Gesamt-kWh-Verbrauch 3350.
10,47 bis 2,15 Uhr Raffinierperiode, Schmelzen mit Niederspannung; kWh-Verbrauch 2200.

Kriz[1] hat die Wärmeverluste an die Umgebung näher betrachtet. Er trennt sie in Wandverluste, Verluste infolge von Türspalten und beim Öffnen von Türen, Verluste durch abziehende Gase und Kühlwasserverluste. An den ersteren ist hauptsächlich die Gewölbeaußenfläche beteiligt. Sie werden an der Hand der Formel $Q = \beta \cdot (t_1 - t_2)$ WE für 1 m²/h, wobei $t_1 =$ Temperatur der strahlenden Fläche, die mit einem besonderen Thermoelement ermittelt wird. $t_2 =$ Raumtemperatur, $\beta =$ Wärmeübergangszahl, die von dem Werte t_1 abhängig ist. Bei $t_1 = 100°$ beträgt sie 12,4, bei $t_1 = 200°$ 17,4, bei $t_1 = 400°$ 29,8.

Die Raumtemperatur muß unter Abwehr der Strahlung durch aufgestellte Bleche in einer Entfernung von 1,5 m vom Ofen gemessen werden.

Die Verluste beim Öffnen der Türen, durch Türspalten und Elektrodenspielraum wurden während des Schmelzens ebenso wie beim Martinofen = 500 WE für 1 Stunde und 1 m² = 580 kWh gesetzt. Es ergab sich das folgende Bild:

Einsatzgewicht . . . . 5,41 t
Einschmelzdauer . . . . 3,52 Stunden
Feinungsdauer . . . . 2,94 ,,
Während des Einschmelzens wurden durchschnittlich 885 kW aufgewendet
Während des Feinens wurden durchschnittlich . . . 542 ,, ,,

1. Einschmelzen.

Theoretisch sind erforderlich . . . . . $\dfrac{5,41 \times 340}{3,52} = 523$ kW $= 61\%$

Kühlwasserverluste . . . . 35 ,, $= 4\%$
Verluste durch Leitung und Strahlung . . . . 130 ,, $= 15\%$
Verluste durch Öffnungsstrahlung . . . . 57 ,, $= 7\%$
Verluste durch abziehende Gase . . . . 37 ,, $= 4\%$
Transformatorverluste . . . . 28 ,, $= 3\%$
Stromleitungsverluste . . . . 52 ,, $= 6\%$

Zusammen 862 kW $= 100\%$

Einschmelzwirkungsgrad $\eta_1 = \dfrac{523}{862} \cdot 100 = 61\%$.

2. Feinen (Raffinieren).

Theoretisch sind beim Überhitzen des Stahls um 150°, zum Schmelzen der Legierungs-

---

[1] Archiv 1927/28 S. 413. Ein Auszug ist in Stahl u. Eisen 1928 S. 71 gegeben.

zusätze (161 kg) und zum Schmelzen der Fertigschlacke, bei einer Zeitdauer von 2,94 Stunden, erforderlich $51 + 20 + 118^1 = $ . . . . 189 kW = 37%

Kühlwasserverluste	35 ,, =	7%
Verluste durch Leitung und Strahlung	150 ,, =	29%
Verluste durch Öffungsstrahlung	57 ,, =	11%
Verluste durch abziehende Gase	37 ,, =	7%
Transformatorverluste wie bei 1	17 ,, =	3%
Stromleitungsverluste ebenso	31 ,, =	6%

Zusammen   516 kW = 100%

Kriz hat in der Abb. 79 die Wandverluste in Beziehung zum Einsatzgewicht bei neuer und abgenutzter Zustellung gebracht.

Sommer[2] kennzeichnet die Verluste

$$= V = \frac{(Q - L) \cdot G}{T}, \text{ wobei}$$

$L = $ Theoretischer Energieverbrauch für 1 t = 340 kWh,

$Q = $ Energieverbrauch zum Einschmelzen kWh/t,

$G = $ Einsatzgewicht im t,

$T = $ Einschmelzzeit in Stunden.

Die Energieverluste eines 7-t-Héroultofens hat Wark gemessen, indem er den elektrischen Gesamtwiderstand durch das Rieckesche Kurzschlußverfahren bestimmte[3]. Es handelt sich allerdings um flüssigen Einsatz. Er hat die Ergebnisse in einer Wärmebilanz zusammengestellt.

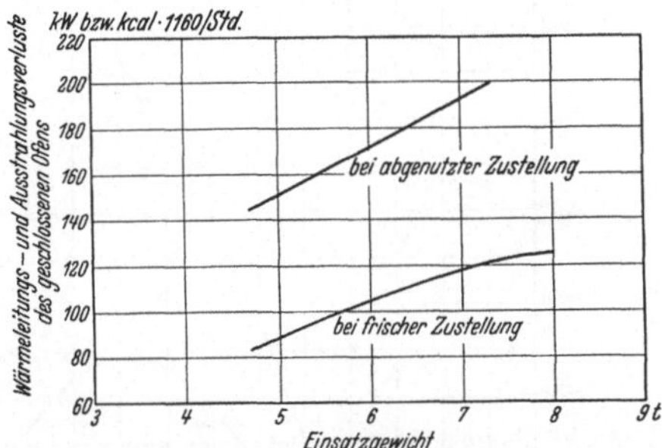

Abb. 79. Wandverluste, d. h. Verluste außer durch Kühlwasser und Öffnungsstrahlung, bei Lichtbogenöfen, während des Einschmelzens, nach Kriz Stahl u. Eisen 1928 S. 71. Beim Feinen erhöhen sich die —— Verluste um etwa 20 kW.

Wärmeeinnahme:

	Stromwärme	91,9%
	Mitgebrachte Wärme der Beschickung	0,6%
	Reaktionswärme	4,2%
	Elektrodenwärme	3,3%

Zusammen   100,0%

Wärmeausgabe:

	Stahlwärme	38,3%
	Schlackenwärme	10,9%
	Transformatorverluste	1,4%
	Eisenverluste	0,5%
	Leitungverluste	11,6%
	Verluste durch abziehende Gase	3,6%
	Türstrahlung	1,8%
	Bodenstrahlung	2,3%
	Mantelstrahlung	2,3%
	Gewölbestrahlung	14,6%
	Kühlwasserverluste	14,7%

Zusammen   102,0%

Eine Zusammenstellung der Energieverluste eines 15-t-Héroultofens für flüssigen Einsatz bei verschiedener Deckelstärke ist auf Veranlassung des Stahlwerksausschusses geschehen.

Der Anteil an Stahlwärme betrug je nach dem Zustande des Deckels 47,6%, 33,9%, 46,6% und 42,4%.

---

[1] $5410 \times 0,16 \times 150 = 130$ WE $= \dfrac{130 \cdot 1,16}{2,94} = $ . . . . 51 kW

$161 \times 0,124 = $ . . . . 20 ,,

Zum Schmelzen der Fertigschlacke 300 WE $\dfrac{300 \cdot 1,16}{2,94} = $ . . . . 118 ,,

Zusammen   189 kW

Vergleiche auch das Schaubild in Kap. 58 (Abb. 52), das Verluste bei Lichtbogenöfen kennzeichnet.

[2] Stahl u. Eisen 1926 S. 909.   [3] Stahl u. Eisen 1928 S. 1441.

In dem Schaubild Abb. 80 sind die für den elektrischen Betrieb wichtigen Größen zusammengetragen[1]. Solche Schaubilder sind auch von Riecke[2] in einem anderen Aufsatz und auch von Genwo[3] benutzt, um zu ermitteln, mit welcher Spannung am günstigsten gearbeitet wird.

Die Spannung am Ofen.

Eine wichtige Frage ist die: Mit welcher Spannung soll der Ofen beim Einschmelzen und beim Abstehenlassen betrieben werden?

Früher wurde durchweg mit einer Spannung von 70—100 V gearbeitet. Seit 1920 ist dies anders geworden. Man arbeitet heute beim Einschmelzen mit viel höherer Spannung, die bis zu 200 V hinaufgeht und unterscheidet streng die Spannung beim Einschmelzen und Abstehenlassen.

Riecke[4] berichtet über einen Versuch, den die AEG im Jahre 1920 ausgeführt hat:

Es wurde damals bei einem 6-t-Lichtbogenofen, durch Umschalten von Dreieck zum Stern die Spannung von 100 auf 173 V während des Einschmelzens erhöht, ohne daß das Mauerwerk bemerkenswert litt. Der Erfolg war eine erhebliche Verkürzung der Einschmelzzeit. Die Stromstöße wurden durch eine Drosselspule aufgefangen.

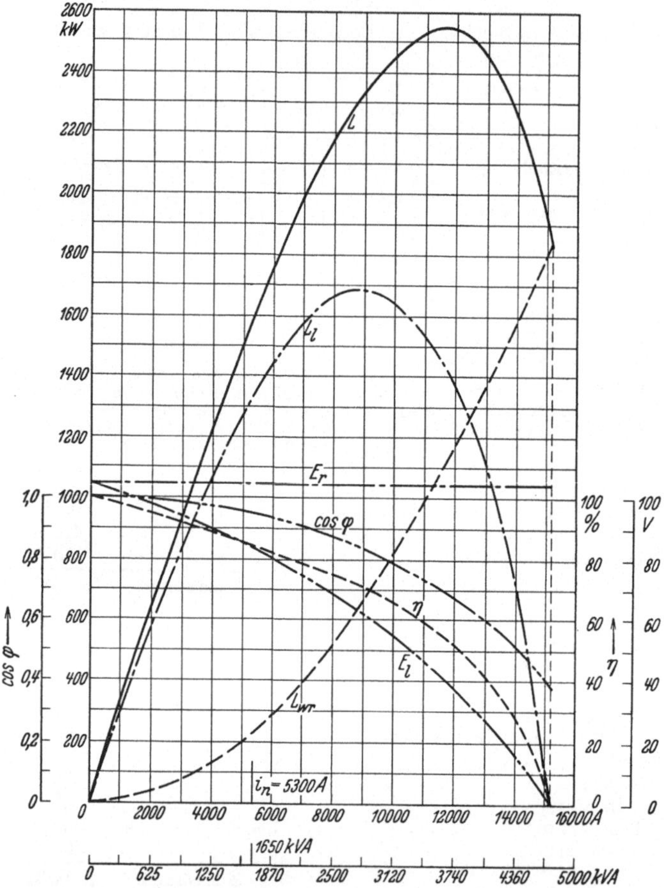

Abb. 80. Betriebsschaubild eines 6 t-Dreiphasenlichtbogenofen bei einer Leerlaufelektrodenspannung = 180 V. ohne Drosselspule, nach Bericht des Stahlw.-Ausschusses Nr. 102 Düsseldorf 1926.

Nennstrom i_n = 5300 A, Einschmelzstrom i_e = 6660 A, Kurzschlußstrom i_k = 15 100 A, L = zugeführte Leistung kW, L_{wr} = Verluste kW, L_e = Lichtbogenleistung kW, $L—L_{wr} = L_b$, E_T = Phasenspannung = $\dfrac{180}{\sqrt{3}}$, E_l = Lichtbogenspannung V, η_{el} = Elektrischer Wirkungsgrad = $\dfrac{L_e}{L}$, $cos\ \varphi = \dfrac{L}{KVA}$, E = Elektrodenleerlaufspannung = Spannung zwischen 2 stromlosen Elektroden.

Nach dem Einschmelzen mußte man aber sogleich auf 100 V (aber nicht

<hr>

[1] Wark, N.: Bericht 148 des Stahlwerksausschusses. Archiv 1928 S. 151.
[2] Riecke (AEG), Stahlwerksausschußbericht Nr. 102.
[3] Stahl u. Eisen 1926 Nr. 48.
[4] Bericht an den Stahlwerksausschuß des Verein dtsch. Eisenhüttenleute, Düsseldorf Nr. 102.

weiter) heruntergehen, weil sonst das Gewölbe im Zusammenhang damit, daß ohne Drosselspule gearbeitet wurde, zu stark litt.

Riecke empfiehlt auf Grund dieser Versuche bei Öfen von 4—5 t 173—191 V, bei 6 t 173 V und bei 15—20 t 195 V zu wählen.

Genwo[1] empfiehlt 180 V und beim Abstehenlassen 95 oder 104 V.

Nach Schey[2] (AEG) war man bei einem Lichtbogenofen von 15 t Einsatzgewicht von 128 V zu 180 V übergegangen und hatte eine

Ersparnis an Stromkosten, 3,5 Rpf. für 1 kWh von . 3,22 RM für 1 t Stahl erzielt.

Die Ersparnis an Elektroden betrug . . . . 3,92 ,, und die Ersparnis an Arbeitslohn infolge Verkürzung der

Einschmelzzeit[3] . . . . 0,61 ,,

Zusammen 7,75 RM für 1 t Stahl

Man hatte statt 815 nur 723 kWh für 1 t Stahl gebraucht.

Es scheint vorteilhaft zu sein, bei Beginn des Einschmelzens eine niedrige Spannung anzuwenden, bis sich ein Sumpf gebildet hat, und erst dann die Spannung zu erhöhen.

Gegen Ende des Einschmelzens wird man am besten mit einer mittleren Spannung arbeiten, bis die erste Schlacke abgezogen ist. Erst dann beginnt das Abstehenlassen mit niedriger Spannung.

In diesem Sinne ist die Zahlentafel 2 im Kap. 57 zu verstehen und auch der folgende Betriebsplan einer mitteldeutschen Stahlgießerei[4]: Bis zur Entstehung eines Schmelzsumpfes (30 Minuten) 115 V, dann $1^1/_2$ Stunden 200 V, dann 1 Stunde 155 V, dann Abstehenlassen $^3/_4$—1 Stunde 115 V. Der Abstich erfolgt nach $3^1/_2$—4 Stunden.

Der kWh-Verbrauch für 1 t.

Früher war es üblich, bei basischen Öfen mit 900—1000 kWh für 1 t bei festem Einsatz und mit 200—400 kWh bei flüssigem Einsatz zu rechnen[5]. Heute rechnet man mit erheblich niedrigeren Werten.

Zahlentafel. Siemensöfen.

	Ofengröße in t Einsatzgewicht											
	0,3	0,5	1	1,5	2	4	5	8	10	12	15	25
Transformatorleistung in kVA für festen Einsatz	350	450	700	800	1000	1400	1800	2800	3500	4000	5000	7500
Transformatorleistung in kVA für flüssigen Einsatz	200	250	350	450	600	850	1000	1600	2000	2300	2800	4200
Leistungsfaktor cos $\varphi =$	0,85 bis 0,95	0,85 bis 0,95	0,85 bis 0,95	0,85 bis 0,9	0,85 bis 0,9	0,85 bis 0,9	0,8 bis 0,9	0,8 bis 0,9	0,8 bis 0,9	0,8 bis 0,9	0,8 bis 0,9	0,8 bis 0,9
Chargenzahl in 24 Std. bei gewöhnlichem Stahlguß	7—9	7—9	6—8	6—8	6—8	6—8	6—7	5—6	5—6	4—5	4—5	4—5
Einschmelzzeit in Stunden	1,5—2	1,5—2	1,5—2	1,5—2	1,5—2	1,5—2	2	2	2	2	2	2,5
Kraftverbrauch zum Einschmelzen bei Dauerbetrieb kWh/t Stahl . . .	550	550	550	550	525	525	500	475	450	450	400 bis 450	400 bis 450

[1] Stahl u. Eisen 1926 Nr. 48.　　　　[2] Zbl. Hütten- u. Walzwerke 1928, Schlußheft.
[3] Eine solche Verkürzung der Einschmelzzeit betrug z. B. in Remscheid 57 %, ohne die Gewölbehaltbarkeit zu verändern. Vgl. Stahl u. Eisen 1926 S. 780.
[4] Nach einer Reisenotiz des Verfassers.
[5] Vgl. Osann: Lehrbuch der Eisenhüttenkunde, Bd. 2. Leipzig: Wilhelm Engelmann.

Siemens[1] nennt in seiner Werbeschrift über Lichtbogenöfen 400—450 kWh beim Einschmelzen und 150—350 kWh beim Abstehenlassen, zusammen 550 bis 800 kWh für 1 t. Die vorseitige Zahlentafel macht nähere Angaben.

Eine amerikanische Quelle[2] nennt 852 kWh für 1 t bei einem kleinen sauer zugestellten Lichtbogenofen System Moore von 675 kg Fassungsvermögen, der Gußstücke von 0,2 kg bis 550 kg aus derselben Schmelze liefern muß.

Ein anderer Bericht über amerikanische Öfen[3] besagt folgendes: Der Stromverbrauch der basischen Kleinöfen lag zwischen 800 und 900 kWh, der der mittleren Öfen zwischen 660 und 760 kWh, je nach der Chargenzahl. Den günstigsten Stromverbrauch mit 660 kWh erreichte ein 3-t-Ofen, welcher mit einem 1500 kVA-Transformator, bei 10 Chargen in 24 Stunden, bei sehr günstiger Schrottbeschaffenheit betrieben wurde.

Zerzog[4] nennt 425—500 kWh als Stromverbrauchziffern amerikanischer sauer zugestellter Öfen.

Ein basischer Lichtbogenofen von Brown Boveri brauchte 740 kWh für 1 t, früher 860 kWh[5]. Ein anderer basischer Ofen derselben Erbauerfirma brauchte bei einem Einsatzgewicht von 6—8 t 800 kWh für 1 t bei festem und 400 kWh bei flüssigem Einsatz[6].

Den Wert von 800 kWh hat der Verfasser auch bei anderen basischen Elektroöfen angetroffen. Er kann eine zuverlässige Grundlage bilden, um die Wettbewerbsfähigkeit des Elektroofen gegenüber dem Kleinkonverter und Martinofen zu beurteilen.

Für den sauren Ofen kann man einen Wert von $\frac{2}{3} \cdot 800 = 530$ kWh zugrunde legen, wenn es sich um besten Schrott handelt; sonst allerdings entsprechend mehr.

Bei sehr gutem P- und S-armem Kernschrott fällt die Entphospherung und Entschwefelung beim sauren Ofen fort. Die Chargendauer wird dann sehr kurz.

Einen großen Einfluß auf den Stromverbrauch hat die Art der Beschickung. Je weniger Zeit diese beansprucht, um so geringer ist der Stromverbrauch.

Beim sauren Ofen leitet die Schlacke die Wärme schlechter als im basischen Ofen. Daraus ergibt sich auch ein geringerer Stromverbrauch. Allerdings leitet sie auch den Strom schlechter, so daß man einen kürzeren Lichtbogen als im basischen Ofen hat.

68. Die chemischen Vorgänge im Lichtbogenofen.

Sie sind im Grunde genommen die gleichen wie im Martinofen. Es bestehen aber doch einige Unterschiede, die beachtet werden müssen; gleichgültig, ob es sich um saure oder basische Öfen handelt. Von diesen Unterschieden soll hier die Rede sein.

Die Feuergase des Martinofens treten hier nicht in Erscheinung. Es fallen mit ihnen die gasförmigen Schwefelverbindungen fort, welche den Schwefel auf das Bad übertragen und ebenso auch die stark oxydierenden Einflüsse, die auch bei reduzierender Gasatmosphäre im Martinofen bestehen.

Man kann deshalb im Lichtbogenofen in idealer Weise abstehen lassen und, wenn es sich um basische Öfen handelt, auch in idealer Weise entschwefeln.

---

[1] Siemens Lichtbogenöfen. Siemens & Halske AG., Berlin, Wernerwerk.
[2] Gießerei-Ztg. 1927 S. 346.   [3] Gießerei 1929 S. 953 (Krau).
[4] Gießerei-Ztg. 1927 S. 185.   [5] Reisenotiz des Verfassers.
[6] Reisenotiz des Verfassers.

Die Temperatur im Ofenraum von Lichtbogenöfen ist nicht höher als bei Martinöfen, eher niedriger; aber unter den Lichtbögen ist sie außerordentlich hoch[1]. Dies bedingt eine starke Badbewegung, indem die hocherhitzten Teile des Bades nach dem Umfange zu abfließen, und kältere Teile vom Umfange her nachdrängen.

Auf diese Weise ist es zu erklären, daß der Frischvorgang und, soweit es sich um basische Öfen handelt, auch die Entphospherung viel schneller und vollständiger als im Martinofen verläuft.

Bei richtiger Konstruktion, sorgfältiger Bauausführung und Bedienung läßt es sich beim Elektroofen erreichen, daß die Türen und Elektrodenöffnungen so gut schließen, daß ein Gasüberdruck im Ofenraum entsteht, dem man durch eine kleine Öffnung im Deckel Rechnung tragen muß. So etwas ist beim Martinofen nicht denkbar.

Es sollen nunmehr die einzelnen Eisenbegleiter der Reihe nach besprochen werden, und zwar unter Bezugnahme auf den sauren und den basischen Ofen.

Kohlenstoff.

Sein Gehalt nimmt im Sinne des Frischvorganges ab. Es kommt ebenso wie beim Martinofen zu einem Kochen infolge der CO-Entwicklung. Eigenartig ist das Schäumen der Schlacke in der Nähe der Elektroden, das wahrscheinlich mit den Kohlenstaubteilchen des Lichtbogens zusammenhängt. Ein Überfrischen tritt ein, wenn der Kohlenstoff durch Oxydation aufgezehrt ist. Dieser Zustand muß vermieden werden.

Silizium.

Es erfährt eine Abnahme ebenso wie im Martinofen. Beim Einsatz von flüssigem Roheisen wird es meist nach etwa 30—45 Minuten aus dem Bade verschwunden sein. Beim basischen Ofen geht es schneller als beim sauren Ofen, weil die durch Zugabe von Kalk und Walzsinter gebildete Schlacke die Kieselsäure begierig aufnimmt und ihre Oxydation begünstigt.

Beim sauren Ofen kommt, ebenso wie beim sauren Martinofen, während des Abstehenlassens eine Zurückwanderung des Siliziums aus der Schlacke in das Bad zustande:

$$SiO_2 + 2\,C = Si + 2\,CO$$
$$SiO_2 + 2\,Mn = Si + 2\,MnO$$
$$SiO_2 + 2\,Fe = Si + 2\,FeO.$$

Es geschieht dasselbe wie im Tiegelofen, aber bei voller Hitze des Ofens in viel größerem Umfange, unter Einwirkung der Lichtbogenwärme. Es kann geschehen, daß die Siliziumaufnahme beim Raffinieren so groß ist, daß man sie durch Zugabe von Kalk dämpfen muß.

Die oben genannten Reaktionen sind alle umkehrbar. Welche von ihnen in Frage kommt, kann nicht mit Bestimmtheit gesagt werden. Es gilt das Massenwirkungsgesetz.

Möglicherweise wirkt auch die vergaste und verstäubte Kohle im Lichtbogen als Reduktionsmittel. Diese winzigen und stetig in das Bad einfließenden Mengen von Si stellen ein vorzügliches Desoxydationsmittel dar. Sie erklären vielfach die Überlegenheit des Stahles aus sauren Martinöfen und Elektroöfen und auch die Überlegenheit eines Stahles, der aus dem Duplexverfahren (basischer Ofen und dann saurer Ofen) stammt. Diese Überlegenheit zeigt sich bei sehr hoher Qualitätsforderungen, wie sie z. B. beim Kanonenstahl bestehen.

---

[1] Hase hat die Temperatur optisch gemessen und die Ablesungskorrekturen genannt Archiv 1930 S. 261.

Man hat den gefürchteten Schieferbruch nicht beobachtet, wenn man aus dem sauren Martinofen goß[1].

Mangan.

Es gilt in bezug auf den Manganabbrand dasselbe wie beim Silizium, nur verschwindet es nicht vollständig aus dem Bade, sondern behauptet sich in kleinem Betrage, bis es dann beim Fertigmachen eine Erhöhung erfährt.

Beim Herunterfrischen vollzieht sich im basischen Ofen ein Austausch zwischen dem Mangangehalt der Schlacke und dem des Bades in gleicher Weise oder noch ausgiebiger als im Martinofen. $FeO + Mn \rightleftharpoons MnO + Fe$.

Phosphor.

Eine Entphospherung ist ebenso wie im Martinofen nur im basischen Ofen möglich. Hier vollzieht sie sich aber außerordentlich schnell und gründlich, so daß man den Phosphor ohne Schwierigkeit bis auf 0,014%, unter Umständen bis auf 0,003% erniedrigen kann.

Es wird eine Schlacke aus Kalk und Walzsinter gesetzt. Um sie genügend flüssig zu machen, setzt man ein wenig Sand und (oder) Flußspat zu. Im Elektroofen hat man bei richtiger Handhabung gleich nach dem Einschmelzen eine flüssige Schlacke; sie ist früher als beim Martinofen vorhanden. Dies ist neben den oben genannten Strömungen im Bade der Grund, weshalb die Entphospherung so schnell verläuft. Wie im basischen Konverter und Martinofen wird zunächst Eisenphosphat $(3 FeOP_2O_5)$ gebildet, das dann sehr schnell in das beständigere Kalziumphosphat übergeht.

$$3 FeOP_2O_5 + 4 CaO + C = 4 CaOP_2O_5 + 3 Fe + CO.$$

Die Entphospherung verläuft ebenso wie im Martinofen schneller und gründlicher, wenn die Temperatur niedrig ist.

Im sauren Ofen bleibt der Phosphor unverändert als Eisenphosphid im Eisen.

Schwefel.

Eine Entschwefelung ist praktisch genommen nur im basischen Ofen möglich. Im sauren Ofen kann eine Ausseigerung des MnS ebenso wie in einer Gießpfanne stattfinden, das dann mit der Schlacke abschwimmt. Sie wird sich aber nur bei anormal hohen Schwefelgehalten im Einsatz bemerkbar machen.

Wie die Entschwefelung im basischen Ofen zustande kommt, darüber sind mehrere Deutungen vorhanden, aber alle gehen auf die Bindung des Schwefels in CaS aus. Es fragt sich nur, wie diese Verbindung zustande kommt.

Nach des Verfassers Ansicht[2] geschieht die Entschwefelung auf Grund des Vorganges $FeS + CaO + C = CaS + FeO + C = CaS + Fe + CO.$

im Bade in der Schlacke im Bade

Dabei ist aber eine Vorbedingung zu erfüllen. Die Schlacke muß, praktisch genommen, eisenfrei sein, weil ein Auftreten von FeO das CaS in statu nascendi zerlegen würde. $CaS + FeO = FeS + CaO.$

Abgesehen davon ist die Bedingung zu erfüllen, daß die Schlacke flüssig genug ist, um reaktionskräftig zu sein. Dies wird dadurch erreicht, daß man ein wenig Sand (nicht zuviel!) einträgt oder mit Flußspat nachhilft. Das letztere wird meist vorgezogen, weil Flußspat ebenso wie im Martinofen die Entschwefelung dadurch unterstützt, daß flüchtige Schwefelfluorverbindungen entweichen.

---

[1] Stahl u. Eisen 1926 S. 213.
[2] Vgl. Osann: Die Entschwefelung im Induktionsofen. Stahl u. Eisen 1908 S. 1017.

Ebenso entsteht auch flüchtiges Fluorsilizium, so daß die Schlacke fluorfrei ist[1].

$$CaF_2 + SiO_2 = 2\,CaO + SiF_4.$$

Um die Schlacke eisenoxydulfrei zu machen, muß man Reduktionsmittel anwenden, die man in diesem Falle auch als Desoxydationsmittel bezeichnen kann (vergl. weiter unten). Man zerlegt das FeO und verhindert, daß sich neues FeO bilden kann.

Als solche Desoxydationsmittel verwendet man gemahlenen Koks oder gemahlene Retortenkohle oder Elektrodenkohle, unter Umständen auch kräftiger wirkendes Ferrosiliziumpulver[2] und Ferrokarbidtitanpulver[3].

Die Entschwefelung gelingt nicht bei sehr geringem C-Gehalt des Bades, weil dann das Reduktionsmittel fehlt. Man muß in diesem Falle Ferrosilizium einführen, um das fehlende C durch Si zu ersetzen.

Man unterscheidet scharf zwischen der ersten und zweiten Schlacke. Die erste heißt auch Entphospherungsschlacke oder Frischschlacke. Die zweite ist die Entschwefelungs- oder Raffinierschlacke. Die erste ist dunkel, die letztere hell.

Die Überlegenheit des Elektroofens gegenüber dem Konverter und Martinofen in bezug auf die Entschwefelung wird klar, wenn man daran denkt, daß nur im Elektroofen eine weiße Schlacke entstehen kann. Auch im Martinofen ist diese, praktisch gesprochen, so gut wie unmöglich[4].

Eine andere als die obengenannte Theorie schaltet die Einwirkung von Kalziumkarbid ein. Es bildet sich dies unter dem Lichtbogen, wenn man Kalk und Kohle einträgt. Diese Theorie wird dadurch anscheinend gestützt, daß die Entschwefelungsschlacke meist Kalziumkarbid enthält, was an dem Azethylengeruch beim Eintauchen im Wasser kenntlich ist. Diese Entstehung von Kalziumkarbid ist aber lediglich Begleiterscheinung und nicht Ursache der Schwefelverminderung, was daraus hervorgeht, daß absichtlich eingesetztes Kalziumkarbid keine entschwefelnde Wirkung ausübt[5].

Wenn man Ferrosilizium zusetzt, so entsteht durch Abbrand SiO_2. Man muß dies durch richtige CaO-Zugabe ausgleichen, damit die Schlacke dünnflüssig bleibt. An eine gasförmige Schwefelsiliziumverbindung zu denken, ist nicht statthaft. Die hier in Betracht kommenden Schwefelgehalte sind viel zu niedrig.

Im basischen Elektroofen kann man Schwefelgehalte bis herunter zu 0,010% erreichen. Angeblich begünstigen Wo und Mo die Entschwefelung.

Bei dem Arbeiten mit der zweiten Schlacke fließen die Entschwefelungs- und Raffinationsvorgänge derart zusammen, daß man sie nicht voneinander trennen kann.

Im sauren Ofen hat man nur eine Seigerungsentschwefelung, von der oben die Rede war. Man muß damit rechnen, daß der Schwefelgehalt des Einsatzes bestehen bleibt oder nur ganz wenig heruntergeht. Allerdings besteht im Gegensatz zum Martinofen der Vorteil, daß die Feuergase und ihr Schwefelgehalt in Wegfall kommen. Daß man im sauren Elektroofen Siederohrschrott, der mit $CaSO_4$-haltigem Kesselstein behaftet ist, ausschließen muß, ist selbstverständlich, weil dessen S-Gehalt vollständig in das Bad geht.

Eine Entschwefelung im sauren Martinofen wäre unter Benutzung von Soda

---

[1] Vgl. Osann: Die Wirkungsweise des Flußspats als Kupolofenzuschlag. Stahl u. Eisen 1927 Nr. 21.

[2] Meist Ferrosilizium mit 45% Si.

[3] Ferrokarbidtitan mit 15—18% Si und 7—8% C.

[4] Allerdings traf der Verfasser eine solche schwierige Schlackenarbeit bei Böhler in Kapfenberg an. Dies ist aber ein Ausnahmefall.

[5] Z. angew. Chem. 1911 S. 1948 und Stahl u. Eisen 1908 S. 1017 (Osann).

oder Sodapaketen in gleicher Weise denkbar, wie in der Gießpfanne oder
im Kupolofenvorherd; aber sie würde nur geringen Umfang haben und außerdem das Ofenfutter in unzulässiger Weise gefährden.

Über die Entschwefelung im Elektroofen liegt eine Veröffentlichung des Verfassers vor, die sich auf eine Dissertation seines Schülers Uhlitzsch bezieht
und diese ergänzt[1]. Die Zusammenfassung dieser Schrift soll hier niedergeschrieben werden.

Durch diese Forschungsarbeit von Uhlitzsch ist folgendes festgestellt:

1. Eine CaS-Bildung ist nur bei weißer, d. h. praktisch eisenfreier Schlacke möglich.

2. Man muß eine chemische und eine mechanische Entschwefelung unterscheiden. Die
letztere kann man auch Seigerungsentschwefelung nennen.

3. Beide Gattungen der Entschwefelung können nicht nebeneinander bestehen.

4. Die Seigerungsentschwefelung beruht darauf, daß sich Kugeln bilden, die den
Schwefel als MnS in sich konzentriert haben.

5. Über die Entstehung der Kugeln ist die Deutung gegeben, daß die sich bildenden
MnS-Körper die Mittelpunkte der Erstarrungskörper abgeben. Die Entstehung von arsen-
haltigen Bleikugeln bei der Fabrikation von Jagdflintenschrot gibt einen Hinweis.

6. Die weiße Schlacke wird gewöhnlich mit Kalk, unter Aufstreuen von Kohle gebildet.
Ersetzt man die Kohle durch Ferrosilizium, wird die gleiche Wirkung erzielt. Noch besser
wirkt ein Gemisch von beiden. Wesentlich ist dabei die Bildung von SiO_2, die verflüssigend
auf die Schlacke wirkt. Dadurch wird die Schlacke reaktionskräftiger. Ein Sandzusatz
wirkt in gleicher Weise begünstigend.

7. Eine Entschwefelung über die gasförmige Verbindung Siliziumsubsulfid findet nicht
statt.

8. Ein Flußspatzusatz zur Schlacke unterstützt die Entschwefelung, weil er die Schlacke
dünnflüssig und reaktionskräftig macht und weil offenbar eine gasförmige Schwefelfluor-
verbindung entweicht.

9. In der Schlacke wurde $CaSO_4$ gefunden. Es ist die Deutung gegeben, daß dies ein
Oxydationserzeugnis aus CaS ist, das sich der Zersetzung durch Fe entzogen hat.

10. In der schwarzen Schlacke wurde feinverteilter Kohlenstoff in ungebundener Form
gefunden; für die weiße Schlacke gilt dies nicht, dagegen besteht hier CaC_2, das aber nichts
mit der Entschwefelung zu tun hat.

11. Das abgestochene Flußeisen nimmt aus dem Gießpfannenfutter beträchtliche Mengen
Schwefel auf. Der Hergang wird experimentell gedeutet. In das Futter gelangt der Schwefel
durch die schwefelhaltigen Gase der Pfannenfeuer.

12. Wenn man Gußeisen einschmilzt, so beobachtet man eine starke Seigerungsentschwefelung, so lange die schwarze Schlacke besteht. Dies äußert sich darin, daß die Zahl der in
die Schlacke eingeschlossenen Kugeln größer ist als bei Flußeiseneinsatz.

Von dem Verhalten des Cu, Ni, Cr, As, V, Ti, Cer, Zn, Sn, Al gilt
dasselbe wie beim Martinofen.

Das Verhalten der Eisensauerstoffverbindungen.

Man setzt letztere absichtlich zu, wenn man frischen, d. h. den Kohlenstoff
drücken und entphospern will. In diesem Sinne benutzt man im basischen
Ofen Eisenerz oder Walzsinter oder Hammerschlag, falls nicht der Schrott die
genügende Menge von Rost mitbringt.

Nach Abschluß des Frischens folgt das Raffinieren. Es ist dann jede Aufnahme von FeO unerwünscht, andererseits schreitet die Oxydation des Eisens
an der Oberfläche des Bades ungehindert fort, auch wenn man die Türen gut
schließt und den Luftzutritt möglichst abwehrt. Um hier Abhilfe zu schaffen,
muß man die Zusammensetzung des Bades so gestalten, daß der Sauerstoff an
stark sauerstoffverwandte (desoxydierende) Körper gebunden wird. Dies ist
in erster Linie Mn, Si und Al. Auch Ti kann man nennen.

Abgesehen davon setzt man der Schlacke gemahlene Elektrodenkohle zu,

---

[1] Beiträge zum Verhalten des Schwefels bei Schmelzvorgängen. Diese Veröffentlichung
kann von dem genannten Professor Dr.-Ing. Uhlitzsch in Freiberg, Bergakademie, bezogen
werden.

um das bereits in gelöste FeO zu reduzieren, seiner Wirkung auf das Bad zuvorzukommen und den Sauerstoff auf dem Wege zum Bade aufzufangen. Auf diese Weise erklärt sich die günstige Wirkung einer sorgfältig zusammengesetzten Raffinationsschlacke. Es kann auch geschehen, daß man diese einmal oder sogar mehrmals auswechseln muß, weil sie zu arm an desoxydierenden Körpern geworden ist. Auch die Zusätze zum Bade müssen aus dem gleichen Grunde erneuert werden.

Einige Fachleute sprechen von Kalziumkarbid und von einer Karbidschlacke, die besonders gute desoxydierende Wirkung habe[1].

Der Verfasser hält die Entstehung von Kalziumkarbid lediglich für eine Begleiterscheinung, spricht ihm aber eine Einwirkung ebenso wie bei der Entschwefelung ab. Wäre die letztere vorhanden, so müßte ein Zusatz von Kalziumkarbid zum Bade auch wirksam sein. Aber selbst in der Kriegszeit, wo man darauf bedacht sein mußte, nach neuen Desoxydationsmitteln Ausschau zu halten, konnte man Kalziumkarbid nicht als Ersatzstoff heranziehen.

Beim sauren Elektroofen fällt die Entphospherungs- und die Entschwefelungsschlacke fort. Hier hat man meist nur mit dem Einschmelzen zu tun, muß aber auch hier Si, Mn und Al dem Bade zufügen und darauf sehen, daß der FeO-Gehalt der Schlacke nicht zu hoch wird. Ist dies zu befürchten, muß man die Schlacke auswechseln oder Kohlenpulver aufwerfen.

Sowohl bei dem basischen wie bei dem sauren Ofen muß die Schlacke flüssig genug sein, auch muß ihre Menge ausreichen, um das Bad gegen die Luft abzuschließen; andererseits wird man eine übergroße Menge im Hinblick auf die Wärmewirtschaft vermeiden. In den Betriebsbeispielen wird von diesen Dingen ausführlich die Rede sein.

Beim basischen Ofen schadet ein starker Rostansatz des Schrottes im allgemeinen nicht, weil eine frischende Schlacke gebildet wird, wobei er mitunter willkommen ist. Beim sauren Ofen ist dies anders. Will man mit diesem wirtschaftlich arbeiten, muß man auf rostfreien Schrott halten.

Mars hat vorgeschlagen, im basischen Ofen außer einer frischenden Schlacke und einer Raffinierschlacke, noch eine dritte Schlacke — eine Bauxitschlacke aufzubringen, um das Raffinieren noch gründlicher durchzuführen[2]. Wahrscheinlich hat ihn der Gedanke geleitet, daß etwas Al bei dieser tonerdereichen Schlacke reduziert wird und zur Desoxydation beiträgt.

Versuche in dieser Richtung haben aber ergeben, daß kein Vorteil bei diesem Verfahren entsteht[3]. Dies ist auch von amerikanischer Seite bestätigt[4], unter dem Hinzufügen, daß dagegen Alsimin[5] mit großem Erfolg in den Ofen als Desoxydationsmittel eingesetzt sei.

Auch während des Abstiches ändert sich die Zusammensetzung des Stahles. Diese Veränderungen sind meist geringfügig, aber bei hohem Si- und Cr-Gehalt beträchtlich, z. B. von 6 % Si auf 4,1 % Si, von 12,3 % Cr auf 12,1 % Cr[6].

Schlackenzusammensetzungen beim sauren und basischen Lichtbogenofen findet der Leser in den Betriebsbeispielen der folgenden Kapitel.

69. Die Temperatur im Elektroofen[7].

Sie ist, wie oben gesagt, im allgemeinen niedriger als im Martinofen. Dies gilt uneingeschränkt für die Einschmelzung und Koksperiode. Beim Abstehenlassen kann sie allerdings höher als im Martinofen werden, namentlich nach der Zugabe

---

[1] Dies tut z. B. Barton: Stahl u. Eisen 1926 S. 1157.
[2] Gießerei-Ztg. 1926 S. 154 u. 157. [3] Gießerei-Ztg. 1927 S. 98 (Kerpely).
[4] Gießerei 1927 S. 207. [5] Eine Aluminium-Siliziumlegierung.
[6] Archiv 1931 S. 503. [7] Vgl. Archiv 1930 S. 261 (Hase).

von Ferrosilizium, aber man kann einer starken Inanspruchnahme des Deckels und der Wände durch Senken der Stromzufuhr vorbeugen.

Es kann wünschenswert sein, daß die Temperatur nicht zu hoch wird. Dies ist im Interesse einer guten Entphospherung anzustreben. Man wird in einem solchen Falle einen Teil des Zuschlagkalkes durch Kalkstein ersetzen. Auch aus anderem Grunde wie beim eben genannten kann es erwünscht sein, die Temperatur zu drücken. Bei den Betriebsbeispielen wird davon die Rede sein.

Bei hohem Siliziumgehalt, wie er beim Schmelzen auf Transformatorbleche (4—5% Si) vorkommt, kann man sich vielfach nur dadurch helfen, daß man zwecks Temperaturerniedrigung den Ofen kippt und dann den Stahl aus der Gießpfanne nach einiger Zeit zurückkippt.

Vor dem Abstich nimmt man den Strom vollständig weg, damit der flüssige Stahl nicht zu heiß in die Pfanne gelangt.

70. Der Betrieb bei sauer zugestellten Lichtbogenöfen.

Er soll an der Hand von Beispielen gekennzeichnet werden. Es sei im voraus bemerkt, daß man im sauer zugestellten Elektroofen, ebenso wie im basischen Elektroofen, alle Stahlgußgattungen herstellen kann, ausgenommen den Manganstahl, der im basischen Ofen erzeugt werden muß. Wieweit dies wirtschaftlich richtig ist, ist eine Frage, die in dem Kapitel 74 „Sauer oder basisch zugestellter Lichtbogenofen?" erörtert werden wird.

Es sollen in diesem und dem folgenden Kapitel nur Betriebe berücksichtigt werden, die mit festem Einsatz arbeiten. Elektroöfen mit flüssigem Einsatz fallen in den Bereich der Duplexverfahren (Kapitel 72).

Die Vorprobe und die Fertigprobe werden ebenso wie im Martinofenbetriebe genommen. Beim Elektroofen ist die Vorprobe besonders wichtig, weil die chemischen Veränderungen im Bade schneller als im Martinofen erfolgen.

Nach Barton hat man in den Vereinigten Staaten[1] 2 Ofengrößen: $^{1}/_{2}$—1 t und 3—4 t.

| Im 8-Stundenbetrieb bei 4 t 3—4 Chargen, | Im 8-Stundenbetrieb bei 1 t 5—6 Chargen, |
| Im 16-Stundenbetrieb bei 4 t 7—8 Chargen | Im 16-Stundenbetrieb bei 1 t 11—13 Chargen |

Bei 4 t 1500 kW und 610 kWh für 1 t,
bei 1 t 500 kW und 630 kWh für 1 t.

Die Gußstücke neigen etwas mehr zum Reißen aber weniger zu Gashohlräumen als beim basischen Ofen.

Zur Schlackenbildung gibt man am besten einige Schaufeln alten Formsandes. Zum Flicken verwendet man Quarzsand.

Beispiele:

1. Saurer amerikanischer Martinofenbetrieb auf Stahlformguß bei einem Einsatzgewicht von 675—900 kg[2]. Es wird auf eine sehr starke Schlackendecke gehalten, um das Gewölbe und Mauerwerk bei dem sehr heiß geführten Ofen zu schützen. Der Einsatz besteht, abgesehen von Gießabfälllen und Stahldrehspänen der eigenen Werkstatt, zu gleichen Teilen aus Federstahl, alten Schaufeln und Grobblechabschnitten.

Die erzielten Gußstücke enthalten meist 0,25—0,30% C, 0,25—0,30% Si, 0,60—0,70% Mn, 0,05—0,07% P und ebensoviel S.

Bei einer durchschnittlichen Belastung von 390 kW wurden 575 kWh für eine Schmelze von 675 kg gebraucht. Es wurden zum Teil sehr dünnwandige Stücke gegossen. Der Stahl war sehr heiß.

2. Ein anderer amerikanischer Betrieb im sauren Martinofen[3]. Einen solchen Stahl in guter Beschaffenheit herzustellen, ist mindestens ebenso schwierig wie die Erzeugung im basischen Ofen.

---

[1] Stahl u. Eisen 1926 S. 1157 (Barton).
[2] Gießerei-Ztg. 1927 S. 346.
[3] Vgl. Stahl u. Eisen 1926 S. 1326, nach amerikanischer Quelle (Barton).

Es kommt darauf an, daß das Bad nicht überfrischt wird, auch darf es nicht zuviel Si enthalten, weil ein starker Zugang an Si infolge Reduktion aus dem SiO_2 der Schlacke unter den Elektroden erfolgt. Man muß auf rostfreien Schrott halten, weil stark verrosteter Einsatz den Herd stark angreift. Um das Überfrischen zu vermeiden, muß man im Einsatz darauf halten, daß im Bade nach dem Einschmelzen ein genügender C-, Si- und Mn-Gehalt besteht.

Nach Barton gelten die Abb. 23 im Kap. 22 (Saurer Martinofen) und Abb. 81 u. 82. Im Sinne dieser Darstellung soll man bei Stahlguß mit 0,11—0,15% C, 0,08—0,10% Mn, 0,05—0,07 % Si nach dem Einschmelzen haben. Bei 0,22—0,26% C sind es 0,6 bis 0,7% Mn und 0,25—0,30% Si. Der feste Einsatz zeigt höhere Durchschnittsgehalte — im ersten Falle etwa 0,25% C, 0,50% Mn und 0,15% Si.

Ein Überfrischen ist sehr schädlich. Die Vorprobe sprüht dann stark und hinterläßt beim Erstarren nur eine hohle Schale, im Zusammenhang mit starkem Steigen beim Guß.

Ein Hilfsmittel gegen das Überfrischen bietet auch das Schließen der Türen und Nachsetzen von geringen Mengen Koksmehl und 0,10% Ferromangan.

Ein starkes Frischen des Einsatzes ist unnötig. Man hält im Einsatz auf einen Kohlenstoffgehalt, der nur wenig höher ist als der nach dem Einschmelzen angestrebte, und braucht deshalb nur einen sehr geringen Eisenerzzusatz. Man hält auf möglichst geringe Schlackenmenge, da die Schlacke den Strom schlecht leitet.

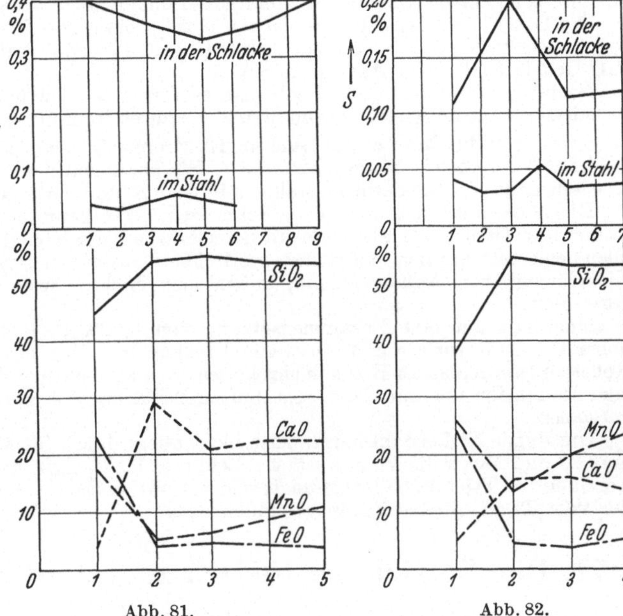

Abb. 81. Abb. 82.

Abb. 81 u. 82. Schwefelgehalte im Stahl und in der Schlacke, wie sie Barton beim sauren Lichtbogenofen für normal hält. Die Schlackenzusammensetzung ist angegeben.

Oben: *1* im Einsatz, *2* nach dem Einschmelzen, *3* nach dem Kokszusatz, *4* und *5* nach Manganzusatz, *6* in der Fertigprobe. Man erkennt die Steigerung des *S*-Gehaltes durch Koksschwefel.

Unten: *1* nach dem Einschmelzen, *2* bei Beginn der Reduktion, *3* nach beendeter Reduktion, *4* nach dem Fertigmachen, *5* Endschlacke. Nach Stahl u. Eisen 1926 S. 1326.

25—30% schwerer Schrott und 75—70% sogenannter Schaufelschrott. Im Durchschnitt ergibt dies 0,30% C, 0,50% Mn.

Hat man Gießabfälle einzuschmelzen, so muß man deren Si-Gehalt berücksichtigen und ihn durch Eisenerzzuschlag drücken. Bei 40% Gießabfällen etwa 12 kg Eisenerz auf 4 t Einsatz, wenn im fertigen Guß 0,26% C verlangt werden.

Um den Rost zu verschlacken, setzt man einige Schaufeln Altsand, damit die Bildung einer wässerigen Schlacke verhindert und der Herd vor Angriff geschützt wird.

Sobald ein beträchtlicher Teil des Einsatzes geschmolzen ist, gießt man die Vorprobe. Es kann geschehen, daß das Bad zu siliziumreich wird, wenn die Elektroden sich eingraben und den Herd zu stark erhitzen. Man muß dann die Schlacke auswechseln und etwas Eisenerz geben. Es darf nicht hohe Temperatur gegeben werden, ehe nicht das Bad vom FeO befreit ist. Dies geschieht durch Bilden einer neutralen Schlacke. Man bringt etwa 2% alten Sand oder Steinbrocken auf das Bad auf, die in etwa 5 Minuten geschmolzen sind. Man trägt etwas Ferromangan, 0,1—0,2%, und einige Schaufeln Koksmehl ein. Die Schlacke, die anfangs schwarz und unruhig ist, muß schließlich zähflüssig und grüngelb erscheinen und ruhig fließen.

Die Vorprobe zeigt dann auch ruhigen blasenfreien Stahl. Man nimmt in dieser Zeit alle 5 Minuten eine Vorprobe und regelt durch Ferromangan und Koksmehlzusatz, um zu desoxydieren und etwaigen Kalkzusatz, wenn die Schlacke klumpig ist, d. h. zuviel SiO_2 enthält. In dem letzteren Falle kann es geschehen, daß der Stahl 1% Si aufnimmt.

Erst dann erhöht man die Temperatur, um den Stahl gießfähig zu machen. Man setzt dann Roheisen zu, um den C- und Si-Gehalt richtig einzustellen. Dies muß schnell geschehen, damit sich nicht der Si-Gehalt anormal aus der Schlacke erhöht (bis 0,02% je Minute).

Bei sehr viel Roheisen muß man zuvor Schlacke entfernen. Bei zu hohem Siliziumgehalt gibt man Erz, etwas Kalk und etwas Koksmehl auf. Den Ferromanganzusatz gibt man, im Gegensatz zum basischen Ofen, erst 3 Minuten vor dem Abstich, und zwar in faustgroßen Stücken, die vorher angefeuchtet werden[1], unmittelbar unter die Elektroden. Ferrosilizium setzt man auch in erbsengroßen Stücken in die Pfanne.

Zeigt die Vorprobe normale Verhältnisse an, so schaltet man den Strom einige Zeit aus, um die Temperatur und die Siliziumreduktion nicht zu steigern.

Der CaO-Gehalt normaler Schlacken beträgt etwa 15—22%, der SiO_2-Gehalt 53—55%, der FeO-Gehalt etwa 5—7%, der MnO-Gehalt 10—25%, letzterer Wert bei niedrigerem CaO-Gehalt (vgl. auch Abb. 81 u. 82).

Nach einer anderen Quelle[2] soll man es vermeiden, mehr als 15% FeO in der Schlacke zu haben, um die nötige Menge von Si (0,20%) durch Reduktion aus der Schlacke zu gewinnen.

3. Nickelstahlschmelze im sauren Elektroofen[3]. Man hat 3 Sorten Nickelstahlguß: 1—1,5% Ni, 2—2,5% Ni und 3,25—3,5% Ni, bei denen der C-Gehalt 0,15—0,45% beträgt. Abgesehen davon Sondernickelstähle mit 4—5% und 36% Ni.

Nickel oxydiert sich nicht beim Schmelzen. Man kann daher den sauren und auch den basischen Ofen verwenden. Es gilt dasselbe wie beim Kohlenstoffstahl. Man muß, wie bei allen legierten Stählen, möglichst rostfreien Schrott verwenden. Man setzt die richtige Nickelmenge von Anfang an ein, indem man Nickelschrott oder nickelhaltiges Roheisen verwendet.

Man hält auf eine Zusammensetzung von 0,30% C, 0,22% Si, 0,3—3% Ni. Ein zu hoher C-Gehalt wird durch ein wenig Eisenerz beseitigt, ein zu niedriger C-Gehalt durch Roheisen (schwedisches Holzkohlenroheisen), ein zu niedriger Si-Gehalt durch Ferrosilizium oder Reduktion der mit Sand abgesteiften Schlacke. Es wird heiß aus der Stopfenpfanne vergossen.

Unruhiger Nickelstahl kann meist nicht allein durch Si, Mn, Ti beruhigt werden. Man muß Al und Mg in die Pfanne setzen. Letzteres bis $^1/_2$ kg/t, um an Al zu sparen. Eine Verwendung von Ti ist deshalb angezeigt, weil sich an den Elektroden freier Stickstoff bilden kann, der vom Ti zu Stickstofftitan gebunden wird.

71. Der Betrieb bei basisch zugestellten Lichtbogenöfen.

Beispiele.

Es handelt sich ausschließlich um Schmelzen mit festem Einsatz.

1. Unlegierter Stahlguß aus dem Staßanoofen im Jahre 1908[4]. $^2/_3$ des Einsatzes (1 t) wurden bei zurückgezogenen Elektroden eingeworfen, dann diese gleichzeitig vorgeschoben und Strom gegeben. Gleich beim Einsetzen wurde Hammerschlag und Kalk gegeben, um eine frischende Schlacke zu erzeugen. Die erste Schlacke wurde nach dem Einschmelzen abgezogen, um eine zweite zu bilden. Der Rest des Einsatzes folgte während des Schmelzens. Nach $4^1/_2$ Stunden konnte man den Ofen kippen. Für 1 t wurden 800 bis 1000 kWh bei einer Spannung von 110 V gebraucht.

Es wurde weicher Flußeisenguß mit etwa 0,08—0,18% C, 0,4% Mn, 0,08—0,10% Si, 0,06% P und 0,03% S erzeugt.

In der Nacht wurde der leere Ofen dadurch heiß gehalten, daß in regelmäßiger Folge $^1/_4$ Stunde Strom gegeben wurde; $^3/_4$ Stunden war der Ofen stromlos.

2. Schmelzen bei festem Einsatz, im Héroultofen (7 t) auf unlegierte Feinbleche in Rottemann (Steiermark) im Jahre 1911[5]. 600—800 kWh für 1 t, 8—13% Abbrand, 5—7 Stunden Schmelzdauer. Der Strom wird dort außerordentlich billig ($1^1/_4$ Heller für eine kWh) durch Wasserkraft erzeugt.

Es wurden 10% Roheisen und 90% Schrott eingesetzt.

3. Unlegierter Stahlguß aus dem basischen Héroultofen[6], bei festem Einsatz (1 t) im Jahre 1920. Man gibt mit dem Schrott 30 kg gebrannten Kalk und 63 kg Roteisenstein,

---

[1] Das Anfeuchten geschieht, damit die zähflüssige Schlacke durch die Gasexplosion zur Seite geschleudert wird.

[2] Stahl u. Eisen 1926 S. 196.

[3] Stahl u. Eisen 1926 S. 1330, nach amerikanischer Quelle.

[4] Stahl u. Eisen 1908 S. 654, aus der Feder des Verfassers.

[5] Stahl u. Eisen 1920 S. 151, nach einer Schweizer Quelle.

[6] Stahl u. Eisen 1911 S. 589.

später nach Bildung einer Schlacke 1 kg Quarzsand und 1 kg Flußspat auf, um zu frischen. Nachdem dies geschehen ist und die Schlacke entfernt ist, folgen 3,2 kg Petroleumkoks, nochmals 35 kg gebrannter Kalk, 3 kg Quarzsand, 8 kg Flußspat und nach Schmelzung der weißen Schlacke nochmals 4 kg Petroleumkoks. Am Schluß folgen 2 + 2 kg Ferromangan (81%).

3,7 kg Ferrosilizium (76%) und 0,95 kg Al kommen in die Gießpfanne. Vor dem Geben des Ferromangans hebt man den C-Gehalt durch Geben von Karburit, d. h. Briketts, aus durch Teer gebundenen Kohlenstoff, die durch Eisenspäne beschwert sind.

Stromverbrauch 979 kWh. Schmelzdauer 4,3 Stunden bei 0,17% C.

Bei genügender Reinheit und höherem C-Gehalt des Stahlgusses kann man auf die Wirkung der ersten Schlacke verzichten und dadurch das Verfahren erheblich abkürzen.

4. Schmelzen von festem Einsatz im Héroultofen zur Erzeugung von legierten Stählen, im Jahre 1923[1]. Man gibt Kalk, dann Roheisen zum Aufkohlen, dann möglichst rostfreien und P- und S-armen Schrott. Man hält während der Entphospherung auf niedrige Temperatur. Der Verlauf ist dann der gewöhnliche. Über das Geben der Zusätze bestehen folgende Anweisungen:

Nickel wird anfangs oder auch später eingesetzt, Verluste durch Oxydation sind nicht zu befürchten, die eine Hälfte des Ferrosiliziums, sobald die Schlacke weiß geworden ist, die andere Hälfte 10 Minuten vor Abstich. Ferrochrom (nur stückiges) wird erst gegeben, wenn das Bad $1/2$ Stunde unter weißer, zerfallender Schlacke war. Ferromangan gleich nach Bildung einer weißen Schlacke. Ferrovanadin soll, in Behältern verpackt, 15—20 Minuten vor dem Vergießen im Bade untergetaucht werden. Ferrowolfram 5—10 Minuten vor dem Ferrovanadin.

Nach diesen Regeln wird unter anderem Kugellagerstahl hergestellt.

5. Schmelzen bei festem Einsatz, auf hochgekohlte, legierte Sonderstähle (0,5—1,5% C) im Girodofen, im Jahre 1912[2]. Die Schmelze dauert 8 Stunden. Nach Abziehen der ersten Schlacke wird Petroleumkoks, darauf Flußspat, Sand und Kalk gegeben. Der Petroleumkoks ist das einzige Kohlungsmittel, man rechnet mit 33% C-Verlust. Ferromangan wird erst am Schluß gegeben. Desgleichen Wo und Cr. Bei letzteren sind dann die Verluste sehr unbedeutend (3,9% statt der berechneten 4%). Ferrosilizium wird in die Rinne gegeben.

800—900 kWh für 1 t (im Kjellinofen 1000—1100).

6. Erzeugung von Chromnickelstahl im Héroultofen, aus festem Einsatz[3]. Nach dem Einschmelzen wird durch Behandlung mit oxydischer Schlacke C, Mn und P entfernt. Darauf wird abgeschlackt und das Bad durch Petrolkoks auf die gewünschte Härte gebracht. Darauf wird die weiße Schlacke eingeschmolzen. Zur Vervollständigung der Desoxydation wird dann Ferromangan und Ferrosilizium zugesetzt und schließlich Ferrochrom. Die Dauer des Abstehens ist von der Temperatur abhängig.

Gute Desoxydation ist sehr wichtig. Ohne sie kann man wohl ausreichende Zerreiß- und Schlagwerte erzielen, aber das Bruchaussehen zeigt teilweise gröberes Korn, auch im vergüteten Stahl.

Man muß, abgesehen von guter Desoxydation, den flüssigen Stahl schnell erstarren lassen, um nicht Holzfaserbruch (Querfaser) im verarbeiteten Zustande zu erhalten.

7. Unlegierter Stahlguß aus einem basischen Elektroofen in einer mitteldeutschen Stahlgießerei[4]. Es sind 2 basische Öfen von 6—7 t Fassungsvermögen, die mit einem eingehängten Drahtgeflechtkorb nach Abheben des Deckels beschickt werden, wie es im Kapitel 63 beschrieben ist[5]. Der Ofenkörper ist unter angehobenem Deckel drehbar. Dadurch erreicht man es, daß die Schmelzreste, die außerhalb des Elektrodenbereichs liegen, in diesen hineinkommen. Es erübrigt sich dadurch die Arbeit des Hineinstoßens. Man schmilzt meist auf einen Stahlguß, der für Ventile Verwendung findet. Für diesen Zweck wäre es falsch, einen legierten Stahl zu verwenden. Man verwendet, auch wenn Dampfdrücke von 100 at und Dampftemperaturen von 500° in Frage kommen, nur weichen Kohlenstoffstahl mit σ_z = etwa 50 kg/mm², 30% Dehnung und 12 m/kg Kerbzähigkeit. Auf letztere beiden Werte kommt sehr viel an. Im Martinofen konnte man nur 4—5 m/kg Kerbzähigkeit erreichen.

Ein solcher Stahl enthält gewöhnlich 0,23% C, 0,35% Si, 0,8% Mn, 0,03—0,05% P, unter 0,02% S. Wenn sehr hohe Dehnung erzielt werden soll, hält man auf 0,5% Mn, muß dann aber mit dem Ferromangan am Schluß 15 kg Ferrokarbidtitan mit 15—18% Ti,

---

[1] Stahl u. Eisen 1923 S. 589, nach einer amerikanischen Quelle.

[2] Nach einer Reisenotiz aus Oberschlesien.

[3] Stahl u. Eisen 1920 S. 41 (Kothny).

[4] Nach einer Reisenotiz des Verfassers aus dem Jahre 1930.

[5] Die Öfen sind von der Demag-Elektrostahl in Duisburg gebaut. Vgl. hinsichtlich der Korbbeschickung VDI-Nachr. 1932 9. Nov.

7—8% C setzen, um eine ausreichende Desoxydation zu haben. Der Einsatz besteht zu $^1/_3$ aus Gießabfällen, zu $^1/_3$ aus Kernschrott, zu $^1/_3$ aus rostfreien Flußeisenspänen und aus 60 kg Kalkstein und 140 kg gebranntem Kalk.

10 Minuten nach dem Ausschalten zwecks Beendigung der Charge kann man schon wieder Strom geben, sofern kein Flicken notwendig ist. Man hält $^1/_2$ Stunde auf 115 V; dann hat sich ein ausreichender Sumpf gebildet, dann $1^1/_2$ Stunden auf 200 V, 1 Stunde auf 155 V. Alsdann ergibt die Vorprobe meist den richtigen C-Gehalt. Ist er zu niedrig, kohlt man mit etwas Roheisen der Duisburger Kupferhütte auf. Nach Regelung des C-Gehaltes wird die Entphospherungsschlacke abgezogen und die Raffinationsschlacke aufgebracht. Um zu raffinieren und zu entschwefeln, arbeitet man mit einer Spannung von 115 V und kann dann das Abstehenlassen in $^3/_4$—1 Stunde durchführen.

Um diese Schlacke zu bilden, setzt man 100 kg gebrannten Kalk ein, gibt nach 10 Minuten 10 kg Ferrosilizium (45% Si) + 25 kg Raffinationspulver. Dies letztere besteht zu $^1/_3$ aus CaO, $^1/_3$ aus Koksmehl und $^1/_3$ aus Ferrosilizium (45% Si). Nach weiteren 10 Minuten 30 kg Ferromangan (80% Mn) + 25 kg Raffinationspulver. Nach weiteren 10 Minuten 20 kg Ferrosilizium (45% Si) + 25—35 kg Raffinationspulver. Unmittelbar vor dem Abstich 20 kg Ferrosilizium. In die Pfanne 1 kg Aluminium.

Die Raffinationsschlacke muß hell, heiß und dünnflüssig sein. Flußspat wird nur gegeben, wenn es nötig ist. Man hat einen Stromverbrauch von 740 kWh für 1 t, braucht 2,2—2,3 kg Elektroden für 1 t (Achesongraphit). Der Herd hält einige Tausend Chargen, das Ofenmauerwerk 150—200 Chargen und der Deckel 90 Chargen. Der Strom kostet durchschnittlich 4 Rpf. für 1 kWh. Man kann den Deckel noch länger halten, tut dies aber nicht, weil bei einem abgenutzten Deckel der Stromverbrauch zu hoch ist.

Das Auskippen geschieht in eine Pfanne, die auf einem Wagen steht, der in das Kranfeld gefahren wird (vgl. Abb. 65).

8. Unlegierter Stahl aus einem basischen Elektroofen eines rheinländischen Stahlwerkes[1]. Es handelt sich um einen Elektroofen, der von Brown-Boveri gebaut ist[2]. Das normale Fassungsvermögen bei festem Einsatz ist 6 t, er wird aber jetzt schon mit einem Einsatz von 8 t betrieben und kann vielleicht noch weiter überlastet werden. Bei festem Einsatz 4 Stunden Chargendauer, 800 kWh für 1 t, bei flüssigem Einsatz 2 Stunden Chargendauer, 400 kWh für 1 t.

Die Graphitelektroden sind sehr glatt und liegen luftdicht in den gekühlten Führungsringen. Außer ihnen hat man nur noch einen wassergekühlten Kasten über der Arbeitstür. Die Beschickung erfolgt sehr schnell mit Hilfe einer Rutsche beim gekippten Ofen.

9. Stahlguß aus dem basischen Elektroofen einer sächsischen Stahlgießerei[3]. Es handelt sich um einen Nathusiusofen älterer Art von 6 t Fassungsvermögen. Es ist ein Ofen, bei dem die Elektroden vor dem Kippen aus dem Ofen gehoben werden müssen. Er ist mit Bodenelektroden ausgerüstet. Auf dem Werke waren früher Kleinkonverter und saure Martinöfen in Betrieb. In der Kriegszeit führte man den Elektroofen ein, zunächst unter Vorschmelzen im sauren Martinofen. Dieser Duplexbetrieb war aber unwirtschaftlich. Man führte deshalb das Schmelzen mit festem Einsatz auf Qualitätsstahlguß mit Erfolg ein und legte die Martinöfen still.

Solcher Qualitätsstahlguß wurde z. B. in Rohrkrümmern für sehr hohe Dampfdrücke, z. B. 74 at Probedruck, mit $\sigma_z = 40$ kg, $\sigma_s = 25$ kg bei 38% Dehnung und $\sigma_z = 45$—48 kg, bei 20—22% Dehnung und in Rollen mit $\sigma_z = 80$ kg, bei 10—12% Dehnung angefordert.

Der Einsatz besteht aus möglichst kleinstückigem aber kompaktem Schrott. Unten auf den Herd legt man schwere Schrottstücke, darauf leichtere und dann von oben durch die Elektrodenöffnungen hindurch Drehspäne zum Ausfüllen der Lücken. Meist hält man auf eine Zusammensetzung von 0,15—0,20% C, bei 0,6% Mn, 0,4% Si. Aber man hat auch C-Gehalte von 0,55% bei 1,3% Mn. Ferrosilizium mit 75% Si gibt man in den Ofen oder auch in die Pfanne. Ferromangan (80% Mn) zur Hälfte nach dem Abziehen der Entphospherungsschlacke, zur Hälfte am Schluß. Zum Aufkohlen verwendet man Spiegeleisen, gegebenenfalls Elektrodenkohle.

Das Einschmelzen dauert 3 Stunden, das Frischen 2 Stunden, dann Raffinieren und Entschwefeln 1 Stunde, zusammen 6 Stunden, im allgemeinen 1 Stunde für 1 t Einsatz, bei 750—800 kWh für 1 t.

Der Tagstrom kostete 7,5 Rpf., der Nachtstrom 4,5 Rpf. Man suchte den ersteren möglichst auszuschalten.

---

[1] Nach einer Reisenotiz des Verfassers 1932.
[2] Der Entwurf ist unter Mitwirkung von Nathusius entstanden.
[3] Nach Reisenotizen des Verfassers aus dem Jahre 1925.

Der flüssige Stahl war sehr gut desoxydiert. Dies äußerte sich in geringer Lunkerneigung, auch bei sehr schwierigen Stücken, und geringer Neigung zum Reißen, auch wenn das Freimachen des Gußstückes nicht allzu schnell erfolgte.

Der Elektrodenverbrauch bei diesem älteren Ofen war sehr hoch, 16—20 kg je t. Es waren Kohleelektroden.

10. Stahlguß aus dem basischen Elektroofen eines rheinländischen Werkes[1]. Es handelt sich um einen Héroultofen mit 6 t Fassungsvermögen, der zeitweise flüssigen Einsatz aus dem basischen Martinofen, meist aber mit festem Einsatz bedient wurde. Es wurde in erster Linie legierter Stahlguß erzeugt, z. B. Pilgerwalzen mit 1,4% Wo, 1,8% Cr, 0,5% C, mit σ_z = 90—120 kg bei 5% Dehnung Transformatorblechbrammen mit 4% Si. Manganstahl mit 12—14 Mn. In Rücksicht auf diesen wurde der Herd aus Magnesit und gemahlener Martinofenschlacke sehr sorgfältig eingesintert.

Man darf diesen Stahl nicht zu heiß vergießen, sonst hat man Schwierigkeiten beim Stopfenausguß der Pfanne. Man schmilzt mit 180 V ein und läßt unter 110 V abstehen.

Der Ofen hat Söderbergelektroden, die sich gut bewährt haben. Ehe man aufstampft, wärmt man das Gemisch aus Kohle und Teer usw. in einem elektrisch geheizten Ofen vor.

11. Stahlguß aus dem basischen Elektroofen nach Mars[2] (1926). Mars befürwortet, aus wirtschaftlichen Gründen viel minderwertigen Schrott zu setzen, z. B.

> 40% leichter Schrott (er hat die Bezeichnungen Ia-, IIa-, IIIa-Schrott).
> 17% leichte Blechabfälle,
> 10% Späne,
> 33% Gießabfälle.
> ——————————
> Zus. 100%.

Dazu kommt noch Ferromangan (0,40%), Spiegeleisen (0,5—0,6%), Ferrosilizium mit 90% Si (0,35—0,37%), Aluminium (0,08—0,09%).

Man muß den Ofen dauernd voll halten und den Nachteil der lange geöffneten Türen dadurch ausgleichen, daß man den leichten Schrott zum Ausfüllen der beiden Öffnungen benutzt. Geht kein Schrott mehr hinein, wird nachgestoßen[3]. Das Beschicken beginnt gleich nach dem vollendeten Guß. Nach 10 Minuten kann man Strom geben. Nachdem sich ein Sumpf gebildet hat, kann man auf höchste Spannung schalten. 30 Minuten nach vollendeter Beschickung ist das Schmelzen beendet. Man zieht bei abgestellter Beheizung die Entphospherungsschlacke ab, was 10 Minuten beansprucht. Es beginnt dann das Feinen, zunächst mit hoher Spannung, um die Schlacke zu schmelzen, dann aber mit niedriger Spannung bis zum Ende. Dieses Feinen erfordert etwa 43 Minuten. Die Zugabe der Kohle erfolgt einige Minuten nach Beginn. Die Menge der Zuschläge sind je Tonne Stahl etwa 60 kg gebrannter Kalk, 10 kg Flußspat, 2 kg Erz oder Walzsinter, 5 kg Petrolkoks oder dementsprechend Koksmehl oder gemahlene Elektrodenkohle.

12. Stahlguß aus einem basischen amerikanischen Elektroofen[4]. Es kommt auf die Herdform viel an. Barton hat durch Versuche festgestellt, daß eine zu flache Form zu hohem Stromverbrauch und hohem Elektrodenverbrauch führt. Am günstigsten ist ein tiefer Herd mit steilen Böschungen, etwa wie in Abb. 73 dargestellt.

Erfahrungsgemäß kann man die Öfen stark überlasten, meist bis zu 100%. Dies gilt für basische und saure Öfen. Beim Einsetzen muß man darauf bedacht sein, sehr große Schrottstücke möglichst gleichmäßig zu verteilen und in die Nähe der Elektroden zu bringen. Sollten sich dann noch Brücken bilden, so muß man nachstoßen und die Hohlräume unter ihnen mit kleinem Schrott ausfüllen, weil sonst einige Teile des Einsatzes stark überhitzt werden, was an dem weißen Rauch (verbrennendes Si) kenntlich wird. Das Nachsetzen soll so geschehen, daß eine merkliche Abkühlung nicht stattfindet. Sollte dies geschehen, so tritt teilweise Erstarrung und in ihrer Folge hoher Stromverbrauch ein.

Bei Erzeugung von weichem Stahlguß mit etwa 0,22% C setzt man 2—4% vom Einsatz gebrannten Kalk oder die doppelte Menge Kalkstein. Im letzteren Falle erreicht man eine Verstärkung der Frischwirkung infolge der CO_2-Entwicklung. Man darf diese Zuschläge aber nicht auf den Herd legen, sonst wächst dieser. Man darf sie erst eintragen, wenn sich ein Tümpel unter den Elektroden gebildet hat. Dies ist etwa nach 45 Minuten der Fall.

---

[1] Reisenotiz des Verfassers.   [2] Gießerei-Ztg. 1926 S. 117.
[3] Heute hat man in dieser Hinsicht bedeutende Fortschritte gemacht. Man begnügt sich mit einer Tür.
[4] Nach Barton vgl. Stahl u. Eisen 1926 S. 1157.

134 Lichtbogenöfen.

Wenn der C-Gehalt auf etwa 0,15% heruntergefrischt ist, nimmt man Probe (Vorprobe) und regelt ebenso wie beim Martinofen durch Zugabe von Eisenerzstücken von 50—100 mm Durchmesser in kleinen Mengen (etwa 12 kg), bis der Bruch der Vorprobe das richtige Bild gibt.

Die Schlacke soll schwarz und stark basisch sein. Sie zeigt kurzen Bruch. Ist sie zu sauer, kann man nicht genügend entphosphern. Eine gute Frisch- oder Entphospherungsschlacke enthält etwa 10—15% SiO_2, 7—10% MnO, 10—15% FeO, 45—60% CaO, 4 bis 8% MgO, 2—4% P_2O_5. Bei einer solchen Schlacke kann man einen Stahl mit 0,05% P mit Sicherheit erzeugen. Diese Schlacke wird sorgfältig entfernt, und es folgt das Aufbringen der Entschwefelungs- und Raffinierschlacke, indem man 4—7% vom Einsatz an gebranntem Kalk (je nach dem Schwefelgehalt), Flußspat (30% vom Kalk) und 25 kg Koksmehl (bei einem 6-t-Ofen) einbringt. Nach dem Verflüssigen ist die Schlacke dunkel, wird aber dann hellgrau, indem das FeO durch C und Mn zerlegt wird. Letzteres wird gleich nach der Verflüssigung in Gestalt von Ferromangan (0,35—0,50%) eingetragen. Um die Elektroden herum schäumt die Schlacke infolge der CO-Entwicklung.

Nach Aufzehrung des FeO kommt es zur Kalziumkarbidbildung. Barton nennt eine solche Schlacke eine Karbidschlacke. Es entwickelt sich dann ohne Störung die Bindung des Schwefels in CaS, so daß man einen Schwefelgehalt von unter 0,05% garantieren kann. Man muß diesem Vorgange entsprechend neue CaO-Mengen zuführen, so daß Schlackengewichte von 10% des Einsatzes in dieser Periode entstehen können. Man kann durch Rühren, wodurch alle Teile unter die Elektroden kommen, beschleunigend wirken.

Statt des Flußspats Sand zu setzen, ist nach Barton nicht so gut.

Die Schlacke soll nicht dünnflüssig sein. Sie enthält dann zuviel SiO_2 und entschwefelt und desoxydiert nicht ausreichend. Sollte die Schlacke nicht weiß werden, so muß man Ferrosiliziumpulver unter die Elektroden eintragen und gleichzeitig etwas Kalk, um die dadurch gebildete SiO_2 zu binden.

Zwecks vollkommener Desoxydation läßt man das Bad nach regelrechtem Schmelzen der Schlacke bei fest verschmierten Türen stehen. Nach einiger Zeit muß die Probe ein porenfreies Bruchgefüge ausweisen. Ist es nicht der Fall, setzt man etwa 0,05% Si und läßt wieder 5—10 Minuten stehen. Eine solche Stahlprobe enthält etwa 0,15—0,18% C, 0,35 bis 0,40% Mn, 0,05—0,10% Si. Von dem Setzen von Mn, Si, C in die Gießpfanne will Barton nichts wissen. Es soll im Ofen geschehen. Nur Al und Ti sollen in die Pfanne gesetzt werden. Aluminium soll allerdings bei Elektrostahl ausgeschaltet werden. Man kommt bei richtiger Arbeitsweise ohne dies aus. Im Notfalle soll man zum Ti greifen, dessen Oxyd leicht schmilzt und sich gut abscheidet.

Man kann bei niedrigem P-Gehalt im Einsatz auch gleich mit der 2. Schlacke beginnen. Es wird dann gleich, nachdem sich ein Sumpf gebildet hat, soviel Kalk eingeworfen, daß eine leichte Schlackendecke entsteht. Nach vollendetem Einschmelzen wird Ferromangan zugesetzt, Kokspulver gegeben und Schlackenbildner nach Bedarf. Es empfiehlt sich aber auch in diesem Falle die erste stark FeO-haltige, dünnflüssige Schlacke abzuziehen, um an Zeit zu sparen.

Bei hochgekohltem Stahl mit 0,6—0,7% C vermeidet man das Setzen einer stark frischenden Schlacke. Man setzt eine sogenannte Kalkschlacke, bestehend aus 8—10 Teilen Kalk, 1 Teil Kokspulver, 1 Teil Flußspat. Erst nach dem Schmelzen des Kalkes wird das Kokspulver aufgestreut. Das Schlackengewicht beträgt 2% des Einsatzes. In diesem Falle mischt man auch dem Schrott Koksmehl zwecks Aufkohlung zu. Die ebengenannte Kalkschlacke zerfällt an der Luft zu einem weißen Pulver. Das Verhältnis der Säuren:Basen = 1:3.

13. Stahlguß aus dem basischen Lichtbogenofen. Nach einer hierunter genannten Quelle[1] soll man die Desoxydationsschlacke nicht zu basisch halten (20—40% SiO_2)[2]. Die Ansicht, daß eine solche Schlacke das Ofenfutter angreift, ist nicht richtig. Im Zusammenhang mit dieser Erwägung steht es, daß man die Schlacke nicht mit Flußspat, sondern mit etwas Sand flüssig machen soll.

14. Nickelstahlschmelze im basischen Elektroofen[3]. Es gilt hier sinngemäß dasselbe wie beim sauren Ofen und beim Kohlenstoffstahl. Man erreicht im basischen Ofen geringere P- und S-Gehalte, z. B. 0,015% P und 0,008% S. Die Schlackenmenge beträgt 3% vom Einsatz. Man muß die Schlacke 3—5 Stunden lang wirken lassen. Bei rostigem Schrott

---

[1] Stahl u. Eisen 1926 S. 196, nach amerikanischer Quelle.

[2] Angeblich soll auf diese Weise eine Si-Reduktion zustande kommen. Dies ist nach des Verfassers Ansicht nicht richtig. Wohl aber wird die Schlacke durch den Sandzusatz dünnflüssig und reaktionskräftig.

[3] Stahl u. Eisen 1926 S. 1350.

verlängert sich die Schmelzdauer um 1 Stunde. Die Schlackenmenge ist dann doppelt so groß. Die Schlackenzusammensetzung ist am Schluß die folgende:

17,60% SiO_2	1,05% Mn	0,03% P
0,49% Fe	58,32% CaO	0,34% S
3,26% Al_2O_3	13,28% MgO	1,33% CaC_2.

15. Manganstahl aus dem basischen Elektroofen[1]. Es handelt sich um Manganstahl mit 12% Mn, der eine Zerreißziffer von 70—77 kg/mm^2 besitzt. Man kann nur den basischen Ofen anwenden, in einem sauren Ofen würde die Zerstörung des Mauerwerkes und Herdes zu stark und der Manganverlust zu groß sein. Magnesitsteine widerstehen am besten der Zerstörung. Einen Dolomitherd soll man nicht anwenden.

Am besten ist es, wenn man nach dem Einschmelzen, ohne die Schlacke zu ziehen, entgast und legiert. Dies letztere geschieht, indem man vorgewärmtes Ferromangan, das rund 14% des Einsatzes ausmacht, nach und nach zusetzt.

Man hält auf eine stark basische Schlacke, um den Manganverlust einzuschränken und arbeitet ohne jeden Sandzusatz. Man arbeitet auf ein Stahlbad hin, das 0,05% C, 0,01% Si, 0,04% Mn hat, falls man nicht Manganschrott einsetzen muß. Sollte mehr als 0,10% C nach dem Einschmelzen vorhanden sein, setzt man etwas Eisenerz. Die Einschmelzschlacke ist dünn und schwarz. Nunmehr wird 2% vom Einsatzgewicht an Kalk gegeben und 0,4% Flußspat (aber kein Sand), gut durchgerührt, eine gute Lage Koksmehl (mit möglichst wenig Asche) aufgebracht und die Türen dicht geschlossen. Man wartet, bis die Temperatur hoch genug ist und trägt dann nach und nach das Ferromangan ein.

Über das Aussehen, die Zusammensetzung und die Farbe der Schlacke gibt Abb. 83 und ihr Text Auskunft. Man erkennt, daß ihr FeO und MnO-Gehalt immer mehr abnimmt. Die in der Abbildung kenntlich gemachten Schlacken zerfallen an der Luft.

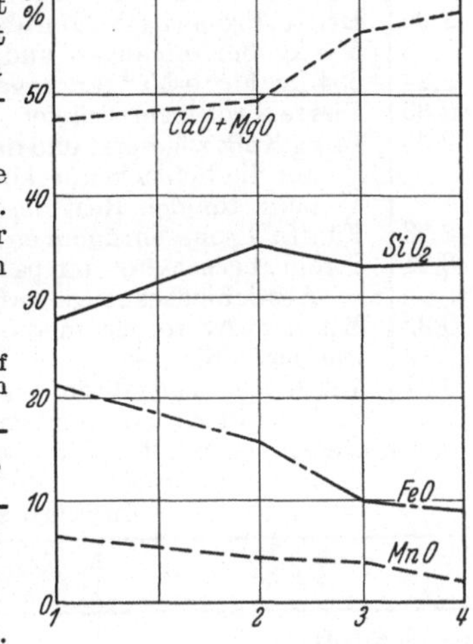

Abb. 83. Zusammensetzung und Aussehen der Schlacke im Verlauf einer Manganstahlschmelze (12 % Mn) nach B a r t o n : Stahl u. Eisen 1926 S 1326.

Zeit	Farbe	SiO_2 %	$Fe_2O_3 + Al_2O_3$ %	$CaO + MgO$ %	MnO
1.00	dunkelbraun	28,02	20,70	48,38	7,02
2.00	braun	34,70	16,00	49,49	4,45
2.10	hellbraun	33,50	10,00	56,45	3,75
2.45	weißes Pulver	33,60	9,40	58,42	1,59

Man erkennt die Abnahme des MnO-Gehaltes infolge der Reduktion.

Gut entgasten Stahl erkennt man am ausreichenden Biegewinkel (90%) der in Sand vergossenen und in Wasser abgeschreckten Stahlprobe, 13 × 20 mm, 300 mm lang.

Der Si-Gehalt beträgt normalerweise 0,40%, aber ein höherer Gehalt, sogar bis 2%, schadet nach Barton nichts. Manganstahlschrott kann man bis 75% setzen. Man darf dann außer CaO nur Flußspat und wenig Kokspulver setzen. Nach dem Einschmelzen hat man dann 9—10% Mn im Stahl. Je weniger Rost der Schrott enthält, um so besser ist es.

Ist es nötig, den Kohlenstoffgehalt zu drücken, so setzt man Manganerz und erhöht auf diese Weise den Mangangehalt des Stahles: $MnO_2 + 2 C = Mn + 2 CO$.

16. Erzeugung von Manganstahl im basischen elektrischen Ofen[2]. In einem basischen Héroultofen von 7 t Einsatz betrug der Einsatz für eine Manganstahlcharge:

<pre>
Drehspäne von Kohlenstoffstahl . . . . 2404 kg
Kohlenstoffstahlschrott . . . . 3084 ,,   5488 kg
Kalkzuschlag . . . . 160 kg.
</pre>

Der Verlauf der Charge war wie folgt:

[1] Stahl u. Eisen 1926 S. 1328, nach amerikanischer Quelle (Barton).
[2] J. H. Hruska: The Iron Age, Bd. 122, 23. Aug. 1928, abgedruckt in Gießerei-Ztg. 1928 S. 620.

Zeit	Betriebsmaßnahme	Dauer der Betriebsvorgänge
9.47	Beginn des Chargierens	Chargieren 23 min
10.10	Strom eingeschaltet.	
12.05	34 kg Hammerschlag zugesetzt.	
12.37	46 kg Kalk zugeschlagen.	
12.51	Erste Probe von Stahl und Schlacke entnommen.	
1.00	Ofen zum Abziehen des größten Teiles der oxydierenden Schlacke gekippt	Schmelzen 2 h
1.04	Strom abgeschaltet und den Rest der Schlacke abgezogen.	50 min
1.07	Entschlacken beendigt, Strom wieder eingeschaltet	Entschlacken 7 min
	Nach der Entschlackung nacheinander aufgegeben: 20 kg Kalk, 4,5 kg Flußspat, 350 kg Ferro-Silizium-Mangan.	
1.22	34 kg Kalk aufgegeben.	
1.28	4 Schaufeln gemahlenes Ferrosilizium auf die Schlacke gegeben.	
1.34	Zweite Probe nach Durchrühren des Bades entnommen.	
1.37	4 Schaufeln gemahlenes Ferrosilizium auf die Schlackendecke.	
1.40	14 kg Kalk aufgegeben.	
1.52	4 Schaufeln gemahlenes Ferrosilizium auf die Schlackendecke.	
2.00	Dritte Probe nach Umrühren des Bades entnommen.	
2.03	500 kg Ferro-Mangan und 14 kg Kalk aufgegeben.	
2.24	354 kg Ferro-Mangan zugeschlagen.	
2.33	Vierte Probe entnommen.	
2.35	14 kg Kalk zugesetzt und darauf 3 Schaufeln gemahlenen Koks auf die Schlackendecke gegeben, Bad umgerührt und es dann für den Rest der Schmelze in Ruhe gelassen.	
2.58	Fünfte Probe entnommen.	
3.21	Strom abgeschaltet; ein paar große Kalkstücke in der Nähe des Abstichloches eingeworfen, um die Schlacke zu verdicken.	
3.22	Mit dem Abstechen in die Gießpfanne begonnen.	
3.24	Pfanne voll.	
3.27	Mit dem Gießen begonnen.	
3.35	Sechste Probe entnommen.	
3.49	Gießen beendigt. Kein Bär in Pfanne oder Ofen.	

Zusammensetzung der Stahlproben.

Probe	Nr. 1 %	2 %	3 %	4 %	5 %	6 %
Kohlenstoff	0,04	0,18	0,21	1,04	1,00	1,01
Mangan	0,38	4,18	4,37	13,93	13,31	12,89
Silizium	0,01	0,31	0,26	0,29	0,23	0,22
Phosphor	0,03	0,032	0,035	0,049	0,052	0,047
Schwefel	0,018	0,027	0,018	0,013	0,010	0,006

Zusammensetzung der Schlackenproben.

Probe	Nr. 1	2	3	4	5
	dunkel grün-lichbraun %	grüngrau %	hell grünlich-grau, zu weißem Pulver zerbröckelnd %		
SiO_2 . . .	8,92	23,11	21,83	24,42	25,53
FeO . . .	24,62	7,63	4,60	2,29	1,88
MnO . . .	23,41	14,06	7,29	3,66	3,21
CaO . . .	32,56	42,10	51,81	57,12	56,97

Zusammensetzung der Zusatzlegierungen und Zuschläge.

Ferro-Silizium-Mangan . . . . 63,84% Mn
Ferro-Mangan . . . . 78,41% Mn
Kalk 87,22% CaO, 0,56% MgO, 0,91% SiO_2, 0,064% S
Flußspat . . . . 84,26% CaF_2

Wärmebilanz der Charge:

Stahl . . . . . 48,8%   Kühlringe . . . . 2,9%   Strahlung . 38,8%
Schlacken . . . 8,2%   Transformator . . 1,3%   Zusammen . 100,0%

72. Der Betrieb bei Anwendung von Duplexverfahren.

Beispiele.

1. Stahlgußerzeugung in einem Lichtbogenofen mit aufkippbarem Gewölbe in der West Steel Casting Co. in Cleveland[1]. Es ist ein Duplexverfahren, bei dem aber in abweichender Weise der Elektroofen zum Einschmelzen und Vorfrischen bis auf 0,6% C benutzt wird, um dann im Kleinkonverter fertig zu frischen. Der Elektroofen hat hier den früher angewandten Kupolofen verdrängt, weil der hohe S-Gehalt unerträglich war. Gegenüber dem reinen Elektrostahlverfahren besteht der Vorteil der Abkürzung der Schmelzdauer ($1^1/_2$ gegen $2^1/_2$ Stunden bei etwa 2 t Einsatz).

2. Flüssiger Einsatz im Héroultofen.[2] Aus einem kippbaren basischen Martinofen wurden 2 t in den elektrischen Ofen übergeführt und eine frischende Schlacke gegeben. Diese wurde nach 30—45 Minuten abgezogen, um Kohle aufzustreuen und Kalk zu geben. Wenn die Schlacke weiß war, wurde Probe genommen und darauf fertiggemacht, d. h. genau berechnete Mengen von Eisenkohlenstoff, Ferromangan, Ferrosilizium aufgegeben. Es entstanden angeblich gar keine Verluste. Bei der zweiten Schlacke wurden auch Manganoxyde aufgegeben. Das Mn geht dabei vollständig in das Eisen über. Es wurden 250 kWh für 1 t gebraucht. Die Schmelze dauerte 2 Stunden.

3. Flüssiger Einsatz im Héroultofen[3]. 25 t. Drehstrom, der von 5000 V auf 100 V transformiert wurde. In 12 Stunden wurden 3 Schmelzen gemacht. Es wurde Thomasflußeisen eingesetzt, das halb desoxydiert war. Undesoxydiertes Flußeisen läßt sich zu schlecht vergießen.

Da das Abziehen der ersten Schlacke bei diesem großen Ofen schwierig war, so kippte man und goß das Flußeisen genau wie beim Höschverfahren in den Ofen zurück.

Um die Entphospherung gut durchführen zu können, mußte man auf genügend hohen C-Gehalt des Einsatzes achten und tat dies, indem man 350—400 kg getrockneten und gemahlenen Koks in die Eingußrinne brachte. Man soll nicht unter 0,3% C, auch bei weichem Flußeisen im Einsatz haben.

Wolfram- und Chromzusätze werden gut vorgewärmt am Schlusse gegeben.

4. Raffinieren von flüssigem Einsatz aus dem basischen Martinofen, im sauren Elektroofen[4]. Man bildet zwei Schlacken. Die erste gleicht der sauren Martinofenschlacke, die letztere ist manganärmer und schwerschmelziger. Sie wird ohne Flußspat gesetzt. Der Mn-Gehalt wird am besten durch kleingeschlagenes Ferromangan gegeben. Die zweite Schlacke ist eine Desoxydationsschlacke, deren FeO-Gehalt niedrig ist (anfangs 7%, am Ende vielfach nur 2%). Die Schlacke kann man immer wieder einsetzen.

5. Raffinieren von Martinflußeisen in einem basisch zugestellten 6-t-Ofen auf Rohrknüppel[5]. Es wurde nicht zu weit heruntergefrischtes Martinflußeisen, ohne es zu desoxydieren, eingelassen und Kalk und darauf Hammerschlag gegeben. Nach 1 Stunde wurde die Schlacke abgekippt und der Rest mit gebranntem Kalk eingehüllt und dann abgezogen.

Die zweite Schlacke bestand aus 12 Schaufeln Kalk, 2 Schaufeln gemahlenem Quarz, einer Schaufel Flußspat. Zuvor wurde auf die blanke Badoberfläche Ferrosilizium (66% Si-Verlust) und Ferromangan (Mn-Verlust ist sehr gering) aufgebracht.

6. Schmelzen bei flüssigem Einsatz aus dem basischen Martinofen, im basisch zugestellten Girodofen (3,5 t) in Gutehoffnungshütte[6]. Stromverbrauch = 400—500 kWh für 1 t, Frischperiode = $^1/_3$, Desoxydationsperiode = $^2/_3$. Um die weiße Schlacke zu erzeugen, wird Petroleumkoks auf die Oberfläche der Schlacke geworfen.

7. Ebenso und ebenda bei saurem Ofenfutter, um hartes Material (etwa 0,5—0,8% C) zu erzeugen. Auch hier wurde eine Oxydations- und Desoxydationsschlacke gesetzt, letztere eisen- und manganärmer. Eine Entphospherung und Entschwefelung fand nicht statt. Allerdings wurde keine S-Vermehrung aus dem S-Gehalt des Petroleumkoks festgestellt (0,02% P und 0,035% S waren gewöhnlich). Um die weiße Schlacke zu erzeugen, wurden kleingeschlagenes Ferromangan und Petroleumkoks oder gemahlene Elektrodenreste auf die Schlacke aufgestreut.

Es fand eine starke Si-Aufnahme statt.

Im Kapitel 75 wird eine Kritik der Duplexverfahren gegeben werden.

---

[1] Stahl u. Eisen 1920 S. 581.   [2] Stahl u. Eisen 1907 S. 41 (Eichhoff).
[3] Nach Reisenotizen auf einem niederrheinischen Werk.
[4] Stahl u. Eisen 1914 S. 89 (Müller).
[5] Nach Reisenotizen auf einem niederrheinischen Werk.
[6] Stahl u. Eisen 1911 S. 1166 u. 1258.

73. Wirtschaftliches über Lichtbogenöfen.

Es kommt auf die Selbstkosten an, um die Frage der Wettbewerbsfähigkeit gegenüber dem Martinofen und Kleinkonverter zu klären.

In den Vereinigten Staaten ist der ölgefeuerte Martinofen der gefährlichste Wettbewerber des Elektroofens. Es ist kennzeichnend, daß trotz der bei ihm erzielten niedrigen Selbstkosten dort die Elektrostahlerzeugung so große Fortschritte gemacht hat und noch macht. Diese Fortschritte sind in früheren Kapiteln gekennzeichnet.

Die Selbstkosten gliedern sich in Einsatzkosten und Schmelz- oder Umwandlungskosten. Für beide bestehen sehr große Abweichungen. Es ist eine eingehende Betrachtung in jedem einzelnen Falle erforderlich, um zu sagen, ob wirtschaftlich gearbeitet wird, und was das Wirtschaftlichste ist.

Allein der Umstand, ob ein kontinuierlicher oder periodischer Betrieb besteht, bedingt große Unterschiede. Man kann auch auf verschiedenen Wegen bei ein und derselben Ofenanlage zum Ziel kommen.

Sperriger, kleinstückiger Schrott, bedingt geringe Einkaufkosten, aber längere Einsatz- und Chargendauer und höheren Stromverbrauch, höhere Löhne und Ofenunterhaltungskosten.

Daß der sauer zugestellte Elektroofen höhere Einkaufkosten, aber geringere Schmelzkosten bedingt, wurde in früheren Kapiteln gesagt. Er hat eine kürzere Schmelzzeit, weil die Schlacke die Wärme schlechter leitet und die Wärmeverluste deshalb geringer sind, weil die Entphospherung und Entschwefelung fortfällt und das Raffinieren nach beendigtem Einschmelzen so abgekürzt werden kann, daß unter gleichen Verhältnissen die Chargendauer gegenüber dem basischen Ofen auf $^2/_3$ gekürzt werden kann.

Die Zustellungs- und Unterhaltungskosten betragen beim basischen Ofen 0,90 und 0,70 RM, zusammen 1,60 RM für 1 t Stahl, gegenüber dem sauren Ofen mit 0,30 und 0,35 RM, zusammen 0,65 RM für 1 t[1].

Auch der Preis für die kWh ist sehr verschieden. Die Stromlieferungsverträge enthalten meist so viel Klauseln (namentlich auch Sperrzeitvorschriften), daß es nicht leicht ist, zu sagen, wieviel die kWh tatsächlich kostet.

Auch in den Vereinigten Staaten schwanken die Werte zwischen 1 und 2 Cents (4,25—8,50 Rpf.) für 1 kWh[2].

Über den zulässigen Wert ist viel geschrieben worden. Die Ansicht, daß ihr Preis nicht mehr als 2,7 Rpf. betragen dürfe, um die Einführung des Elektroofens für Stahlguß zu ermöglichen[3], ist entschieden irrig. Meist findet man Werte, die nahe bei 4 Rpf. liegen, allerdings unter der Maßgabe, daß der billige Nachstrom möglichst ausgenutzt wird.

Diese Erwägung hat dazu geführt, beim Einschmelzen höhere Spannung anzuwenden (vgl. Kapitel 67), um die Einschmelzzeit abzukürzen und sie möglichst in die Zeit des Nachtstroms außerhalb der Sperrzeiten zu verlegen. Sehr günstige Werte fand der Verfasser in einer Schweizer Gießerei, nämlich 3,6 Rpf. für Tagstrom und 1,5 Rpf. für Nachtstrom. Allerdings lassen sich auch ohne Wasserkräfte ebenso günstige Werte erwarten, wenn Gichtgaszentralen und Zentralen, die mit billiger Rohbraunkohle arbeiten, in der Nähe sind.

Die Frage, ob billiger sperriger Schrott oder Kernschrott verwendet werden soll, ist bei den Betriebsbeispielen Kapitel 70 und 71 gestreift. Im Sinne der neueren Anschauungen liegt es, nur besten Kernschrott anzuwenden, den man in die Rutsche einschaufelt (was bei sperrigem Schrott nicht gelingt) und

---

[1] Stahl u. Eisen 1926 S. 213 (Müller-Hauff).
[2] Gießerei 1929 S. 953.   [3] Gießerei-Ztg. 1928 S. 325.

unter Schrägstellen des Ofens bei geöffneter Tür auf den Herd befördert. Auf diese Weise läßt sich die Beschickung eines 3,5-t-Ofens in 14—17 Minuten, bei 8 Chargen in 24 Stunden, ausführen, ohne daß Falschluft in nennenswerter Menge einfließen kann[1]. Unter diesen Umständen gelingt es auch bei einem 25-t-Ofen, 5—6 Chargen in 24 Stunden herauszubringen[2].

Früher war man der Ansicht, daß ein mit festem Einsatz betriebener Elektroofen unwirtschaftlich sei, und nur ein Duplexverfahren zum Ziel führen könne, bei dem der Elektroofen mit flüssigem Einsatz aus dem Konverter oder Martinofen beschickt wird. Von solchen Duplexverfahren war im Kapitel 72 die Rede.

Diese Ansicht hat man aufgegeben; auch gerade im Zusammenhang mit der verbesserten Einschmelz- und Beschickungstechnik beim Elektroofen. Man wird heute wohl nur dann zum Duplexverfahren greifen, wenn sonst nicht die erforderliche Erzeugungsmenge beschafft werden kann; also in Zeiten einer Hochkonjunktur, bei der alle Öfen bis zur vollen Leistung ausgenutzt werden.

Für 1 t Stahl rechnet man meist mit 800 kWh; unter sehr günstigen Verhältnissen kommt man mit 700 kWh aus. Nach einer amerikanischen Statistik waren 660 kWh, bei 10 Chargen in 24 Stunden, bei einem 3,5-t-Ofen die günstigste Zahl[3].

Es sollen nunmehr einige Selbstkostenrechnungen folgen:

1. Schmelzkosten nach Mars[4].
(Basischer Elektrostahl, fester Einsatz.)

Grundlegende Werte.

1 kWh	0,045 RM.	Schamotte	150 RM./t
Elektroden	350 RM./t	Gebrannter Kalk	25 „
Magnesitsteine	250 „	Flußspat	26 „
Gebrannter Magnesit	125 „	Erz, Zunder	25 „
Silika	140 „	Kohle	30 „

Die Gesamtumwandlungskosten ergeben sich demnach je Tonne flüssigen Stahles wie folgt:

Gegenstand	Verbrauch je Tonne Stahl	Einheitspreis	Preis je Tonne flüssigen Stahles RM.	
Strom	650 KWh	0,045 RM.	—	29,20
Elektroden	7,5 kg	350 RM./t	2,63	
Elektrodenummantelung	—	—	0,21	2,84
Kalk	60 kg/t	25 RM./t	1,50	
Flußspat	10 „	26 „	0,26	
Erz, Zunder	2 „	25 „	0,05	
Kohle	5 „	30 „	0,15	1,96
Magnesit	10 „	250 „	2,50	
Gebrannter Magnesit	10 „	125 „	1,25	
Silika	15 „	140 „	2,10	
Schamotte	11,5 „	150 „	1,73	7,58
Ofenarbeiterlöhne			5,00	
Maurerlöhne			0,76	5,76
Andere Betriebe und Materialien			—	5,00
Zusammen . . .			—	52,34
Gesamtumwandlungskosten daher	52,34 je t 5,23 je 100 kg			

---

[1] Gießerei 1929 S. 953. [2] Gießerei-Ztg. 1928 S. 135.
[3] Gießerei 1929 S. 953. [4] Gießerei-Ztg. 1926 S. 117 u. 134.

2. Vergleich der Selbstkosten des Stahlgusses aus dem Kleinkonverter und dem aus dem basischen Elektroofen nach Genwo[1].

Konverterbetrieb bei 16 t Stahl täglich.

Einsatz: 250 kg Hämatit-Roheisen . . . . 95,— RM./t = 23,75 RM.

        200 ,, eigene Trichter . . . . 43,— ,, = 8,60 ,,

        250 ,, Schienenstücke, Federn usw.. . . . 50,— ,, = 12,50 ,,

        300 ,, Kernschrott, klein geschnitten . . . 46,— ,, = 13,80 ,,

                                                58,65 RM.

Bei 15% Gesamtabbrand ist das 1,175fache zu setzen . . . . 68,91 RM.

Zusatz: 6 kg Ferrosilizium 45%ig . . . . 1,29 ,,

        12 ,, Ferromangan 80%ig . . . . 3,85 ,,

        200 g Aluminium . . . . 0,42 ,,

Löhne: für Ofenleute, Bläser, Maschinisten, Pfannenleute und Maurer 4,80 ,,

Kupolofenkoks, 18% vom Einsatz . . . . 24,45 RM./t . 5,18 ,,

Anwärmekoks . . . . 0,96 ,,

Kalkstein . . . . 0,76 ,,

Kraftverbrauch: Konverter und Kupolofen . . . . 1,55 ,,

Instandhaltung von Kupolöfen-Konvertern, Schmierung, Reparaturen usw. 5,20 ,,

Selbstkosten für die Tonne flüssigen Stahles ohne Tilgung u. Verzinsung 92,18 RM.

Elektroofenbetrieb bei 15 t Stahl täglich.

Einsatz: 333 kg Trichter . . . . 43,— RM./t = 14,32 RM.

        667 kg Späne . . . . 34,— RM./t = 22,72 ,,

                                                37,04 RM.

Bei 4,5% Abbrand ist das 1,05fache einzusetzen . . . . 38,89 ,,

Zusatz: 4 kg Ferromangan 80%ig . . . . . . 321.— RM./t = 1,28 ,,

        6,5 ,, Ferrosilizium 45%ig . . . . . . 215.— RM./t = 1,40 ,,

        200 g Aluminium . . . . 0,42 ,,

Löhne für Ofenpfannenleute, Schmelzer . . . . 2,59 ,,

Stromkosten: 796 kWh je 4,3 Rpf. . . . . 34,23 ,,

Elektroden: 4 kg je 1,78 RM. . . . . 7,12 ,,

Kalk, Flußspat, Hammerschlag, Erz . . . . 0,94 ,,

Dolomit, Teer, Magnesit . . . . 0,98 ,,

Deckelerneuerung, einschl. Maurerlohn . . . . 1,50 ,,

Kühlwasser, Schmierung, Instandhaltung . . . . 0,70 ,,

Selbstkosten für die Tonne flüssigen Stahles ohne Tilgung und Verzinsung 90,05 RM.

Zum Einschmelzen werden ziemlich gleichmäßig 500 kWh gebraucht. Zum Überhitzen und Raffinieren je nach der Zusammensetzung und Temperatur verschiedene Strommengen, so daß sich der Gesamtaufwand zwischen 600 und 1000 kWh bewegt und 796 kWh im Durchschnitt beträgt. Der Strompreis von 4,3 Rpf. entspricht dem Durchschnitt bei Verwendung von Tag- und Nachtstrom.

Die Firma Siemens & Halske rechnet bei ihren Lichtbogenöfen, die mit 160—200 V, je nach der Ofengröße beim Einschmelzen und mit 80—110 V beim Raffinieren betrieben werden, mit 400—550 kWh für das Einschmelzen und 150—350 kWh für das Raffinieren, zusammen 550—900 kWh für 1 t Stahlguß. Der Elektrodenverbrauch beträgt 4—6 kg für 1 t bei kaltem Einsatz. Je nach der Ofengröße 4—7 Chargen in 24 Stunden. Der Kühlwasserverbrauch beträgt je nach der Ofengröße 0,5—2 m³ für 1 Stunde. Die Haltbarkeit des Ofenmauerwerks und des Deckels ist in Kapitel 65 genannt.

Nach Mars[2] ergibt sich folgender Vergleich zwischen den Stahlschmelzverfahren

für 100 kg	Elektrostahl	Tiegelstahl	Martinofenstahl	Kleinkonverterstahl
Einsatzkosten	5,31 RM.	13,59 RM.	7,23 RM.	7,58 RM.
Schmelzkosten	5,23 ,,	13,50 ,,	3,20 ,,	2,50 ,,
Zusammen	10,54 RM.	27,09 RM.	10,43 RM.	10,08 RM.

Allerdings nimmt Mars hinsichtlich des Elektrostahles die denkbar günstigsten Verhältnisse an, die nur selten bestehen werden. (590 kWh für 1 t und nur 2¹/₂ Stunden Chargendauer.)

---

[1] Stahl u. Eisen 1926 S. 1697.   [2] Gießerei-Ztg. 1926 S. 155.

Die **Abbrandziffern** sind nach Mars 8,52% beim Elektroofen, 4,47% beim Tiegel, 10,20% beim Martinofen, 18,55% beim Kleinkonverter.

Stahlgußstücke von über **6 t Gußgewicht** soll man dem Martinofen überweisen. Solche von 3—6 t den großen Elektroöfen (6 t), solche unter 3 t den kleinen Elektroöfen.

Von der Erniedrigung der Selbstkosten durch **Vorwärmen des Schrottes** in besonderen Öfen auf 700° sei folgendes gesagt[1]: In Deutschland wird ein solches Verfahren noch nicht geübt. Vielleicht wirkt der unvermeidbare Überzug der Schrottstücke (Fe_3O_4) ungünstig auf die Qualität ein.

Einen Vergleich der wirtschaftlichen Ergebnisse beim Lichtbogenofen und beim Hochfrequenzofen findet der Leser im Kapitel 81.

74. Saurer oder basischer Lichtbogenofen?

Um diese Frage zu beantworten, muß man Erwägungen anstellen, welche das wirtschaftliche Gebiet und das Gebiet der Qualität berühren.

Mit wenigen Worten läßt sich das Ergebnis solcher Erwägungen nicht darstellen. Es sei hier kurz folgendes ausgeführt:

Ebenso wie im basischen Martinofen kann man auch im basischen Elektroofen, unter gleichen Verhältnissen schneller herunterfrischen. Dieser Gesichtspunkt spielt beim Stahlguß keine erhebliche Rolle. Wichtig ist aber vielfach die im sauren Ofen stattfindende Einwanderung des Si aus der Schlacke und die damit verbundene bessere Desoxydation[2].

Meist stellt sich Stahlguß aus dem sauren Elektroofen erheblich billiger als solcher aus dem basischen Ofen. Dies wird eindeutig dadurch bewiesen, daß in den Vereinigten Staaten, wo im allgemeinen nicht so hohe Qualitätsforderungen bestehen wie bei uns, der saure Elektroofen vorherrscht. Es sei darauf verwiesen, daß die Bau- und Unterhaltungskosten, die Stromkosten und Löhne beim sauren Ofen niedriger sind. Allerdings kostet der Einsatz meist mehr, weil man auf phosphor- und schwefelarmen Schrott angewiesen ist; aber dies ist heute nicht mehr von großer Bedeutung, weil solcher Schrott bei den kleinen Mengen, die angefordert werden, überall in genügender Qualität zur Verfügung steht.

Wenn der saure Elektroofen in Deutschland nur im geringen Umfange angewendet wird, so liegt es lediglich daran, daß die Abnahmevorschriften starr daran festhalten, daß der Phosphor- und Schwefelgehalt jeder unter 0,05% bleiben müsse. Dies kann man auch im sauren Ofen erreichen, aber doch nicht mit derselben Sicherheit wie im basischen Ofen.

Wenn die Grenze auf 0,07% oder 0,08% hinaufgesetzt würde[3], was fast immer ohne jeden Nachteil geschehen könnte, so würde in Deutschland der Anteil an Stahlguß aus dem sauren Elektroofen nicht kleiner als derjenige in Amerika sein.

Selbst wenn die Grenze auf je 0,10% P und S eingestellt würde, wie man es beim Kleinkonverter tun muß, so würde dieser Stahlguß fast in allen Fällen vollauf genügen.

Sieht man vom P- und S-Gehalt ab, so kommt man zu dem Ergebnis, daß **der Stahlguß aus dem sauren Elektroofen qualitativ überlegen ist**[4].

---

[1] Vgl. auch Gießerei 1928 S. 225 (Kerpely).

[2] Vgl. Osann: Die Beantwortung einiger Fragen aus dem Gebiete des Stahlgusses. Gießerei 1928 S. 466.

[3] Vgl. darüber Zsack: Gießerei-Ztg. 1927 S. 413. Dieser sagt, daß ein P-Gehalt zwischen 0,075 und 0,100% nicht hinderlich sei, um gute Prüfungswerte zu erzielen.

[4] Kennzeichnend ist für die Überlegenheit des sauren Stahles, daß es bisher nicht gelungen ist, Rasierklingen, Tuchschermesser, Grammophonfedern, Uhrfedern aus dem basischen Martinofen herzustellen. Man muß sie im sauren Ofen erzeugen.

Dies hängt mit dem Überfließen des Siliziums aus der Schlacke in das Bad zusammen.

Kennzeichnend sind in dieser Richtung die Duplexverfahren, bei denen Stahl aus dem basischen Martinofen in den sauren Martinofen oder sauren Elektroofen übergeführt wird, wenn es darauf ankommt, besonders schwierige Abnahmevorschriften zu erfüllen. Ein solches Erzeugnis ist mit Tiegelgußstahl auf eine Stufe zu stellen[1].

Allerdings empfiehlt es sich nicht, den sauren Ofen anzuwenden, wenn ein C-Gehalt unterhalb 0,15% verlangt wird. In diesem Falle tritt der basische Ofen in sein Recht ein.

Die Ursache des geringeren Wärme- und Stromverbrauchs des sauren Elektroofens ist darin zu suchen, daß die Schlacke und der Herd die Wärme schlechter leiten. Daher ist es im sauren Ofen nicht schwer, das Bad zu überhitzen, und es ist auch nicht schwer, den flüssigen Stahl in der Pfanne unter der dickflüssigen Schlacke vor Abkühlung zu bewahren. Dieser Vorzug des sauren Ofens kommt gerade bei dünnwandigen Gußstücken zur Geltung. Allerdings kann man im basischen Ofen schneller einschmelzen, weil die Schlacke den Strom besser leitet und einen längeren Lichtbogen entstehen läßt[2].

Das basische Ofenmaterial ist viel empfindlicher gegen schroffen Temperaturwechsel als das saure. Gerade bei Stahlguß ist ein solcher Wechsel häufig. Auch dies spricht für den sauren Ofen und erklärt die geringere Ausgabe für Ofenunterhaltung.

Die Kosten für guten Schrott werden dadurch ermäßigt, daß immer ein starkes Angebot von Maschinenfabriken und Konstruktionswerkstätten vorliegen wird. Ein solcher Schrott besteht aus Formeisen- und Blechabschnitten, die unverrostet abgeliefert werden, und deren P- und S-Gehalt meist nicht mehr als je 0,07% beträgt.

Wenn eingewendet wird, daß bei dem höheren P- und S-Gehalt des sauren Stahls die Gefahr der Warmrisse zu groß würde, so ist dies nicht gerechtfertigt. Diese beginnt erst bei noch höherem P- und S-Gehalt. Die Erfahrungen in Gießereien, die nur mit sauer zugestellten Martinöfen arbeiten, z. B. die von Oecking in Düsseldorf, bestätigen dies.

Naturgemäß ist es nicht angängig, Sammelschrott einzuschmelzen, dessen Beschaffenheit durch Rost, hohen P- und S-Gehalt und durch seine Unkontrollierbarkeit gekennzeichnet ist. Einen solchen Schrott kann man nur im basischen Ofen verarbeiten, wo auch der starke Rostansatz nichts schadet. Der geringe Einkaufspreis gilt hier als Ausgleichswert.

75. Fester oder flüssiger Einsatz bei Lichtbogenöfen?

Wenn ein Elektroofen mit flüssigem Einsatz beschickt wird, so entsteht ein Duplexverfahren. Dasselbe ist der Fall, wenn ein anderer Elektroofen zum Einschmelzen benutzt wird. Von solchen Duplexverfahren war im Kapitel 72 die Rede. Es soll hier eine kritische Betrachtung eingefügt werden:

In den folgenden Beispielen ist, abgesehen von Beispiel 1, an ein Verfahren gedacht, bei dem flüssiger Stahl aus dem basischen Martinofen oder basischen Konverter in einen basisch oder sauer zugestellten Elektroofen übergeführt wird, um den mehr oder minder fertig gefrischten Stahl im Elektroofen zu veredeln. Ein solches Verfahren galt noch vor 10 Jahren als das normale, weil das Ein-

---

[1] Vgl. Stahl u. Eisen 1926 S. 213 über saure Elektroöfen.
[2] Gießerei-Ztg. 1927 S. 413.

schmelzen von festem Einsatz im Elektroofen als zu teuer außerhalb jeder Betrachtung blieb.

Diese Anschauung hat sich geändert, und zwar in Anlehnung an die Fortschritte und Erfahrungen, die man beim Elektroofen gemacht hat. Man schmilzt heute erheblich schneller und billiger im Elektroofen ein als früher.

Abgesehen davon, ist es auch gar nicht so leicht, einen Thomaskonverterbetrieb oder einen Martinofenbetrieb und einen Elektroofenbetrieb in Gleichschritt zu bringen; namentlich dann, wenn die Fassungsvermögen sehr verschieden sind. Dies letztere ist fast immer der Fall.

Was anderes ist es, wenn eine große Zahl von Martinöfen zur Verfügung steht und man eine Auswahl in der Weise treffen kann, daß der eben entleerte Elektroofen gleich wieder aus einem der Martinöfen beschickt wird.

Aber ein solcher Fall wird bei Stahlguß nur selten bestehen. In den Gießereibetrieb fügt sich ein auf große Erzeugungsmengen eingestellter Stahlwerksbetrieb schlecht ein.

Es ist auch nicht vorteilhaft, vollständig fertig gefrischten Stahl in den Elektroofen einzusetzen. Es muß im letzteren noch ein Frischen stattfinden, andernfalls ist die Gefahr des Überfrischens zu groß. Auch diesem Umstande Rechnung zu tragen, wird oft schwierig sein.

Der Verfasser fand auf seinen Reisen in den letzten Jahren überall den Betrieb mit festem Einsatz beim Elektroofen, auch daselbst vor, wo früher die Handhabung des flüssigen Einsatzes vorgesehen und auch ausgeübt war. Dies letztere Verfahren wurde nur für den Fall in Aussicht genommen, daß die Ofenleistung erschöpft war, und die geforderte Menge nicht mehr beim festen Einsatz herausgebracht werden konnte — also in Zeiten einer Hochkonjunktur.

Es sollen hier noch die verschiedenen Kombinationen kritisch beleuchtet werden:

1. Basischer Martinofen und basischer Elektroofen. Diese Art des Duplexverfahrens ist die gewöhnliche. Sie ist in den Beispielen 2, 5 und 6 des Kapitels 72 gekennzeichnet. Sie eignet sich für unlegierten und legierten Stahl.

2. Basischer Martinofen und saurer Elektroofen. Die Beispiele 4 und 7 kennzeichnen dieses Verfahren, das eine hervorragende Qualität liefert.

3. Basischer Konverter und basischer Elektroofen. Beispiel 3 kennzeichnet das Verfahren, das allerdings nur da anwendbar ist, wo ein Thomasstahlwerk in greifbarer Nähe ist. Dieser Fall wird im Stahlgießereibetriebe äußerst selten sein.

4. Saurer Martinofen und basischer Elektroofen. Diese Kombination wird man nicht wählen, weil die Entphospherungsarbeit im letzteren Ofen zu teuer ausfallen wird.

5. Basischer Elektroofen und saurer Elektroofen. Diese Kombination ist sehr wohl denkbar und würde ebenso wie die Kombination: Basischer Martinofen und saurer Martinofen eine hervorragende Qualität liefern. Sie würde auch gerade bei legierten Stählen Vorteile bringen. Allerdings würden die vermehrten Schmelzkosten nur dann ausgeglichen werden, wenn ganz besonders scharfe Abnahmevorschriften und hohe Preise bestehen.

6. Basischer Elektroofen und Kleinkonverter. Diese Kombination ist in Beispiel 1 des Kapitel 72 gekennzeichnet. Der Text dieses Beispiels nennt den hohen Schwefelgehalt des zuvor verwendeten Kupolofeneisen. Das Verfahren im Elektroofen bis auf 0,6% C vorzufrischen und im Kleinkonverter zu Ende zu frischen, wird schwerlich Nachahmung finden. Wohl aber ist diese Kombination wirtschaftlich denkbar, wenn man den basischen Elektroofen lediglich als Entschwefelungsapparat benutzt, um das flüssige Kupolofeneisen zum Verblasen im Konverter vorzubereiten.

7. Hochofen und basischer Elektroofen. Dieser Fall würde bedeuten, daß man den Elektroofen mit flüssigem Einsatz aus dem Hochofen beschickt und dann unter Zugabe von Gießabfällen und Schrott herunterfrischt. Diese Kombination ist erwägenswert, sofern es sich um Hämatitroheisen handelt. Es wurde eine Parallele zum Martinbetriebe mit flüssigem Roheiseneinsatz geschaffen. Da, wo ein Hochofenwerk in greifbarer Nähe der Stahlgießerei besteht, wäre ein solcher Schmelzversuch angezeigt. Bisher besteht nicht die Möglichkeit, ein abschließendes Urteil fällen zu können.

VII. Induktionsöfen.

76. Allgemeines über Induktionsöfen.

Es sei hier auf die Kapitel 54 und 55 verwiesen, welche die Einteilung und geschichtliche Entwicklung der Niederfrequenz- und Hochfrequenz-induktionsöfen kennzeichnen. Statt diese Worte zu gebrauchen, ist es besser, von „Induktionsöfen mit und ohne Kern" zu sprechen. Die letzteren sind die als Hochfrequenzöfen bekannten Induktionsöfen, von denen heute sehr viel die Rede ist, weil man ihnen eine große Zukunft voraussagt. Neuerdings ist auch von Mittelfrequenzöfen die Rede, welche man als Hochfrequenz-öfen ohne Kondensatoren betrachten kann. Sie stellen eine neue Erscheinungsform dar, über deren Entwicklung man heute noch nichts sagen kann.

Es soll hier im folgenden die Benennung „Niederfrequenzöfen, gegenüber „Hochfrequenzöfen oder kernlose Induktionsöfen" gebraucht werden. Das Wort Hochfrequenzofen ist einmal eingebürgert, wenn es auch nicht zu Recht besteht. Besser wäre die Bezeichnung „Wirbelstromofen" (vgl. Stahl u. Eisen 1934, S. 779).

Dies letztere beweist Tama[1], indem er darauf hinweist, daß es schwer zu sagen sei, wo die „Hochfrequenz" anfange. Statt der früher gebräuchlichen 20000—100000 Hertz[2] seien heute 500—2000 Hertz gebräuchlich, und es sei auch möglich, noch weiter bei kernlosen Induktionsöfen herunterzugehen.

Das einzige Unterscheidungsmerkmal sei die Schmelzrinne, die bei den Niederfrequenzöfen vorhanden ist, bei Hochfrequenzöfen aber fehlt. Öfen ohne Schmelzrinne sind eben kernlose Öfen.

Es gibt auch Hochfrequenzöfen mit einem Eisenjoch, dessen Anwendung Vorteile in sich schließt. Deshalb ist die Bezeichnung „eisenlose Induktions-öfen" statt „kernlose Induktionsöfen" verfehlt. Diese letztere Bezeichnung hat auch Northrup vorgeschlagen, dessen Verdienste um die Entwicklung solcher Öfen unbestritten sind.

Bei den kernlosen Induktionsöfen (vgl. Abb. 39) muß man sich von der Vorstellung, wie sie im Kapitel 55 vom Kjellinofen in den Abb. 34 gegeben wird, vollständig frei machen.

Bei diesen Niederfrequenzinduktionsöfen mit Eisenkern hat man das Bild eines Transformators mit einem Eisenkern, der eine primäre und eine sekundäre Wicklung trägt. Es besteht nur die Abweichung, daß an Stelle der Sekundärwicklung die kreisförmige Schmelzrinne = einer Windung getreten ist.

---

[1] Stahl u. Eisen 1929 S. 499.

[2] Frequenz = Zahl der Stromwechsel in 1 Sekunde = Zahl der Perioden in 1 Sekunde = Hertz.

Bei den kernlosen Induktionsöfen fehlt die Schmelzrinne und mit ihr die sekundäre Wicklung.

Die Erzeugung des Induktionsstroms ist hier eine ganz andere. Am besten leuchtet der folgende Gedankengang ein: Bei den Niederfrequenzöfen im Sinne von Kjellin u. a. merkte man sehr bald, daß nur ein Teil der Energie auf die kreisförmige Schmelzrinne durch Induktion übertragen wurde. Es fand ein Verlust dadurch statt, daß neben dem induzierten Strom in der Rinne Wirbelströme auftraten.

Rodenhauser (vgl. Abb. 44) machte diese dadurch nutzbar, daß er neben der primären Wicklung eine sekundäre auf den Eisenrahmen aufbrachte und deren Enden in eingemauerte Kupferschuhe ausgehen ließ. Von den letzteren gingen nunmehr Ströme aus, welche das Schmelzbad durchquerten[1] und Zusatzwärme erzeugten. Es gelang ihm auf diese Weise bei seinem Ofen einen Wert für $\cos \varphi$ zu erzielen, der denjenigen der damaligen Lichtbogenöfen weit übertraf. Diese Anordnung konnte sich allerdings wirtschaftlich nicht behaupten.

Wenn man die Frequenz immer mehr vergrößert, so gelingt es, diese Wirbelströme derartig zu verstärken, daß der Induktionsstrom in der Schmelzrinne in den Hintergrund tritt. Man kann ohne Nachteil die kreisförmige Schmelzrinne fortlassen, und man hat dann das Bild eines kernlosen Induktionsofens, d. h. eines mit einer Spule versehenen Tiegels.

In den Tiegelinhalt fließen die Wirbelströme ein, sie werden durch ihn kurzgeschlossen, und durch die Höhe der Frequenz wird die Leitfähigkeit so beeinflußt, daß es zu einer starken Wärmeentwicklung kommt.

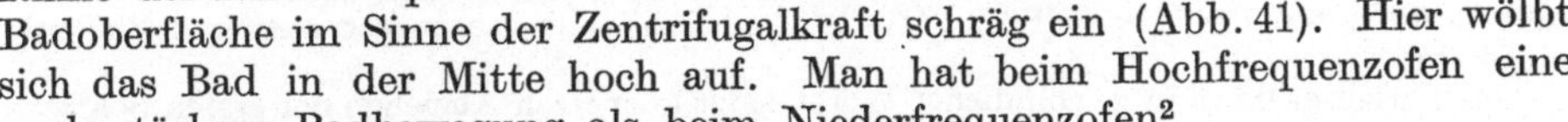

Abb. 84. Badbewegung bei einem kernlosen Induktionsofen. Vgl. Gießerei-Ztg. 1926 S. 309. Man sieht, wie sich das Bad in der Mitte hochwölbt.

Kennzeichnend ist die starke eigenartige Badbewegung, die in Abb. 84 dargestellt ist. Sie ist anders wie die in der Rinne der Niederfrequenzöfen. Bei letzterer stellt sich die Badoberfläche im Sinne der Zentrifugalkraft schräg ein (Abb. 41). Hier wölbt sich das Bad in der Mitte hoch auf. Man hat beim Hochfrequenzofen eine noch stärkere Badbewegung als beim Niederfrequenzofen[2].

Kennzeichnend ist für den Hochfrequenzstrom, daß die Erwärmung im Bereich der Wirbelströme außerordentlich schnell verläuft. Hält man einen Eisenstab senkrecht in die Mitte einer Hochfrequenzspule, so kann man ihn solange in den Fingern halten, bis er unten glühend geworden ist. Die Erwärmung geht viel schneller vor sich, als das Eisen die Wärme leitet.

77. Niederfrequenzöfen.

Solche Öfen werden heute nicht mehr für Eisen- und Stahlschmelzzwecke gebaut, dagegen in großem Maßstabe zum Schmelzen von Metallen und Metallegierungen angewendet. Für diesen Zweck sind sie im Gegensatz zu Lichtbogenöfen besonders gut geeignet, weil das Schmelzbad nicht mit einem Lichtbogen in Berührung kommt, und infolgedessen der Abbrand gering ist. Dies ist beim Messingschmelzen (Zn) besonders wichtig, kommt aber auch beim Schmelzen anderer Metallegierungen in Betracht; auch gerade im Hinblick auf die großen Werte, die bei den hochbezahlten Einsatzbestandteilen durch Ab-

---

[1] Wenn das Mauerwerk heiß wird, wächst seine Leitfähigkeit für den Strom derart, daß man sie mit der der Metalle vergleichen kann.

[2] Bei dem Ribaudofen in Freiburg wölbte sich das Bad 4 cm empor, bei einem Tiegel-∅ von 12 cm. Gießerei 1929 S. 1092.

brand verlorengehen. Abgesehen davon wirkt auch im Gegensatz zu Lichtbogenöfen die starke, kreisende Badbewegung günstig auf die Vermischung der Metalle ein.

Es kommt auch im Gegensatz zum Stahlschmelzen der Umstand in Betracht, daß für Metallschmelzen niedrigere Temperaturen gefordert werden. Im Gegensatz zum Lichtbogenofen kann man im Induktionsofen die Temperatur leicht und genau regeln. Dies ist gerade bei Metallegierungen sehr wichtig.

Daß man heute solche Öfen nicht mehr zum Eisen- und Stahlschmelzen anwendet, hängt damit zusammen, daß sie vom Lichtbogenofen und dem kernlosen Induktionsofen überflügelt sind. Es ist auch nicht zu leugnen, daß das Beschicken der Schmelzrinne eines Niederfrequenzofens schwierig ist, und daß eine regelrechte Schlackenarbeit so gut wie unmöglich ist.

Die Anschauungen, die noch vor 20 Jahren bestanden und zugunsten der Niederfrequenzöfen sprachen, haben sich unter dem Einflusse der Fortschritte geändert.

Für Stahlgußzwecke kommen Niederfrequenzöfen auch deshalb schon nicht in Betracht, weil man bei ihnen auf flüssigen Einsatz angewiesen ist, wenn man wirtschaftlich arbeiten will. Dieser Fall ist selten.

Es sollen hier folgend einige Betriebsbeispiele genannt werden, die sich auf den mit Drehstrom bedienten Röchling-Rodenhauserofen beziehen. Dieser Ofen wurde in mehreren Stahlwerken in Betrieb gesetzt, um legierte Stähle zu erzeugen.

Beispiele von Betrieben mit Niederfrequenzöfen.

1. Erzeugung von Werkzeugstahl im Röchling-Rodenhauserofen[1]. Es wurde mit flüssigem Einsatz gearbeitet, und es wurden Zusatzlegierungen dabei eingeschmolzen. Die Temperatur war im ganzen Ofenraum die gleiche, und die Strömung in der Rinne wirkte auf gute Vermischung.

2. Raffinieren von Thomasflußeisen im Röchling-Rodenhauserofen (3 t)[2]. Das Anheizen des Ofens geschieht nach Einlegen eines Eisenringes, der sich schnell in dem nachgesetzten und verflüssigten Roheisen auflöst. Das letztere wird teilweise ausgegossen und Flußeisen eingeführt.

Man arbeitet dann in gewöhnlicher Weise, setzt aber nach Abziehen der ersten Schlacke, Kohle, Ferrosilizium (50% Si, in eigroßen Stücken) und Kalk. Die Menge des Ferrosiliziums wurde so berechnet, daß ohne Oxydationsverlust ein Gehalt von 0,5% Si herausgekommen wäre. Nur bei schweißbarem Material weniger.

Für 1 t Einsatz etwa 200 kWh.

3. Erzeugung von Blöcken für Transformatorbleche mit 4,5% Si im Röchling-Rodenhauserofen[3]. Der Ofen faßt 6,5—11 t flüssiges Martinofenflußeisen. Chargendauer $3^1/_2$ Stunden. Diese ist lang, weil man zunächst auf 0,09% Mn, bei 0,05—0,06% C herunterfrischen muß. Darauf wird Ferrosilizium (90% Si) eingesetzt und die Entschwefelungsschlacke aus 1 T. Flußspat, 6 T. CaO, 1 T. Quarzsand gebildet. Man gießt Blöcke von 850 kg Gewicht.

Es ist vorteilhaft, mit dem Einsatzgewicht zu wechseln, damit nicht immer die gleiche Zone der Zerstörung durch die Schlacke besteht.

Die Wicklungskörper werden mit einer Lage von Magnesitsteinen belegt; um sie herum wird fette Dolomitmasse mit Preßluftstampfern sehr fest aufgestampft. Die Wicklungen sind durch Ventilatorwind, der von unten eingeführt wird, gekühlt.

4. Erzeugung von Siliziumstahl für Transformatorenbleche (4% Si) in 2-t- und 6-t-Öfen in Pittsfield (General-Elektric Co.)[4]. Es ist ein 6 t-Ofen beschrieben. Es wird Drehstrom von 25 000 V und 60 Perioden in 3 Transformatoren, je 475 KVA, auf 2200 V heruntertransformiert. Der 35 t schwere eiserne Rahmen mit Mittelsteg trägt an diesem die Scheibenwicklung, oberhalb des Ofenkörpers. Zum Schmelzen, Feinen und Legieren sind 4 Stunden erforderlich. 800 kWh für 1 t.

---

[1] Nach Reisenotizen des Verfassers.
[2] Stahl u. Eisen 1908 Nr. 29, aus der Feder des Verfassers.
[3] Nach Reisenotizen des Verfassers.   [4] Stahl u. Eisen 1925 S. 1782.

Die Firma C. Rust[1] baut solche Öfen zum Schmelzen von kleinen Einsätzen (bis 100 kg), die vielfach dazu benutzt werden, Probeschmelzungen bei legiertem Stahl durchzuführen.

Abb. 42 und 43 stellen Induktionsöfen mit Eisenkern dar, wie sie zum Schmelzen von Metallen und Metallegierungen heute gebraucht werden. Die erstgenannte Abbildung kennzeichnet den heute viel genannten amerikanischen Ajax-Wyattofen[2], die zweitgenannte Abbildung kennzeichnet schematisch einen Rustofen, der für Einsätze von 100—2000 kg gebaut wird. Bei ihm besitzt die Schmelzrinne ungleichen Querschnitt, um an einer Seite eine Erweiterung zu schaffen, welche das Einsetzen und die Schlackenarbeit erleichtert.

Ähnliche Öfen baut auch Siemens-Halske[3], welche Firma den Niederfrequenzofen zuerst zum Schmelzen von Metallegierungen angewendet hat. Sie gibt der Rinne dabei eine Neigung, was sich gut bewährt hat. Öfen mit einer Schmelzrinne werden mit einphasigem Wechselstrom, Öfen mit zwei Schmelzrinnen mit Drehstrom, unter Anwendung der Scottschen Schaltung[4] betrieben. Die Öfen werden für Einsätze von 150—1000 kg gebaut (40—180 kW). Zum Messingschmelzen werden etwa 200 kWh für 1 t gebraucht.

In den Vereinigten Staaten wird neben den Ajax-Wyattöfen (vgl. auch Kap. 55) der Ofen der Elektricofen-Co. in Detroit zum Schmelzen von Metallen und Metallegierungen verwendet[5].

Wenn die Stromstärke des Primärwechselstroms $= i_1$, seine Spannung $= e_1$ und die Zahl der Windungen $= s_1$ ist, und dieselben Größen beim Sekundärstrom $= i_2$, e_2 und s_2 sind, so gilt die Gleichung:

$$\frac{i_1}{i_2} = \frac{e_2}{e_1} = \frac{s_2}{s_1}\,; \quad i_2 = i_1 \cdot \frac{e_1}{e_2}\,.$$

Bei einem Niederfrequenzofen ist die Zahl der Windungen des Sekundärstroms $= 1$ (die kreisförmige Schmelzrinne). Bei 100 A im Primärstrom, der durch 100 Windungen geführt wird, wird

$$i_2 = \frac{100 \cdot 100}{1} = 10\,000 \text{ Amp.}$$

78. Mittelfrequenzöfen.

Es sind Hochfrequenzöfen ohne Kondensatoren. Die Ofenspule ist unmittelbar in den Stromkreis einer besonders für diesen Zweck von Professor Fischer in Köln konstruierten Hochfrequenzmaschine geschaltet[6]. Die Sache ist zu neu, um irgend etwas sagen zu können. Wenn sich die Anlage bewährt, würde man eine große Vereinfachung und eine große Ersparnis an Anlagekapital erreichen.

79. Der Bau der kernlosen Induktionsöfen (Hochfrequenzöfen).

Bei einem solchen Ofen hat man innerhalb eines kippbaren Gehäuses den Tiegel mit der wassergekühlten oder luftgekühlten Wicklung und das elektrische Aggregat. Dies letztere umfaßt die Vorrichtungen zur Erzeugung des hochfrequenten Stroms und den Stromkreis, in welchen dieser unmittelbar oder unter

---

[1] Industrie-Elektroofen-G. m. b. H., Köln a. Rh.
[2] Vgl. Gießerei-Ztg. 1927 S. 216.   [3] Wernerwerk Berlin-Siemensstadt.
[4] Die Skottsche Schaltung ermöglicht die Umwandlung des primären Dreiphasenstrom in einem Zweiphasenwechselstrom.
[5] Gießerei-Ztg. 1926 S. 509.   [6] Vgl. Gießerei 1932 S. 311.

Anwendung eines Transformators einfließt. Im Stromkreise liegt die Wicklung des Tiegels und eine Anzahl von Kondensatoren mit den nötigen Schalt- und Meßvorrichtungen.

Das Fassungsvermögen.

Man hatte 1932 schon Öfen von bis zu 5 t flüssigem und 2 t festem Einsatz in Deutschland[1]. Öfen von 250—500 kg werden sehr viel zur Erzeugung von Sonderstählen und von Stahlgußstücken benutzt.

Der Tiegel (vgl. Abb. 85).

Er kann sauer und basisch sein, er kann fest mit dem Wicklungskörper verbunden oder nicht verbunden sein. Im ersteren Falle wird er innerhalb des

Abb. 85. Form und Außenmaße des Tiegels in Ründeroth (Stahl u. Eisen 1930 S. 621). Tiegelinhalt 285 kg.

Wicklungskörpers aufgestampft, im letzteren Falle aus dem Wicklungskörper zwecks Auswechslung herausgehoben. Seltener ist das Abheben des Wicklungskörpers und Ofenmantels, wobei der Tiegel auf der Ofensohle stehen bleibt und dann abgehoben wird, um ihn zu entleeren. Bei größeren Öfen ist der erste Fall gegeben, bei kleineren Öfen der zweite oder dritte Fall.

Da das Aufstampfen des Tiegels eine geraume Zeit erfordert, ist man vielfach gezwungen, zwei Öfen in Parallelstellung zu betreiben, um keine Betriebsunterbrechung zu erleiden.

Die Haltbarkeit des Tiegels ist in bezug auf die Betriebsunterbrechung und auch sonst eine wirtschaftlich wichtige Frage.

Die basischen Tiegel werden nur bei großen Tiegelinhalten angewendet. Sie haben in bezug auf Entphospherung und Entschwefelung Vorteile, von denen bei den chemischen Vorgängen eingehend die Rede sein wird.

Wichtig ist auch die Wärmeisolierung der Wicklung gegen die Tiegelwand.

Saure Tiegel.

Es soll hier zunächst von sauren Tiegeln die Rede sein. Man stampft den Tiegel mit dem Boden nach oben in einer vierteiligen Stampfform aus Klebsand auf.

Die Abmessungen und die Form des Tiegels, die sich am besten bewährt haben[2], sind die folgenden: Die Tiegelwandstärke ist hier bei einem Einsatzgewicht von 285 kg ungefähr = 50 mm. Das Ausbrechen des alten Tiegels, das Aufstampfen aus Klebsand, das Trocknen, Fritten und Anwärmen erfordert etwa 6—7 Stunden. In der Arbeitswoche fallen im Zusammenhang damit 3—4 Schmelzungen = 4 bis 5 % der Erzeugung aus.

Beachtenswert ist die Wärmeisolierung gegen den Wicklungskörper durch die Asbestplatte und durch den Specksteinring.

Beim Fritten mit der eigenen Stromwärme wird im Sinne eines Patents Rohn[3] verfahren.

Die Tiegel halten im Durchschnitt 45 Schmelzen aus. Es kommen aber bis zu 90 Schmelzen und andererseits auch nur 3 Schmelzen vor.

Ein anderer auch aus Eisenberger Klebsand aufgestampfter Tiegel hatte eine Haltbarkeit von 75—80 Schmelzen[4]. Das Aufstampfen eines sauren Tiegels für 600 kg Inhalt in Bochum erforderte 3 Stunden. 12—14 Stunden nach dem letzten Abguß konnte wieder geschmolzen werden.[5]

---

[1] Ein solcher Ofen steht in dem Böhlerwerk in Oberkassel. Vgl. auch Stahl u. Eisen 1934 S. 779, Wirbelstromofen von 5 t.

[2] Stahl u. Eisen 1930 S. 621.   [3] DRP. 423 715.

[4] Hochfrequenzofen des Kaiser Wilhelm-Instituts in Düsseldorf, 300 kg. Stahl u. Eisen 1931 S. 1199.

[5] Stahl u. Eisen 1930 S. 628 (Pölzguter).

In den Vereinigten Staaten setzt man vielfach einen fertigen Tiegel auch bei größeren Öfen ein, den man von einschlägigen Firmen bezieht und umstampft ihn[1]. Auf die Kupfer-spule wird eine 7 mm dicke Schicht Klebsand naß aufgetragen. Darauf folgt eine Lage von Glimmer (0,25 mm) zwecks elektrischer Isolation. Nunmehr stampft man Boden und Wand vor, setzt den Tiegel ein und stampft fertig. Den Abschluß am oberen Rande bildet eine dünne Schicht von Feuerton. Die Haltbarkeit ist sehr verschieden, 15—60 Schmelzen.

Diese Darstellung wird durch Angaben von Northrup[2] ergänzt, der von dem Einsetzen ferti-ger Tiegel nichts wissen will. Man soll im Ofen aufstampfen. Es geschieht dies unter Verwendung von Quarzsand oder Tam-Zirkonsand aus Florida. Gegen die Spule wird ein Zylinder aus Karbo-rundumsteinen aufgemauert. Der eingesetzte Blechkörper erhält eine Lage von Asbest, die auch zurückbleibt, wenn der Blechkörper nach dem Trocknen herausgehoben wird. Dann folgt das Stampfen.

Die Firma Siemens & Halske liefern eine Stampfform, die bei kleinen Hochfrequenzöfen zur Anfertigung des Tiegels, außerhalb des Ofens be-nutzt wird.

Pölzguter[3] betont, daß bei der Zustellung an die Spule keine Feuchtigkeit gelangen darf, da dies zu Überschlägen führen kann.

Abb. 86. Kleiner Hochfrequenzinduktions-ofen von Siemens u. Halske. Der Ofen wird mit der Hand gekippt (vgl. auch Abb. 91).

Basische Tiegel.

Tiegel aus basischer Masse werden aus Magnesit aufgestampft. Man ver-wendet in Bochum eine Stampfmasse aus 1 Teil feinem und 2 Teilen grobem Magnesit von 2—3 mm und setzt etwas Wasserglas und 3% Tonmehl zu[4]. Zwischen Spule und Tiegel wird eine Pufferschicht aus reinem Ton ein-geschaltet. Beim Trocknen der basischen Masse treten leicht Risse auf. Man zieht des-halb das Anheizen in die Länge (Rohn-sches Verfahren). Bei gutem Einsintern der Masse kann man bei basischen Tiegeln eine Haltbarkeit von 50—80 Schmelzen erreichen.

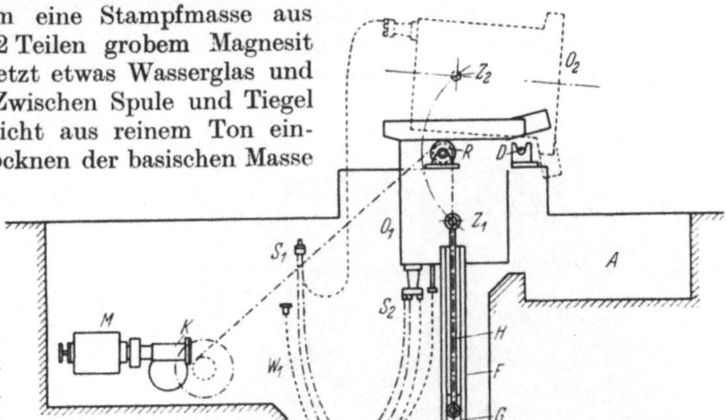

Abb. 87. Das Kippen eines Hochfrequenzofens in Bochum. Stahl u. Eisen 1931 S. 515). Man erkennt die Strom- (S_1—S_2) und Wasseranschlüsse (W_1—W_2). Beim Kippen wird Punkt D festgehalten, während Punkt Z_1 in die Lage Z_2 übergeht. Dabei wird durch den Elektromotor M und das Vorgelege K die Windetrommel angetrieben. Das Seil ist über R geführt und greift an G an, das in den Führungen F senkrecht verschoben wird. Dabei wird die Stange H bewegt, welche an dem Zapfen Z_1 angreift. A Gießgrube.

An anderer Stelle[5] (Rheinmetall) wird ein Gemenge von 150 kg Magnesit (feiner, mittel-feiner und grober zu gleichen Teilen), 17 kg gemahlene Martinschlacke, 1,5 kg CaO, 2 kg Tonmehl und 10—12 kg wasserfreiem Teer genannt, die eine Haltbarkeit von 60 Schmelzen ergab.

Eine Literaturstelle[6] nennt auch Wolframkarbid, das mit Magnesit hinterstampft wird und Temperaturen bis zu 2600° aushält.

---

[1] Stahl u. Eisen 1931 S. 638.   [2] Stahl u. Eisen 1931 S. 677.
[3] Stahl u. Eisen 1931 S. 514.   [4] Stahl u. Eisen 1931 S. 515.
[5] Stahl u. Eisen 1931 S. 1199.   [6] VDI-Nachr. 1926 Nr. 47 S. 11.

Das Ofengehäuse.

Es besitzt rechteckigen oder quadratischen, bei kleineren Öfen auch kreisrunden Querschnitt. Das Kippen geschieht bei kleinen Öfen in einfacher Weise mit Hilfe eines Handhebels (Abb. 86). Bei größeren Öfen muß man eine Vorrichtung anwenden, wie sie Abb. 87 andeutet. Stromkabel und Kühlwasserschläuche müssen durch die Drehzapfen eingeführt werden. Handelt es sich um die Luftkühlung der Wicklung, so muß ein Gebläsewindrohr von unten eingeführt werden, das vor dem Kippen abgekuppelt wird.

Um große Wärmeverluste zu vermeiden, darf man das Ofenmauerwerk nicht zu schwach halten.

Die elektrische Ausrüstung.

Es sei hier auch auf die Beispiele Kap 82 verwiesen.

Die Erzeugung des Hochfrequenzstroms.

Die Auswahl der Frequenz muß sich dem Durchmesser des Tiegels anpassen. Kleinste Tiegel erfordern Frequenzen bis 100000 Hertz. Große Tiegel nur solche, bis herabgehend auf 500 Hertz. Man kann eine Funkenstrecke wie bei der drahtlosen Telegraphie verwenden (vgl. Abb. 88). Die Firma C. Lorenz ist auf diesem Wege von der drahtlosen Telegraphie zu den Hochfrequenzöfen übergegangen.

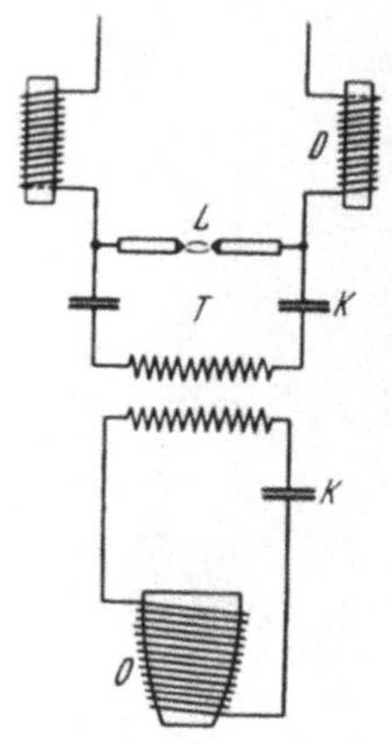

Abb. 88. Erzeugung des Hochfrequenzstroms mit Hilfe einer Funkenstrecke, im Sinne von Debuch-Lorenz. *D* Drosselspulen, *K* Kondensatoren, *O* Ofen mit Wickelung, *T* Transformator. Bei *L* springt der Funken über. Gießerei 1932 S. 271.

Heute wendet man allerdings Hochfrequenzgeneratoren allgemein an, und ist im Zusammenhange damit auch zur Anwendung viel geringerer Frequenzen gelangt, wie es im Kapitel 76 gesagt ist. Nur dann, wenn die Frequenz größer ist als 10000 Wechselsekunden, hat man noch Funkenstrecken.

Abb. 89 kennzeichnet einen Hochfrequenzgenerator mit seinem Motor. Der Erregerstrom eines solchen Generators kann durch eine Gleichstrommaschine erzeugt werden, die meist mit Motor und Generator die Achse gemeinsam hat.

Zur besseren Abstimmung des Ofenschwingungskreises mit dem Generatorwiderstand schaltet man vielfach einen Transformator ein.

Abb. 89. Hochfrequenzgenerator, gekuppelt mit einem Drehstrommotor, der über einem dreipoligen Schalter an das Netz angeschlossen ist. Siemens u. Halske.

Die Kondensatoren.

Sie müssen eingeschaltet werden, um die durch Selbstinduktion der Wicklung veranlaßte Phasenverschiebung auszugleichen. Wenn dies nicht geschehen würde, würde der Wert des $\cos \varphi$ bis auf 0,2 oder 0,1 heruntergehen, während es mit Hilfe der Kondensatoren gelingt, ihn nahe bei 1,0 zu halten.

Kondensatoren bestehen aus einer Scheibe aus Glas oder einem anderen Isoliermittel, die beiderseitig metallisch belegt ist und in einem Ölbade, innerhalb

eines luftdicht verschlossenen gußeisernen Kastens untergebracht ist (Abb. 89).
Sie werden durch die Zahl der Kapazität gekennzeichnet.

Man ordnet einen Teil der Kondensatoren fest, einen anderen aber
einschaltbar an und richtet es so
ein, daß man durch Zuschalten
kleiner Kapazitätsmengen immer
näher an den Wert des $\cos\varphi = 1$
herankommt.

Hochfrequenzöfen ohne Kondensatoren kann man nur bis $^2/_3$ ihrer
Leistung ausnutzen und hat auch
dann noch einen hohen kWh-Verbrauch[1].

Kondensatoren erwärmen sich,
und es ist mitunter nötig, diese
Wärme durch Gebläsewind abzuführen, damit der Wirkungsgrad
nicht leidet.

Abb. 90. Kondensatoren der Firma Siemens u. Halske.

Die Ofenwicklung.

Die Zahl der Windungen muß auf der Grundlage berechnet werden, daß die aufgenommene Leistung dem Quadrat der Amperewindungszahl/cm proportional ist[2].

Eine Isolierung des Kupfers ist nicht
unbedingt nötig, wenn man zwischen zwei
benachbarte Windungen Glimmerplatten
oder Platten aus anderem Isoliermaterial
einschiebt.

Die Kühlung der durch die Tiegel-
wärme erhitzten Spule ist unbedingt erforderlich; auch wenn man eine Isolierschicht zwischen beiden einschaltet. Man
kann Wasserkühlung und Luftkühlung anwenden. Die letztere soll billiger
als die Wasserkühlung sein, wird aber
vielfach abgelehnt, u. a. von Northrup.

Die Ofenwicklung wird durch die
Abb. 91, 92 gekennzeichnet. Die Spule
wird aus einem plattgedrückten Kupferrohr gewickelt.

Will man Luftkühlung anwenden, so
muß man den Stromleiter unterteilen,
damit die Luft an die einzelnen Drähte
herantreten kann. Sie kommt nur bei
Öfen von mehr als 1000 kg Fassungsvermögen in Frage[3].

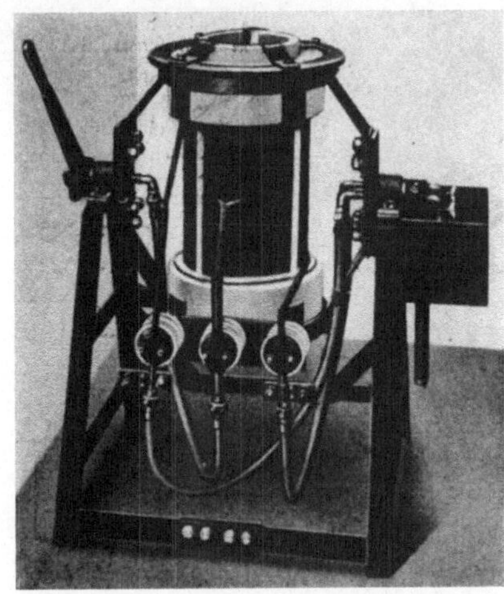

Abb. 91.   Ansicht eines Hochfrequenzinduktionsofens von Siemens u. Halske. Ohne Mantel.
Der Strom wird von links durch den hohlen
Zapfen hindurch eingeführt; das zu- und ab-
fließende Kühlwasser fließt durch die Rohre
rechts (vgl. auch Abb. 86).

Das Schaltschaubild.

Abb. 88 zeigt ein solches bei Anwendung einer Funkenstrecke. Es handelt
sich um einen Laboratoriumsofen. Abb. 93 kennzeichnet das Schaubild des

---

[1] Einen solchen Fall berichtet Pölzguter in bezug auf die ältere Anlage in Bochum.
Stahl u. Eisen 1930 S. 617.

[2] Vgl. Gießerei 1932 S. 272.

[3] Stahl u. Eisen 1931 S. 513.

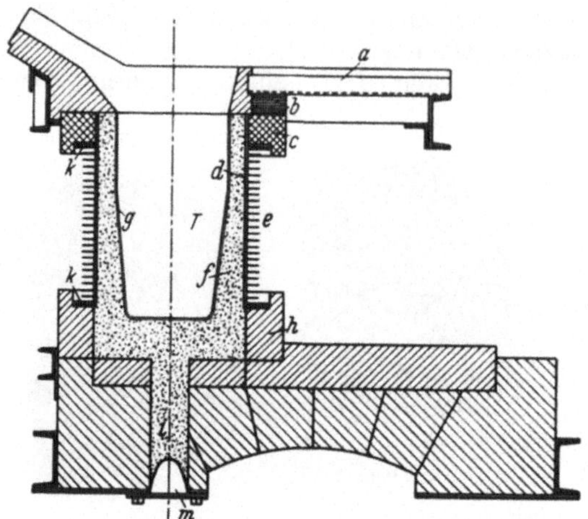

Abb. 92. Schnitt durch den Hochfrequenzinduktions-
ofen in Ründeroth nach Stahl u. Eisen 1932 S. 605
(Broglio). Der Tiegel wird aus Eisenberger Klebsand
aufgestampft und dann unter Anlassen des Stroms
gefrittet. Beim Aufstampfen wird ein Blechgefäß,
die sogenannte Schablone, benutzt, die dann herausgehoben wird. Tiegelinhalt 285 kg. T Tiegel, a Körper aus Chromnickelstahl, b Asbest, c Specksteinring,
d Asbestmantel, e Spule aus flachgedrücktem Kupferrohr, f Frittmasse des Tiegels T. Die Blechschablone
ist sichtbar. k Glimmerringe, h unterer Steinkranz,
i Öffnung zwecks Entfernen der ausgebrochenen
Masse, m Bodenverschlußstein.

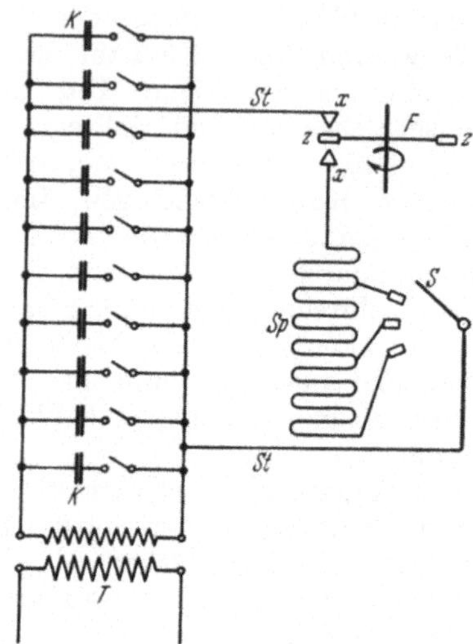

Abb. 93. Schaltschema des Hochfrequenzofens der Hochschule in Charlottenburg
Gießerei 1932 S. 311 und Stahl u. Eisen
1928 S. 1120. Der ankommende einphasige Wechselstrom von 220 V 50 Perioden wird in den Transformator T auf
8000 V umgeformt. Dieser Hochspan-
nungsstrom ladet eine Kondensatorbatterie K auf, die sich über die Funkenstrecke F und die Ofenspule Sp entladet.
Die Funkenstrecke F besteht aus einer
rotierenden Stahlscheibe von 250 mm ⌀,
die von einem Elektromotor (1 PS) angetrieben wird. Diese Scheibe hat 8 Zak-
ken Z mit angelöteten Kupferlaschen.
Die letzteren rotieren an wassergekühlten
Kupferkontakten x vorbei, wobei die
Funken bei dem schnellen Umlauf der
Scheibe gelöscht werden. Der Ofen
schmilzt Einsätze von 10 kg.
(Vgl. Kap. 82 Beispiel 2.)

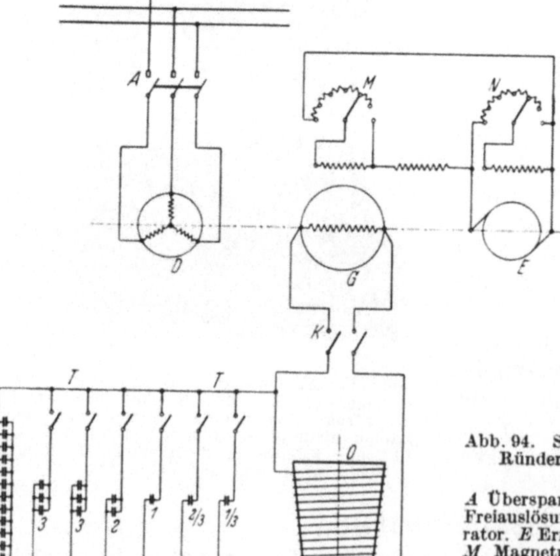

Abb. 94. Schaltschema des kernlosen Induktionsofens in
Ründeroth nach Stahl u. Eisen 1930 S. 605/635.
Tiegelinhalt 285 kg.

A Überspannungs- und Unterspannungs-Ausschalter mit
Freiauslösung. D Drehstrommotor. G Hochfrequenzgene-
rator. E Erregerdynamo. D, G und E auf derselben Welle.
M Magnetregler. N Nebenschlußregler. K Ölschalter.
O Ofen mit Spule. T Trennschalter für die Kondensatoren,
zusammen 22 Einheiten, davon 12 fest eingebaut.

Hochfrequenzofens der Hochschule Charlottenburg (10 kg im Tiegel).
Hier wird der Hochfrequenzstrom durch eine von außen angetriebene rotierende
Scheibe mit Zacken und Kontakten erzeugt.

Abb. 94 kennzeichnet die Anlage in Ründeroth. Der Tiegel faßt 285 kg.
Abb. 95 kennzeichnet den Hochfrequenzofen der Rheinmetallwerke in
Düsseldorf. Der Tiegel faßt
300 kg. Abb. 96 zeigt eine
in den Vereinigten Staa-
ten allgemein angewendete
Schaltweise.

Grundrißpläne
von Anlagen mit
Hochfrequenzöfen.

Abb. 97 kennzeichnet die
Anlage in Ründeroth. Tiegelinhalt = 285 kg.

Abb. 98 kennzeichnet den
Grundrißplan einer Anlage von
Siemens-Schuckert.

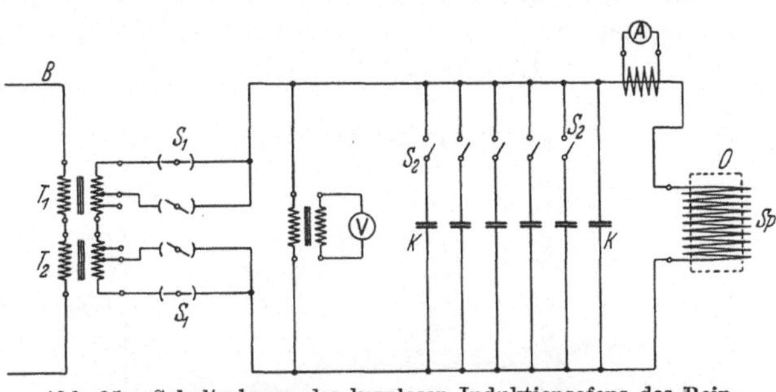

Abb. 95. Schaltschema des kernlosen Induktionsofens des Rein-
metallwerks in Düsseldorf für 300 kg Tiegelinhalt, nach Stahl
u. Eisen 1931 S. 1200. Es sind lediglich die Stufentransformatoren
T_1 und T_2 und der Ofenstromkreis dargestellt.
V Voltmeter. A Amperemeter. Sp Ofenspule. O Ofen. S_1 und S_2
Schalter. K Kondensatoren. B Generatorstromkreis.

80. Die chemischen Vorgänge beim Schmelzen in Hochfrequenzöfen.

Sie sind dieselben wie im Martinofen und im Lichtbogenofen, allerdings unter
der Maßgabe, daß die starke Badbewegung den Verlauf beschleunigt. Diese
Badbewegung (vgl. Abb. 84) ist
noch viel stärker als beim Niederfrequenzofen und wirkt auch viel
stärker auf gründliche Vermischung ein.

Gegenüber dem Martinofen und
Lichtbogenofen besteht auch noch
der Unterschied, daß man im
Hochfrequenzofen die Badoberfläche ebenso wie beim Tiegelschmelzen vor der Berührung mit
Feuergasen und Luft schützen
kann und auch durch Einführen

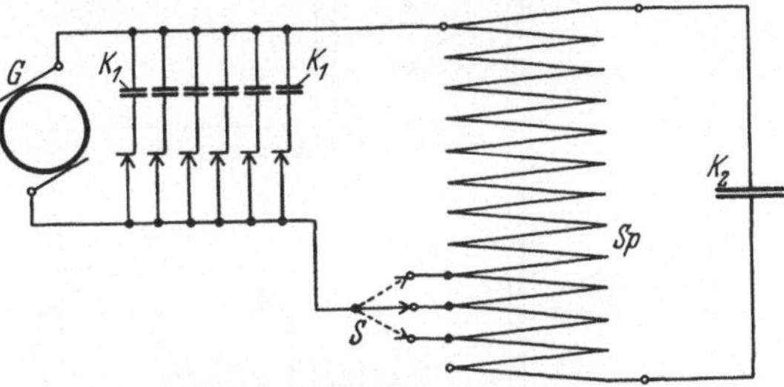

Abb. 96. Schaltschema, wie es in Amerika allgemein angewendet wird. (Stahl u. Eisen 1931 S. 638).
G Generator. K_1 feststehende Kondensatoren. K_2 schalt-
bare Kondensatoren. Sp Ofenspule. S Schalter.

von Wasserstoff oder anderen reduzierenden Gasen eine Atmosphäre erzeugen
kann, bei der jede Oxydation ausgeschlossen ist.

Man kann den Ofen sogar als Vakuumofen unter Anwendung einer Queck-
silberluftpumpe bedienen[1].

Der Desoxydationsvorgang kann also in ebenso idealer Weise verlaufen wie
im Graphittiegel beim Tiegelgußstahlschmelzen. Dies wird u. a. dadurch bestätigt, daß Tiegelgußstahlwerke zum Hochfrequenzofen übergegangen sind[2] und
auch Stahlwerke, die bisher den Lichtbogenofen zur Erzeugung von legierten
Stählen benutzt haben, dasselbe getan haben.

Die Einwanderung des Si findet beim sauren Ofen in noch stärkerer Weise
statt als beim Tiegel und beim sauren Lichtbogenofen.

Die Wahl zwischen dem sauren und basischen Ofen wird im allgemeinen zugunsten des ersteren erfolgen, weil er billiger und einfacher ist.
Andererseits hat der saure Ofen eine ungleich geringere Frischwirkung. Bei

---

[1] Stahl u. Eisen 1928 S. 661.
[2] Vgl. Stahl u. Eisen 1931 S. 638, über amerikanische Hochfrequenzöfen.

größeren Öfen wird allerdings der Wunsch, unabhängiger zu sein und jede Qualitätsforderung erfüllen zu können, zur Wahl des basischen Ofens führen.

Man kann im basischen Ofen bis auf 0,04% C infolge der starken Badbewegung herunterfrischen, was Campbell[1] als besonderen Vorzug des Hochfrequenzofens darstellt. Im Lichtbogenofen gelang es ihm nicht.

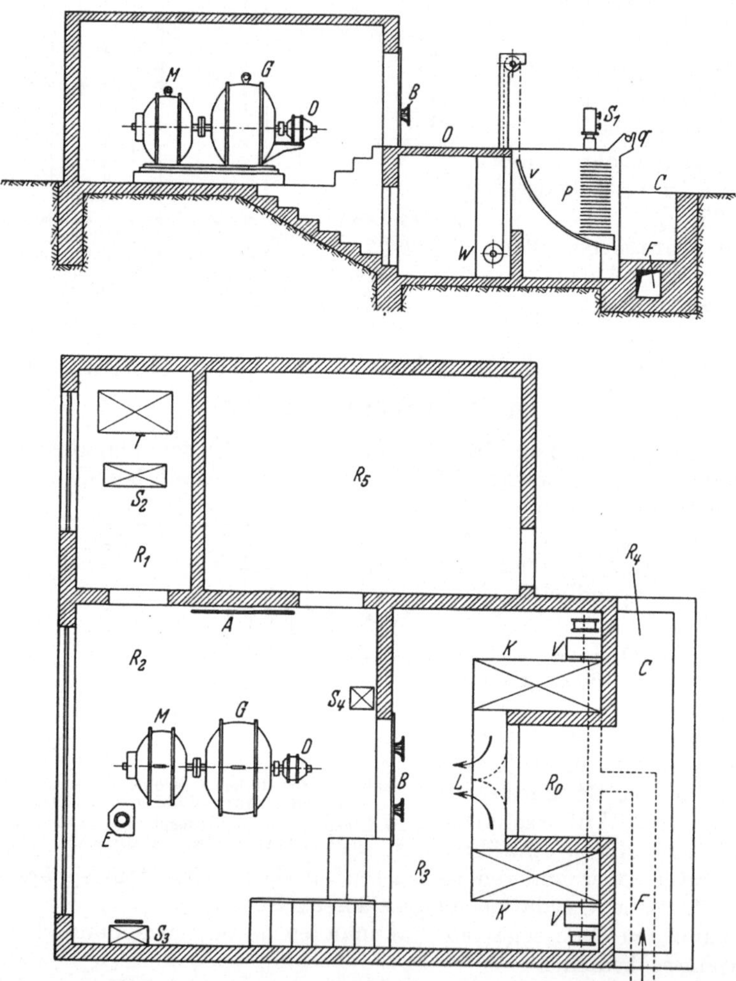

Abb. 97. Grundrißplan (unten) und Schnitt durch die Anlage in Ründeroth (kernloser Induktionsofen, Stahl u. Eisen 1930 S. 617). Tiegelinhalt 285 kg. Die Stellung des Ofens ist durch den Wickelungskörper P angedeutet. Beim Kippen greift die Winde W bei V an, so daß der Tiegel um den Punkt q kippt.
s_1 Schalter zum Antrieb des Kühlluftventilators und der Kippwinde. C Gießgrube. F Kanal für Frischluft. M Motor. G Hochfrequenzgenerator. D Erregerdynamo. O Ofenbühne. B Handräder der Schalttafel. T Transformator. S_2 Ölschalter. E Anlasser. S_4 Automat. Hochspannungsschalter. S_3 Motorschalter. K Kondensatoren. V Ventilator zur Kühlung der Räume. F Frischluft. R_0 Raum für den Ofen. R_1, R_2, R_3 R_4, R_5 Raumbezeichnungen.

Daraus ergeben sich Vorteile für die Erzeugung von legierten, kohlenstoffarmen Stählen.

Die Temperatur wird mit 1500—1600° bei dem Ofen des Kaiser Wilhelm-Instituts angegeben[1].

---

[1] Stahl u. Eisen 1931 S. 1201.

Abb. 99 und 100 zeigen **Schmelzschaubilder eines basischen Hoch-frequenzofens nach Campbell (England)**[1]. Man erkennt das außerordentlich schnelle Herunter-frischen der Charge mit Hilfe von Erz oder Hammerschlag.

Man kann in dieser Weise in 1 Stunde bei einem 250-kg-Ofen und in $1^1/_4$—$1^1/_2$ Stunde bei einem 1000-kg-Ofen herunterschmelzen, um dann folgend die Zusatz-legierungen zu setzen, wenn es sich um legierte Stähle handelt.

Abb. 101 kennzeichnet das Schmelzschaubild eines sauren Hochfrequenzofens.

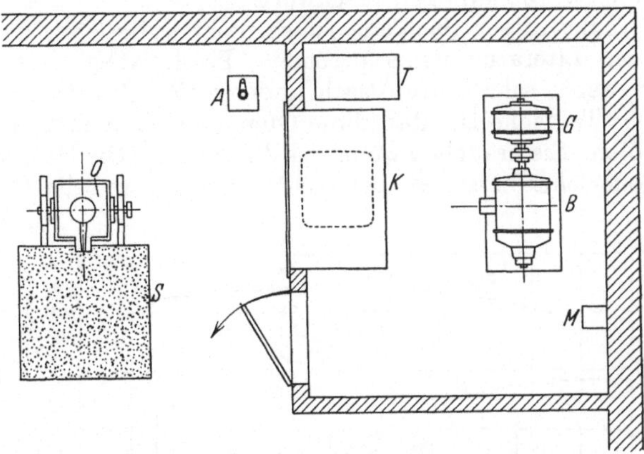

Abb. 98. Grundrißplan einer Anlage mit einem Siemens kernlosen Induktionsofen (Hochfrequenzofen).

O Ofen. *S* Sandbett. *A* Anlaßwalze. *T* Transformator. *K* Kondensatoren. *G* Hochfrequenzgenerator. *B* Elektromotor. *M* Motorschalter.

81. Wirtschaftliches über Induktionsöfen.

Der **Niederfrequenzofen** scheidet aus, weil er nicht mehr in den Wettbewerb eintreten kann. Dasselbe gilt vom **Mittelfrequenzofen**, weil man über ihn noch nichts sagen kann.

Es handelt sich also nur um **Hochfrequenzöfen**. Man spricht ihnen mit Recht eine große Zukunft zu, und es besteht wenigstens für Stahlguß die Möglich-

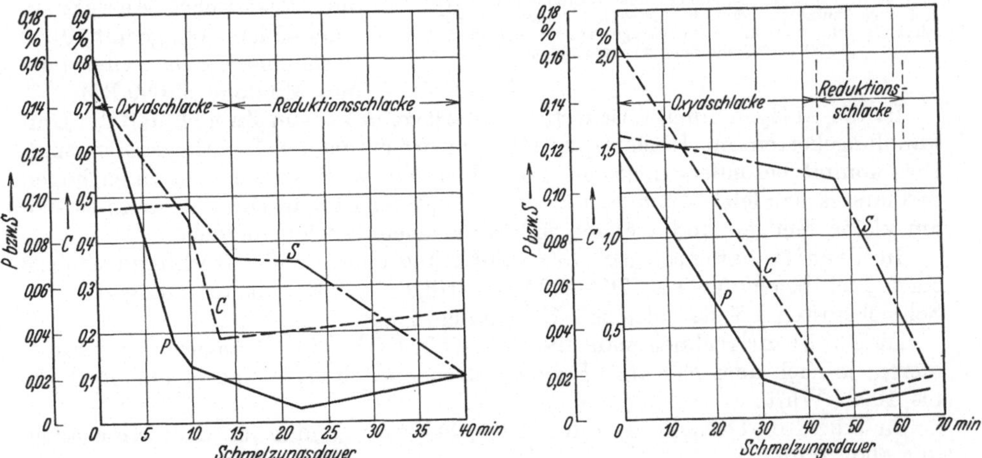

Abb. 99 u. 100. Schmelzschaubilder eines 250 kg kernlosen Induktionsofens nach Campbell Stahl u. Eisen 1930 S. 1652. Es ist ein basischer Ofen. Bemerkenswert ist der außerordentlich schnell verlaufende Frischvorgang, der auf die starke Badbewegung zurückzuführen ist. Der Unterschied der Schmelzzeiten bei diesen beiden Schaubildern ist auf das Fehlen eines Sumpfes im ersteren Falle beim Anlassen des Ofens zurückzuführen.

keit, daß in absehbarer Zeit nur noch Hochfrequenzöfen als elektrische Öfen zur Anwendung kommen. und der Lichtbogenofen verdrängt wird.

Ihre Anwendung ist allerdings so neu, daß man keine greifbaren Zahlenwerte

---

[1] Stahl u. Eisen 1930 S. 1653.

erwarten darf, um so mehr als der Konjunkturniedergang die Einführung dieser teuren Ofenanlagen erschwert.

Bei dieser Sachlage ist es nicht auffallend, daß sich viele Darstellungen in der Literatur widersprechen. Pessimistisch urteilen z. B. Nathusius[1] und Rust[2]; sehr optimistisch andererseits Campbell[3].

Tatsache ist, daß diese Öfen weniger Stromkosten erfordern als Lichtbogenöfen. Sie brauchen weniger kWh für 1 t. Die Haltbarkeit ist auch nicht schlechter oder eher besser als bei Lichtbogenöfen und die Beschickung einfacher. Sie kann sogar in ganz kurzer Zeit aus einem Bunker erfolgen. Das Anlagekapital ist allerdings höher als bei Lichtbogenöfen, hauptsächlich im Zusammenhang mit den Kondensatoren, an deren Vereinfachung oder Ausschaltung man überall emsig arbeitet.

Ein Ausblick bietet der in Kapitel 78 genannte Mittelfrequenzofen.

Dies hohe Anlagekapital ist natürlich hinderlich; aber es ist schon erheblich niedriger geworden und wird voraussichtlich unter dem Einfluß des Wettbewerbs noch niedriger werden. Vorläufig kostet die elektrische Ausrüstung einer 45-kW-Anlage mit 10 000 Per/s einschließlich Ofenspule und Montage 35 000 RM.

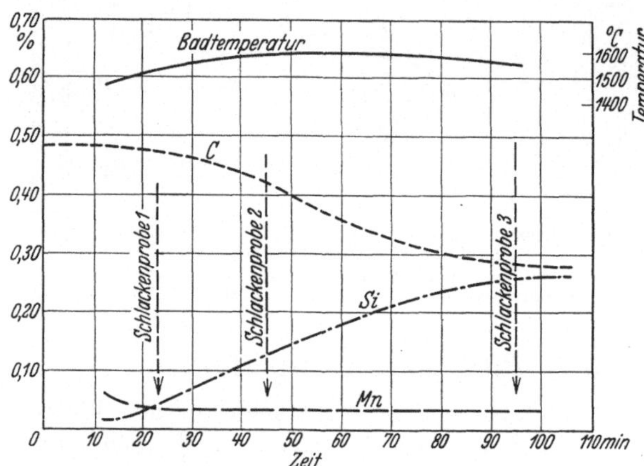

Abb. 101. Schmelzbild eines sauren Hochfrequenzofens des Kaiser Wilhelm-Institutes in Düsseldorf. Stahl u. Eisen 1931 S. 1200. Man erkennt, daß eine starke Einwanderung des *Si* aus der Schlacke ins Bad stattfindet, während der Kohlenstoff stark abnimmt. Die starke Kohlenstoffabnahme ist darauf zurückzuführen, daß die Kieselsäure durch *C* reduziert wird, und zwar in hohem Betrage, was mit der starken Wirbelung im Bade zusammenhängt.

Ist die Anlage einmal errichtet, so unterliegt es keinem Zweifel, daß die Umwandlungskosten im Hochfrequenzofen niedriger als im Lichtbogenofen sind. Dies kommt besonders deutlich in Erscheinung, wenn es sich um einen hohen Strompreis handelt. Auch besitzt der Hochfrequenzofen Vorteile, wenn es sich um kleine Mengen und vielfach unterbrochenen Betrieb handelt.

In Ternitz hat man nach der Einführung eines 300-kg-Hochfrequenzofens einen Lichtbogenofen von 700—1000 kg stillgelegt und arbeitet mit geringeren Schmelzkosten bei der gleichen Erzeugungsmenge[4].

In Bochum[5] rechnet man mit 850—1500 kWh/t für Schmelzen und Raffinieren, je nach dem Einsatz. Bei der folgenden Schmelze sind es nur noch 750 bis 1000 kWh/t.

In Ründeroth sind es nur 760—900 kWh/t und zum Schmelzen allein nur 600 kWh/t[6].

Das Schmelzen und Raffinieren verläuft schneller als im Lichtbogenofen, was der ebengenannte Fall in Ternitz und auch die Schaubilder im Kapitel 80 bestätigen. Abgesehen davon ist der Wirkungsgrad (cos φ) ungleich besser. Dies bedingt den geringeren Aufwand an kWh/t. Die Qualität ist im Hochfrequenzofen sicher nicht schlechter, sondern eher besser als im Lichtbogenofen.

---

[1] Gießerei-Ztg. 1927 S. 209.   [2] Gießerei 1932 S. 285.
[3] Stahl u. Eisen 1932 S. 1652.   [4] Stahl u. Eisen 1930 S. 628 (Matuschka).
[5] Stahl u. Eisen 1931 S. 513.   [6] Stahl u. Eisen 1930 S. 617.

Pölzguter[1] hat einen wirtschaftlichen Vergleich zwischen dem Lichtbogenofen und dem basischen und sauren Hochfrequenzofen in bezug auf Stromkosten für 1 t und Zustellungskosten gezogen. Der 1000-kg-Lichtbogenofen in Bochum verlangte 950 kWh für 1 t. Der 1000-kg-Hochfrequenzofen ebenda nur 800 kWh für 1 t. Dabei verhielten sich die Zustellungskosten wie 56 : 16, wenn basische Zustellung gewählt wurde und wie 56 : 12, wenn saure Zustellung gewählt wurde. Die Zustellungszeiten verhielten sich wie 70 Stunden : 12 Stunden.

Campbell[2] sagt in seinem Vortrage vor dem Iron Steel institute, daß die Errichtung eines 5—6 t-Hochfrequenzofens keine Schwierigkeit bereite, und will an die Stelle von 6 Martinöfen mit je 75 t, 10 Hochfrequenzöfen mit je 6 t setzen, um die gleiche Wochenerzeugung von 6000 t unter verminderten Anlage- und Betriebskosten herauszubringen.

Er spricht auch von einem Duplexverfahren, bei dem der Hochfrequenzofen flüssigen Stahleinsatz erhält. Dies allerdings ist Zukunftsmusik. Denn vorläufig ist noch kein 6-t-Hochfrequenzofen gebaut.

Das folgende Kapitel wird in den Betriebsbeispielen noch einige Ergänzungen bringen.

82. Beispiele für das Schmelzen in kernlosen Induktionsöfen (Hochfrequenzöfen).

1. Amerikanischer Ofen der Ajax Elektrothermie Co., nach einem Vortrage von Northrup[3]. Der Tiegel besteht aus gesintertem Quarz und faßt 113 kg Stahl. Die Spule besteht aus flachgedrücktem Kupferrohr (16/8 mm), das von Wasser durchflossen wird. Der etwa 30 mm messende Abstand zwischen Spule und Tiegelwand wird mit Quarzsand gefüllt. Oben wird diese Füllung mit Asbestpappe abgedeckt. Die Tiegelwandstärke beträgt 12,7 mm. Die Spule ist in 2 parallel geführten Windungen um den Tiegel gelegt. Der Ofenstrom hat 1600 Å bei 900 V und 2000 Perioden in der Sekunde (2000 Hertz) 150 kW. Für 1 kg-Nickelstahl, der mit 1325° vergossen wird, wurden 566 kWh gebraucht, für 1 kg einer Nickelchromlegierung sind es 595 kWh. Die Lebensdauer des Tiegels ist 6—7 Schmelzen.

Ein gleicher Ofen, wie in 1 beschrieben, nur kleiner (63 kg) hat einen abhebbaren Wicklungskörper[4]. Nach beendigtem Schmelzen wird dieser mit Hilfe eines Kranes abgehoben, so daß der Tiegel frei auf dem Sohlstein steht und zwecks Entleeren abgehoben werden kann.

Dieser Ofen schmilzt 63 kg Armcoeisen in 34 Minuten, bei 110 kW.

2. Laboratoriumsofen (Hochfrequenzofen) der Technischen Hochschule in Berlin[5] (Abb. 93). Der Tiegeleinsatz beträgt 10 kg. Der ankommende einphasige Wechselstrom von 220 V, 50 Wechselsekunden wird in einem Transformator T, auf einen ebensolchen von 8000 V umgewandelt. Dieser Strom ladet eine parallelgeschaltete Kondensatorbatterie C auf, die sich über die Funkenstrecke F und die Ofenspule L entladet. Die 10 Kondensatoren besitzen zusammen 600000 cm = 0,66 Mikrofarad Kapazität. Die Funkenstrecke besteht aus einer Leichtmetallscheibe von 250 mm ⌀, mit 8 Zacken, beiderseitig besetzt, die zwischen 2 sich gegenüberstehenden wassergekühlten Kupferbacken hindurchgehen. 573 Funken in der Sekunde, entsprechend 4300 Umdrehungen in der Minute.

3. Kernloser Induktionsofen (Hochfrequenzofen) der Hirsch-Kupferwerke in Eberswalde[6]. Es wurden mehrere Kohlenstoffstähle, Transformatoreneisen, Schnelldrehstahl und Magnetstahl bei saurer und basischer Zustellung geschmolzen. Es werden Tontiegel und TonGraphittiegel und auch Teer-Magnesittiegel benutzt. Bei diesem kleinen Ofen (30 kW) wurden 1265 kWh für 1 t gebraucht. Bei einem Ofen von 100 kW Leistung sinkt dieser Wert auf 880 kWh.

Die Versuche wurden unternommen, um nachzuweisen, daß sich eine vorzügliche Qualität im Zusammenhang mit der lebhaften Badbewegung erzielen läßt. Der Schwefelgehalt konnte bis auf 0,008% gesenkt werden.

4. Kernloser Induktionsofen (Hochfrequenzofen) des Stahlwerkes Dörrenberg in Ründe-

[1] Stahl u. Eisen 1931 S. 516.   [2] Stahl u. Eisen 1930 S. 1652.
[3] Stahl u. Eisen 1927 S. 1917.   [4] Stahl u. Eisen 1927 S. 1917.
[5] Stahl u. Eisen 1928 S. 1120 (Kraemer).
[6] Dieser Ofen wurde dem Kaiser Wilhelm-Institut in Düsseldorf zur Verfügung gestellt. Stahl u. Eisen 1928 S. 11 (Wever & Hindrichs).

roth[1]. Der Tiegelinhalt beträgt 285 kg. Der Ofen ist nach Plänen der Hirschkupferwerke in Finow und der AEG, gebaut. Ein Transformator wandelt die Spannung der Überlandzentrale von 10000 V in eine solche von 380 V um.

Das Aggregat (vgl. Abb. 97) besteht aus einem Motor (einem Drehstromasynchronmotor), einem Einphasengenerator (150 kVA, bei 1200 V und 2000 Hertz) und einem Erregerdynamo, alle drei auf derselben Welle. In den Stromkreis des Generators ist die wassergekühlte Ofenspule unter Einschaltung der Kondensatoren eingeschaltet. Die letzteren stehen in unmittelbarer Nachbarschaft des Ofens. Bei einer Nennlast von 1500 A sind es 22 Kondensatoren mit je 60 A. Fest eingebaut sind 12 Kondensatoren; 10 werden nach Bedarf zugeschaltet. Dadurch, daß man die letzteren in ihrer Leistung abgestuft hat, kann man durch Zuschalten den Zweck der Kondensatoranlage erfüllen und den Wert des $\cos \varphi$ auf 1 bringen.

Man kann in etwa einer Stunde den kalten Einsatz schmelzen und in etwa 20 Minuten dann folgend abstehen lassen und entgasen. Dabei werden 600 kWh zum Schmelzen und 760—900 kWh gesamt bis zum Guß gebraucht.

Die Tiegel sind sauer. Sie werden im Ofen selbst aufgestampft und dann im Sinne eines Verfahrens von Rohn[2] eingesintert. Sie halten bis 90 Schmelzen (im Durchschnitt 45 Schmelzen) aus. Es kommt allerdings auf die Stahlgattung an, so daß mitunter nur 2 Schmelzen herauskommen.

Das Ausbrechen eines abgenutzten Tiegels und seine Erneuerung beansprucht 5 bis 8 Stunden. Es ist auch die Einführung basischen Tiegelmaterials in Aussicht genommen. Bei Schnelldrehstahl ist eine Temperatur von 1680° gemessen. In diesem Falle wurde ein Schmelzverlust von 3,1% festgestellt.

5. Englischer kernloser Induktionsofen (Hochfrequenzofen), System Northrup, mit 250 kg Tiegelinhalt, nach einem Vortrage von Campbell[3]. Mit einem solchen Ofen wurden mit einem Hochfrequenzgenerator von 150 kW im Dauerbetrieb je 108 t Stahl monatlich erzeugt und 700 kWh/t gebraucht. Ein solcher Ofen schmilzt sehr schnell und eignet sich daher besonders zur Erzeugung kleiner Gußstücke aus Sonderlegierungen, an welche hinsichtlich des P- und S-Gehalts sehr strenge Vorschriften gestellt werden (je unter 0,02%). Das Schmelzen und Raffinieren dauert vielfach nur 40 Minuten. Es ist ein basisch zugestellter Ofen. Abb. 99 u. 100 kennzeichnen ein Schmelzschaubild. Vor dem Ofen stehen Gußformen und Blockformen auf einer Drehscheibe.

6. Kernloser Induktionsofen (Hochfrequenzofen) mit 600 kg Tiegelinhalt in Bochum[4]. Erbauer sind die Firmen Siemens & Halske und Lorenz. Er ist für eine Leistung von 320 kW gebaut, die aber nur bis zu 220 kW im Generator ausgenutzt werden konnte, weil die Kondensatoren fehlten. 790—950 kWh für 1 t, um zu schmelzen. Man braucht zum Schmelzen 80—90 Minuten. Die Tiegel sind aus Klebsand aufgestampft. In der Folgezeit sind in Bochum weitere Hochfrequenzöfen aufgestellt (vgl. Beispiel 7).

7. Neue kernlose Induktionsöfen (Hochfrequenzöfen) des Bochumer Vereins[5]. Es sind Tiegelfassungsvermögen von 500 kg und 1000 kg. Bei dem letzteren Ofen kann die Ofenspule anstatt mit Wasser mit Gebläseluft gekühlt werden (Versuch). Man rechnet je nach dem Einsatz (1000 und 500 kg) mit 850—1500 kWh/t, bei der dann folgenden Schmelze sind es dann nur noch 750—1000 kWh/t. Das Einsetzen vollzieht sich sehr schnell und ist in 2—5 Minuten erledigt. Der Schmelzverlust beträgt 1—2%, im Gegensatz zum Lichtbogenofen mit dem doppelten Betrage. Als Stromquelle dient ein Motorgenerator mit 300 kW Leistung, bei 500 Hertz, dessen Antriebsmotor an das Leitungsnetz mit 5000 V unmittelbar angeschlossen ist. Die Erregermaschine ist unmittelbar mit dem Motorgenerator gekuppelt. 3000 U/min.

Die beiden Öfen werden abwechselnd betrieben. Sie besitzen auch eine gemeinsame Gießgrube. Das Kippen der Öfen geschieht im Sinne der Abb. 87.

8. Kernloser Induktionsofen (Hochfrequenzofen) des Rheinmetallwerkes in Düsseldorf[6]. Der Ofen ist von den Firmen C. Lorenz AG. und Siemens & Halske, beide in Berlin, gebaut. Fassungsvermögen des Tiegels = 300 kg. Der Generator liefert einen Wechselstrom von 500 Per./s. Dieser Strom wird in einem Stufentransformator derart umgeformt, daß die Spannung in 8 Stufen zwischen 2500 V und 695 V verändert werden kann, wenn der Strom in den Ofenkreis eingeschaltet wird. In diesen Ofenkreis ist neben der Ofenspule die Kondensatorbatterie im Sinne der Abb. 95 eingeschaltet. Die Gesamtkapazität dieser Batterie

---

[1] Stahl u. Eisen 1930 S. 605/635 (Dörrenberg & Broglio).

[2] DRP. 23715.   [3] Stahl u. Eisen 1930 S. 1652.

[4] Im Anschluß an den Vortrag von Broglio. Stahl u. Eisen 1930 S. 617.

[5] Stahl u. Eisen 1931 S. 513 (Pölzguter).

[6] Dieser Ofen wurde dem Kaiser Wilhelm-Institut in Düsseldorf zur Verfügung gestellt. Vgl. Stahl u. Eisen 1931 S. 1199 (Hessenbruch). Daselbst sind auch die einschlägigen Veröffentlichungen dieses Instituts genannt.

beträgt 153,5 μF; davon sind 37,5 μF fest eingeschaltet, der Rest wird stufenweise nach Bedarf eingeschaltet. Die wassergekühlte Ofenspule hat 500 mm lichte Weite, 550 mm Höhe und 61 Windungen.

Es wurden 660—850 kWh für 1 t bei kaltem Einsatz gebraucht. Der thermische Wirkungsgrad betrug 66,4% bei festem Einsatz und 48,18% bei flüssigem Einsatz.

Der Tiegel war sauer, aus Eisenberger Klebsand im Ofen selbst aufgestampft. Die Haltbarkeit war 75—80 Schmelzen bei ununterbrochenem Betriebe. Man konnte den Tiegel auch aus basischer Masse aufstampfen. Ein Gemenge aus 150 kg Magnesit (grober, mittelfeiner und feiner zu gleichen Teilen), 17 kg gemahlener Martinschlacke, 1,5 kg CaO, 2 kg Ton und 10—12 kg wasserfreiem Teer ergab eine Haltbarkeit von 60 Schmelzen.

9. Amerikanische kernlose Induktionsöfen (Hochfrequenzöfen) allgemein[1]. Man hat dort Öfen von 50—1000 kg Tiegelinhalt. Ein Ofen für 2000 kg wurde 1931 gebaut. Der Strombedarf zum Einschmelzen ist bei 50 kg 1000 kWh/t, bei 1000 kg 550 kWh/t. Die normale Generatorleistung ist bei 50 kg 60 kW, bei 1000 kg 600 kW, bei dem 2000-kg-Ofen 800 kW.

Die allgemein übliche Schaltungsweise ist durch die Abb. 96 dargestellt.

Die elektrische Ausrüstung liefern ausschließlich die Westinghouse Co. und die General-Electric Co. Die Generatoren liefern einen Strom von 900 Perioden bei 1500—1800 Umdrehungen. Die Schmelzdauer beträgt etwa 45—50 Minuten bei 800 kWh/t Stromverbrauch, wenn es sich lediglich um das Einschmelzen handelt. Es kommen aber auch Chargen von zweistündiger Dauer vor.

Man arbeitet mit sauren und basischen Tiegeln. Der Guß erfolgt teils unmittelbar in Blockformen, die auf einer Drehscheibe stehen, teils in eine Gießpfanne, damit nicht zu heiß gegossen wird, und die Schlacke nicht mitfließen kann. Das Beschicken geschieht innerhalb einer Minute mit Hilfe eines Blechkübels mit Bodenklappen, der in den Tiegel gesenkt und dann herausgezogen wird.

10. Kernloser Induktionsofen (Hochfrequenzofen) des Kaiser Wilhelm-Instituts in Düsseldorf von 50 kg Schmelzleistung[2]. Der Ofen wurde von der Firma C. Lorenz AG. in Berlin geliefert. Eine Hochfrequenzmaschine Bauart Lorenz-Schmidt liefert bei 2590 U/min Wechselstrom von 6900 Hertz. Die maximale Belastung beträgt bei 350 V 110 A = 38,5 kVA. Der Antrieb dieser Hochfrequenzmaschine erfolgt durch einen Gleichstrom-Nebenschlußmotor der Deutschen Elektrizitätswerke in Aachen von 440 V 150 A. Die Umdrehungszahl wird durch einen Fliehkraftregler, der die Felderregung des Motores steuert, konstant gehalten. Der Gesamtumformerwirkungsgrad ist annähernd 70%. Der Leistungsfaktor an der Maschine = cos φ = 0,85. Es sind 60 Glimmerkondensatoren, Bauart Lorenz, von je 900000 cm für 600 V.

Die Ofenspule besteht aus einem Kupferrohr von 20 mm $\varnothing$, das auf 10 mm flachgedrückt ist; 23 Windungen bei 250 mm Höhe und 360 mm mittlerem Durchmesser. Die Isolation gegen den Ofen geschieht durch eine Lage Asbestpappe von 8 mm Stärke. (Vgl. das Schmelzschaubild Abb. 101.)

11. Kernloser Induktionsofen bei Böhler in Oberkassel für 2 t festen Einsatz[3]. Der Ofen kann mit 2 t festem Einsatz und 5 t flüssigem Einsatz betrieben werden. Er ist seit $1\frac{1}{2}$ Jahren in Betrieb. Die Spule ist wassergekühlt. Es sind 600 kWh/t zum Einschmelzen erforderlich. Der Ofen wird vorzugsweise bei der Erzeugung von C-armen, korrosionsfesten Edelstählen gebraucht. Der Generator liefert einen Strom von 2000 V 450 Hertz. Er macht 1500 Umdrehungen.

12. Kernloser Induktionsofen (Hochfrequenzofen) von Siemens & Halske. Vgl. die Abb. 89—91, 95 u. 98 und ihren Text. Eine solche Anlage, mit einem Tiegelinhalt von 300 kg ist der Firma Rheinmetall in Düsseldorf geliefert. Die Generatorleistung beträgt 100 kW, die Periodenzahl 500 Hertz. Bei einem Siemensofen für 25 kg brauchte man 800 kWh/t beim Schmelzen von Stahl. Das Einschmelzen geschah in 60—70 Minuten. Bei Messing waren es 300 kWh und 20—25 Minuten.

VIII. Die Eigenschaften von unlegierten und legierten Stahlgußstücken.

83. Unlegierte Stahlgußstücke.

Unlegierter Stahlguß wird dadurch gekennzeichnet, daß der Einfluß des Kohlenstoffgehaltes maßgebend ist; während dieser beim legierten

---

1 Nach Rohland: Stahl u. Eisen 1931 S. 638.
2 Vgl. Gießerei 1932 S. 285.   3 Stahl u. Eisen 1932 S. 1121.

Stahlguß von anderen Legierungsbestandteilen derart überdeckt wird, daß er in den Hintergrund tritt.

Dieser Unterschied läßt sich allerdings vielfach nicht scharf abgrenzen, und es gibt Stähle, die man zu den unlegierten und auch zu den legierten zählen kann. Aber trotzdem muß man diese Kennzeichnung gelten lassen; andernfalls geht der Überblick verloren.

Stahlguß kann man auf Grund der chemischen Zusammensetzung und auf Grund seiner physikalischen Eigenschaften kennzeichnen. Beides geht nebeneinander her. Daraus folgt, daß man die Beziehung zwischen beiden kennen muß. Ein besonderes Kapitel soll diesem Bestreben gewidmet werden.

Meist schreibt der Besteller die physikalischen Eigenschaften vor und verlangt, daß sie bei dem Zerreißversuch oder bei anderen mechanischen Prüfungsverfahren bestätigt werden. Dann muß der Leiter des Stahlwerks wissen, welche chemische Zusammensetzung er innehalten muß, um diese mechanischen Eigenschaften zu gewährleisten.

Vielfach wird allerdings neben den mechanischen Eigenschaften auch ein Maximal- oder Minimalgehalt bei einigen chemischen Körpern — P, S, Mn sind Beispiele — vorgeschrieben.

, Alles dieses verlangt von dem Betriebsleiter ein recht umfassendes theoretisches Wissen.

Es sollen hier einige Zahlentafeln niedergeschrieben werden. Diesen seien die folgenden Bemerkungen vorausgeschickt:

Der Kohlenstoff kennzeichnet die Härte, die mit seinem Gehalt ebenso wie die Zerreißziffer steigt. Mit wachsender Zerreißziffer fällt der Dehnungswert.

Die magnetischen Eigenschaften werden in erster Linie durch den C-Gehalt und Mn-Gehalt beeinflußt. Sind beide gering (Dynamostahlguß), besteht großer Magnetismus bei wenig Remanenz.

Abgesehen von diesem Fall ist ein etwas höherer Mn-Gehalt nur erwünscht.

Ohne einen gewissen Si-Gehalt erhält man keinen ruhigen Stahl und hat mit Gashohlräumen zu tun.

Um Warm- und Kaltrisse zu verhindern, muß man möglichst wenig Phosphor und Schwefel im Stahlguß haben.

Zahlentafel 1. Unlegierter Stahlguß.

Gewöhnlicher Stahlguß enthält 0,25—0,30% C, 0,30% Si, 0,4—0,5% Mn.
Weicher Stahlguß enthält als Dynamostahl 0,10—0,15% C.
Harter Stahlguß enthält 0,35—0,40% C, 0,30% Si, 0,6—0,7% Mn.
Sehr harter Stahlguß enthält 1,1—1,3% C, 0,30% Si, 0,8% Mn.

Zahlentafel 2. Unlegierter Stahlguß[1].

	C %	Si %	Mn %	$\sigma_B =$ Zerreiß-ziffer kg/mm²	$\delta =$ Bruch-dehnung %
Dynamostahl	0,1—0,15	0,2—0,4	0,2—0,3	unter 40	über 40
Gewöhnlicher Stahlguß für Maschinen- und Schiffsteile	0,25—0,30	0,3	0,3—0,5	40—50	10—15
Kammwalzenqualität	0,30—0,50				
Walzenqualität	0,4—0,60			50—65	
Harter Stahlguß für Zerkleinerungszwecke.	0,5—0,70		bis 0,7	50—70	
Sehr harter Stahlguß für solche Zwecke	1,1			95—105	

---

[1] Mitgeteilt im Lehrbuch der Eisen- und Stahlgießerei des Verfassers, Leipzig bei Wilhelm Engelmann, 1922.

Zahlentafel 3. Unlegierter Stahlguß (amerikanische Normen)[1].

Sorte	C %	P %	S %	Mn Si %	$\sigma_B{}^2$ kg	σ_s kg	δ (50,8·mm) %	Q %	Kalt-biegung $\sphericalangle°$
Spezial			muß besonders vereinbart werden						
Harte	0,50	0,05	0,06	—	56,2	45% v. σ_B	17	25	keine
Mittlere	0,45	0,05	0,06	—	49,4	—	20	30	120
Weiche	0,35	0,06	0,06	{0,40 Si	42,3	—	24	35	120
Gewöhnliche . .	0,45	0,07	0,08	{0,80 Mn		keine Vorschriften			

Zahlentafel 4. Unlegierter Stahlguß. Härteskala.

	C %	Mn %	Si %	σ_B kg/mm²
Härte I . .	0,18—0,20	0,5—0,6	0,30	37—44
Härte II . .	0,20—0,25	0,5—0,6	0,30	45—50
Härte III . .	0,28—0,32	0,5—0,6	0,30	50—60
Härte IV . .	0,30—0,40	0,5—0,6	0,30	60—70
Härte V . .	0,55—0,60	0,5—0,6	0,30	70—80

Zahlentafel 5. Unlegierter Stahlguß. Güteklassen[3].

Bezeichnung[4]	Gewährleistete Eigenschaften				
	σ_B mindestens kg/mm²	δ mindestens %	Magnetische Induktion bei AW cm		
			25	50	100
Stg 38,81 ...	38	20	—	—	—
Stg 38,81 D.	38	20	14 500	16 000	17 500
Stg 45,81 ...	45	16	—	—	—
Stg 45,81 D.	45	16	14 500	16 000	17 500
Stg 50,81 R.	50	16	—	—	—
Stg 52,81 ...	52	12	—	—	—
Stg 60,81 ...	60	8	—	—	—

Zahlentafel 6.

Am häufigsten fand man bei Stahlgußteilen $\sigma_B = 46$ kg, $\sigma_s = 28$ kg, $\delta = 30\%$, $Q = 53\%$[4].

Es soll hier eine Zahlentafel folgen, welche die chemische Zusammensetzung und die Festigkeitseigenschaften von unlegierten Stahlgußstücken kennzeichnet.

---

[1] Gießerei 1929 S. 272.

[2] σ_B oder σ_z = Zerreißfestigkeit, σ_s = Streckgrenze, δ = Bruchdehnung, Q = Querschnittsverminderung. Kaltbiegung: Es wird der $\sphericalangle$ genannt, der nicht überschritten werden darf, um einen Riß zu verhüten. In bezug auf δ ist es sehr wichtig, welche Stablänge zugrunde gelegt wird. In Deutschland ist l meist $= 10 \cdot d$, in Amerika l meist $= 3,9 \cdot d$.

[3] Werkstoffhandbuch Stahl und Eisen. Verlag Stahleisen Düsseldorf. D bedeutet für Elektromaschinenbau, R für Räder nach Vorschriften der Reichsbahn.

[4] Stahl u. Eisen 1930 S. 438.

Zahlentafel 7. Unlegierte Stahlgußstücke.

	C %	Si %	Mn %	P %	S %	σ_B kg/mm²	δ [1] %	Bemerkungen
Ambosse, gegossene	0,50	0,50	0,87	—	0,035	—	—	Stahl u. Eisen 1922 S. 1619
Dynamostahl (andere Angaben sind in Zahlentafel 2 gegeben)	0,1—0,15	0,2—0,4	0,2—0,3	—	—	unter 40	über 40	
Lokomotivteile:								
Gleitschienen und Kreuzköpfe	—	—	—	—	—	55—65	12	Stahl u. Eisen 1918 S. 895
Lokomotivrahmen (amerikanisch)	0,31	0,28	0,51	0,026	0,025	—	—	
Lokomotivrad (deutsch)	0,22	0,36	0,60	0,011	0,024	—	—	
Dasselbe (deutsch)	—	—	—	—	—	37—44	etwa 30	Reisenotiz
Lokomotivteil (Deichselgestell)	0,15	0,49	0,59	0,016	0,029	—	—	
Lagerschied (4 t)	—	—	—	—	—	43	35	Stahl u. Eisen 1926 S. 867
Maschinenteile allgemein	0,25—0,30	0,3	0,3—0,5	—	—	meist 40—50	meist 10—15	
Teil einer schweren Presse	0,30	0,45	0,76	0,018	0,031	—	—	Reisenotiz
Schwungrad (Illgner) 39 t 3500 mm ∅	0,29	0,37	0,73	0,029	0,027	—	—	Reisenotiz
Turbinengehäuse	—	—	—	$< 0,07$ $< 0,07$ Sa $< 0,12$		40—50 $\sigma_s =$ mind. 22	22	Reisenotiz
Marineteile 1. Qualität	—	—	—	—	—	37—44	20	
2. Qualität	—	—	—	—	—	40—50	18	
3. Qualität	—	—	—	—	—	45—55	12	
Marineketten (gegossen)	nach besonderer Belastungsprobe							Gießerei-Ztg. 1927 S. 692 Stahl u. Eisen 1926 S. 317
Kirchenglocken	0,25—0,35	0,40	0,6—0,8	—	—	—	—	Stahl u. Eisen 1922 S. 1484
Kokillen für Stahlwerke	0,22—0,50	0,35	0,65	0,02—0,09	0,025—0,060	50—60	—	
Ebenso	0,32—0,40	0,27—0,30	0,77—0,83	—	—	—	—	Stahl u. Eisen 1932 S. 223
Dasselbe in Rheinl.-Westf. meist	0,25—0,35	—	—	0,03	0,03	—	—	
Dasselbe	0,35—0,40	—	0,5—0,8	$< 0,09$	$< 0,07$	—	—	Stahl u. Eisen 1922 S. 1897 üb. 100 Güsse
Kammwalzen	0,3—0,5	—	—	$< 0,05$	—	—	—	
Ebenso	0,59	0,39	0,74	0,020	0,034	—	—	
Harter Stahlguß für Zerkleinerungszwecke	0,5—0,7	—	0,70	—	—	50—70	—	Heute wählt man meist legierten Stahl
Mahlscheiben (Griffinmühlen)	1,1	—	—	—	—	95—105	—	
Radsterne für Straßenbahnen	—	—	—	—	—	45—55	20	
Grubenwagenräder	—	—	—	—	—	55—65	10—16	
Walzen	0,4—0,6	—	—	—	—	50—65	—	
Granaten	0,78—0,85	—	0,86—0,81	—	—	—	—	
Einsatzstahlguß d. h. zum Einsatzhärten geeignet	—	—	—	—	—	34—42	28—22 bei $l = 10\,d$ 33—27 bei $l = 5\,d$	Bergische Stahlind.

[1] In bezug auf δ ist es sehr wichtig, welche Stablänge zugrunde gelegt wird. In Deutschland meist $l = 10\,d$, in Amerika $l = 3,9\,d$.

Zahlentafel 8. Dynamostahlguß der Bergischen Stahlindustrie[1].

Gütebezeichnung BSJ.	DIN	Festig-keit kg/mm²	Streck-grenze kg/mm²	Dehn.% $l = 5\,d$	Koer-zitiv-kraft	Rema-nenz	spez. Wider-stand	Magn. Induktion bei AW/cm 25	50	100
extra weich	—	34,5	18,5	35,4	1,1	9100	n. b.	16300	17200	18400
weich	Stg. 38,81 D	38,5 DIN 38	19,7	28,2 DIN 20	1,85	10550	0,195	15200 DIN 14500	16500 DIN 16000	17800 DIN 17500
mittel	Stg. 45,81 D	45,2 DIN 45	23,0	25,1 DIN 16	2,98	11480	0,221	15100 DIN 14500	16350 DIN 16000	17700 DIN 17500

Zahlentafel 9. Unlegierter Stahlguß[1].
Stahlguß für den allgemeinen Maschinenbau.

BSJ	DIN	Mindest-Festigkeit kg/mm²	Streck-grenze kg/mm²	Dehnung in % $l = 5\,d$	$l = 10\,d$	Verwendungszweck
Lokomotiv-Stahlguß	Stg. 38,81	38	20—24	33—27 DIN = 20 min	28—22	für Lokomotivteile, Achslagergehäuse usw.
Weicher Maschinen-guß	Stg. 45,81	45	22—26	30—23 DIN = 16 min	25—20	für Schiffbau, Werkzeugmaschinenbau, Elektroindustrie
Gewöhl. Maschinen-guß	Stg. 50,81 R	50	25—30	27—21 DIN = 16 min	22—16	für Pressen, Radkörper, Zahnräder für hochbeanspr.Maschinenständ., Straßenbahnwagenbau
Harter Maschinen-guß	Stg. 60,81	60	30—33	20—15 DIN = 8 min	14—10	für Baggermasch., Zerkleinerungsmaschinen, Laufräder u. dgl.

Spezifisches Gewicht von unlegiertem Stahlguß: Man kann es = 7,80 — 7,85 setzen.

84. Die Beziehungen zwischen der chemischen Zusammensetzung und den Festigkeitseigenschaften bei unlegierten Stahlgußstücken.

Eine Beziehung zwischen Zerreißfestigkeit, Dehnung und C-Gehalt kennzeichnet Abb. 102.

In den Zahlentafeln des vorigen Kapitels sind beide — die Zahlenwerte der chemischen Zusammensetzung und die Festigkeitswerte σ_B (Zerreißfestigkeit) und δ (Dehnung in Prozenten) nebeneinander angegeben. Es sollen hier nur einige Fingerzeige gegeben werden, um die letzteren aus den ersteren zu errechnen.

Man greift dabei auf die v. Jüptnersche Formel[2] zurück, die davon ausgeht, daß sich die Einflüsse der Eisenbegleiter umgekehrt wie die Atomgewichte verhalten — ein Gesetz, das auch sonst Richtigkeit besitzt.

---

[1] Nach Angaben der Bergischen Stahlindustrie in Remscheid.
[2] Stahl u. Eisen 1896 S. 348; 1900 S. 939.

Die v. Jüptnersche Formel lautet:

$$\sigma_B = A + \frac{200}{3} \cdot C + \frac{200}{7}\, Si + \frac{200}{14} \cdot Mn + \frac{200}{8} \cdot P + \frac{200}{16} \cdot Cu$$

$$- \frac{200}{8} \cdot S \ \text{in} \ kg/mm^2 .$$

Dabei $A = 21$ im Mittel; C, Si usw. werden in Prozenten angegeben. Die Nenner stellen durchweg den vierten Teil des Atomgewichts dar.

Man hat auch eine Formel für die Dehnung berechnet, die wie folgt lautet:
$\delta = B - 36\,C + 5,5\,Mn - 6\,Si$ in Prozenten der ursprünglichen Länge.
$B = 31$ im Mittel.

Allerdings vermindert ein höherer P- und S-Gehalt den Wert δ.

Diese Formeln ergeben zwar nicht mathematisch genaue Werte. Für die Praxis genügen sie aber, wie der Verfasser es mehrfach bei Nachprüfungen bei C-Gehalten zwischen 0,08—0,8% festgestellt hat[1].

Bemerkenswert ist, daß im Sinne dieser Formeln der Mn-Gehalt sowohl die Zerreißziffer wie auch die Dehnung vermehrt. Bei großen Öfen setzt man mehr Mn als bei kleinen Öfen, weil bei letzteren die Dickflüssigkeit der Schlacke bei mehr als 0,4% Mn störend auftritt.

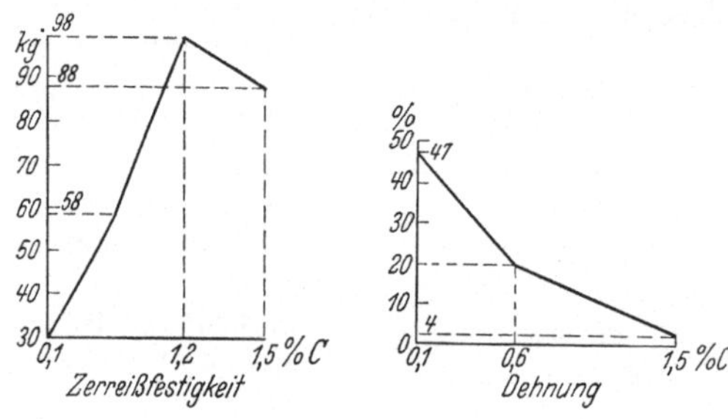

Abb. 102. Zerreißfestigkeit und Dehnung bei verschiedenem Kohlenstoffgehalt. (Lehrbuch der Eisenhüttenkunde des Verfassers.)

Der Amerikaner Campbell[2] berechnet die Zerreißziffer σ_z wie folgt:

Reines Eisen $\sigma_z = 26,5$—27,5 kg, im Mittel 27 kg.
Für jedes 0,01 C bei saurem Martinstahl + 0,85 kg, bei basischem Martinstahl + 0,66 kg.
Für jedes 0,01 Mn bei saurem Martinstahl $\pm$ 0, sofern Mn $< 0,6\%$, bei basischem Martinstahl + 0,06 kg.
Für jedes 0,01 P bei saurem Martinstahl + 0,63 kg, bei basischem Martinstahl + 0,74 kg.
Alle diese Zahlen gelten für C-Gehalte von 0,2—0,35% C. Bessemerstahl hat geringere Werte.

Der Einfluß des P- und S-Gehalts. (Betriebsdaten.)

A. Zerreißfestigkeit.

P hat bis 0,06% wenig Einfluß.
Darüber hinaus findet eine Zunahme im Sinne der v. Jüptnerschen Formel, bei weichem und hartem Material statt.
S hat bis 0,05—0,06% keinen bemerkenswerten Einfluß, bei 0,09% minus 2 kg.

B. Dehnung.

P hat bis 0,05% keinen Einfluß.
Bei 0,05—0,08% minus 1% bei weichem Material, minus 1,5% bei hartem Material, von da ab starker Einfluß.
S hat bis 0,06% keinen nennenswerten Einfluß.
Bei 0,06—0,08% minus 2% bei weichem Material, minus 3% bei hartem Material.

C. Schlagfestigkeit

Sie nimmt bei weichem und hartem Material mit steigendem P- und S-Gehalt sehr stark ab.
Z. B. besteht bei 0,1% P eine Abnahme = 40%, gegenüber einem P-Gehalt von unter 0,05%.

Die Anwendung der Formeln im Betriebe.

Sie soll an der Hand einiger Beispiele gezeigt werden.

---

[1] Vgl. Osann: Lehrbuch der Eisenhüttenkunde. Leipzig: Wilhelm Engelmann.
[2] Stahl u. Eisen 1903 S. 565; 1905 S. 82.

1. Die chemische Zusammensetzung lautet: 0,3% C, 0,25% Si, 0,6% Mn, 0,03% P, 0,03% S. Nach der Jüptnerschen Formel hat man dann bei unvergütetem Stahlguß: $\sigma_B = 58{,}3$ kg; $\delta = 22\%$.

2. Verlangt die Abnahmevorschrift, daß σ_B 61 kg betragen soll, wobei δ bis auf 18% heruntergehen darf, so würde man den C-Gehalt auf 0,35% vermehren und würde dann, wenn sonst alles so bleibt, $\sigma_B = 61{,}5$ kg, $\delta = 20{,}2\%$ haben.

3. Würde die Steigerung der Zerreißziffer auf 65 kg gefordert werden, ohne die Dehnungsziffer (22%) zu senken, so würde man den C-Gehalt bei 0,30% belassen, aber den Si-Gehalt und den Mn-Gehalt vermehren. In

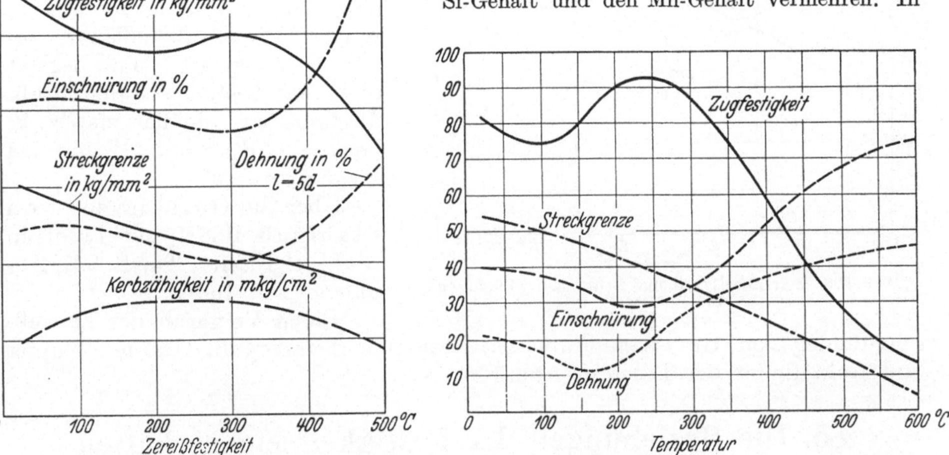

Abb. 103. Die Festigkeitseigenschaften unlegierten Stahlgusses in hohen Temperaturen. Nach der Versuchsanstalt der Bergischen Stahlindustrie in Remscheid.

Abb. 104. Festigkeitseigenschaften unlegierten Stahlgusses in hohen Temperaturen, nach dem Werkstoffhandbuch. Düsseldorf, bei Stahleisen.

diesem Sinne würde bei einem Stahlguß mit 0,3% C, 0,40% Si, 0,8% Mn, P und S wie oben $\sigma_B = 65{,}3$ kg, $\delta = 23\%$ bestehen.

Nach Campbell würde im Falle 1 beim sauren Martinofen $\sigma_B = 54{,}4$ kg, gegen 58,3 kg bei der v. Jüptnerschen Formel und beim basischen Ofen $\sigma_B = 58{,}3$ kg gegen 58,3 kg bei der v. Jüptnerschen Formel sein.

Beim basischen Ofen laufen also beide Formeln auf dasselbe

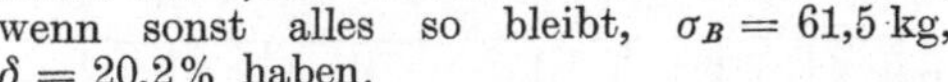

Abb. 105. Festigkeitseigenschaften von Stahlguß, Temperguß, Flußeisen und Gußeisen im Vergleich mit denen einiger Metalle.

hinaus, geben allerdings beim sauren Ofen bei Campbell eine Abweichung von etwa 7% weniger.

Die Festigkeitseigenschaften von unlegiertem Stahlguß in höheren Temperaturen kennzeichnen Abb. 103 u. 104.

Man erkennt, daß sich bis 300° die Abweichungen von den Werten bei normaler Temperatur in erträglichen Grenzen halten, aber von da ab die Zerreißfestigkeit und die Kerbzähigkeit stark abnimmt. Bei mehr als 500° wird die Einbuße dann sehr stark. Nach einer anderen Quelle war der Wert σ_B bei 500° nur noch 11 kg, wenn er bei 0° 26 kg betrug[1].

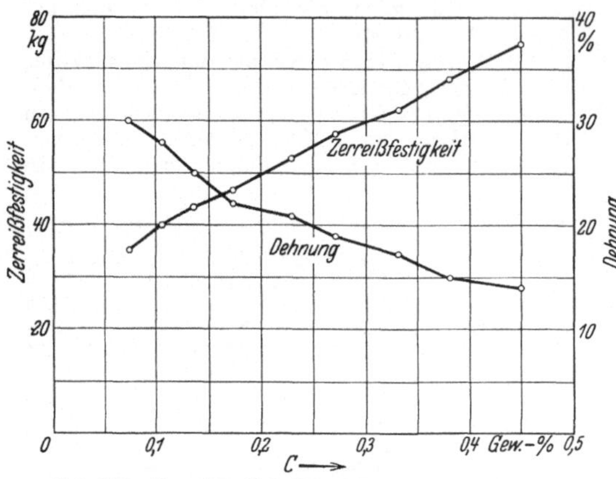

Abb. 106. Zerreißfestigkeit und Dehnung bei Flußeisen und Flußstahl.

Durch Mo- und Va-Zusätze ließ sich diese Abweichung abschwächen (vgl. bei legierten Stählen).

Für den Wert der Bruchdehnung ist es wichtig zu wissen, welche Probestabmeßlänge zugrunde gelegt ist. Man bezieht diese am besten auf den Stabdurchmesser. So hat man z. B. bei $l = 10\,d$, $\delta = 22\%$ und bei $l = 5\,d$, $\delta = 27\%$.

Über die Güteklassen von Stahlguß findet der Leser in Stahl u. Eisen 1925, S. 837 Angaben (Din 1681).

Einen Vergleich der Zerreißschaubilder von Gußeisen, Flußeisen, Stahlguß, Temperguß, Messing, Kupfer und Gold findet der Leser in Abb. 105.

85. Die Beziehungen der Festigkeitseigenschaften untereinander, bei unlegierten Stahlgußstücken[2].

Abb. 107 kennzeichnet die Beziehung von Zerreißfestigkeit zur Bruchdehnung bei unlegiertem Stahlguß, wie sie bei Prüfungsvorschriften besteht (vgl. auch Abb. 106).

In gleicher Weise gibt die folgende Zahlentafel Aufschluß:

Zahlentafel. σ_B und δ bei Stahlguß von 40—60 kg Zerreißfestigkeit.

Zerreißfestigkeit 40   44   49   55   60 kg/mm²,
Mindestbruchdehnung, gemessen an Stäben
von 100 mm Länge 18   16   14   12   10%.

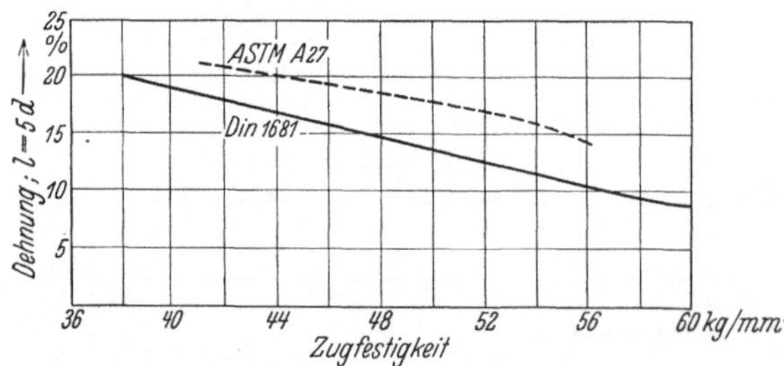

Abb. 107. Dehnung und Zugfestigkeit von Stahlguß nach deutschen und amerikanischen Normen.
ASTM Amerikanische Normen $l = 3{,}9\,d$. *Din 1681* Deutsche Normen $l = 5\,d$. o R Vorschrift der Reichsbahn.

Die Beziehung der Zerreißfestigkeit (σ_B) zur Streckgrenze (σ_S) ist sehr wichtig. Ein hoher Wert für σ_S bedingt auch eine hohe Lage der Elastizitätsgrenze σ_E (meist 10% weniger als σ_S). Gewöhnlich besteht die Beziehung

$$\sigma_S = \frac{\sigma_B}{2} + 2\,\text{kg}.$$

Durch einige Legierungsbestandteile wird aber dieses Verhältnis verschoben, so daß die Streckgrenze viel höher liegt. Mit ihr wird

____
[1] Stahl u. Eisen 1929 S. 791.
[2] Es sei hier auf Osann: Lehrbuch der Eisenhüttenkunde, Bd. 2, Leipzig: Wilhelm Engelmann, verwiesen, wo eingehend über diese Beziehungen berichtet ist.

die Elastizitätsgrenze nach oben im gleichen Sinne verschoben, was sehr wichtig für die konstruktive Beanspruchung des Materials ist; denn diese darf niemals die Elastizitätsgrenze überschreiten, damit nicht eine bleibende Formveränderung erfolgt. Aus diesem Grunde ist die Feststellung der Streckgrenze von großer Bedeutung.

Man soll aber nur die obere Streckgrenze σ_{So} (Abb. 105) und nicht die untere σ_{Su} oder mittlere messen und soll auch die Belastungszunahme in der Sekunde v_z) (nicht zu schnell steigern (nicht über 1 kg). $v_z =$ Belastungszunahme für 1 mm² und Sekunde $= \langle 1$ kg. Macht man den Wert v_z größer, so erfährt man Streuungen bei Feststellung von σ_S von 10—15%, die vermieden werden müssen[1].

Die Feststellung der Elastizitätsgrenze ist umständlich und erfordert eine sehr starke Zerreißmaschine mit der Apparatur für Fernglasablesung und Spiegelung. Sie bleibt großen Versuchsanstalten vorbehalten.

Man steigert solange die Last, bis die bleibende Dehnung die Größe von 0,03% beträgt. Man begnügt sich in der Praxis meist mit der Feststellung der Streckgrenze.

Das, was von der Elastizitätsgrenze gesagt ist, gilt in viel höherem Maße von der Proportionalgrenze σ_P, die nur bei wissenschaftlichen Versuchen festgestellt wird. Unterhalb dieser Grenze sind Dehnungswerte und Belastungen proportional. In einem Falle[2] war $\sigma_B = 45,8$ kg, $\sigma_P = 20,4$ kg, $\sigma_S = 27,5$ kg bei einer Bruchdehnung $\delta = 38,4\%$

$$\sigma_P = \frac{44,5}{100} \cdot \sigma_B; \qquad \sigma_S = \frac{60}{100} \cdot \sigma_B.$$

Die Beziehungen zwischen der Zerreißfestigkeit und Brinellhärte (Kugeldruckprobe) sind dadurch gekennzeichnet, daß Brinell den ernsthaften Vorschlag machte, den Zerreißversuch durch die Brinellprobe zu ersetzen. Dies mag für unlegierten Stahlguß meist zutreffen. Man darf aber die Anschauung nicht auf legierten Stahlguß übertragen.

Die Beziehungen zwischen den Zerreißwerten und der Schwingungsfestigkeit haben heute im Hinblick auf die Alterungserscheinungen besondere Bedeutung. Beide sind proportional. Wenn $S =$ Schwingungsfestigkeit $=$ derjenigen Beanspruchung auf Zug, bei der die Probe 5 Millionen Umdrehungen auf der Schenckschen Maschine[3] verträgt, ohne zu brechen, so ist $S = 0,25 \ (\sigma_S + \sigma_B) + 5$ kg, also z.B. bei $\sigma_S = 27$ kg; $\sigma_B = 50$ kg; $S = 24,3$ kg. Man erkennt, daß es in Fällen solcher Beanspruchung, wie sie bei Automobil- und Flugzeugwellen auftreten, sehr wichtig ist, die Streckgrenze durch Zuführen besonderer Legierungsbestandteile zu vergrößern.

Die Kerbschlagprobe (Pendelschlagprobe) im Sinne von Charpy wird durch die spezifische Schlagarbeit gekennzeichnet, die in mkg für 1 cm² gefährlichen Querschnitt ausgedrückt wird.

86. Das metallographische Gefügebild des unlegierten Stahlgusses.

Die Abb. 108 kennzeichnet das Erstarrungsschaubild der Legierung Eisen-Kohlenstoff und Abb. 109 die Abkühlungskurven und Erhitzungskurven von reinem Fe und andererseits einem Eisen mit 0,3% C.

Die Abb. 110 kennzeichnet die Entstehung der Erhitzungs- und Abkühlungskurven. Im Text der letzteren ist der Saladinapparat genannt, der auf

---

[1] Mitt. Forsch.-Inst. verein. Stahlwerke, Dortmund Juli 1926.
[2] Archiv 1928 S. 515, nach japanischer Quelle.
[3] Maschinenfabrik Carl Schenck in Darmstadt, vgl. Stahl u. Eisen 1929 S. 835.

der gleichzeitigen Anwendung zweier Spiegelgalvanometer beruht. Es sei hier kurz Folgendes ausgeführt und im übrigen auf die Ausführungen in den metallographischen Lehrbüchern verwiesen[1].

Kühlt man ein Stück Eisen oder Stahl ab und trägt die Zeit auf der Horizontalen und die Temperatur, die von einem in die Bohrung eingeführten Pyrometer angegeben wird, fortlaufend auf, so erhält man die Punkte einer Abkühlungskurve, die aber nicht gleichmäßig fallend verläuft, sondern **Haltepunkte** zeigt.

Diese Haltepunkte lassen erkennen, daß der Abkühlungsvorgang plötzlich durch einen exotherm verlaufenden Vorgang unterbrochen wird. Beim Erhitzen

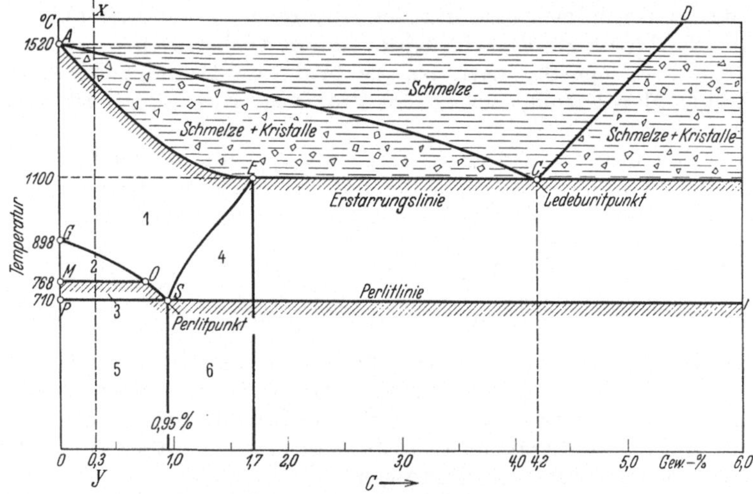

Abb. 108. Metallographisches Gefügebild der Legierung Fe = C.

Feld 1: Martensitisches Gefüge. Dies kann als Austenit oder Martensit oder Troostit oder Osmondit oder Sorbit erscheinen, je nach der Temperatur, bei welcher abgeschreckt wird. Austenit bei hoher, Sorbit bei niedriger Temperatur. Feld 2 und 3: Martensitisches Gefüge + Ferrit. Feld 4: Martensitisches Gefüge + Zementit. Feld 5: Perlit + Ferrit. Feld 6: Perlit + Zementit. Die Linie MO scheidet das γ-Eisen (unmagnetisch) vom β-Eisen (magnetisch). Die Perlitlinie scheidet auf der Strecke PS das β-Eisen vom α-Eisen (beide magnetisch). Die Grenze des Magnetismus geht von M über O, S nach F, unterhalb dieser Linie ist das Eisen magnetisch. Über dieser Linie unmagnetisch.

eines Stückes aus Eisen oder Stahl treten naturgemäß ebenso die Haltepunkte auf, indem ein endotherm wirkender Vorgang hemmend wirkt.

Die Lage der Haltepunkte ist abhängig von der chemischen Zusammensetzung, wie dies schon in der Abb. 109 zum Ausdruck kommt, wo die Kurven bei reinem Fe und bei einem Kohlenstoffgehalt von 0,3% nebeneinander aufgezeichnet sind.

Treten andere Legierungsbestandteile hinzu, so treten weitere Verschiebungen auf, die sehr bemerkenswert für die praktische Verwendung sind. Von ihnen wird bei den legierten Stählen die Rede sein.

Das in Abb. 108 dargestellte Erstarrungsschaubild Fe-C beruht auf den Verbindungslinien der Haltepunkte; und zwar sind es zum Teil auch solche, die beim Übergang aus dem flüssigen in den festen Zustand aufgezeichnet werden.

Der Entdecker der Haltepunkte ist Osmond. Derjenige, der das erste Eisen-Kohlenstoffschaubild gezeichnet hat, ist Emil Heyn.

Der untere Haltepunkt (A_2) des reinen Eisens wird beim Abkühlen durch Auftreten des Magnetismus gekennzeichnet. Erhitzt man dasselbe Stück Eisen, so treten wiederum zwei Haltepunkte auf. Die gleichen Vorgänge erzeugen in

---

[1] U. a. Goerens: Einführung in die Metallographie. Halle: Knapp.

ihrer Umkehrung einen Wärmeverlust, der hemmend wirkt. Diese Haltepunkte müßten (so sollte man meinen) in gleicher Temperaturlage erscheinen wie beim Abkühlen. Sie tun es aber nicht, weil das Gesetz der Trägheit beim Zerfallen der Lösung wirkt. Dies bewirkt, daß beim Abkühlen eine Verschiebung nach unten, beim Erwärmen eine solche nach oben' erfolgt. Den Unterschied der beiden Lagen nennt man Hysteresis. Er ist bisweilen nahezu Null, bisweilen, z. B. bei Nickelstählen, außerordentlich groß.

Schon Osmond hat die Bezeichnung A_c und A_r eingeführt; A_c für die Erwärmung (Kaleszenz), A_r für die Abkühlung (Rekaleszenz). Wir haben beim reinen Eisen zwei Haltepunkte A_2

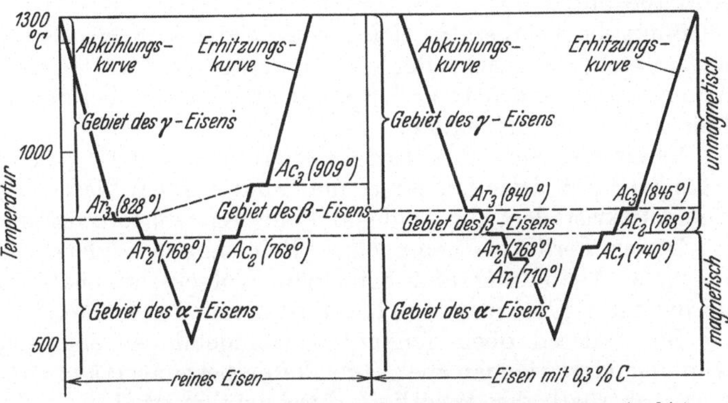

Abb. 109. Abkühlungskurven (links) und Erhitzungskurven (rechts).
1. bei reinem Eisen. 2. bei unlegiertem Stahl mit 0,3 °/₀ C.
Bei 1. Ar_3 828° | Ac_3 909°   Bei 2. Ar_3 840° | Ac_3 845°
Ar_2 768° | Ac_2 768° Ar_2 768° | Ac_2 768°
Ar_1 710° | Ac_1 740°

und A_3 und bei kohlenstoffhaltigen Eisen drei Haltepunkte A_1 bis A_3, dabei A_3 in der höchsten Temperaturlage, sinngemäß damit übereinstimmend, daß hier das Bereich des γ-Eisens ist.

Unterhalb A_2 besteht α-Eisen, magnetisch.
Zwischen A_2 und A_3 ,, β-Eisen $\Big\}$ unmagnetisch.
Oberhalb A_3 ,, γ-Eisen

Die Temperaturen sind in Abb. 109 eingetragen.

Wie eben gesagt, stellt sich bei einem Kohlenstoffgehalt ein dritter Haltepunkt ein. Stellt man für die verschiedenen Kohlenstoffgehalte die Haltepunkte fest, so kann man das Eisenkohlenstoff-schaubild aufzeichnen. Aus diesem geht hervor, daß die Haltepunkte A_1 in der eutektoiden Linie (oder Perlitlinie) liegen, die Haltepunkte A_2 und A_3 liegen in geneigten Linien, die mit der

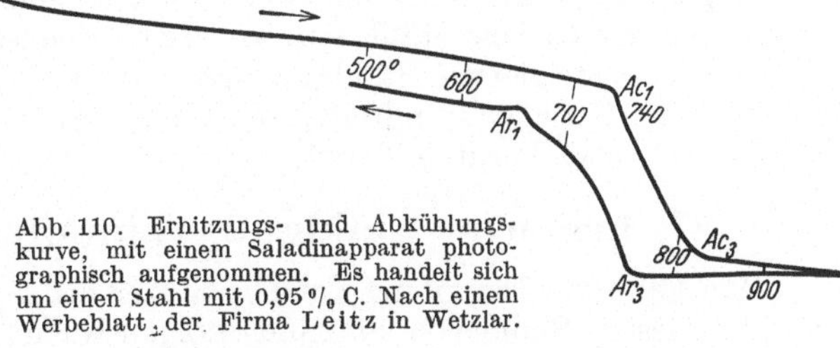

Abb. 110. Erhitzungs- und Abkühlungskurve, mit einem Saladinapparat photographisch aufgenommen. Es handelt sich um einen Stahl mit 0,95 °/₀ C. Nach einem Werbeblatt der Firma Leitz in Wetzlar.

eutektoiden Linie nacheinander zusammenfließen.

Perlit ist nach neueren Anschauungen ein Eutektoid, indem das Wort Eutektikum den erstarrenden flüssigen Legierungen vorbehalten wird.

Es handelt sich beim Perlit um Umwandlungen innerhalb des festen Zustandes.

In der Abb. 108 ist vom martensitischem Gefüge die Rede. Dies muß noch gekennzeichnet werden. Es ist nicht dasselbe wie Martensit.

Es handelt sich um Mischkristalle von Eisenkarbid und Eisen, deren Zusammensetzung von dem Kohlenstoffgehalt und der Temperatur abhängig ist. Im Sinne der Erstarrungsgesetze von Lösungen scheiden sich mit sinkender

Temperatur immer mehr Mischkristalle aus, bis bei einer bestimmten Temperatur, der Soliduslinie, alles fest ist.

In unserem Falle ist zwar keine flüssige Lösung vorhanden, aber diese Gesetze gelten ebenso; nur muß man hier von einer festen Lösung sprechen. Diese tritt in Gestalt von Austenit[1] unmittelbar unterhalb der Erstarrungslinie AE in Abb. 108 auf.

Sinkt die Temperatur tiefer, so scheiden sich Mischkristalle anderer Gattung aus, welche je nach der Abschrecktemperatur nacheinander Martensit, Troostit, Osmondit und Sorbit ergeben, bis bei der Temperatur der Perlitlinie (710°) Perlit entsteht.

Es ist dies eine eutektoide Legierung mit 0,95% C, die im Schliffbilde gewöhnlich[2] Zebrastreifen zeigt; und zwar werden diese Lamellen von Ferrit und Zementitkristallen, die beide in Schnüren angeordnet sind, gebildet.

Dieser Perlit erscheint ohne Beimengung anderer Gefügebestandteile bei normaler Abkühlung und bei einem Kohlenstoffgehalt von 0,95%; bei einem geringeren C-Gehalt tritt neben ihm Ferrit, bei höherem C-Gehalt Zementit auf.

Die anderen oben genannten Gefügebildner erscheinen bei schroffer Abkühlung oder, wie man auch sagen kann, bei einer Härtung, die bei den Temperaturen oberhalb der Perlitlinie durchgeführt wird.

Bei der höchsten Härtetemperatur entsteht Austenit, d. h. eine reine feste glasartige Lösung. Wenn man einen äußerst schroff in Eiswasser bei 1100° abgeschreckten Stahl nicht anläßt, so erhält man Austenit. Läßt man bei 400° an[3], so entsteht Osmondit und bei 710° Perlit.

Es ist allerdings kaum möglich, reinen Austenit bei unlegierten Stählen zu erhalten. Man muß zu legierten Stählen greifen.

Die Temperaturen zwischen A_1 und A_3 nennt man kritische Temperaturen, in deren Bereich man eintreten oder sie überschreiten muß, um mit Erfolg härten zu können.

Bisher war nur von der Legierung Eisen-Kohlenstoff die Rede. Treten andere Legierungsbestandteile hinzu, so wird die Sachlage verändert, und man spricht beispielsweise von austenitischen, martensitischen usw. Stählen, um anzudeuten, daß z. B. ein hochnickelhaltiger Stahl bei gewöhnlicher Abkühlung nicht perlitisches Gefüge, sondern austenitisches Gefüge liefert. Demgemäß teilt man solche Stähle ein, wie wir bei den legierten Stählen sehen werden.

Bei dem unlegierten Stahlguß mit 0,3% C hat man bei gewöhnlicher Abkühlung die Gefügebestandteile, wie sie die Abb. 108 im Felde 5 erkennen läßt (Linie $x\,y$), also Perlit + Ferrit.

87. Legierter Stahlguß. Einteilung und Statistik.

Man kann die Einteilung auf Grund der einlegierten Körper vornehmen und in diesem Sinne von Silizium-Mangan-Nickelstählen usw. sprechen.

Man kann auch den Verwendungszweck zum Ausgang der Betrachtung nehmen und z. B. von korrosionsfesten, hitzebeständigen, unmagnetischen usw. Stählen sprechen.

Man kann auch das metallographische Gefügebild zum Ausgangspunkt nehmen und von austenitischen, perlitischen, sorbitischen Stählen usw. sprechen.

---

[1] Dieser Name ist ebenso wie die unten folgenden Namen zu Ehren verdienter Forscher geprägt.

[2] Es gibt allerdings neben dem lamellaren auch kugeligen Perlit.

[3] Das Anlassen folgt dem Härten, indem man nach dem Abschrecken in Wasser oder Öl wieder erhitzt, um einen Teil der Härte wegzunehmen.

Man unterscheidet auch hochlegierte, mittellegierte und niedriglegierte Stähle, um die Gehalte zu kennzeichnen.

Es soll hier zunächst der zuerst genannten Betrachtungsweise nachgegangen werden, indem die Kapitelüberschriften das Element oder die Elemente nennen, von deren Einfluß gesprochen werden soll.

Im Sinne der zweiten Betrachtungsweise wird dann zusammenfassend berichtet werden, um den Fachmann in die Lage zu versetzen, das Richtige für jeden Verwendungszweck zu wählen.

Der dritte Gesichtspunkt kommt bei der Kennzeichnung des Einflusses der einzelnen Elemente und auch des Verwendungszweckes zur Geltung.

Bei dem großen Umfange des Gebietes wird es nicht zu vermeiden sein, daß der Überblick dadurch gewahrt werden muß, daß hier und da eine Wiederholung erscheint. Dies muß in den Kauf genommen werden.

Wenn mehrere Elemente gleichzeitig zu denen des unlegierten Stahlgusses treten, so muß deren gemeinsamer Einfluß betrachtet werden, wie es z. B. bei Chromnickelstählen geschehen wird. Man kann die letzteren den Nickelstählen und auch den Chromstählen angliedern. Es soll das letztere geschehen, weil C im Alphabet vor N steht.

Man muß sich darüber klar werden, daß schon der unlegierte Stahl eine Vierstofflegierung (Fe, C, Si, Mn) darstellt; auch wenn man P und S aus der Betrachtung ausschließt.

Bei legierten Stählen hat man folgerichtig eine Fünfstoff- oder Sechsstoff- oder sogar Siebenstofflegierung. Bei dieser Sachlage ist hier ebensowenig wie beim Gußeisen mit den gewöhnlichen Erstarrungsschaubildern etwas zu machen. Dreistoffschaubilder sind schon recht unhandlich, und darüber hinaus ist unsere Wissenschaft am Ende.

Man muß also andere Hilfsmittel anwenden, um den Einfluß der Elemente zu kennzeichnen, von denen in den folgenden Kapiteln die Rede sein wird. Hier soll nur gesagt werden, daß das Erstarrungsschaubild der Legierung Eisen-Kohlenstoff aus der Betrachtung ausscheiden muß, obwohl dessen linker Flügel bei den unlegierten Stählen gute Dienste leistet.

Die folgende Zahlentafel kennzeichnet den Anteil des legierten Stahlgusses an der gesamten Stahlgußerzeugung in den Vereinigten Staaten.

Zahlentafel[1]. Erzeugung von legiertem Stahlguß und sein Anteil an der Gesamtstahlgußerzeugung in den Vereinigten Staaten von Nordamerika.

Jahr	Gesamterzeugung an legiertem Stahlguß in 1000 t	Anteil des legierten Stahlgusses an der Gesamtstahlguß- erzeugung %	Jahr	Gesamterzeugung an legiertem Stahlguß in 1000 t	Anteil des legierten Stahlgusses an der Gesamtstahlguß- erzeugung %
1909	2,337	3,5	1918	67,5	4,8
1910	29,8	3,2	1919	46,1	4,8
1911	57,2	8,9	1920	69,5	5,5
1912	104,7	10,6	1921	40,9	7,3
1913	90,3	8,9	1922	60,0	5,9
1914	70,9	10,1	1923	93,7	6,5
1915	99,5	11,4	1924	82,7	7,9
1916	57,4	4,3	1925	112,6	8,9
1917	68,6	4,8	1926	146,1	10,6

Demnach ist, abgesehen von den Kriegsjahren, eine stetige Vergrößerung der Anteilziffer zu erkennen.

---

[1] Gießerei 1931 S. 639.

88. Manganstahlgußstücke.

Im Jahre 1888 wurde der hochhaltige, austenitische Manganstahl mit 10—14% Mn von Hadfield erschmolzen und bekanntgegeben. Später (1909) wurde ein niedriglegierter, perlitischer Manganstahl mit 1,1—2% Mn von John H. Hall erschmolzen, um Stahlgußstücke herzustellen.

Beide Gattungen haben eine große Bedeutung für die Stahlgußtechnik, die dadurch gekennzeichnet wird, daß in Amerika mehr als die Hälfte aller legierten Stahlgußstücke auf Manganstahl entfällt.

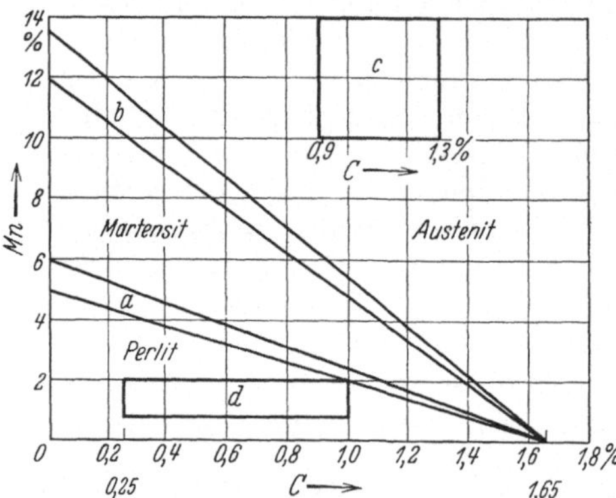

Abb. 111. Gefügeschaubild der Manganstähle nach Guillet.
a und b stellen Übergänge dar. c kennzeichnet die Zusammensetzung der praktisch verwendeten Austenitischen Stähle, d ebenso die der praktisch verwendeten perlitischen Stähle.

Abb. 111 kennzeichnet die Einteilung der Manganstähle nach Guillet und nennt die Grenzen der gebräuchlichen Mn- und C-Gehalte. Das martensitische Feld hat keine Bedeutung für die Praxis.

Perlitischer oder niedriglegierter Manganstahlguß.

Gerade diese Gattung ist in Amerika in großem Umfang in den Erzeugungsplan der Stahlgießereien eingeführt. Für Deutschland trifft dies weniger zu, weil man die Chromnickelstähle bevorzugt. Allerdings findet man auf einigen Werken das Bestreben, sich der amerikanischen Anschauung anzuschließen, weil angeblich nahezu dasselbe mit viel geringeren Selbstkosten erreicht wird.

Es sind dies Stähle mit etwa 1,1—2% Mn, bei 0,2—0,4% C und 0,2—0,5% Si. Sie werden verwendet, wenn es sich um große Zerreißfestigkeit bei hoher Streckgrenze, Dehnung und Kerbzähigkeit handelt. Diese Überlegenheit gegenüber unlegiertem Stahlguß besteht auch in Temperaturen bis 500°[1].

In Amerika wird ein solcher Manganstahl auch vielfach vergütet, d. h. gehärtet und wieder geglüht (vgl. weiter unten). Man erzielt dann z. B. $\sigma_B = 100$ kg, $\sigma_S = 79$ kg, $\delta = 10\%$. Beim Härten muß berücksichtigt werden, daß die Haltepunkte durch Mangan sehr stark erniedrigt werden.

Ein Vergleich mit Chrom-Nickelstählen ähnlicher Festigkeitseigenschaften ergab keinen Unterschied[2]. Auch die Empfindlichkeit des perlitischen Manganstahls gegen Überhitzung wird von amerikanischer Seite bestritten[3].

Das Abschneiden der Eingüsse und Trichter, das beim hochhaltigen Manganstahl besondere Beachtung notwendig macht, bereitet keine Schwierigkeit. Auch die Schwindung ist nicht außergewöhnlich. Das spezifische Gewicht ist geringer als bei austenitischem Manganstahl 7,865 gegen 7,978.

Manche nennen diesen perlitischen oder niedriglegierten Manganstahl auch „Spezialmanganstahl", was nicht nachahmenswert ist.

Ein Manganstahl mit 2% Mn bei 2% C wird als Maurerscher bezeichnet. Maurer hat festgestellt, daß dieser beim Erhitzen auf 1050° und schroffem Abschrecken reinen Austenit ergibt.

Die Erzeugung des niedriglegierten Manganstahls kann ebenso wie die des unlegierten Stahlgusses geschehen. Sie bietet keine Schwierigkeiten.

---

[1] Vgl. Stahl u. Eisen 1931 S. 615.   [2] Vgl. Stahl u. Eisen 1929 S. 258.
[3] Die ebengenannte Quelle.

Austenitischer oder hochlegierter Manganstahlguß.

Dieser hat besonders für solche Teile, die für die Zerkleinerungsindustrie gebraucht werden, wegen seiner außerordentlichen Härte große Bedeutung.

In Amerika wurden im Jahre 1930 70000 t solchen Stahlgusses erzeugt. Es ist dies eine Legierung mit 7—20% Mn. Meist sind es etwa 12% Mn bei 1,2% C, 0,7% Si, P = 0,08%, S = 0,02%.

Die Abb. 111 kennzeichnet die gebräuchlichen Mn- und C-Gehalte und die Abb. 112 die Werte der Zerreißfestigkeit und Dehnung, die bei 13—14% Mn ein Maximum erreichen. Ein solcher Stahl zeigt ein Verhalten, wie es sonst nicht auftritt.

Man kann die Eingüsse und Trichter nicht mit der Säge oder gewöhnlichem Drehstahl abschneiden, weil die Oberfläche so hart ist, daß eine Feile kaum angreift, und ein Meißel nur einen ganz schwachen Eindruck hinterläßt.

Diese Härte bedingt einen sehr großen Widerstand gegen Abnutzung und erklärt die Verwendung auf dem Gebiete der Zerkleinerungsmaschinen und Bagger. Bei letzteren wird die starke Abnutzung durch die Reibung im Sande dadurch bekämpft, daß die schneidenden Teile des Baggereimers und die Kettenglieder aus Manganstahl gefertigt werden. Dasselbe gilt für die Düsenkörper der Sandstrahlgebläse. Kreuzungsstücke für Geleise und andere Oberbauteile, die starker Abnutzung unterliegen, kennzeichnen ein anderes Verwendungsgebiet. Desgleichen die Preßformen für Braunkohlenbrikettpressen.

Auffallend ist, daß die Oberfläche nur eine geringe Brinellhärte z. B. = 170 besitzt — ein Beweis dafür, daß die Brinellhärte keinen Maßstab für den Widerstand gegen Abnutzung gibt.

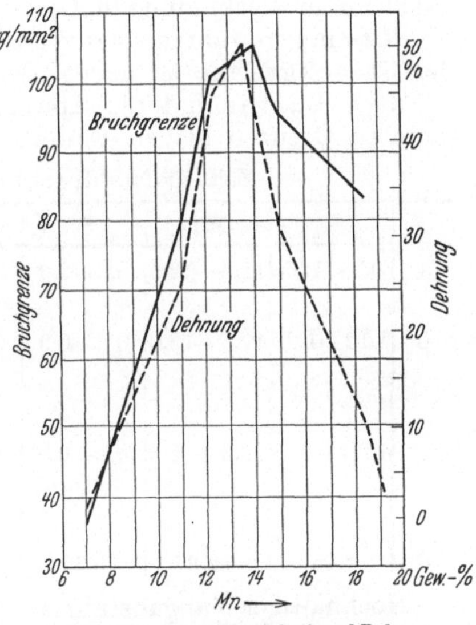

Abb. 112. Zerreißfestigkeit und Dehnung von Manganstahl nach Stahl und Eisen 1926 S 1328 (Barton).

In den Vereinigten Staaten hat man schwere Schleifbänke und besondere Schmirgelscheiben[1] in Betrieb, um die Einguß- und Trichterreste zu beseitigen. Auch hat man dort Sonderwerkzeugstähle[2], die den Manganstahl auf der Drehbank angreifen.

Bei geringeren Wandstärken werden die Eingüsse und Trichter abgeschlagen, bei größerer Wandstärke mit dem Schneidebrenner abgeschnitten, nachdem man vorher das Stück im Glühofen warm gemacht hat, um Spannungen zu vermeiden, die ohne dieses Warmmachen, bei der einseitigen Erwärmung auftreten würden.

Ein anderes außergewöhnliches Verhalten des hochhaltigen Manganstahls wird durch die „umgekehrte Härtung" gekennzeichnet. Härtet man diesen Manganstahl durch Erhitzen und Abschrecken in Wasser, so wird seine Härte, die er von Natur hat, nicht geändert, aber er wird walzbar und biegsam. Man kann auf diese Weise z. B. Bleche herstellen, die man für einbruchsichere Geldschränke

---

[1] Sogenannte Bakelitschmirgelscheiben.
[2] Sonderwerkzeugstahl: 14% W, 4% Cr, 1,5% V, 4—5% Co (vgl. Gießerei 1931 S. 643).

verwendet. Für Stahlgußstücke ist das letztere ohne Bedeutung. Man benutzt aber die Härtung (ohne nachfolgendes Anlassen) zur Vergütung.

Ohne diese Maßnahme ist Manganstahl spröde und besitzt geringe Dehnung. Durch sie erhält er feines Korn und durchgehend austenitisches Gefüge, das zuvor nicht in der nötigen Reinheit vorhanden war.

Unvergütete hochmanganhaltige Stahlgußstücke darf man nicht abliefern.

Man muß beim Vergüten berücksichtigen, daß dieser Stahl ein sehr schlechtes Wärmeleitvermögen besitzt — es ist = $^1/_7$ des Wärmeleitvermögens des gewöhnlichen Stahlgusses — und hat mit dem Umstande zu rechnen, daß die Wärme bei starken Stücken nicht tief genug eindringt. Dadurch ist der Wandstärke eine Grenze gesetzt.

Die folgende Zahlentafel kennzeichnet die chemische Zusammensetzung in Verbindung mit dem Verwendungszweck.

Seit einigen Jahren setzt man Chrom in kleinen Beträgen zu, um den Wert der Streckgrenze zu heben, der sonst auffallend niedrig sein würde.

Nach Barton hat die Abweichung beim Siliziumgehalt innerhalb der genannten Grenzen keinen Einfluß.

Zahlentafel. Hochhaltige Manganstahlgußstücke[1].

	C	Mn	Si	Cr	σ_B	σ_S	δ^2	K[3]	Verwendungszweck
a	0,9—1,05	11,5—12,5	0,2—0,9	0,25	63,0	31,6	25	30	Teile von hoher Zähigkeit z. B. Räder und Rollen
b	1,12—1,22	11,5—13,0	0,2—0,9	0,50	67,5	33,7	20	25	Harte Stücke, die stoßweiße Belastung erfahren z. B. Geleisekreuzungen, Kammwalzen usw.
c	1,20—1,45	12,5—15,0	0,2—0,9	1,25	70,5	35,0	15	20	Sehr harte, weniger zähe Stücke wie Brechbacken, Teile für Kugelmühlen usw.
d	1,15	12,2	0,30	—	—	—	—	—	Ketten[4]

Hochhaltiger Manganstahl ist unmagnetisch. 5% Mn üben auf die magnetischen Eigenschaften den gleichen Einfluß aus wie 10% Ni. Die Schwindung solchen Manganstahles ist sehr hoch (2,5%) und, was noch weiter erschwerend wirkt, unberechenbar wechselnd.

Die Erzeugung des hochhaltigen Manganstahls.

Man kann ihn im Tiegel, im Kleinkonverter, im Martinofen und im Lichtbogenofen erzeugen.

Der Tiegel scheidet heute im Zusammenhang mit wirtschaftlichen Erwägungen aus.

Der Kleinkonverter wird in Amerika sehr viel verwendet, indem ein Duplexverfahren in Erscheinung tritt. Die mit weichem flüssigen Stahl gefüllte Gießpfanne wird zum Kupolofen gefahren, in welchem Ferromangan unter möglichster Einschränkung des Manganabbrandes (viel Koks, geringe Windmenge) niedergeschmolzen wird.

Statt des Kupolofens kann man auch einen Tiegel wählen, aber dies ist teurer.

Wenn man in den Kupolofen ein Ferromangan mit 80% Mn einsetzt, so kann man mit einem flüssigen Eisen, das 65% Mn, 3% Si[5], 7,5% C enthält, rechnen. Es ergibt sich dann folgendes Bild:

---

[1] Vgl. Stahl u. Eisen 1931 S. 613.   [2] δ = Dehnung, gemessen bei L = 50 mm.
[3] K = Einschnürung (Kontraktion).   [4] Gießerei 1929 S. 294.
[5] Infolge der Si-Reduktion aus dem Mauerwerk $SiO_2 + 2 Mn = Si + 2 MnO$.

Mischungsrechnung[1]. Der Abbrand ist dabei berücksichtigt.

	%	C		Mn		Si	
		%	kg	%	kg	%	kg
2600 kg weicher Stahl	83	0,1	0,09	0,3	0,25	—	—
550 kg Ferromangan	17	7,5	1,27	65,0	11,05	3,0	0,51
Zusammen 3150 kg	100		1,36%		11,30%		0,51%

Falls bei dieser Rechnung der C-Gehalt zu hoch ausfallen sollte (wie es hier bereits der Fall zu sein scheint), kann man sich dadurch helfen, daß man statt des Hochofenferromangans ein Ferromangan wählt, das im Elektroofen oder auch aluminothermisch erzeugt ist. Im letzteren Falle kommt das Erzeugnis der Firma Goldschmidt in Essen zur Anwendung.

Wenn ein Martinofen angewendet werden soll, braucht man an dieser Darstellung nichts weiter zu ändern, als daß der flüssige, manganarme Stahl aus dem Martinofen entnommen wird. Im Martinofen selbst kann man im Hinblick auf den hohen Manganabbrand das Ferromangan nicht schmelzen.

In der Neuzeit ist auch zur Erzeugung von hochhaltigem Manganstahlguß der basische Lichtbogenofen herangezogen worden; gerade auch in den Vereinigten Staaten. Hier wird der Stahl im Ofen fertiggemacht. Der Leser sei hier auf Kapitel 71 und die Betriebsbeispiele 15 und 16 verwiesen[2].

Der Hochfrequenzofen kommt auch in Frage. Bisher ist allerdings seine Verwendung in dieser Richtung noch nicht bekannt geworden.

Das Gießen.

Es besteht die Schwierigkeit, daß Manganstahl außerordentlich stark das Pfannenfutter und den Stopfen und Ausguß angreift. Tritt die außerordentlich dünnflüssige Schlacke in die Gießpfanne über, so wird es noch schwieriger.

Das letztere muß unbedingt vermieden werden. Der Verfasser fand auf einem Werke eine Pfanne im Gebrauch, die gleichzeitig als Mischgefäß diente. Bei dieser Pfanne hatte man auf den Bodenstopfen verzichtet und durch eine Scheidewand einen Syphonausguß geschaffen, um zu vermeiden, daß Schlacke mit ausfloß (vgl. Abb. 113).

Auf einem anderen Werke hatte man die Schwierigkeit dadurch umgangen, daß man den Stahl bei möglichst niedriger Temperatur vergoß und Graphitstopfen anwandte.

Die Formen.

Sie werden in gewöhnlicher Weise hergestellt. Nur bedingt die außerordentlich hohe Schwindung Vorsichtsmaßregeln gegen das Reißen. Man formt in einer Masse, die aus Klebsand (nicht Schamotte) besteht.

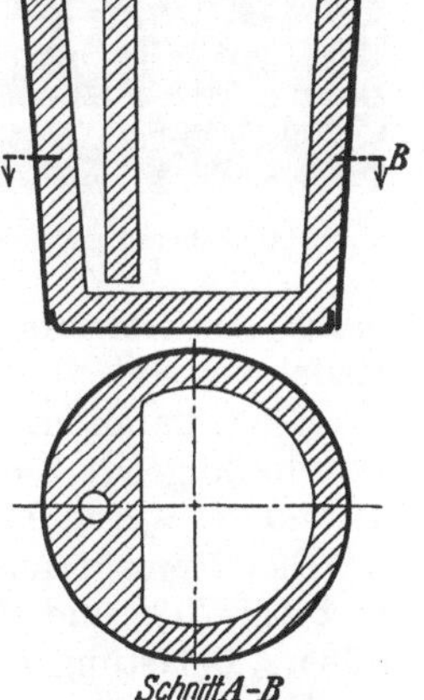

Abb. 113. Gießpfanne mit Syphonausguß für Manganstahl.

Da mit der hohen Schwindung auch ein starkes Schrumpfen und Lunkern verbunden ist, muß man sehr zahlreiche und starke Trichter setzen.

Damit die Stücke nicht reißen, läßt man sie vielfach in einem aufgeheizten Glühofen abkühlen.

---

[1] Auf Grund einer Reisenotiz durchgeführt.
[2] Vgl. auch Stahl u. Eisen 1926 S. 1326 (Barton) und Gießerei-Ztg. 1925 S. 445 (v. Kerpely).

Diese Schwierigkeiten haben vielfach dazu geführt, den Manganstahl zu verlassen und die Härte durch Chrom zu erzeugen. Aber die Wohlfeilheit des Mangans und die besonderen Eigenschaften sichern ihm doch ein genügend weites Anwendungsgebiet. Man darf nur nicht die Wandstärke zu groß wählen.

Man muß der starken Schwindung und Schrumpfung dadurch Rechnung tragen, daß man nicht zu große und nicht zu sperrige Stücke formt, nachgiebige Formmasse anwendet, gleich nach dem Guß freimacht und mehr Trichter und größere Trichter als gewöhnlich anwendet.

Daß man die Stücke möglichst warm in den Glühofen bringt, wurde bereits oben erwähnt. Vom Glühen und Vergüten wird auch im Kapitel 115 die Rede sein.

89. Siliziumstahlgußstücke.

Es sind solche, bei denen der Si-Gehalt über die Ziele der Desoxydation und Beruhigung hinausgeht.

Einteilung.

Man hat niedriglegierte und hochlegierte Siliziumstahlgußstücke. Die ersteren werden in gewöhnlicher Weise hergestellt. Man erzeugt sie, um bessere Festigkeitseigenschaften, vor allem eine höhere Streckgrenze zu haben (Abb. 114).

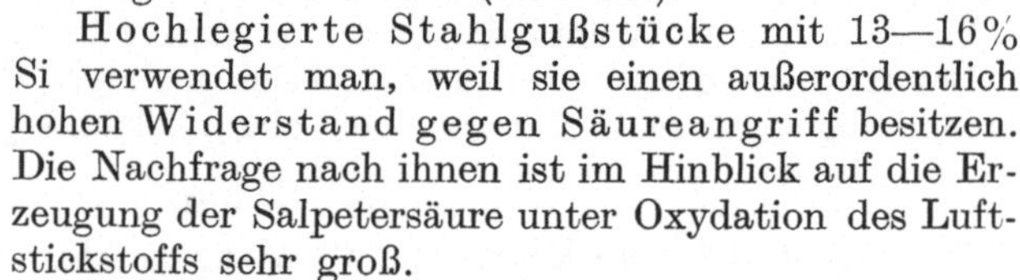

Hochlegierte Stahlgußstücke mit 13—16% Si verwendet man, weil sie einen außerordentlich hohen Widerstand gegen Säureangriff besitzen. Die Nachfrage nach ihnen ist im Hinblick auf die Erzeugung der Salpetersäure unter Oxydation des Luftstickstoffs sehr groß.

Meist spricht man allerdings von hochsiliziumlegiertem Gußeisen. Dies ist falsch. Es handelt sich um Stahlguß mit etwa 0,4—1% C.

Niedriglegierter Siliziumstahlguß.

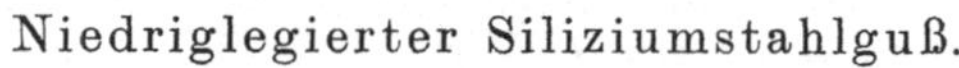

Erhöht man den Siliziumgehalt in unlegierten Stahlgußstücken, so muß man damit rechnen, daß der Stahl stärker schwindet und lunkert und leichter

Abb. 114. Zahnrad aus Si-Stahlguß. Krupp.

reißt. Andererseits gewährt der höhere Si-Gehalt Vorteile, von denen hier die Rede sein soll.

Es sei daran erinnert, daß um 1925 der Siliziumbaustahl bekannt wurde[1]. Er hat die folgende Zusammensetzung: 0,06—0,18% C, 0,80—1,2% Si, 0,5—1% Mn P und S = je < 0,04%. Er besitzt eine höhere Zerreißfestigkeit[2].

Die Streckgrenze, die sonst bei etwa 55% der Zerreißfestigkeit liegt, liegt hier bei 70% und darüber. Man kann also einem solchen Stahl eine erheblich höhere Belastung erteilen.

Das Maximum der Zerreiß- und Streckgrenze liegt bei 4,5% Si. Die Schmiedbarkeit hört erst bei 7% Si auf.

Ein auf der Dortmunder Union[3] erzeugtes Lokomotivtenderrad mit 1,3% Si und 0,18% C zeigte eine um 60% höhere Dehnung und eine um 80% höhere Streckgrenze als unlegierter Stahlguß mit 0,39% C.

---

[1] Es geschah dies in Verbindung mit dem Bekanntwerden des Boßhardtofens (vgl. unter Martinöfen), der zum Schmelzen herangezogen wurde. Stahl u. Eisen 1927 S. 1333 und Gießerei-Ztg. 1926 S. 218.

[2] Vgl. Werkstoffhandbuch Stahleisen unter Siliziumstähle.

[3] Stahl u. Eisen 1930 S. 161.

Um den Korrosionswiderstand eines solchen Stahlgusses (auch in säure-haltigem Wasser) zu heben, legiert man ihn mit 0,3% Cu. Dies ist insofern wichtig, als der obengenannte Stahlguß weniger Widerstand gegen Säureangriff besitzt als ein unlegierter.

In höheren Temperaturen[1] fällt die Streckgrenze ziemlich stark ab, z. B. bei 1,2% Si bei 350° von 33 kg auf 17 kg; aber Dehnung und Kerb-zähigkeit sind hier günstiger als bei unlegiertem Stahlguß.

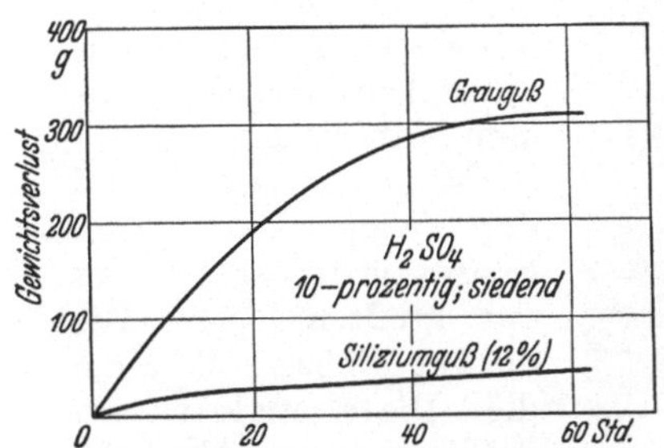

Abb. 115. Einwirkung von H₂SO₄ auf Grau-guß und Siliziumguß. 5%ige HCl ergab dasselbe Bild. Gießerei 1928 S. 917.

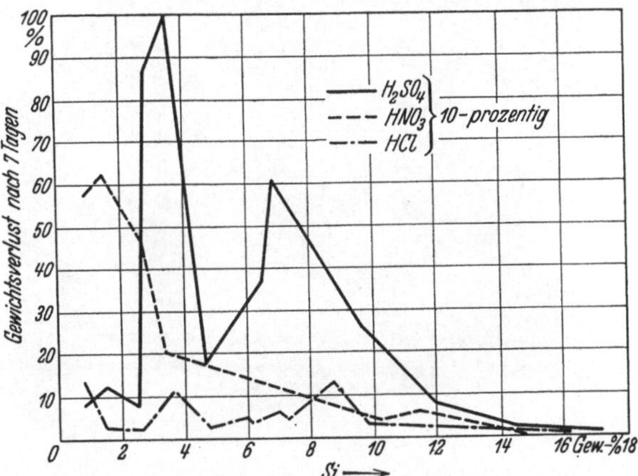

Abb. 116. Einwirkung verschiedener Säuren auf Siliziumguß. Gießerei 1928 S. 917.

In den Vereinigten Staaten verwendet man einen Stahl mit 0,5—0,7% Si und 1,5% Mn sehr viel im Automobilbau an Stellen, wo in Deutschland Chrom-Nickelstähle verwendet werden. Es gilt hier das im vorigen Kapitel über per-litischen Manganstahl Gesagte.

Siliziumreicher Stahl ist dickflüssig und hat starke Lunkerneigung. Er hat auch eine hohe Schwindungsziffer und neigt zum Reißen. Dies muß bei der Gießtemperatur und bei der Herstellung der Form berücksichtigt werden. Die erstere muß hoch sein, damit man sicher ist, daß die Form ausläuft[2].

Höhere Si-Gehalte als etwa 1,3% scheinen für Stahlguß keine praktische Bedeutung zu haben, bis dann die säure-festen Siliziumstähle in Betracht kommen.

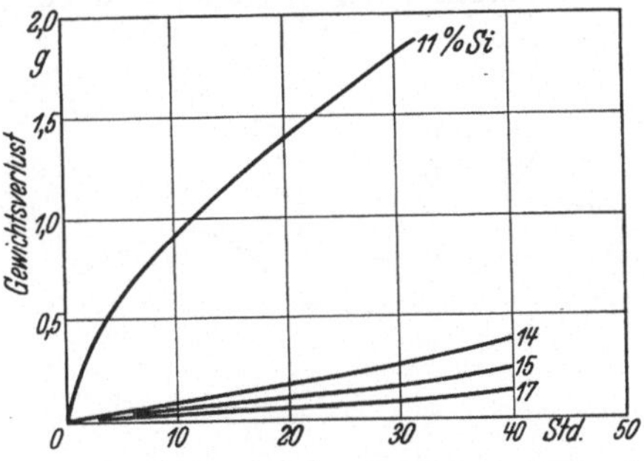

Abb. 117. Einwirkung von siedender HCl auf Siliziumstahl mit 11, 14, 15 und 17% Si. Gießerei 1928 S. 917.

Bleche mit etwa 4% Si haben wegen ihrer elektromagnetischen Eigenschaften große Bedeutung, haben aber nichts mit Stahlguß zu tun.

Der hochhaltige säurefeste Siliziumstahl.

In der Praxis sind die folgenden Siliziumstähle unter besonderem Namen bekannt geworden[3]: Ironac 13% Si, 1% C; Tantiron 14% Si, 0,75% C, 2% Mn; Elianit 15% Si, 0,82% C, 2% Ni; Duriron 15% Si, 0,83% C; Metilure 16% Si, 0,59% C; Thermosilid und Thermosilid extra (Krupp).

Man verwendet diese Stahllegierung in der chemischen Industrie für

---

[1] Vgl. Stahl u. Eisen 1926 S. 52 (Versuche von Pomp).
[2] Stahl u. Eisen 1928 S. 817.   [3] Gießerei 1928 S. 917 (Espenhahn).

Kessel, Apparate, Rohrleitungen, Eindampfschalen, Pumpenteile, Kühler, Kolonnen usw. Sie kommen für Säurefabriken, Sprengstoffwerke, Färbereien, Beizereien, Essigfabriken und sonstige chemische Fabriken in Betracht (vgl. Abb. 118). Es soll hier auf die Abb. 115—117 verwiesen werden, welche die Säurefestigkeit bei verschiedenem Si - Gehalt kennzeichnen.

Bekanntlich greifen stark verdünnte Säuren viel stärker als konzentrierte an und stellen an die Erzeuger von chemischen Apparaten die höchsten Anforderungen.

Man erkennt, daß der Widerstand gegen Säureangriff bei 17% Si am größten ist. Bei diesem Gehalt ist auch die Biegefestigkeit am größten, wie Abb. 119 zeigt.

Abb. 118. Kolonnenteile aus säurebeständigem Thermosilidguß. Krupp.

Die chemische Zusammensetzung.

Neben Siliziumgehalten von 16—18% kommen auch solche von 12% vor. Solche Stähle genügen in vielen Fällen und haben den Vorteil, daß der Drehstahl noch angreift, was bei den erstgenannten nicht der Fall ist.

Der Kohlenstoffgehalt muß dem Eutektikum angepaßt werden.

Ungefähr werden die Werte zutreffen, welche Schüz[1] in bezug auf das Graphiteutektikum genannt hat:

12% Si, 1,00% C
14% Si, 0,55% C
16% Si, 0,35% C
18% Si, 0,15% C
20% Si, 0,05% C

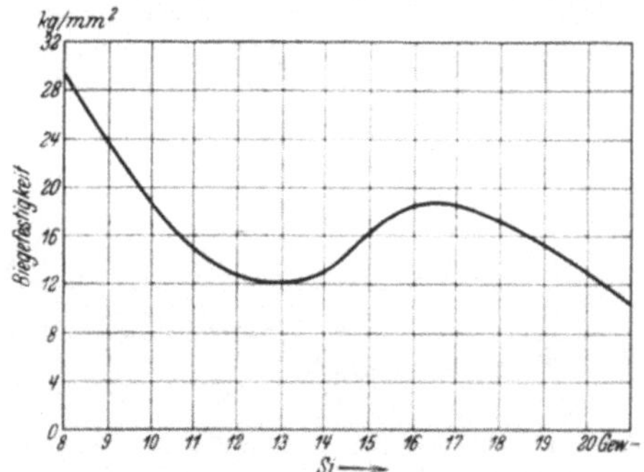

Abb. 119. Biegefestigkeit bei verschiedenem Si-Gehalt (vgl. Gießerei 1928 S. 919).

Allerdings werden in der Literatur auch C-Gehalte genannt, die stark abweichen, aber der Verfasser konnte feststellen, daß sich bei 16% Si ein C-Gehalt von 0,4% als richtig erwies (auch in bezug auf die geringste Lunkerneigung) — also nahezu übereinstimmend mit Schüz.

War mehr C vorhanden, so hatte man Garschaumgraphitnester; war weniger vorhanden, so entstanden Hohlräume, die zu einer Doppelwandigkeit führten.

Beide Erscheinungen sind gefürchtet. Der Garschaum wird im ersteren Falle mit Gewalt herausgeschleudert. Die Doppelwandigkeit zeigen Gußstücke, bei denen in der Mitte ein oder mehrere aneinandergereihte Gashohlräume trennend auftreten. Sie beruht auf einer starken Gasentwicklung im Moment des Erstarrens, die hochhaltigen Eisen-Siliziumlegierungen eigentümlich ist.

---

[1] Vgl. Gießerei 1928 S. 381.

Da es sich hier um eine untereutektische Legierung handelt, geschieht die Erstarrung vorzeitig (wahrscheinlich infolge von Unterkühlung), so daß die Gase nicht mehr entweichen können.

Hochhaltige Siliziumeisen enthalten im festen Zustande sehr viel Gase, wahrscheinlich in Gestalt von Silizium- und Arsenwasserstoff. Es sei daran erinnert, daß Ferrosilizium in luftdichten Fässern verladen werden muß, weil Vergiftungen in Schiffsladeräumen und Magazinen vorgekommen sind. Es sind sogar Explosionen von solchen Fässern bekannt geworden. Dies macht es verständlich, daß sich beim Erstarren große Gasmengen entwickeln.

Es liegt nahe, zu glauben, daß das Schaubild Fe-Si, wie es Abb. 120 wiedergibt, Aufschluß über den eutektischen Zustand gibt, aber dies ist nicht der Fall. Es läßt aber erkennen, daß beim Erstarren chemische Verbindungen auftreten, die insofern Interesse haben, weil sie mit einer außerordentlich starken

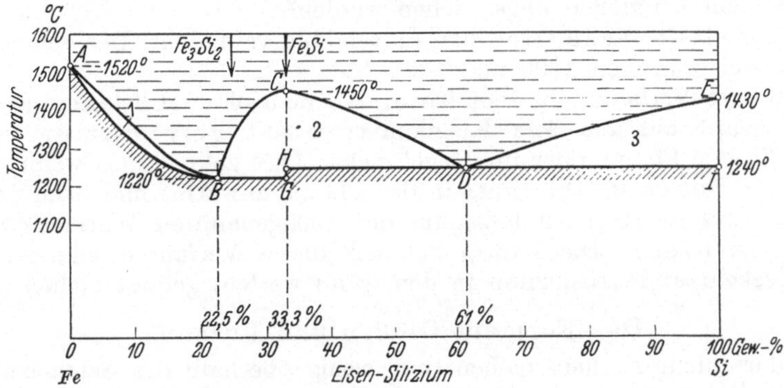

Abb. 120. Schaubild der Legierung Eisen-Silizium nach Murakamie (nach Goerens' Metallographie). Der untere Teil (unterhalb der durch Schraffierung angedeuteten Erstarrungslinie) ist hier fortgelassen.

und heftig einsetzenden Wärmeentwicklung verbunden sind, von denen noch die Rede sein wird.

Der Mangangehalt wird in der Regel 0,5—0,7% betragen. Mangan wirkt günstig, indem es die Gasentwicklung schwächt.

Phosphor- und Schwefelgehalt möglichst niedrig, z. B. 0,2% P, 0,05% S.

Der Ofeneinsatz.

Er wird aus Stahlabfällen, Hämatit, Stahleisen und hochhaltigem Ferrosilizium (bis zu 98% Si) zusammengestellt. Es kommt dabei auf das Schmelzverfahren an, das von allen beteiligten Werken[1] geheimgehalten wird. Es soll so gut es geht, gekennzeichnet werden.

Das Schmelzverfahren.

Die obengenannte wärmebringende Reaktion tritt bei 1220° im Sinne der Gleichung: Mischkristall B (vgl. Abb. 120) + FeSi → Fe₃Si₂ ein[2].

Diese Reaktion hat Goutermann zuerst beobachtet und Walter[3] beschrieben und im Zusammenhang damit ein Patent genommen, das Krupp ausnutzt.

Man muß dieser Reaktion durch Abstehenlassen Rechnung tragen und auch soviel Pfannenraum zur Verfügung stellen, daß nicht die heftige Gasentwicklung Schaden anrichtet.

---

[1] Dem Verfasser sind die folgenden Werke bekannt geworden: Krupp in Essen, Bamag in Dessau, Eßlinger Maschinenfabrik in Eßlingen, Römhild in Mainz.

[2] Vgl. Goerens: Metallographie. Halle: Knapp.

[3] Walter: Silicothermie und ihre praktische Anwendung. Vgl. Gießerei 1928 S. 917.

Man kann ohne Hilfslegierung schmelzen und mit Hilfslegierungen. Unter letzteren versteht man solche, die keine Schwierigkeit beim Legieren bereiten. Man läßt sie erstarren und zerkleinert sie dann, um sie mit dem Reste zu vereinigen.

(Ein Vorbild gibt die Erzeugung des Neusilbers, aus einer Hilfslegierung, die aus der Hälfte des Cu und allem Zn besteht. Nach dem Erkalten wird sie einem Schmelzbade aus der anderen Hälfte des Cu und allem Nickel in kleinen Stücken zugesetzt).

Eine solche Vorlegierung wird von einigen Werken im Kupolofen erschmolzen und einem Schmelzbade, das in einem ölgefeuerten Flammofen erzeugt wird, dann stückweise zugefügt.

Als ein solcher ölgefeuerter Flammofen wird der Fulminaofen genannt[1] (Kapitel 14). Der Ölverbrauch ist hoch. Er wurde in einem Falle mit 40% angegeben. Wenn beim Kupolofenschmelzen Garschaumgraphit auftritt, so muß dieser vor dem Ausgießen abgestrichen werden[2].

Auch der elektrische Ofen hat Anwendung gefunden[3]. Der Schmelzpunkt liegt angeblich zwischen 1200 und 1300°[2].

Ein anderes Verfahren besteht darin, daß man ohne Hilfslegierung arbeitet und flüssigen Stahl aus dem Kleinkonverter auf Ferrosilizium (90 oder 98%iges) in der Pfanne oder im Tiegel gießt. Dies gelingt nur, wenn man das Ferrosilizium mit einem Ölbrenner in der Pfanne anwärmt und nach dem Aufgießen 30 Minuten abstehen läßt, um der obengenannten Wärmeentwicklung Rechnung zu tragen. Die Bamag hat sich dieses Verfahren schützen lassen. (Das Umgekehrte: Ferrosilizium in den Stahl werfen, gelingt nicht.)

Das Formen, Gießen und Putzen.

Man darf nicht zu heiß gießen (nur wenig oberhalb des Schmelzpunktes), weil sonst die obengenannte Hohlwandigkeit auftritt. Die Schwindung führt bei dem spröden Stahl leicht zu Warmrissen. Je größer sie ist, um so größer ist diese Rißgefahr. Es werden in der Literatur Schwindungsziffern bis zu 2,4% genannt; andererseits hat der Verfasser solche kennen gelernt, die den Betrag von 1,5% nicht überschreiten. Ein solcher Stahl lunkerte nur wenig.

Der Verfasser bringt diese Erscheinung mit dem eutektischen Zustand in Verbindung, von dem oben die Réde war. Sie traf bei einem Siliziumstahl mit 16% Si, 0,4% C, 0,6—0,7 % Mn zu. Bei diesem spröden Stahl wird man aber immer alle Maßnahmen gegen das Reißen treffen müssen. Es handelt sich vielfach um lange Flanschenrohre.

Man muß in grünem Sande gießen, gute Abrundungen geben, nicht zu fest stampfen usw.

Daß man Eingüsse und Trichter nicht abstechen oder absägen kann, wurde oben erwähnt. Man muß sie abschlagen und die Reste mit der Schmirgelscheibe entfernen.

90. Nickelstahlgußstücke.

Nickeleisenlegierungen sind seit Faraday (1820) bekannt. Ebenso wußte man seit 1856, daß das Meteoreisen eine solche Legierung darstellt[4].

Riley wies im Jahre 1889 nach, daß sich der Stahl durch Nickelzusatz erheblich verbessern läßt[5].

---

[1] Gießerei 1928 S. 917.   [2] Gießerei-Ztg. 1928 S. 342.
[3] Gießerei 1928 S. 381.
[4] Nickelhandbuch. Zu beziehen vom Nickel-Informationsbüro in Frankfurt a. M.
[5] Vgl. Osann: Eisenhüttenkunde, Bd. 2.

Krupp trat mit Nickelstahlgußstücken im Jahre 1898 in die Öffentlichkeit. Er verwendete sie beim Geschützbau und zur Herstellung hochbeanspruchter Lokomotivräder.

Im Jahre 1901 erschien eine Veröffentlichung über Schmiedeblöcke aus Nickelstahl[1]. Die Erfahrungen bei diesen und bei Nickelstahlgußstücken befruchteten sich gegenseitig.

Die Bedeutung solcher Stahlgußstücke besteht auch heute noch; wenn auch in der Neuzeit der Chrom-Nickelstahl scharfen Wettbewerb macht; indem sich Nickel und Chrom ergänzen. Chrom unterdrückt auch die bei Nickelstahl oft beobachtete, störende Graphitausscheidung.

Die Einteilung der Nickelstähle.

Man unterscheidet im Sinne der Abb. 121 perlitische, martensitische und austenitische Stähle, von denen allerdings die martensitischen keine praktische Bedeutung haben. Auch vermeidet man die in der Abbildung gekennzeichneten Übergangsfelder.

Die perlitischen Stähle.

Sie werden in niedriglegierte Stähle mit etwa 1%

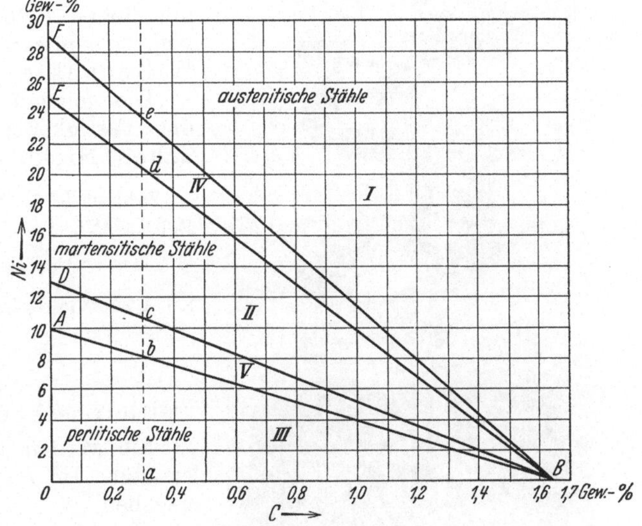

Abb. 121. Einteilung der Nickelstähle nach Guillet. Die Felder IV u. V stellen Übergänge dar.

Ni, mittellegierte mit etwa 2% Ni und hochlegierte mit etwa 3% Ni eingeteilt. Der Kohlenstoffgehalt bewegt sich in den Grenzen von 0,2—0,3%[2]. Er muß niedrig gehalten werden, weil sonst Graphitausscheidung erfolgt.

Man erzeugt die perlitischen Stähle, um bessere Festigkeitseigenschaften zu erzielen. Der Nickelzusatz erhöht die Zerreißfestigkeit und die Streckgrenze ohne die Dehnungsziffer wesentlich herabzusetzen. Dies letztere würde bei einer Steigerung des C-Gehalts, welche in gleicher Weise die Zerreißfestigkeit und Streckgrenze hebt, in großem Maße geschehen.

Bei Nickelstahl wächst die Streckgrenze nicht im Gleichschritt mit der Zerreißfestigkeit, sondern eilt vor. Das Verhältnis $\sigma_B : \sigma_S$, das bei gewöhnlichem Kohlenstoffstahl nahe bei 1:0,5 liegt, kann infolge von Nickelzusatz bis auf 1:0,75 gehoben werden.

Darin, daß die Streckgrenze ohne Kürzung der Dehnungsziffer durch Nickelzusatz erhöht wird, liegt ein großer Vorteil, der dadurch zum Ausdruck kommt, daß man das Guß- oder Schmiedestück viel höher beanspruchen kann, und darin, daß es viel stoßfester ist.

Dies letztere hängt damit zusammen, daß der Widerstand gegen Zertrümmerung mit dem Produkt: $\sigma_B \times \delta$ ungefähr im Gleichschritt geht, und dies bei Nickelstahl groß ist.

Stark auf Stoß beanspruchte Laffettenteile geben ein Beispiel (vgl. auch Abb. 122 und 123).

---

[1] Stahl u. Eisen 1901 S. 753 (Zdanowicz).   [2] Gießerei 1931 S. 631 (Kothny).

Das Verhalten von perlitischen Nickelstählen in hohen Temperaturen[1] kennzeichnen Abb. 124 und 125. Ein Nickelgehalt bis 1,5% verbessert in solchen Temperaturen alle Eigenschaften. Ein darüber hinausgehender Ni-Gehalt tut dies aber unter zu starker Beeinträchtigung der Kerbzähigkeit, Dehnung und Einschnürung.

Nickelstahlstücke werden fast immer vergütet, um noch höhere Festigkeit und Streckgrenze zu erzielen. Man muß die mit hohen Selbstkosten erzielten Vorteile[2] voll ausnutzen. Nickel verschiebt die Haltepunkte nach unten.

Die folgende Zahlentafel kennzeichnet die Festigkeitseigenschaften des perlitischen Nickelstahls.

Zahlentafel 1. Nickelstahl mit 0,22% C.

Bei 0% Ni, $\sigma_B = 47$ kg; $\sigma_S = 25$ kg; $\delta = 23\%$,

$$\sigma_S = \frac{53}{100} \cdot \sigma_B,$$

bei 4,7% Ni, $\sigma_B = 64$ kg; $\sigma_S = 44$ kg; $\delta = 20\%$,

$$\sigma_S = \frac{69}{100} \cdot \sigma_B.$$

Abb. 122. Geschmiedete Kurbelwelle aus 5%-igem Nickelstahl (Bochumer Verein).

Die austenitischen Nickelstähle.

Sie werden unter verschiedenen Namen erzeugt. Im folgenden sind einige Beispiele gegeben.

Unmagnetische Schmiede- und Stahlgußstücke mit etwa 25% Ni werden in Kommandotürmen von Schiffen verwendet, damit die Einwirkung auf die Magnetnadel des Kompasses ausgeschlossen wird. Bei diesem Nickelgehalt wird die Grenze des Magnetismus unter die Linie der Raumtemperatur verschoben. Die Stücke sind unmagnetisch. Abgesehen davon besteht Rostsicherheit.

Andere austenitische Nickelstähle sind durch das Fehlen der Ausdehnung in der Wärme gekennzeichnet. Sie werden beim Bau von Instrumenten und auch beim Bau von Automobilkolben verwendet, indem sie in das Metall eingegossen werden (vgl. Abb. 126).

Am bekanntesten ist in dieser Richtung der Invarstahl geworden (35—38% Ni, 0,3—0,5% C). Neuerdings werden ihm Stähle mit

Abb. 123. Schwerer Preßzylinder aus Nickelstahlguß (Krupp) 1,5% Ni. Äußerer ⌀ = 2330 mm. Innerer ⌀ = 1575. Gewicht 84 000 kg.

[1] Gießerei 1930 S. 329 (Körber und Pomp).
[2] 1 kg Nickel im flüssigen Stahl kostet etwa 3,40 RM.

höherem Ni-Gehalt vorgezogen. Der Leser, der die Kenntnis der Eigenschaften solcher austenitischen Stähle (auch der elektromagnetischen) besitzen will, sei auf das Nickel-Handbuch[1] verwiesen.

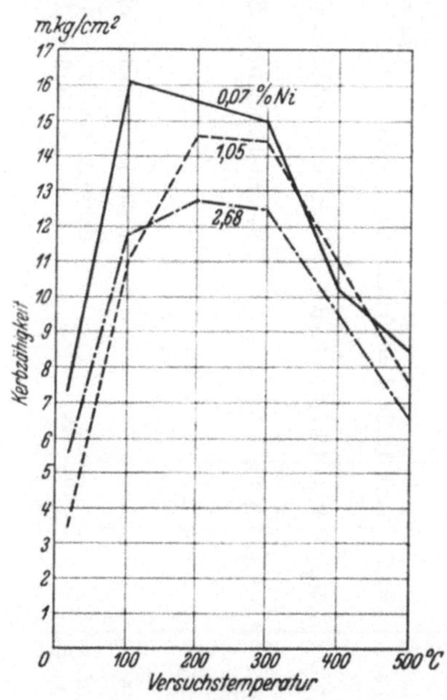

Abb. 124. Kerbzähigkeit von Nickelstählen in hohen Temperaturen. Nach dem Nickelheft der Nickelberatungsstelle in Frankfurt a. M.

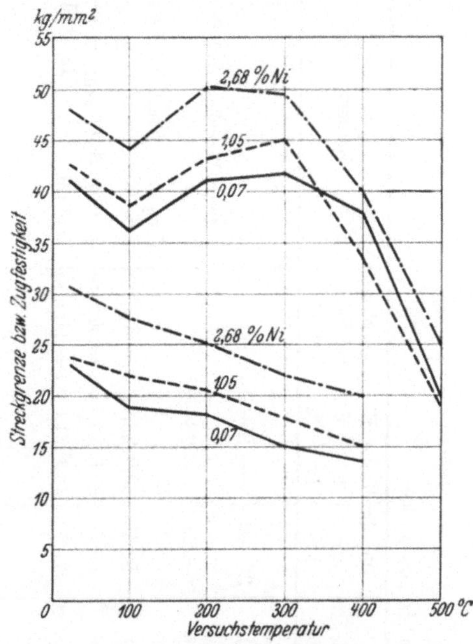

Abb. 125. Verhalten von Nickelstählen in hoher Temperatur.
Oben: Zugfestigkeit. Unten: Streckgrenze.
Nach dem Nickelheft der Nickelberatungsstelle in Frankfurt a. M.

Das Schmelzen von Nickelstahl.

Es geschieht im **Tiegel, Martinofen** und **Elektroofen.** Es muß berücksichtigt werden, daß Nickel einen hohen Schmelzpunkt hat. Die Öfen müssen heiß geführt werden. Nickelstahl neigt zu Warmrissen[2].

Nickel legiert sich mit Eisen in jedem Verhältnis. Man braucht also keine Bedenken in bezug auf Seigerungserscheinungen zu haben.

Nickel oxydiert sich auch nicht. Es entsteht kein Nickelabbrand im Ofen, auch wenn man Nickel gleich im Anfang einsetzt. Aus wirtschaftlichen Gründen wird man Nickelschrott einsetzen und ihn gleich anfangs einsetzen, um sicher zu sein, daß er vollständig schmilzt.

Nur wenn Nickelschrott nicht zur Verfügung steht, wird man zum Einsetzen von metallischem Nickel in Gestalt von Würfelnickel greifen.

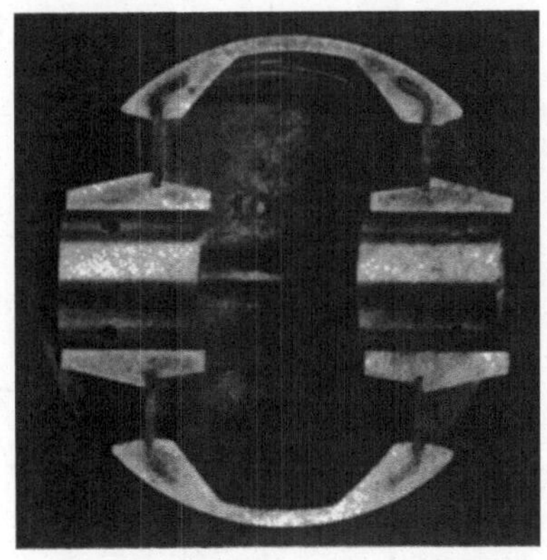

Abb. 126. Kolben eines Automobilzylinders, aus Silizium-Aluminium mit eingegossener Scheibe aus Invarstahl. Aus dem oben genannten Nickelhandbuch.

Die hier folgende Zahlentafel kennzeichnet Nickelstahlgußstücke. Über

---

[1] Zu beziehen vom Nickel-Informationsbüro in Frankfurt a. M.   [2] Gießerei 1930 S. 329.

Zahlentafel 2. Nickelstahlgußstücke[1].

		Chemische Zusammensetzung						Physikalische Eigenschaften				Bemerkungen
		C %	Mn %	Si %	P %	S %	Ni %	σ_B kg	σ_S kg	δ %	bei Stab- länge	
1	Amerikanischer Stahl- guß ohne Nickel . .	—	—	—	—	—	0,0	38—49	—	25—15		} Gießerei-Ztg. 1928 S. 197
2	Amerikanischer Stahl- guß mit Nickel . . .	—	—	—	—	—	3,0	50,5—63	—	28—23		
3	Kruppsche Geschütz- teile	0,25	1,0	—	—	—	1,0	59,5	39,9	23,5;	$l = 5\,d$	Vergütet. Stahl u. Eisen 1930 S. 434
4	Amerik. Lafettenteile .	0,33	0,67	0,32	0,032	0,032	3,48	69,6	39,6	14,7;	$l = 50$ mm	Ungeglüht. } Stahl u. Eisen
	Dieselben geglüht . .	—	—	—	—	—	—	71,2	46,1	21,0;	$l = 50$ mm	Geglüht. } 1912 S. 1632
5	Amerik. Stahlguß aus dem basischen Elek- troofen..	0,25—0,30	0,6—0,7	0,20—0,25	—	—	3,25—3,0	59,8	32,3	20,0;	$l = 50$ mm	Ungeglüht. } Foundry 1925 (Barton)
6	Ebenso aus dem sauren Elektroofen	0,27	0,83	0,24	0,036	0,029	1,84	57,7	33,1	12,3;	$l = 50$ mm	Ungeglüht. }
7	Kruppsche Schiffs- schraube	0,23	0,45	—	—	—	2,75	55,0	38,0	18,7;	$l = 5\,d$	Vergütet. Stahl u. Eisen 1930 S. 434
8	Kruppscher Unmagne- tischer Nickelstahl .	—	—	—	—	—	25	61,0	28	—		Vergütet. Stahl u. Eisen 1926 S. 866
9	Teile für Preßluftwerk- zeuge	—	—	—	—	—	3—5	—	—	—		
10	Kettenräder und Ketten für Baggermaschinen	—	—	—	—	—	2,5	—	—	—		Wird im Einsatz gehärtet
11	Stahlgußstücke	0,16	0,38	0,33	0,016	0,038	1,05 u. 2,68	vgl. Abb. 124 u. 125				Stahlgußstücke für hohe Tem- peraturen. Gießerei 1930 S. 329

[1] Andere Angaben siehe Gießerei 1931 S. 613 (Kothny).

Nickelstahlgußstücke berichtet auch **Pohl** in seinem Aufsatz über **hochwertigen Stahlguß als Konstruktionswerkstoff**[1].

91. Nickelsonderstahlgußstücke.

A. Nickel-Manganstahlgußstücke.

Man verwendet sie für hochbeanspruchte Geschütz- und Maschinenteile. Die hier folgende Zahlentafel nennt die Festigkeitseigenschaften.

Zahlentafel.

Nr.		Chem. Zusammensetzung			Festigkeitseigenschaften			
		C %	Mn %	Ni %	σ_B kg	σ_S kg	δ $l = 5\,d$ %	Ein-schnür. %
1	Nickel-Manganstahl .	0,25	1,00	1,00	55	33	16,5	45
2	Ebenso	—	—	—	60	40	23,5	57,3
3	Gew. Nickelstahl . . .	0,33	0,45	2,75	55	38	18,7	63
4	Zahnräderstahl[2] . . .	—	1,00	2,00	71	51	26	55

Eine schwere **Schiffsschraube** für ein Polarschiff wurde aus Kruppschem Nickel-Manganstahl gegossen, um eine hohe Stoßfestigkeit (Eisschollen) und gleichzeitig auch guten Widerstand gegen die Korrosion durch Seewasser zu haben[3].

Nickel-Manganstahl wird aber nicht gern gewählt, weil er stark zu **Seigerungen** neigt.

B. Nickel-Molybdänstahlgußstücke.

Man verwendet sie, wenn hohe Temperaturen, z. B. 500°, zur Geltung kommen. Ein solcher Stahl mit 0,4—2,2% Ni, 0,2—0,6% Mo, 0,2% C, 0,8% Mn, 0,25% Si hat in diesem Falle eine sehr hochgelegene Streckgrenze und eine sehr hohe Kerbzähigkeit. Ein Zusatz von 0,1% Mo steigerte die Streckgrenze bei 500° um 1 kg (vgl. auch Molybdänstahl).

C. Nickel-Vanadinstahlgußstücke.

Solche Stähle werden im amerikanischen Automobilbau viel angewendet, um die Festigkeitseigenschaften zu verbessern. 0,2—0,3% Va genügen hierbei. Um den Stahl vollkommen stickstofffrei zu machen, genügen schon 0,1% Va. Man benutzt ein Ferrovanadium mit 30—40% Va, das aus einem chilenischen Erz, dem Patronit, erzeugt wird[4] (vgl. Vanadinstahlgußstücke).

92. Chromstahlgußstücke.

Chromstahl wird seit 1876 zu Werkzeugen und seit 1882 zu Geschossen verwendet[5]. **Chrom** erhöht die **Härte** und die **Verschleißfestigkeit** und bei hohen Gehalten auch die **Hitzebeständigkeit** und **Rost- und Säurebeständigkeit**.

Da der Zusatz auch billig ist (neben Mangan das billigste Zusatzelement), so ist zunächst die Bedeutung in bezug auf Maschinenteile, die auf **Verschleißfestigkeit** beansprucht werden, wie sie bei Steinbrecherplatten, Mahlscheiben, Kollergangsteilen usw. vorliegt, ohne weiteres gegeben.

Auf diesem Gebiet macht allerdings der austenitische Manganstahl Wettbewerb, der widerstandsfähiger gegen Verschleiß, trotz seiner geringeren Brinell-

---

[1] Nickel-Informationsbüro in Frankfurt a. M.

[2] Nickelhefte.   [3] Rys: Stahl u. Eisen 1930 S. 433.

[4] VDI-Nachr. 1925 Nr. 5.   [5] Stahl u. Eisen 1909 S. 1169.

härte ist. Aber man kann bei Chromstahlkörpern die Eingüsse und Trichter mit dem Dreh- und Hobelstahl entfernen, was bei Manganstahl unmöglich ist.

Gegenüber dem Stahlguß mit hohem C-Gehalt hat der Chromstahlguß den Vorteil, daß er ihn an Verschleißfestigkeit weit übertrifft und auch nicht so spröde wie dieser ist.

Chromstahlguß neigt etwas mehr als Manganstahl zu Warm- und Kaltrissen.

Ob man Chromstahlguß oder Manganstahlguß für verschleißfeste Teile anwendet, ist vielfach Ansichtsache. In Amerika neigt man mehr zur Anwendung des Manganstahls und hat sich durch Anschaffung schwerster Schleifbänke darauf eingerichtet. In Deutschland neigt man mehr dem Chromstahlguß zu.

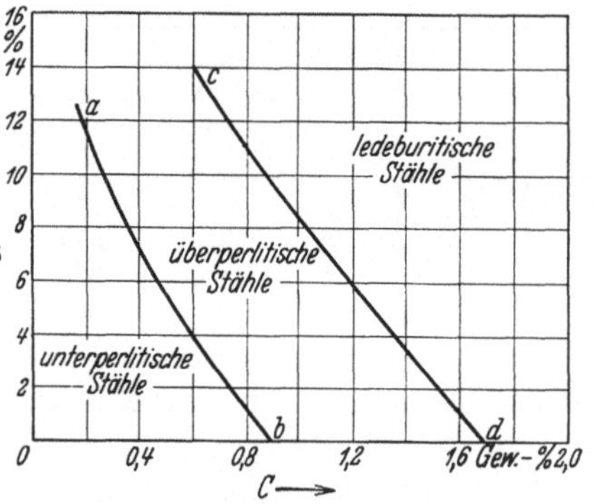

In bezug auf Hitze- und Feuerbeständigkeit (bis zu 800°) hat man Chromstahlgußstücke mit hohen Chromgehalten, z. B. 13% (Glühkisten, Glühtöpfe, Härtekessel sind Beispiele für die Anwendung). Allerdings wird den Chromstahlgußstücken durch die Chrom-Nickelstähle sehr erfolgreich Wettbewerb gemacht.

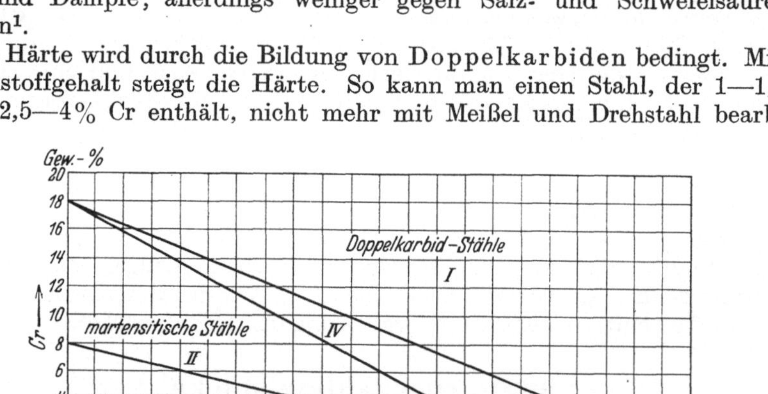

Abb. 127. Einteilung der Chromstähle nach Rapatz. (Werkstoffhandbuch H. 19).

Dasselbe gilt, wenn es sich um Rost und Säurefestigkeit handelt. Ein Chromstahl mit über 12% Cr ist absolut rostsicher, desgleichen sicher gegen Seewasser, Salpetersäure, Essigsäure, heiße Gase und Dämpfe; allerdings weniger gegen Salz- und Schwefelsäure und Alkalien[1].

Die Härte wird durch die Bildung von Doppelkarbiden bedingt. Mit dem Kohlenstoffgehalt steigt die Härte. So kann man einen Stahl, der 1—1,5% C neben 2,5—4% Cr enthält, nicht mehr mit Meißel und Drehstahl bearbeiten.

Abb. 128. Einteilung der Chromstähle nach Guillet. Aus Goerens' Metallographie entnommen.

Die Einteilung der Chromstähle[2].

Sie wird durch die Abb. 127 und 128 gekennzeichnet. Im Sinne der erstgenannten Abbildung sind alle die in der weiter unten folgenden Zahlentafel gekennzeichneten Stähle (0,1—1% C) als unterperlitische anzusprechen; abgesehen von den Dauermagneten, die für Stahlguß kein Interesse haben, dem Stahlguß Nr. 16 (0,47% C, 15,6% Cr), der in das überperlitische Feld hineinragt, und Nr. 6 (30% Cr), der ledeburitisch ist.

---

[1] Gießerei 1930 S. 339.   [2] Vgl. auch Gießerei 1931 S. 613 (Kothny).

Im Sinne der zweitgenannten Abbildung würden alle diese Stahlgußstücke perlitisch sein, bis auf die mit mehr als etwa 7% Cr, welche martensitisch sind, und die Stahlgußstücke mit 30% Cr, welche in das Feld der Doppelkarbide, d. h. der Chrom-Eisenkarbide[1] fallen.

Auf Grund des zweiten Gefügeschaubildes kann man von niedriglegierten perlitischem und hochlegierten martensitischem und sehr hochlegierten doppelkarbidischem Stahlguß sprechen.

Die erstgenannten kommen für den Bau von Zerkleinerungsmaschinen, die letzteren beiden für die Herstellung von rost- und säure- und feuer- und zundersichere Gußstücke in Betracht.

Bei dem Stahlguß Nr. 1—5 ist von der Standfestigkeit in hohen Temperaturen die Rede. Diese wurde durch Belastung des Probestabs unter Erwärmung auf eine bestimmte Temperatur ermittelt.

Die Last für 1 mm², die getragen wurde, ohne mehr als 1% Dehnung anzunehmen, ist maßgebend. Die Versuchsdauer betrug 10 000 Stunden.

Zahlentafel 1. Nichtrostende chromlegierte Stähle[2].

					538°	593°	650°	732°
1. 0,11% C	0,45% Mn	0,30 %Si	0,14% Ni	13,22% Cr	9,2 kg	3,7 kg	1,5 kg	—
2. 0,10% C	0,31% Mn	0,86% Si	0,23% Ni	17,60% Cr	6,0 kg	3,7 kg	1,5 kg	0,8 kg
3. 0,09% C	0,47% Mn	0,47% Si	0,18% Ni	12,40% Cr	—	3,5 kg	1,8 kg	1,0 kg
4. 0,39% C	0,35% Mn	3,51% Si	0,22% Ni	2,25% Cr	4,6 kg	2,8 kg	1,6 kg	0,7 kg
5. 0,20% C	0,80% Mn	0,36 %Si	0,51% Ni	26,94% Cr	—	—	1,1 kg	0,3 kg

Nr. 4 ist ein Chrom-Siliziumstahl. Nr. 5 ist ein Chrom-Nickelstahl.

Andere nichtrostende Chromstähle sind von Houdremont in Stahl u. Eisen 1930, S. 1519 genannt.

Ein Stahl mit 0,3% C, 12,9% Cr ist ein nichtrostender perlitischer Stahl, im Gegensatz zu anstenitischen rostfreien Stählen.

Ein solcher Stahl ist auch feuerbeständig und zunderbeständig, wenn die Temperatur nicht über 800° hinausgeht.

Zahlentafel 2. Zusammensetzung der gebräuchlichsten, rost- und hitzebeständigen Chrom- und Chrom-Nickelstähle[3].

Gefüge	C %	Si %	Mn %	Cr %	Ni %	W %	Mo %	Cu %
Martensitisch	0,15—0,20	0,40—0,70	0,40	14—14,5	1,5—2,0	—	—	—
	0,16—0,22	0,50—1,00	0,40—0,60	14—14,5	0,50—0,70	—	—	—
	0,32—0,40	0,10—0,20	0,20—0,30	13—14,5	0,40—0,50	—	—	—
	0,80—0,90	0,10—0,20	0,20—0,30	16—16,5	—	0,80—1,0	—	—
Halbferritisch	0,12	0,30—0,50	0,30—0,40	14,5—15,5	(1,0—2,0)	—	—	—
	0,12	0,30—0,50	0,30—0,40	17—18	(1,0—2,0)	—	—	—
Ferritisch	0,30—0,45	0,25—0,45	0,30—0,50	24—26	—	—	—	—
	0,20—0,40	0,25—0,45	0,30—0,50	30—32	—	—	—	—
Austenitisch	0,15	0,30—0,60	0,30—0,40	17,5—18	8,5—9,5	—	—	—
	0,15	0,30—0,50	0,30—0,40	16,7—17,5	9,5—10	—	2,5—4,5	—
	0,15	0,30—0,50	0,30—0,40	17,5—18	8,5—9,5	—	—	3
	0,15	0,30—0,50	0,30—0,40	12	12	—	—	—
	0,30—0,40	0,30—0,60	0,50—0,70	17,5—18	8,5—9,5	—	—	—
	0,15—0,30	2,4—2,7	0,50—0,70	24—26	19—21	—	—	—
	0,30—0,40	bis 1,0	0,40—0,60	10—12	37—39	—	—	—
	0,15	0,25—0,45	0,60—0,80	15—17	56—60	—	—	—
	0,12	0,80—1,0	0,60—0,80	18—20	78	—	—	—
	0,45—0,55	0,80—1,0	0,70—0,80	15—15,7	13—13,5	2,0—2,5	—	—

---

[1] Ehrensberger hat ein solches als $Fe_7Cr_5C_5$ isoliert, das darüber hinausschießende Cr ist freies Chrom. Stahl u. Eisen 1922 S. 1328.

[2] Nach Norton: Stahl u. Eisen 1929 S. 371.

[3] Nach Houdremont: Stahl u. Eisen 1930 S. 1517.

Ein Chromstahl mit etwa 20% Cr wird für Glühkisten und Roste in Emailliermuffeln verwendet. Man gibt einen hohen Kohlenstoffgehalt bis zu 2% C, um den Stahl gut vergießbar zu machen. Eine Graphitausscheidung wie bei Nickelstahl braucht man hier nicht zu befürchten. Daß man dem anstenitischen Manganstahl Chromgehalte von 0,25 bis 1,25% gibt, wurde bei Manganstahl erwähnt. Vergl. die vorstehende Zahlentafel 2, die auch rost- und hitzebeständige Chrom-Nickelstähle einschließt.

Das Schmelzen von Chromstahl.

Es kann im Tiegel, im Martinofen und Elektroofen geschehen. In den letzteren beiden Fällen wird man den sauren Ofen vorziehen, weil sich infolge des erheblichen Abbrandes die Einwirkung der Chromsäure auf das basische Futter bemerkbar macht. Aber manche Werke ziehen trotzdem den basischen Martinofen oder Elektroofen vor. Dies gilt für Chromstähle und Chrom-Nickelstähle[1]. Chrom darf man erst am Schluß nach dem Herunterfrischen, möglichst dicht vor dem Abstich setzen, weil andernfalls die Chromverluste zu groß werden. Würde man Chromeisen oder Chromstahlabfälle gleich am Anfang der Schmelze setzen, wie man es bei Nickelstahl tut, so würde man Chromverluste bis zu 90% und eine sehr dickflüssige Schlacke haben.

Auch wenn man Chrom am Schluß gibt, hat man bis zu 30% Verlust. Es empfiehlt sich, die chromführenden Zusätze in einem kleinen (meist ölgefeuerten) Flammofen gut vorzuwärmen. Dann kann man sie kurz vor dem Abstich einsetzen. Man wird aus wirtschaftlichen Gründen Chromstahlabfälle benutzen. Sind diese nicht ausreichend vorhanden, muß man das im Hochofen erzeugte Chromeisen mit 60% Cr und etwa 8% C einsetzen. Wenn dessen hoher Kohlenstoffgehalt nicht tragbar ist, muß man das kohlenstoffarme Chromeisen einsetzen, das aluminothermisch von der chemischen Fabrik Goldschmidt in Essen erzeugt wird[2].

Ein anderer Weg ist dadurch gegeben, daß man Chromerz im Elektroofen reduziert. Als Reduktionsmittel dient gepulvertes hochlegiertes Ferrosilizium, das auf das fertige Bad, nach Zurückschieben der Schlacke aufgetragen wird. Hierbei wird der basische Lichtbogenofen dem sauren vorgezogen, weil man Kohle auf das Bad vor dem Auftragen des Kalkes geben kann[3].

Im Kapitel 104 sind Beispiele für das Schmelzen von Chromstahl und Chrom-Nickelstahl gegeben[4].

Wie bei allen hochlegierten Stählen erfordert das Schmelzen große Sorgfalt. Die kohlenstoffarmen Legierungen neigen zum vorzeitigen, plötzlichen Erstarren und zur Dickflüssigkeit. Man muß deshalb überhitzen, muß aber eine starke Überhitzung vermeiden. Bei Chrom hat man auch damit zu rechnen, daß sich Chromoxyde bilden und beim Gießen leicht in die Form gelangen[5].

Die Schwindung ist groß 2,25—3%. Infolgedessen hat man leicht Warmrisse und Kaltrisse, übereinstimmend damit auch ein starkes Saugen. Man muß viele Trichter setzen.

Das Schliffbild eines bei 800—850° geglühten Chromstahlgußstückes mit

---

[1] Vgl. Stahl u. Eisen 1930 S. 1517.

[2] $\left.\begin{array}{l} Cr_2O_3 \\ Fe_2O_3 \end{array}\right\} + 2\,Al = 2\,FeCr + Al_2O_3.$ [3] Vgl. Stahl u. Eisen 1930 S. 1517.

[4] Nach Houdremont: Stahl u. Eisen 1930 S. 1519.

[5] Stahl u. Eisen 1930 S. 412 (Rys).

Zahlentafel 3. Chromstahlgußstücke.

		Chemische Zusammensetzung						Physikalische Eigenschaften			Bemerkungen
		C %	Mn %	Si %	P %	S %	Cr %	σ_B kg	σ_S kg	δ %	
1	Schwere Ambosse	0,52—0,65	0,7—1,1	0,3—0,4	< 0,04	< 0,04	0,2—0,4	—	—	—	
2	Stahlgußkette aus hochlegiertem Chromstahl . .	—	—	—	—	—	—	—	—	—	Gießerei 1929 S. 294
3	Teile für Mahlzwecke . .	—	—	—	—	—	1,2	—	—	—	Reisenotiz
4	Teile für Glühkisten usw.	—	—	—	—	—	12,9	—	—	—	Gießerei 1930 S. 339
5	Säurefeste Teile	0,3	—	—	—	—	12,9	—	—	—	Gießerei 1930 S. 339
6	Hochhitzebeständige Teile.	0,1—1,7	—	—	—	—	30,0	—	—	—	Archiv 32 Februarheft
6a	Ebenso	1,1	0,42	1,3	—	—	33,6	—	—	—	Gießerei 1933 S. 322
6b	Teile für Mahlringe, Herzstücke usw.	0,49	0,70	0,4	—	—	1,1	—	—	—	Stahl u. Eisen 1930 S. 423
7	Rostfreier Stahlguß . . .	0,08—0,12	—	—	—	—	18—22	—	—	—	Reisenotiz
8	Dauermagnete	0,9—1,0	—	—	—	—	4—5	—	—	—	Stahl u. Eisen 1924 S. 1237
9	Marineketten, gegossene Kettenglieder	0,6	0,7—0,8	0,3	—	—	1,2	80	—	5	Stahl u. Eisen 1926 S. 706
10	Korrosionsfester Stahl . .	—	—	—	—	—	13—14	—	—	—	Stahl u. Eisen 1929 S. 236 (Hadfield)
11	Dauermagnete	0,95	—	—	—	—	1,9	—	—	—	
12	Nichtrostender Stahlguß .	0,11	0,45	0,30	0,020	0,028	13,22	sehr standfest auch bei Temperaturen bis 650°			Stahl u. Eisen 1929 S. 371
13	Chromstahlguß	0,6—0,7	—	—	—	—	0,5—0,75	80	72,5	14,3; $l = 50$ mm	vergütet 820°/425° Amerik. Quelle[1]
14	Ebenso	0,49	0,70	0,40	—	—	1,1	83,4	60,5	14,1; $l = 5\,d$	vergütet 890°/600° (Öl) Stahl u. Eisen 1930 S. 423
15	Ebenso (hochlegiert) . . .	0,09	—	—	—	—	12,3	56,3	34,7	25; $l = 5\,d$	vergütet; Gießerei 1930 S. 339
16	Ebenso	0,47	—	—	—	—	15,6	100	79,0	12,5; $l = 50$ mm	vergütet; Barton Foundry 1925
17	Ebenso	0,6—0,7	—	—	—	—	0,5—0,75	74	65,0	14,3;	vergütet; ebenda

[1] Barton Refining metals electric 1926.

0,6% C, 1,2% Cr, 0,75 % Mn, 0,3% Si und 80 kg Zerreißfestigkeit bei 5% Dehnung zeigte feinkörnige Gefüge[1]. (Gegossene Kettenglieder.)

93. Chromlegierte Sonderstahlgußstücke.

A. Chrom-Aluminiumstahlgußstücke (Sicromalgußstücke).

Sicromalstahl[2] wird in erster Linie für gewalzte und geschweißte Röhren verwendet, die für Winderhitzer, Rekuperatoren und Roste für Emaillieröfen Verwendung finden. Es werden aber auch Stahlgußstücke aus ihm gefertigt. (Abb. 129 zeigt einen Glühkasten aus Sicromal neben einem solchen aus unlegiertem Stahlguß.)

Es werden 4 Klassen für Temperaturen von 800°, 900°, 1000°, 1200° unterschieden. Seine Zusammensetzung wird wie folgt von den Vereinigten Stahlwerken angegeben: 5—22% Cr, 0,3—3,5% Al, Si bis 1% steigend, $<0,1$% C, 0,3%

Abb. 129. Glühkasten aus Sicromal, nach 800 Stunden, bei 1000 bis 1050°. Nicht gezundert. Rechts derselbe Kasten aus unlegiertem Stahlguß, nach 30 Stunden. Verein. Stahlwerke. Werk Dortmund.

Mo, 0,5% Mn. Über seine Temperaturbeständigkeit gibt die nachfolgende Zahlentafel Aufschluß.

Zahlentafel. Eigenschaften von Sicromal 6 in Abhängigkeit von der Temperatur.

Temp. °C	Bruchgrenze kg/mm²	Streckgrenze kg/mm²	Dehnung % $L=10\,d$	Kontraktion %	Dauerstandfestigkeit kg/mm²	Kerbzähigkeit mkg/cm²*	Wärmeleitfähigkeit kgcal/mh° C	
							Sicromal 6	norm. Röhrenst.
20	45—55	26—35	18,0	78,0	—	66,0	—	41,0
100	45—55	25—33	18,0	72,0	—	62,0	27,3	37,5
200	45—55	25—29	18,0	62,0	—	56,2	26,8	34,5
300	45—50	24,0	18,0	55,0	—	55,4	25,8	31,5
400	43,0	22,0	15,0	53,0	450°=21,0	56,8	24,5	29,0
500	38,0	19,0	17,0	63,0	12,0	54,8	22,8	26,0
600	35,0	17,0	23,0	78,0	550°=7,0	50,4	21,6	—

* Probenform der Kerbschlagproben nach Charpy. 30 × 15 × 160 mm, 4 mm Rundkerb. Widerlagerabstand 120 mm.

Kennzeichnend ist auch die gute Schweißbarkeit solcher Stähle.

B. Chrom-Kobaltstahlgußstücke.

Kobalt hat zwecks Verbesserung der Schnitthaltigkeit bei Werkzeugstählen Anwendung gefunden. Diese kommt hier nicht in Frage. Für Dauermagnete verwendet man Kobaltstahl mit beispielsweise 0,9—1,2% C, 0,3—0,5% Mn, 5—6% Cr, 5—6 % Co, unter Umständen auch 1—1,5% Mo hinzulegiert[3].

Auch ist ein Chrom-Wolfram-Kobaltstahl als Baustoff für Röhren-

---

[1] Stahl u. Eisen 1928 S. 706.
[2] Hersteller sind die Vereinigten Stahlwerke. Röhrenwerke in Düsseldorf.
[3] Vgl. Werkstoffhandbuch des Verein dtsch. Eisenhüttenleute.

dorne bekannt geworden, bei denen großer Widerstand gegen Warmverschleiß gefordert wird. Es ist ein naturharter Stahl[1].

C. Chrom-Molybdänstahlgußstücke.

Sie zeichnen sich durch hohe Streckgrenze und gute Bearbeitbarkeit trotz ihrer Härte aus[2].

$$0{,}7\text{—}1\%\ \mathrm{Cr},\quad 0{,}2\text{—}0{,}4\%\ \mathrm{Mo},\quad 0{,}2\text{—}1\%\ \mathrm{C}.$$

Sie werden angewendet, wenn es sich um verwickelte Gußstücke handelt, die beim Vergüten Schwierigkeiten machen. Auch bei Rohrdornen finden sie Anwendung.

D. Chrom-Nickelstahlguß-stücke.

Man kannte bereits in den neunziger Jahren nickelchromlegierte Panzerplatten und Geschützrohre, die von Krupp erzeugt wurden. Solche werden auch heute noch hergestellt. Aber erst viel später (etwa von 1910 an) stellte man systematisch die hervorragenden Eigenschaften solcher Stähle fest. Sie haben eine immer wachsende Bedeutung erlangt.

Abb. 130. Links: Glühtopf aus NCT-Stahl, nach 203 Glühungen. Rechts: Glühtopf aus unlegiertem Stahlguß, nach 8 Glühungen. Krupp.

Diese Versuche führten u. a. zur Erfindung des Kruppschen rost- und säurefesten V 2 A-Stahls im Kruppschen Laboratorium, der im Kriege unschätzbare Dienste bei der Darstellung der Salpetersäure aus dem Stickstoff der Luft leistete (0,30% C, 6% Ni, 20% Cr).

Die Bedeutung eines Nickelzusatzes zum Chromstahl liegt darin, daß die durch Chrom bedingte Sprödigkeit gemildert wird. Aber abgesehen davon werden ganz besondere Eigenschaften entwickelt; besonders, wenn man den Chrom-Nickelstahl vergütet.

Abb. 131. Rührarm für einen Schwefelkiesröstofen aus legiertem Stahlguß. Krupp.

Auf dies Vergüten kommt sehr viel an. Man kann sich dabei den Anforderungen in jedem einzelnen Falle anpassen. Im Kapitel 115 u. 117 wird davon die Rede sein. Hier sei nur gesagt, daß Chrom-Nickelstahl sich sehr gut härten und vergüten läßt.

Die weiter unten folgende Zahlentafel gibt einen Überblick unter Nennung der mechanischen Eigenschaften.

Bemerkenswert ist die hohe Lage der Streckgrenze, der hohe Wert für $\sigma_B : \sigma_S$, der meist etwa $= 1 : 0{,}8$ ist, und die außergewöhnlich hohe Dehnung.

Die letztere bedingt eine hohe Stoßsicherheit[3] und erklärt die Verwendung

---

[1] Stahl u. Eisen 1930 S. 423.
[2] Stahl u. Eisen 1928 S. 1556 und Gießerei 1931 S. 614/635.
[3] So wurde eine schwere Schiffsschraube für ein Polarschiff aus Kruppschen V 2 A-Stahl hergestellt, um Sicherheit gegen die Zertrümmerung bei Schlägen gegen Eisschollen zu haben (Abb. 133).

im Flugzeug- und Automobilbau, wo außerdem die Sicherheit gegen das Altern infolge der hohen Streckgrenze von Bedeutung ist.

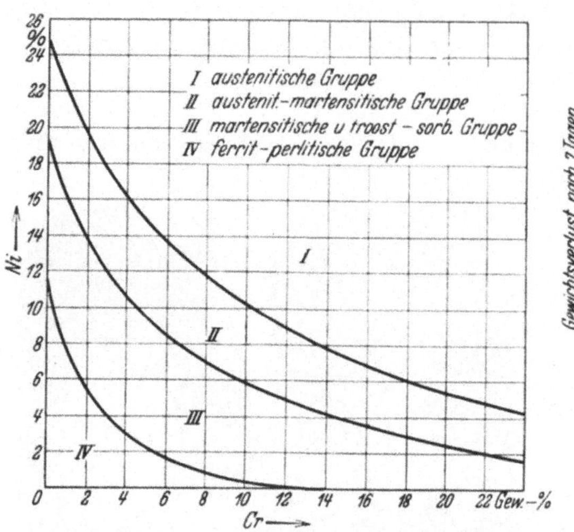

Abb. 132. Einteilung der Chromnickelstähle nach Strauß und Maurer.

Abgesehen von diesen Eigenschaften kommt auch die Rost- und Säurefestigkeit, die Feuer- und Zunderbeständigkeit zur Geltung. Die letztere Eigenschaft bedingt die Verwendung bei der Herstellung von Teilen, wie sie Abb. 130 u. 131 darstellen (vgl. auch Kruppsches Ferrotherm. Kap. 99).

Ein Chrom-Nickelstahl mit 0,07—0,1 % C, 18 % Cr, 8 % Ni ist noch bei 1150° völlig zunderfrei. Ein solcher mit 18 % Cr, 8 % Ni, 2—2,5 % Si, 0,5—1 % Al sogar bei 1200°[1].

Man kann Chrom-Nickelstahl auch im Einsatz kohlen und erhält dann eine harte Oberfläche; auch wenn man nicht in

Wasser oder Öl abschreckt. Dies Verfahren gewährt insofern einen Vorteil, als bei solchem Abschrecken leicht Härterisse auftreten, die oft schwer zu erkennen sind und die Sicherheit gefährden. Sie werden auf diese Weise ausgeschlossen.

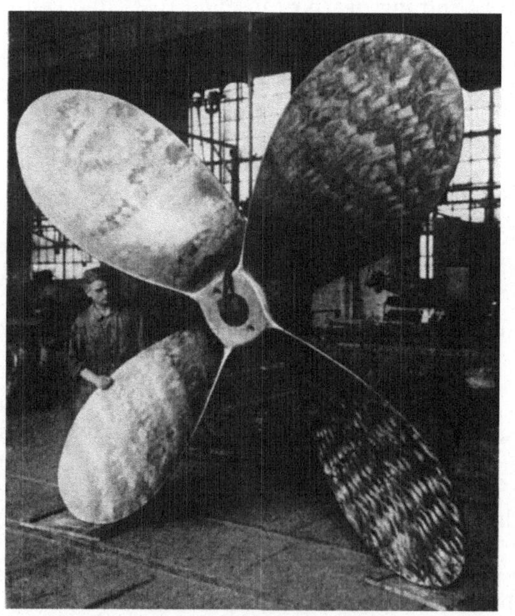

Abb. 133. Schiffspropeller aus V 2 A-Stahlguß. Krupp.

Kruppsche säurefeste Stähle.

Vgl. die Zahlentafel in Kap. 92. Es sind dies der obengenannte V 2 A-Stahl, ferner der V 1 M-Stahl mit 0,12 % C, 1,49 % Ni, 15,8 % Cr und der V 4 A-Stahl, wenn heiße schweflige Säure in Betracht kommt.

Die Einteilung der Chrom-Nickelstähle.

Sie stößt auf die Schwierigkeit, daß die Flächenschaubilder nicht ausreichen, und man zu Reliefkartendarstellungen greifen müßte, um wenigstens 3 Komponenten zu berücksichtigen[2]. Abgesehen davon, besteht die Schwierigkeit, daß infolge der verschiedenen Vergütung die Grenzen der Felder in wechselnder Weise ver-

---

[1] Stahl u. Eisen 1932 S. 511.
[2] Solche Versuche hat Houdremont in seinem Aufsatz in Stahl u. Eisen 1930 S. 1519 gemacht.

Zahlentafel 2. Chromnickelstahlgußstücke.

		Chemische Zusammensetzung					Physikalische Eigenschaften				Bemerkungen
		C %	Mn %	Si %	Cr %	Ni %	σ_B kg/mm²	σ_S kg/mm²	$\sigma_B : \sigma_S$	δ %	
1	Hochbeanspruchte Maschinenteile z. B. Dampfventile, 60 at 540° . . .	—	—	—	1,0	2,0	63—70	—	—	18—20	Gießerei-Ztg. 1928 S. 198, nach amerikan. Quelle
2	Verschleißfester Stahlguß für Brechbacken usw. u. für hochbeanspruchte Maschinenteile	0,35	0,82	—	0,66	1,95	74	65	1 : 0,86	24; $l = 50$	Vergütet Gießerei 1931 S. 636, nach amerikan. Quelle
3	Kruppscher VCN 35-Stahl für Automobilteile . . .	0,33	0,62	0,16	0,65	3,19	74,2	43	1 : 0,60	20	Geglüht bei 1000°, (Gießerei 1929 S. 192)
4	Derselbe Stahl allgemein .	0,28—0,35	0,50	0,20—0,30	0,55—0,95	3,0—3,75	—	—	—	—	ebenso wie bei 3
5	Rostfreier Stahlguß . . .	0,06	—	—	15,0	1,00	—	—	——	—	Stahl u. Eisen 1930 S. 1519
6	Starkbeanspruchte Maschinenteile (Krupp) . . .	0,32	—	—	1,50	1,00	70	53	—	22,8; $l = 5d$	Normal ölvergütet; Stahl u. Eisen 1930 S. 423
7	Ebenso	0,28	—	—	1,60	2,16	80,5	64,5	—	19,7	
8	Ebenso	0,28	—	—	1,50	4,00	85	69	—	18	
9	Kruppscher V 2A-Stahl = unmagnetischer, austenitischer, säurefester Stahlguß	0,20	—	—	20,0	7,00	58,3	34,3	1 : 0,6	45,8	Säure- u. rostsicher; Stahl u. Eisen 1930 S. 423
10	Unmagnetischer Stahl. Ersatz für Manganstahl (Krupp)	—	—	—	15	23,00	—	—	—	—	Stahl u. Eisen 1930 S. 423
11	Rostfreier Stahl	—	—	—	18,0	8,00	—	—	—	—	Stahl u. Eisen 1930 S. 1519

schoben werden können. Es soll hier aber in Abb. 132 das alte Schaubild von Strauß und Maurer gegeben werden. Im allgemeinen beschränkt man sich darauf, solche Stähle in niedrig- und hochlegierte zu trennen.

Die ersteren verwendet man zum Bau von Zerkleinerungsmaschinen und zum Bau von Flugzeug- und Automobilteilen, denen auch der Widerstand gegen Rosten zugute kommt, wie er z. B. bei Ankerketten in Erscheinung tritt. (Leichte Ankerketten fertigt man aus Chrom-Nickelstahl, schwere aus Chromstahl.) Derartige Chrom-Nickelstähle sind im Sinne des obigen Schaubildes ferritisch-perlitisch.

Die hochlegierten Chrom-Nickelstähle werden; vor allem der V 2 A-Stahl, in der chemischen Industrie und zur Herstellung von Stahlgußteilen, die dem Feuer und der Hitze ausgesetzt werden, verwendet.

Auch der Umstand, daß einige dieser Stähle unmagnetisch sind, wird ausgenutzt. Man kann sie an die Stelle unmagnetischer Mangan- und Nickelstähle setzen, was vielfach wirtschaftlichen Vorteil hat.

Nickel-Chromstahl vergießt sich schlecht. Man muß auch seine hohe Schwindungsziffer beachten (2,7%).

Die in den Vereinigten Staaten beim Walzenguß angewendete Phönix-legierung kann man zum Gußeisen und auch zum Stahlguß rechnen, weil die Kohlenstoffgehalte zwischen 1,5 und 2,2% schwanken[1]. Man setzt 1% Cr und 0,5% Ni neben 0,3—0,5% Si, 0,6% Mn, 0,1% P und 0,1% S.

E. Chrom-Siliziumstahlgußstücke.

Es handelt sich um das Kruppsche Ferrotherm, das zur Erzeugung hitze- und zunderbeständiger Gußstücke gebraucht wird.

Zahlentafel 3. Chemische Zusammensetzung.

	C	Si	Cr
FF 118 etwa	1,3	2,0	17%
FF 128 ,, ...	0,8	2,0	27%
FF 228 ,, ...	2,0	1,25	27%

Zahlentafel 4. Festigkeitseigenschaften.

Marke	Temperatur °	Streckgrenze kg/mm²	Festigkeit kg/mm²	Dehnung %
FF 118	20	—	etwa 65	—
	300	55	,, 65	—
	400	52	,, 60	—
	500	48	,, 55	1
	600	etwa 20	,, 33	18
	700	,, 14	,, 17	29
	800	,, 7	,, 10	34
	900	4	7	37
	1000	3	5	41
FF 128	900	4	6	27
	1000	3	4	36
	1100	2	3	50
FF 228	900	10	14	8
	1000	7	12	13
	1100	5	7	26

Die Qualität FF 118 findet für die verschiedensten Gußteile Anwendung, die bis zu Temperaturen von etwa 1000° C zunderbeständig sein müssen, während die obere Temperaturgrenze der Verwendbarkeit für FF 128 und FF 228 bei 1100° C liegt.

[1] 1,5—1,8% C bei Vorwalzen, 1,8—2,2% C bei Fertigwalzen.

Verwendungsgebiete.

Retorten, Rührarme und Rührzähne für Röstöfen, Schlackenabstreifer, Roststäbe, Muffeln, Salzbadtiegel und -wannen, Heizringe und Einbauten für Schwelgasanlagen, Glaspreßformen, Schutzrohre, Armaturenteile, Ofenschienen, Transportrollen und -achsen und dergleichen mehr.

F. Chrom-Vanadiumstahlgußstücke.

Sie werden für Getriebe verwendet und auch für andere Teile, die sehr stoßfest und zuverlässig sein müssen. So werden Lokomotivrahmen mit 0,9% Cr, 0,15% Va genannt[1].

Sie lassen sich sehr gut zementieren, härten und anlassen:

0,1—0,2% C,   0,5% Mn,   0,8—1% Cr,   0,15—0,20% Va.

Über andere Stähle mit Vanadiumgehalt sei der Leser auf das unten genannte Buch verwiesen[2].

G. Chrom-Wolframstahlgußstücke.

Sie kommen für die Herstellung von Pilgerschrittwalzen, die beim Aufweiten der Mannesmannröhren in Röhrenwalzwerken gebraucht werden, zur Verwendung.

Solche Walzen stellen ein umfangreiches Absatzgebiet der Stahlgießereien wegen des starken Verschleißes dar. Die Zusammensetzung ist etwa die folgende:

0,4—0,5% C,   1,2—1,5% Wo,   1,8—2% Cr[3].

Man gießt solche Stücke am besten aus dem basischen Elektroofen. Der Zusatz der Wo- und Chr-Legierungen erfolgt, nachdem man die weiße Schlacke gebildet hat. 1 kg Wo im flüssigen Stahl kostet 3,10—3,30 RM.

Ein anderes Gebiet würden die Dauermagnete abgeben, deren Zusammensetzung etwa bei 0,7% C, 5—6% Wo, 1% Cr liegt[4].

.Schnelldrehstähle mit etwa 18% Wo, 4% Cr kommen hier nicht in Frage. Die große Härte der Wolframstähle beruht auf Bildung von Doppel- oder Mehrfachkarbiden.

Der V. T.-Stahl des Hörder Werkes ist ein schwach mit Cr, Wo, Mo, Va legierter verschleißfester Stahl.

94. Kupferstahlgußstücke.

Früher hielt man einen Kupfergehalt des Stahles für schädlich und zählte ihn vielfach dem Schwefelgehalt zu.

Daß dies falsch war, wurde dadurch erwiesen, daß tadelloser Geschützstahl Kupfergehalte bis zu 0,55% zeigte. Auch der Kruppsche Geschützstahl enthält beträchtliche Kupfermengen, die auf den Kupfergehalt der Siegerländer Spateisensteine zurückzuführen sind, dessen Kupfergehalt in das Roheisen und von da ungeschmälert in den Stahl übergeht[5].

Man ist neuerdings der Ansicht, daß der Kupfergehalt nur in Verbindung mit höherem Schwefelgehalt schädlich ist. Da man den letzteren im Sinne der neueren Schmelzverfahren im Martinofen und noch mehr im basischen Elektroofen bis auf ganz geringe Mengen entfernen kann, so kann von einer Schädlichkeit des Kupfers bei Gehalten bis zu etwa 0,5% (bei weichen Flußeisen liegt die Grenze allerdings tiefer) nicht die Rede sein.

---

[1] Gießerei 1931 S. 614/635 und Stahl u. Eisen 1928 S. 1556.
[2] Vgl. das Buch von Dr. M. Sperling in Essen über Vanadium in der Stahlindustrie.
[3] Stahl u. Eisen 1926 S. 866; 1930 S. 423 und Gießerei 1931 S. 614/635.
[4] Solche Dauermagnete werden auch aus Chromstahl ohne Wolfram hergestellt.
[5] Vgl. darüber Osann: Eisenhüttenkunde, 2. Bd., unter Einfluß des Kupfers.

Man setzt absichtlich Kupfer, meist in Mengen von 0,25—0,3%, zu, um die Korrosionsbeständigkeit an der Luft und gegenüber Rauchgasen zu erhöhen und die Festigkeitseigenschaften bei gewöhnlicher und hoher Temperatur zu verbessern[1].

So wurde bei einem Stahl mit 0,16% C, 0,55% Mn, 0,34% Si, 0,02% P, 0,02% S und 1,06% Cu eine Verbesserung des Verhältnisses $\sigma_B : \sigma_S$ von 100:56 auf 100:68 und eine Steigerung der Zerreißfestigkeit von 34 kg auf 36 kg, gegenüber ungekupfertem Stahl festgestellt. Bei 400° waren es 24 kg statt 22 kg[2]. Abgesehen davon wurde der Widerstand gegen Korrosion erheblich erhöht.

Ein Abfall der magnetischen Eigenschaften wurde erst bei mehr als 0,7% Cu bemerkt[3].

Kennzeichnend ist der gekupferte Baustahl, den die Dortmunder Union als Ersatz für den Siliziumbaustahl mit 1% Si herausgebracht hat, um einen besseren Widerstand gegen Korrosion zu erzielen.

Ein solcher Baustahl hat 0,15% C, 0,5—0,8% Cu neben 0,4% Cr. Er läßt sich ungleich besser vergießen und walzen als der genannte Siliziumstahl. Er ist auch gut schweißbar[4].

Bemerkenswert ist auch, daß man Stahlplatten, die zur Abdichtung einer amerikanischen Talsperrenmauer dienten, zwecks Erhöhung des Korrosionswiderstandes einen Kupfergehalt von 0,2% gab[5].

Bei höheren Kupfergehalten muß man den Stahlguß vergüten. So wird berichtet, daß dies in Amerika bei Gußstücken für Greifer mit 0,6% Cu geschieht.

Man findet auch den Namen Bronzestahl, der einen Stahl mit 0,25% Cu bezeichnet, welcher der Korrosion Widerstand bereitet[6].

Es ist auch ein Apsostahl, als ein gekupferter Stahl mit sehr wenig P bekannt geworden[7].

95. Molybdänstahlgußstücke.

Vgl. auch Kapitel 91 über Nickel-Molybdänstahlgußstücke.

Molybdänstahlgußstücke werden z. B. für Dampfturbinengehäuse angewendet, weil sie eine große Widerstandsfähigkeit gegen hohe Temperaturen besitzen. Diese Eigenschaft beruht darauf, daß sie auch in Temperaturen von 500° eine hohe Lage der Streckgrenze beibehalten (vgl. die Zahlentafel).

Zahlentafel. Molybdänstahl[8].

	Chemische Zusammensetzung			bei + 20°			bei 500°		
	C %	Mn %	Mo %	σ_B kg	σ_S kg	δ %	σ_B kg	σ_S kg	δ %
1	0,19	0,60	0,33	49	30	25,5	40	15	20
2	0,37	0,75	0,58	65	31	18	50	26,7	29,6

Abgesehen davon erhöht ein Molybdänzusatz die Kerbzähigkeit.

Molybdänstahl mit 0,34% Mo zeigte bei Kesselblechen keine bleibende Dehnung, wenn gewöhnliche Bleche bei derselben Temperatur eine solche von 20% ergaben[9]. Dieselbe Wirkung ergab ein Stahl mit 0,19% Va.

Ein Magnetstahl mit 1—2,5% Mo ist auch bekannt geworden. Er tritt

[1] Stahl u. Eisen 1926 S. 1857; 1929 S. 1798.   [2] Stahl u. Eisen 1930 S. 678.
[3] Stahl u. Eisen 1930 S. 1194.
[4] Stahl u. Eisen 1928 S. 853 und Gießerei 1931 S. 614/635.
[5] VDI-Nachr. 1932 29. Juni.   [6] VDI-Nachr. 1927 Nov. S. 46.
[7] Stahl u. Eisen 1927 S. 1301 (Aeière de Pompey).
[8] Nach Rys: Stahl u. Eisen 1930 S. 434.   [9] Stahl u. Eisen 1928 S. 908.

mit Chromstahl und Wolframstahl, die auch zur Herstellung von Dauermagneten verwendet werden, in Wettbewerb[1].

Abgesehen davon kommt Molybdän zur Verwendung, wenn man die Kerbzähigkeit von Stahlguß verbessern will (0,20% Mo).

Kennzeichnend ist, daß man die Chrom-Nickellegierungen für die Widerstände von elektrischen Heizgeräten mit 2—4% Molybdän legiert[2].

Mit Hilfe des Schleudergußverfahrens, aus dem Induktionsofen erzeugte amerikanische Geschützrohre haben die folgende Zusammensetzung: 0,35—0,45% C, 0,6—0,7% Mn, 0,3% Mo, 0,05% V bei 76 kg Zerreißfestigkeit, 28% Dehnung, 55 kg Streckgrenze[3].

96. Vanadinstahlgußstücke[4].

Vgl. auch Kapitel 93 über Chrom-Vanadiumstahlgußstücke und Kapitel 91 über Nickel-Vanadiumstahlgußstücke.

Es besteht eine Untersuchung, derzufolge ein Gehalt von 0,19% Va Kesselblechen in hoher Temperatur einen Widerstand gegen bleibende Ausdehnung (Kriechen), die bei unlegierten Blechen 20% betrug, erteilte[5]. Dieselbe Wirkung hatte ein Zusatz von Molybdän (siehe Molybdänstahlgußstücke). Diese Beobachtung läßt sich auf Stahlgußstücke, die hohen Dampftemperaturen ausgesetzt sind, übertragen.

Bei 500° besaß Vanadinstahl noch eine Warmfestigkeit von 21 kg, während gewöhnlicher Kohlenstoffstahl eine solche von 11 kg und ein Molybdänstahl eine solche von 22 kg zeigte[6].

Durch Vanadium werden bei Gehalten bis 0,58% die Festigkeitseigenschaften des Stahls verbessert. Er wird für geschmiedete Lokomotivteile usw. angewendet. Eine Verwendung für Stahlgußstücke scheint bisher nicht zu bestehen, ist aber denkbar.

Vanadium wird leicht verschlackt. Man darf es nur unmittelbar vor dem Gießen zusetzen[7].

97. Wolframstahlgußstücke.

Sie zeichnen sich durch eine sehr große Brinellhärte aus. Bei 0,3—1,4% C, 20% Wo hat man Brinellhärten bis 750. Die Haltepunkte werden sehr stark verschoben[8].

98. Titanstahlgußstücke.

Sie haben sich nicht in die Praxis einführen können, obwohl man vielfach Erfolge verzeichnen konnte. Es bestand aber immer eine Unsicherheit, die der Verfasser auf Seigerungserscheinungen zurückführt, wie man sie z. B. im Roheisenmischer und am Hochofen beobachtet hat. Je nach dem Maß der Ausseigerung geht das zugefügte Titan in die Schlacke[9].

---

[1] Archiv 1929 S. 595.

[2] Z. B. 50% Ni, 33% Cr, 13% Fe, 2% Mo. Nickelberatungsstelle in Frankfurt a. M.

[3] Stahl u. Eisen 1931 S. 1479

[4] Der Leser sei auf die Schrift Vanadium in der Stahlindustrie von Dr. M. Sperling in Essen verwiesen.

[5] Stahl u. Eisen 1928 S. 908.   [6] Stahl u. Eisen 1929 S. 791.

[7] Stahl u. Eisen 1927 S. 839.   [8] Stahl u. Eisen 1929 S. 1083.

[9] Osann: Das Vorkommen und Verhalten von Titan im Roheisenmischer. Stahl u. Eisen 1921 S. 1487.

99. Die Einteilung von legierten Stahlgußstücken, nach ihrer Verwendungsart geordnet.

Es kommen die folgenden Eigenschaften in Betracht:
1. Die Festigkeitseigenschaften bei gewöhnlicher Temperatur.
2. Diejenigen bei höherer Temperatur.
3. Der Widerstand gegen bleibende Ausdehnung und Zundern in hoher Temperatur.
4. Widerstand gegen Rosten an der Luft und im Wasser.
5. W derstand gegen Säure- und Laugenangriff.
6. Elektrische und magnetische Eigenschaften.
7. Ausdehnung in der Wärme.
8. Widerstand gegen Warm- und Kaltrisse.
9. Schweißbarkeit.
10. Möglichkeit der Einsatzhärtung.

Die unter 2 und 3 genannten Eigenschaften bedingen die Hitzebeständigkeit; die unter 4 und 5 genannten die Korrosionsbeständigkeit.

100. Stahlgußstücke mit hohen Festigkeitseigenschaften, bei gewöhnlicher Temperatur.

Es kommt die Zerreißfestigkeit, die Streckgrenze, die Bruchdehnung, die Einschnürung, die Kerbzähigkeit, die Brinellhärte, die Verschleißfestigkeit, die Schwingungsfestigkeit und der Widerstand gegen das Altern zur Geltung.

Die Hebung der Zerreißfestigkeit (σ_B) und der Streckgrenze (σ_S) geschieht ohne wesentliche Abnahme der Bruchdehnung (δ) durch Nickelzusatz (Perlitische Nickelstähle).

Da das Produkt ($\sigma_B \times \delta$) einen Maßstab für den Widerstand gegen Zertrümmern bildet, so bedingt der Nickelzusatz einen großen Widerstand gegen Zertrümmerung, den man auch als Stoßsicherheit bezeichnet, weil infolge des Nickelzusatzes das genannte Produkt groß ist. Gleichzeitig drückt die hohe Lage der Streckgrenze aus, daß das Stück hoch beansprucht werden kann, ehe eine bleibende Formänderung geschieht.

Die hohe Zerreißziffer besagt, daß die Beanspruchung sehr hoch sein muß, ehe ein Bruch und eine Abtrennung von Teilen erfolgt. Man versteht es, daß man den Nickelzusatz gerade beim Geschützstahl eingeführt hat.

Ein nickellegierter Geschützstahl verträgt eine große Steigerung der Pulverladung, ehe eine Ausbeulung des Rohres geschieht, und es bedarf einer noch größeren Überladung, ehe das Rohr zu Bruch geht und die Bedienungsmannschaft gefährdet wird.

In Kapitel 90 sind die Festigkeitseigenschaften der perlitischen Nickelstähle genannt. Sie haben allerdings den Nachteil, daß sie sehr teuer sind. Auch der Nickel-Manganstahl (vgl. Kapitel 91) zeichnet sich durch große Stoßfestigkeit aus, bereitet aber wegen der Seigerung Schwierigkeiten beim Schmelzen.

Den gleichen Erfolg, wenn auch im beschränkteren Sinne hat man durch Einlegieren von Silizium (niedriglegierter Siliziumstahl). Im Kapitel 89 war von der Erhöhung der Streckgrenze beim Siliziumbaustahl mit etwa 1% Si die Rede.

Da aber ein solcher Stahl schlecht walzbar ist und auch stark rostet, hat man einen gekupferten Stahl vielfach an seine Stelle gesetzt, von dem in Kapitel 89 die Rede war.

Die Chrom-Nickelstähle werden vielfach den reinen Nickelstählen vorgezogen, weil sie noch bessere Lagen der Streckgrenze und noch größere Dehnungswerte ergeben, und weil sie sich vorzüglich vergüten lassen. Es kommt auch wirtschaftlich in Betracht, daß Chrom neben Mangan der billigste Legierungszusatz ist.

Handelt es sich um große Verschleißfestigkeit, wie sie bei Maschinen für Zerkleinerungszwecke in Gestalt von Mahlscheiben, Brechbacken, Kugelmühlplatten und andererseits Teilen für Bagger gebraucht werden, so verwendet man austenitischen Manganstahl oder unterperlitischen Chromstahl, von denen in den Kapiteln 88 und 92 die Rede war, und auch niedriglegierten Chrom-Nickelstahl (Kapitel 93 D).

Die letzteren beiden Gattungen haben gegenüber dem Manganstahl den Vorzug, daß Trichter und Eingüsse mit dem Meißel und dem Drehstahl (wenn auch schwierig) entfernt werden können, was für den Manganstahl nicht zutrifft.

Die Entscheidung, welcher Stahl von den dreien gewählt werden soll, ist oft schwierig und Sache der persönlichen Einstellung, wie dies im Kapitel 88 ausgeführt ist.

Chrom-Nickelstahl ist teurer als die beiden anderen, hat aber den Vorzug großer Zähigkeit.

Durch die Brinellhärte darf man sich nicht irreführen lassen. Sie gibt keinen Maßstab für die Verschleißfestigkeit. Manganstahl hat eine geringe Brinellhärte, ist aber außerordentlich verschleißfest. Für außerordentlich hohe Brinellhärten kommen Wolframstähle in Betracht (Kapitel 97).

Eine besondere Eigenschaft ist auch die Warmverschleißfestigkeit, wie sie bei Pilgerschrittwalzen und bei Röhrendornen in Rohrwalzwerken zur Geltung kommt. Im ersteren Falle wählt man Chrom-Wolframstahl (Kapitel 93), im zweiten Falle Chrom-Molybdänstahl.

Handelt es sich um hohe Schwingungsfestigkeit, wie sie beim Flugzeug- und Automobilbau, in Abwehr von Alterserscheinungen bei unbedingter Zuverlässigkeit verlangt wird, muß man zu Stählen greifen, welche Vanadium und Molybdän (hohe Kerbzähigkeit) enthalten.

Auch haben sich vergütete Chrom-Nickelstähle deshalb gut bewährt, weil man die Vergütung genau im Einklang mit den geforderten Eigenschaften durchführen kann und in dem Zementieren ohne nachfolgende Härtung ein Hilfsmittel hat, um Härterisse bei verwickelter Gestalt auszuschalten.

Von den Alterserscheinungen sei hier noch die Rede. Es geschieht, daß beispielsweise eine Automobilachse, die tadellos geliefert und jahrelang einwandfrei in Benutzung war, ohne erkennbaren Anlaß bricht. Die Bruchfläche zeigt dann im Gegensatz zu dem Aussehen des ursprünglich gelieferten Stahls grobes Korn.

Wie ist dies zu erklären? Die Automobilachse ist im Laufe der Zeit oft durch Stöße beansprucht, und zwar derart, daß die Elastizitätsgrenze überschritten ist. Dadurch ist der Stahl immer ein wenig spröder geworden und hat an Dehnung verloren, bis dann ein geringfügiger, oft gar nicht erkennbarer Anlaß zum Bruche führte.

Je häufiger und je heftiger die Beanspruchung durch Stöße erfolgte, um so spröder wurde der Stahl. Die Beziehung zur Zeitdauer wird auch dadurch gegeben, daß am Ende einer langen Lagerungsdauer ein Abfall der Festigkeitseigenschaften bemerkt wird.

Man kann sich dies dadurch erklären, daß das Stück infolge der Überanstrengung Spannungen erhalten hat, die nunmehr Arbeit leisten. Es ist eine zerstörende Arbeit, die den Stahl langsam aber sicher zermürbt.

Es besteht also eine Beziehung zur Zeitdauer, und so ist der Begriff des Alterns entstanden, obwohl die Zeitdauer an sich nichts an der Beschaffenheit des Stahls ändert. Das Bild wird ergänzt, wenn man daran erinnert, daß Eisenbahnbrücken nach mehr als 50jähriger Betriebszeit abgebaut sind, und das Eisen genau die gleichen Festigkeitseigenschaften zeigte, wie sie bei dem Bau vorhanden waren. Allerdings war bei einem solchen Betriebe niemals die Elastizitätsgrenze überschritten. In einem solchen Falle würde anderes geschehen.

Wenn man solchen Altersbrüchen mit Erfolg begegnen will, muß man einen Stahl mit hoher Elastizitätsgrenze wählen, was für einen Nickelstahl und noch mehr für einen Chrom-Nickelstahl zutrifft.

Aus welchem Grunde Vanadin und Molybdän günstig wirken, wissen wir nicht[1]. Aber das Verhalten dieser Elemente bei Stahl, der hohen Temperaturen ausgesetzt ist, gibt einen Ausblick.

Abgesehen von der chemischen Zusammensetzung spielt die vollständige Rißfreiheit der Oberfläche eine große Rolle, auch die Ausschaltung von Härterissen, von der oben bei Chrom-Nickelstahl die Rede war.

Ebenso ist die größte Sorgfalt beim Glühen und Vergüten, zwecks Erzielung eines feinkörnigen Gefüges, bei großer Dehnungsziffer von Bedeutung.

Man darf aber niemals den stark beanspruchten Stahl unbegrenzt lange benutzen, sondern muß ihn nach einer bestimmten Leistung oder Zeitdauer auswechseln, im gleichen Sinne, wie dies die Bergpolizeibehörde bei Förderseilen vorschreibt.

Man prüft den Stahl auf Widerstand gegen Altern, indem man seine **Dauerstandfestigkeit** mit Hilfe der Dauerschlagprobe feststellt.

Es soll hier kurz von im **Einsatz gehärteten Stahlgußstücken**[2] die Rede sein, die z. B. im Automobil- und Flugzeugbau gebraucht werden, wenn es sich darum handelt, Gußstücke mit **glasharter Oberfläche und zähem, gegen stoßweise und wechselnde Beanspruchung widerstandsfähigen Kern** herzustellen.

Man glüht die Stücke, nachdem man sie in ein Gemisch von Holzkohle und Bariumkarbonat (60 : 40) eingepackt hat und härtet dann in Wasser oder Öl.

Denselben Zweck erreicht man vielfach durch ein Glühen (unterhalb 580°) im Stickstoffstrom, ohne abzuschrecken (**Nitrieren**). Beim Einsatzhärten sind es Stahlgußstücke mit 0,2% C, 0,35% Si, 0,5% Mn und Ni und Cr, je nach dem Verwendungszweck; auch bisweilen Mo, z. B. 0,5—1,5% Cr, 1,5—4,5% Ni. Man glüht bei einer Temperatur zwischen 580 und 720° (bei den legierten Stählen 580—620°), führt das Einsetzen bei 850—880° aus und schreckt bei 760—800° (bei Chromstahl und Chrom-Nickelstahl gilt 800°) in Wasser oder Öl ab.

101. Hitzebeständige Stahlgußstücke.

Allgemeines.

Wenn man ein unlegiertes Stahlgußstück auf 400° erhitzt und einen Zerreißversuch bei dieser Temperatur ausführt, so bemerkt man, daß die Streckgrenze oft nur noch 40% derjenigen bei +20° beträgt. Bei 500° ist der Abfall noch stärker[3].

Ein solcher Stahlguß ist nicht hitzebeständig. Abgesehen von dem Abfall

---

[1] Chrom-Molybdänstahl im Lokomotivbau 0,2—0,4% Mo, 0,7—1% Cr bei 0,2—1% C. Stahl u. Eisen 1928 S. 1556.

[2] Vgl. das Werkstoffhandbuch unter T 11, H_{13} und N 11. Düsseldorf: Stahleisen.

[3] Stahl u. Eisen 1929 S. 273 (Körber).

der Festigkeit zundert er. Die Oberfläche überzieht sich mit Glühspan, der sich ablöst und in Verbindung mit einer Verschwächung der Wandstärke auf die Auswechselung des Stückes dringt.

Es soll hier der Begriff der Hitzebeständigkeit umrissen werden: Ein hitzebeständiger Stahl ist ein solcher, der eine Erhitzung über 400° dauernd aushält, ohne zerstört zu werden[1]. Die Ursache der Zerstörung des Gefüges ist immer eine Oxydation des Eisens und seiner Begleiter, seltener auch gleichzeitig eine Sulfidbildung in Beührnng mit schwefelhaltigen Feuergasen.

Diese Oxydation bewirkt die bereits erwähnte Zunderung, sie bewirkt auch, daß das Stück eine bleibende Volumenvergrößerung beim Erwärmen erfährt, die folgerichtig zum Bruche führt. Sie bewirkt auch, daß die Festigkeitseigenschaften in hoher Temperatur verändert werden und die Streckgrenze stark abfällt (vgl. Abb. 125).

Man prüft einen Stahl auf seine Neigung zur ständigen Ausdehnung mit Hilfe des Dilatometers[2].

Man hat sich daran gewöhnt, den Abfall der Streckgrenze als Maßstab dafür zu wählen, ob sich das betreffende Stahlstück noch bei einer Temperatur von 500°, 600°, 700°, 800° usw. verwenden läßt.

Der Warmzerreißversuch bietet dabei ein Hilfsmittel. Bei ihm ist der Zerreißstab von einem Schmelzbade umgeben, das durch elektrische Heizung auf die betreffende Temperatur gebracht wird. Wenn man diesen Versuch auf große Zeiträume ausdehnt, so spricht man von Dauerstandfestigkeit in hoher Temperatur (vgl. Kapitel 93).

Bei einem solchen Versuch kommt bisweilen das sogenannte Kriechen des Stahls in Erscheinung, das unbedingt vermieden werden muß.

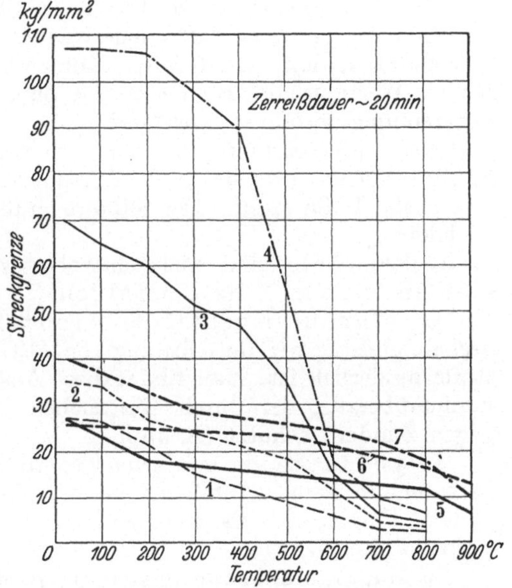

Abb. 134. Streckgrenze in hohen Temperaturen bei verschiedenen Stählen. Aus dem Kruppschen Laboratorium (vgl. den Vortrag von Rys Stahl u. Eisen 1930 S. 423). Der hochlegierte Cr-Ni-Stahl hat die höchsten Werte.

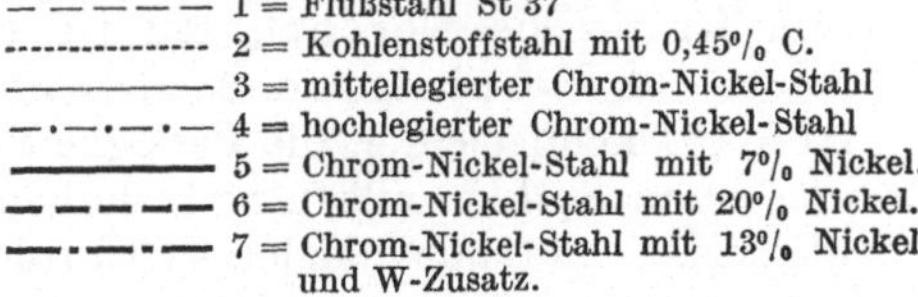

— — — — — 1 = Flußstahl St 37

---------------- 2 = Kohlenstoffstahl mit 0,45% C.

———————— 3 = mittellegierter Chrom-Nickel-Stahl

—·—·—·— 4 = hochlegierter Chrom-Nickel-Stahl

———————— 5 = Chrom-Nickel-Stahl mit 7% Nickel.

— — — — — 6 = Chrom-Nickel-Stahl mit 20% Nickel.

—·—·—·— 7 = Chrom-Nickel-Stahl mit 13% Nickel und W-Zusatz.

Es äußert sich darin, daß bei einem sehr weit ausgedehnten Dauerversuch die Ausdehnung sehr langsam, aber stetig fortschreitet, bis dann schließlich ein Bruch weit unterhalb der Streckgrenze eintritt[3]. Einen Apparat zur Bestimmung der oberen und unteren Kriechgrenze hat Heräus in Hanau herausgebracht[4].

Man kann geradezu von einem Altern sprechen, weil es sich um sehr große Zeiträume handelt, nach deren Ablauf der Bruch eintritt.

---

[1] Das Werkstoffhandbuch sagt allerdings, daß die Grenze bei 600° liegt. Aber die Temperatur von 400° wird im modernen Kesselbau sehr bald erreicht, sobald überhitzter Dampf angewendet wird.

[2] Solche Apparate baut Ernst Leitz in Wetzlar (vgl. Abb. 110).

[3] Gießerei 1930 S. 333.   [4] Heräus: Vakuumschmelze. Bei Alberti, Hanau.

Will man einen Stahl hitzebeständig machen, so muß man die Oxydation ausschließen. Dies geschieht durch Einstellung der chemischen Zusammensetzung.

Die chemische Zusammensetzung hitzebeständiger Stähle.

Nicht alle rostsicheren Stähle sind hitzebeständig, aber für die rostsicheren Chrom- und Chrom-Nickelstähle trifft dies zu. Es kommt darauf an, daß im Stahl chemische Verbindungen entstehen, welche die Elemente festhalten und nicht zur Oxydation freigeben.

Solche chemische Verbindungen stellen die Chromeisenkarbide, die Chromeisen-Nickelkarbide und die Chromeisen-Siliziumkarbide dar. Diese Ansicht wird dadurch gestützt, daß solche Karbide sehr schwer löslich für Säuren sind, und dadurch, daß man bei der Kohlenstoffbestimmung in solchen Fällen zu geringe Werte erhält, wenn man das Säureverfahren an Stelle des Marsschen Verbrennungsverfahren anwendet.

Unsere hitzebeständigen Stähle sind hochlegierte Chrom- und Chrom-Nickelstähle und Chrom-Siliziumstähle, bei denen der Kohlenstoffgehalt eine große Rolle spielt. Der letztere muß gerade ausreichen, um die Karbide zu bilden.

Nickelstähle sind nicht hitzebeständig. Dasselbe gilt von Manganstählen und von Siliziumstählen.

Der Aluminiumgehalt des Sicromalstahls wirkt bei diesem Chromstahl deshalb günstig, weil der Überzug von Al_2O_3 dem weiteren Eindringen des Sauerstoffs hinderlich ist. Man findet diese Ansicht dadurch bestätigt, daß ein Aluminiumüberzug, der durch Eintauchen in flüssiges Aluminium erzeugt ist, gegen Zundern schützt (Krupp).

Molybdän schützt erfahrungsgemäß vor dem „Kriechen" und wird deshalb auch in kleinen Anteilen zugesetzt. Die Metallographie gibt in diesem Falle keinen Fingerzeig. Es sind austenitische, martensitische und auch perlitische Stähle.

Die Zusammensetzung solcher hitzebeständigen Chromstähle, Chrom-Aluminiumstähle, Chrom-Nickel- und Chrom-Siliziumstähle ist im Kapitel 92 und 93 genannt, andere Stähle, wie der VT-Stahl[1] und TH-Stahl[2] usw., nennt die Literaturstelle hierunter[3].

Das Kruppsche Ferrotherm ist ein Chrom-Siliziumstahl. Sicromalstahl wird von den Vereinigten Stahlwerken in Dortmund erzeugt.

Abb. 134 kennzeichnet die Festigkeitseigenschaften von gewöhnlichen Stählen und legierten Stählen aller Art in hohen Temperaturen. Man sieht wie sich die hochlegierten und mittellegierten Chrom-Nickelstähle herausheben.

102. Rost- und säurefeste Stahlgußstücke (Korrosionsfeste Stahlgußstücke).

Beide Eigenschaften lassen sich nicht voneinander trennen. Das Wesen der Korrosion ist nicht vollständig geklärt. Wenn ein Stahl rostsicher ist, so kann dies darin begründet sein, daß kein Potential besteht, oder darin, daß die Gefügebestandteile dem chemischen Angriff des Sauerstoffs widerstehen.

Das elektrische Potential[4] entsteht, wenn zwei verschiedene Metalle oder

---

[1] Schwach legiert mit Cr, Wo, Mo, V (Hörde).   [2] Mo-legierter Stahl für Wellenrohre.
[3] Stahl u. Eisen 1931 Heft 48.
[4] Bei Chromstahl mit über 12% Cr hat man ein sogenanntes edles Potential. Stahl u. Eisen 1930 S. 423.

Zahlentafel. Rostsichere und säurefeste Stähle.

Nr.		C %	Mn %	Si %	Cr %	Ni %	Mo %	Cu %	Bemerkungen	
		Chemische Zusammensetzung								
1	Hochleg. Siliziumstahl.	0,4	0,7	16,0	—	—	—	—	Widerstandsfähig gegen Säuren	Gießerei 1930 S. 339
2	Hochlegierte Chrom- stähle	0,3	—	—	12,9	—	—	—	Rostsicher, widersteht See- wasser, Salpetersäure,	
3	Hochlegierte Chrom- stähle	0,3	0,2—0,4	0,3	13—14	—	—	—	Essigsäure, aber weniger Salzsäure, Schwefelsäure	
4	Chrom-Nickelstahl . .	—	—	—	15	11	—	—	und Alkalien und hitze- beständig bis zu 800°	
5	Chrom-Nickelstahl . .	—	—	—	18	8	—	—	wird für Glühtöpfe, Glüh- kisten, Härtekessel ver- wendet	
6	Chrom-Nickelstahl . .	—	—	—	21	6	—	—	Gegen Rosten u. Säuren[1]	Stahl u. Eisen 1930 S. 423
7	Kruppscher V 2 A-Stahl	0,20	—	—	20	7	—	—	gegen Rosten u. heiße SO_2	Stahl u. Eisen 1930 S. 423
8	Kruppscher V 4 A-Stahl	—	—	—			—	—		
9	Kruppscher V 1 M-Stahl	0,12	—	—	15,8	1,49	—	—	Gegen Rosten (vgl. auch Stahl u. Eisen 1922 S.1315)	
10	Andere rostfreie Stähle	0,07—1,0	0,06—0,32	0,12—0,28	11,7—13,3	0—0,77	—	—		
11	Kruppscher V 5 M-Stahl	0,15	—	—	13,0	0,60	—	—		
12	Kruppscher V 3 M-Stahl	0,40	—	—	12,0	0,60	—	—		
13	CrNi-Stahl mit Cu . .	0,4—1,75	—	8,0	2—3	20	—	10	Für Filtersiebe in chem. Fabriken	Reisenotiz
14	CrNi-Stahl	0,06	—	—	15	1	—	—	Rostfreier Stahl	Stahl u. Eisen 1930 S. 1519
15	CrNi-Stahl	—	—	—	18	8	—	—	Ebenso	Stahl u. Eisen 1930 S. 1519
16	CrNi-Stahl mit Mo . .	—	—	—	18	8	3	—	Ebenso. Auch widerstands- fähig gegen heiße SO_2	Stahl u. Eisen 1930 S. 1519
17	Cr-Stahl	0,17	—	—	15	—	—	—	Ebenso	Stahl u. Eisen 1930 S. 1519
18	Cr-Stahl	0,40	—	—	18	—	—	—	Ebenso	Stahl u. Eisen 1930 S. 1519
19	Cr-Stahl	0,10	—	—	30	—	—	—	Ebenso	Stahl u. Eisen 1930 S. 1519
20	CrNi-Stahl	0,11	0,45	0,30	13,22	0,14	—	—		
21	CrNi-Stahl	0,10	0,31	0,86	17,60	0,23	—	—	Rostsichere Stähle, die auch hitzebeständig sind	Stahl u. Eisen 1929 S. 371
22	CrNi-Stahl	0,09	0,47	0,47	12,40	0,18	—	—		
23	CrNi Si-Stahl	0,39	0,35	3,51	2,25	0,22	—	—		
24	CrNi-Stahl	0,20	0,80	0,36	26,94	0,51	—	—	Säurefester Stahl	Gießerei-Ztg. 1926 S. 399
25	Cr Ni Mo-Stahl . . .	sehr wenig	—	—	25	35	5	—	Für Säurepumpen	Gießerei 1931 S. 614
26	Cr-Stahl	0,1—0,47	—	—	12—13	—	—	—	Rostfreier Stahl der Glok- kenstahlwerke	Reisenotiz
27	Cr-Stahl	0,08—0,12	—	—	18—22	—	—	—		
28	Cr-Stahl gegossen . . .	0,1—1,7	—	—	30	—	—	—	Hitzebeständig	Archiv 1932 Februar

[1] Z. B. auch zur Herstellung von Ventilkörpern hochbeanspruchter Lokomotiven verwendet. Nickelhefte 1933, März.

Legierungen sich berühren. Beim Eisen können viele chemische Körper, vor allem Zementit und Ferrit, in dieser Weise wirken. Der bei ihrer Berührung erzeugte Strom macht Sauerstoff und Wasserstoff aus der Feuchtigkeit frei und schafft die Grundlage für die Entstehung des Rostes, der im wesentlichen aus Eisenhydroxyd besteht. Diesen Vorgang hat bereits Berzelius (1779—1848) erkannt.

Das Cumberlandverfahren, bei dem ein Schiffskessel unter die Einwirkung eines schwachen elektrischen Stroms gebracht wird, ist auf dieser Theorie aufgebaut. Es soll das Potential dadurch vernichtet werden.

Seewasser wirkt doppelt so stark wie Brunnenwasser ein.

Im Sinne dieser Theorie ist es verständlich, daß eutektische Legierungen weniger zum Rosten neigen als unter- und übereutektische; denn hier haben wir ein homogenes Gefüge. Gußstücke aus dem Holzkohlenhochofen alter Zeit waren immer eutektisch und zeichneten sich durch große Witterungs- und Luftbeständigkeit vor modernen Gußstücken aus (Grabkreuze und Grabgitter aus alter Zeit).

Daß die meisten rost- und säurefesten Stähle austenitisch sind, also ein durch und durch homogenes Gefüge haben, ist möglicherweise ein Beitrag zur Rosttheorie von Berzelius.

Beim Rosten spielen auch die Bakterien eine Rolle; und zwar sind es Eisenbakterien, die das im Wasser gelöste Eisen in ihren Körper aufnehmen und es hier oxydieren. Dies spielt bei Eisen und Stahl, das in den Erdboden vergraben wird, eine Rolle, aber auch bei Eisen, das mit Staub und Regen in der Luft in Berührung kommt.

Welche chemischen Körper solche Bakterien bevorzugen und welche sie meiden, darüber weiß man nichts[1].

Beim Angriff der Säure kommt zum Vorschein, daß ein Stahl z. B. vollständig unlöslich in Salpetersäure ist, dagegen bei Salzsäure, Essigsäure, namentlich bei starker Verdünnung, versagt. Woher dies kommt, weiß man nicht. Man ist auf die Erfahrung und den Versuch angewiesen.

Wenn man von säurefesten Stählen spricht, so heißt dies: „Stähle, die den meisten Säuren widerstehen".

Daß verdünnte Säuren stärker angreifen als konzentrierte, hängt mit der Ionenbildung zusammen.

Daß man stark konzentrierte H_2SO_4 in gewöhnlichen Eisengefäßen aufbewahren kann, die aber andrerseits sehr schnell zerfressen werden, wenn man die Säure verdünnt, ist bekannt.

Daß die Erfindung des Kruppschen V 2 A-Stahls in der Kriegszeit erfolgt ist und die Erzeugung von Luftstickstoffsalpetersäure ermöglichte, ist weiter oben gesagt.

Daß gekupferte Baustähle im Gegensatz zu Siliziumbaustählen rostbeständiger sind, wurde bei Kupferstahlgußstücken erwähnt[2]. Auch gegen Rauchgase ist solcher Stahl widerstandsfähig.

103. Legierte Stahlgußstücke mit besonderen Eigenschaften.

Es sind solche Eigenschaften gemeint, die noch nicht in den vorhergehenden Kapiteln genannt sind.

---

[1] Eine umfangreiche Forschungsarbeit hat das amerikanische Bureau of Standard 1922 eingeleitet, indem es das Eingraben von Eisen und Stahl an 70 weit verstreut liegenden Stellen veranlaßte. Stahl u. Eisen 1932 S. 614.

[2] Vgl. auch Archiv 1927 S. 427 und Stahl u. Eisen 1929 S. 1798.

Von kalt- und warmverschleißfesten Stählen war im Kapitel 100 die Rede.

Die elektromagnetischen Eigenschaften der einzelnen Stähle ergeben ein sehr verwickeltes Bild, die ausführlich im Werkstoffhandbuch[1] und im Nickelhandbuch[2] erörtert sind. Hier soll von ihnen abgesehen werden.

Unmagnetisch sind die austenitischen Mangan-Silizium-Nickel- und Chrom-Nickelstähle.

Der Invarstahl ist ein sehr hochlegierter Nickelstahl, der keine Wärmeausdehnung zeigt (vgl. Kap. 90).

Naturhart sind alle die ebengenannten austenitischen, hochlegierten Stähle. Sie sind auch so hart, daß man Trichter und Eingüsse nur durch Abschlagen und Abschleifen beseitigen kann. Dies gilt in erster Linie von Manganstahl und Siliziumstahl.

Für Dauermagnete eignet sich Wolframstahl, Chromstahl und Molybdänstahl. Für das Kohlen im Einsatz (Zementieren) eignen sich Chrom-Nickelstähle. Umgekehrte Härtung zeigt der hochlegierte Manganstahl (vgl. Kapitel 88).

104. Der Schmelzbetrieb zwecks Erzeugung von legierten Stahlgußstücken.

Es kommt der Tiegel, der saure und basische Martinofen, der Kleinkonverter, der saure und basische Lichtbogenofen, der Niederfrequenz- und der Hochfrequenzofen zur Anwendung.

Es sei hier auf die folgenden Kapitel verwiesen:

Kapitel 6. Tiegelschmelzen.
Kapitel 25. Verhalten der anderen Eisenbegleiter im Martinofen.
Kapitel 31. Das Fertigmachen der Martinofenschmelze.
Kapitel 50. Das Fertigmachen einer Kleinkonverterschmelze. (Es ist daselbst auch Manganstahl erwähnt.)
Kapitel 71. Erzeugung von legiertem Stahl im basischen Lichtbogenofen.

Diese Ausführungen sollen durch die hier folgenden Schmelzberichte (Krupp) ergänzt werden, die sich auf Chromstahl und Nickel-Chromstahl beziehen.

Zahlentafel 1. Herstellung des austenitischen Chrom-Nickel-Stahles im basischen Siemens-Martinofen[3].

Einsatz	kg	Chemische Zusammensetzung des fertigen Stahles						
		C %	Si %	Mn %	P %	S %	Cr %	Ni %
Chromstahlschrott mit 25% Cr	1 200	—	—	—	—	—	—	—
Chrom-Nickelstahlschrott mit 30% Ni, 25% Cr	1 750	—	—	—	—	—	—	—
V2A-Stahlschrott mit 18% Cr, 8% Ni.	18 600	—	—	—	—	—	—	—
Flüssiger Flußstahlzusatz . .	1 000	—	—	—	—	—	—	—
Ferrosilizium (98% Si) . . .	280	—	—	—	—	—	—	—
Ferrochrom (66% Cr)	300	—	—	—	—	—	—	—
Gesamtgewicht des Einsatzes.	23 030	0,25	1,08	0,86	0,027	0,016	17,8	9,3
Ausbringen.	21 140	—	—	—	—	—	—	—

Man setzt Chrom möglichst gegen Schluß, nach Vorberuhigung der Schmelze durch Mn und etwas Si ein. Ist man aber gezwungen, es gleich im Anfang zu

---

[1] Verlag Stahl u. Eisen, Düsseldorf.
[2] Nickelhandbuch der Nickelberatungsstelle in Frankfurt a. M.
[3] Stahl u. Eisen 1930 S. 1517.

setzen, so kann man wenigstens den größten Teil des Chroms reduzieren und aus der Schlacke zurückgewinnen, wenn man 90%iges Ferrosilizium anwendet. Man kann es auf diese Weise erreichen, daß von Chrom nur etwa 15% verloren gehen. Man kann nach Houdremont den sauren und basischen Ofen für solche Stähle anwenden.

Zahlentafel 2. Herstellung des austenitischen Chrom-Nickel-Stahles im sauren Siemens-Martinofen[1].

Einsatz	kg		Zusammensetzung des Stahles							Zusammensetzung der Schlacke				
			C %	Si %	Mn %	P %	S %	Ni %	Cr %	FeO	MnO	SiO_2	Cr_2O_3	Al_2O_3
Chromstahlschrott mit 15% Cr . .	4 000	nach dem												
V2A-Stahlschrott m.18% Cr, 8% Ni	2 200	Ein-schmelzen	0,27	0,2	0,27	—	—	8	11,5	11,4	9,7	38,3	17	19
V2A-Stahlschrott m.18% Cr, 8% Ni	1 300													
Stahlschrott mit 15% Cr, 60% Ni	650	nach Ferro-chrom-												
Stahlschrott mit 14% Ni	450	zugabe	0,27	0,62	0,28	—	—	6	21,2	5,78	4,3	42,4	24	22,1
Endergebnis . . .	8 600		0,29	0,83	0,30	0,028	0,023	6,8	19,9	—	—	—	—	—
Ferrochrom (60% Cr) . . .	1 500		—	—	—	—	—	—	—	—	—	—	—	—
Ferrosilizium (98% Si) . . .	100		—	—	—	—	—	—	—	—	—	—	—	—
Ferromangan . .	10		—	—	—	—	—	—	—	—	—	—	—	—
Gesamtgewicht des Einsatzes .	10 210		—	—	—	—	—	—	—	—	—	—	—	—
Ausbringen . . .	9 700		—	—	—	—	—	—	—	—	—	—	—	—

Der Zeitpunkt und die Art des Einsatzes der Legierungen sind in den einschlägigen Kapiteln erörtert. Dies gilt in erster Linie von Si und Mn.

Zusammenfassend ist zu sagen, daß Ni keinen Abbrand erfährt, aber wegen seines hohen Schmelzpunktes (1450°) eine hohe Temperatur verlangt. Auch der Schmelzpunkt des Chromeisens liegt hoch.

Molybdän und Vanadin werden in so geringen Mengen einlegiert, daß man Ferrovanadin und Ferromolybdän in die Pfanne setzen kann. Besser noch ist es, in einem ölgefeuerten Flammofen oder kleinem Elektroofen solche Legierungen zu schmelzen und dann flüssig zuzusetzen. Der Schmelzpunkt von Kupfer liegt niedrig (1054°). Man setzt es am Anfang oder Schluß ein.

Die Kosten des Legierens.

Es sollen hier die Ferrolegierungen und die Kosten, die der Zusatz von 1 kg des betreffenden Elements verursacht, genannt werden[2].

1 kg Kupfer kostet 1,50 RM.

Nickel wird in Gestalt von Reinnickel in Würfeln oder auch im Nickelschrott zugesetzt. Im ersten Falle kostet 1 kg Ni 3,40 RM., im zweiten 2,50 RM.

1 kg Mn, meist in Form von 80%igem Ferromangan zugesetzt, kostet 0,36—0,40 RM.

---

[1] Stahl u. Eisen 1930 S. 1517.
[2] Vgl. auch Kothny: Legierter Stahlguß. Gießerei 1931 S. 613/635.

1 kg Chrom kostet, wenn es im Hochofenchromeisen (12% C, 65% Cr) zugesetzt wird, 1—1,10 RM.

Ist dies aber wegen seines hohen Kohlenstoffgehalts ausgeschlossen, so muß man Ferrochromaffiné oder reines Chrom verwenden und bezahlt dann 1 kg Cr mit 1,40—1,80 RM.[1] und 6,40 RM.

Mit Hilfe des Vakuumofens von Heräus in Hanau kann man kohlenstofffreie Chrom- und andere Legierungen leicht herstellen, indem man herunterfrischt. Heräus hat solche Induktionsöfen von 40 kg bis 4 t Fassungsvermögen in Betrieb[2].

1 kg Silizium, in elektrisch erzeugtem Ferrosilizium mit 45, 50, 75, 90% Si zugesetzt, kostet 0,65—0,70 RM. Man hat auch Ferrosilizium mit 98% Si (vgl. Kapitel 89).

Vanadium wird als Ferrovanadium mit 40% Va zugesetzt. 1 kg Va kostet 2,20 RM.

Molybdän wird als Ferromolybdän mit 0,7% C, 50% Mo und mit 0,5% C, 70% Mo und als Kalziummolybdän mit 40% Mo zugesetzt. Es ist sehr teuer.

Wolfram wird als Ferrowolfram mit 0,6% C, 80—85% Wo zugesetzt. 1 kg Wo kostet 3,10—3,30 RM.

Titan wird als Ferrokarbontitan mit 7,5% C, 17% Ti zugesetzt.

1 kg Kobalt kostet beim Zusatz 16 RM.

Die Kosten von Chrom-Nickelstahl kann man nach den obigen Angaben aus-

---

[1] Aluminothermisch von Goldschmidt in Essen erzeugt.
[2] Heräus: Vakuumschmelze. Bei Alberti, Hanau. Daselbst wird auch eine Berylliumlegierung genannt.

Zahlentafel 3. Erschmelzung eines Chromstahles durch Reduktion von Chromerz im basischen Siemens-Martinofen*.

Einsatz		Schlackenzusammensetzung								Stahlzusammensetzung						
		Al_2O_3	SiO_2	FeO	Fe_2O_3	MnO	CaO	MgO	Cr_2O_3	C	Si	Mn	P	S	Cr	Ni
Metall: 3 500 kg Hämatit 8 500 „ Schrott 12 000 kg	Vor Zugabe des Erzgemisches	3,5	12,5	15,9	4,3	1,6	47,7	0,4	1,7	0,08	0,01	0,06	—	—	—	—
Zusätze bei Beginn: 1 500 kg Kalk 400 kg Erz Zusätze im Verlauf der Schmelzung: 3 150 kg Kalk 700 „ Flußspat 12 750 „ Erzgemisch (Ferrosilizium-Chromerz mit 50% Cr_2O_3)	Nach Zugabe des Erzgemisches (Reduktion des Chrom-Erzes)	2,9	34,8	1,5	0,6	0,6	32,6	13,0	6,5	0,16	1,5	0,3	0,019	0,017	13,1	0,24

* Stahl u. Eisen 1930 S. 1519.

rechnen. Man wird dann erkennen, daß gerade die kohlenstoffarmen Chrom-Nickelstähle sehr teuer sind, und daß man Nickel- und Chrom-Nickelstähle sorgfältig vergüten muß, um die hohen Schmelzkosten durch Steigerung der Qualität auszugleichen.

IX. Die Herstellung der Stahlgußstücke.
105. Die Formtechnik bei Stahlguß.
Allgemeines.

Es soll hier folgend eine ganz kurze Darstellung gegeben werden. Der Leser, der tiefer eindringen will, sei auf das unten genannte Lehrbuch des Verfassers[1] und auf die praktische Anschauung verwiesen, die man sowieso nicht entbehren kann.

Ebenso wie beim Eisenguß handelt es sich um die Herstellung der Gußform aus Sand oder Masse. Auf die Unterschiede zwischen Eisenguß-

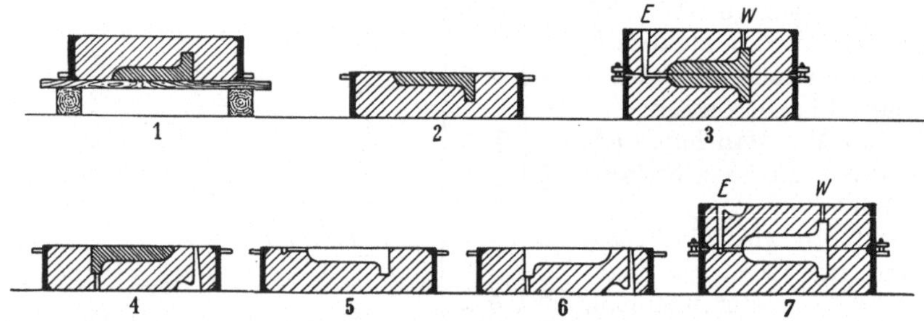

Abb. 135. Herstellung einer gewöhnlichen Kastenform mit geteiltem Modell. 7 = gußfertige Form.
E = Einguß, *W* = Windpfeife.

und Stahlgußformen wird im folgenden Kapitel hingewiesen werden. Ebenso werden Sand- und Masseformen im Kapitel über Formstoffe gekennzeichnet werden.

Die Anfertigung der Form kann mit Modell und ohne Modell, d. h. im letzteren Falle mit Ziehbrett oder Schablone geschehen. Herdgußformen, die beim Eisenguß vielfach angewendet werden, kommen für Stahlguß nicht in Betracht. Man hat hier nur geschlossene Formen.

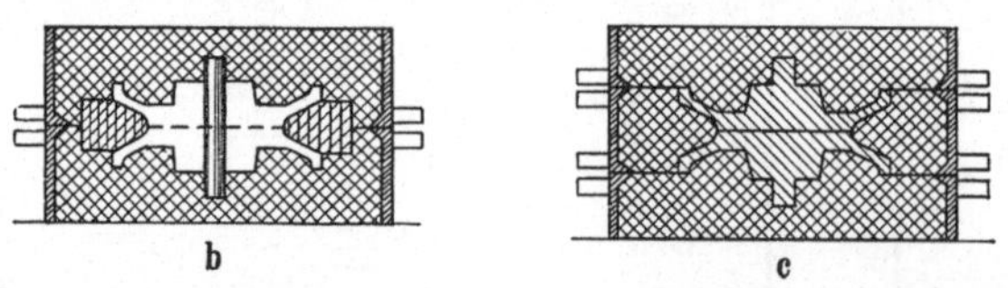

Abb. 136. Einformen einer Seilrolle, *b* = Formen unter Anwendung eines ringförmigen Kerns, *c* = Formen unter Anwendung eines dreiteiligen Formkastens. Das Modell ist geteilt. Man stampft den Unterkasten auf, indem man das Modell auf eine Sparhälfte aus Gips legt. Dann folgt der Mittelkasten usw.

Das Formen mit Modell. Es wird durch Abb. 135 in seinen Stadien von 1—7 gekennzeichnet. Es handelt sich in unserem Falle um ein einfaches, geradlinig geteiltes Modell, das sich ohne weiteres ausheben läßt. Das letztere ist nicht immer der Fall. Abb. 136 kennzeichnet ein Seilrollenmodell als Beispiel. Es sind zwei Wege zur Lösung der Aufgabe angegeben. Von diesen führt der eine zur dreiteiligen Form; der andere zu Außenkernen.

---

[1] Osann: Lehrbuch der Eisen- und Stahlgießerei. Leipzig: Wilhelm Engelmann.

Kerne.

Abb. 137 kennzeichnet eine liegend gegossene Röhrenform mit einem Kern, der auf seinen Kernmarken ruht. Bei längeren Rohren und bei Gußstücken, wie sie Abb. 138 darstellt, müssen Kernstützen angewendet werden, um ein Durchbiegen und ein Aufschwimmen des Kerns zu verhindern. Solche Kernstützen

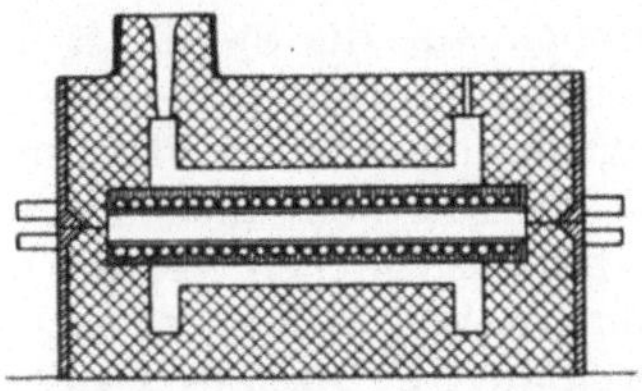

Abb. 137. Gußform für ein Rohr mit Einguß und Windpfeife. Man erkennt das Kerneisen in Gestalt eines Gasrohres und seine Umwicklung mit einem Holzwolleseil.

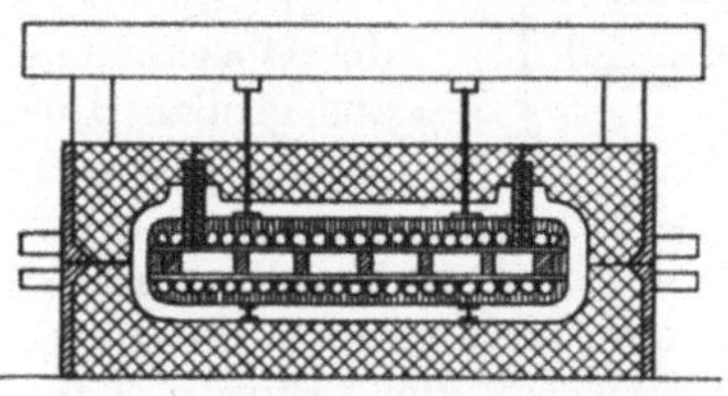

Abb. 138. Kern, ohne Kernmarken eingelegt, Kernstützen und Kernversteifung gegen Auftrieb, Gasabführung aus den Kernansätzen nach oben.

bestehen aus Gußeisen oder Schmiedeeisen. Sie müssen in den meisten Fällen verzinnt werden, damit eine rostfreie Oberfläche besteht, die im Zusammenhang mit der Reaktion $Fe_2O_3 + 3\,C = 2\,Fe + 3\,CO$ zu Gashohlräumen im Gußstück führen kann. Abb. 139.

Man unterscheidet Innen- und Außenkerne. Letztere werden außen in den Formstoff eingebettet, wie es Abb. 136 b (Seilrolle) zeigt. Man kann aber auch die ganze Form aus solchen aufbauen und braucht dann kein Modell; an seiner Stelle allerdings Kernkästen.

Zur Versteifung der Kerne und zur Sicherung gegen das Zerbrechen infolge des Auftriebes wendet man Kerneisen von ver-

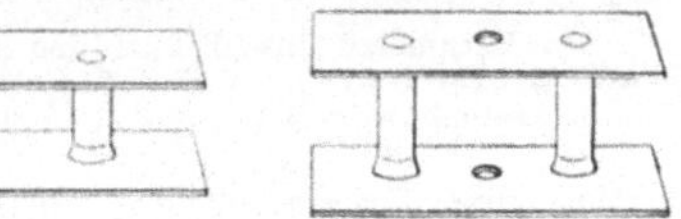

Abb. 139. Kernstützen.

schiedener Gestalt an. Teils sind es einfache Stäbe oder Rohre mit durchlochter Wand, teils aber gußeiserne Herdgußstücke mit eingegossenen Bügeln aus Eisendraht. Man muß darauf Bedacht nehmen, daß solche Stücke leicht beim Putzen entfernt werden können.

Die Abführung der Gase.

Die in der Gußform eingeschlossene Luft, der sich der aus dem Formstoff entweichende Wasserdampf und die beim Guß entstehenden Verbrennungserzeugnisse (CO, CO_2, H und Kohlenwasserstoffe), sowie die aus dem flüssigen Metall abgestoßenen Gase zugesellen, ist sehr wichtig. Sie können, wenn sie sich unverbrannt ansammeln, zur Explosion beim Guß führen und andererseits Gashohlräume im Gußstücke erzeugen. Um die Gase abzuführen, genügen oft nicht Windpfeifen (Abb. 137) und Trichter; man muß Kokseinlagen und Koksbetten anwenden (Abb. 79). Besondere Sorgfalt erfordern Kerne. Ihr Inneres muß mit der Außenluft in Verbindung gesetzt werden (vgl. Abb. 138). Man gibt auch dem Formstoff Zusätze von Stroh, Wergabfällen, Pferdedünger usw., die beim Trocknen verbrennen und Kanäle zurücklassen. In sehr schwierigen Fällen verwendet man Wachseinlagen, die beim Trocknen schmelzen.

Die Belastung der Form.

Füllt man eine Gußform, so beobachtet man, daß das einfließende Metall die Kerne und den Oberkasten hebt, wenn man nicht Vorkehrung durch Belastung oder Verklammerung trifft (Abb. 140). Diese Erscheinung beruht auf dem Auftrieb infolge des Unterschieds der spezifischen Gewichte. Die Kerne und der Oberkasten haben das Bestreben aufzuschwimmen. Man kann den Auftrieb im Sinne der Abb. 140 berechnen. Seine aufwärts gerichtete Kraft A ist gleich F mal h. Wenn man F in dm² und h in dm ausdrückt, so gilt $A = F \cdot h \cdot 7$ kg (1 cdm flüssiges Stahl wiegt rund 7 kg). Als Gegenkraft wirkt das Gewicht des Kerns und des Oberkastens. Im Hinblick auf die Stoßkraft des oft aus großer Höhe ausgegossenen Metalls gibt man einen Zuschlag von 50 %[1]. Unerfahrene Former glauben, daß nur das Gewicht des im Einguß befindlichen flüssigen Metalls durch die Belastung ausgeglichen werden müsse.

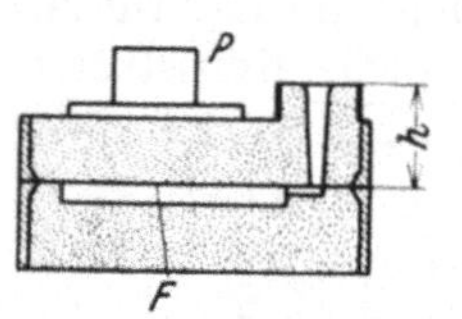

Abb. 140. Auftrieb u. Formbelastung. $A = F \cdot h \cdot 7$ kg.

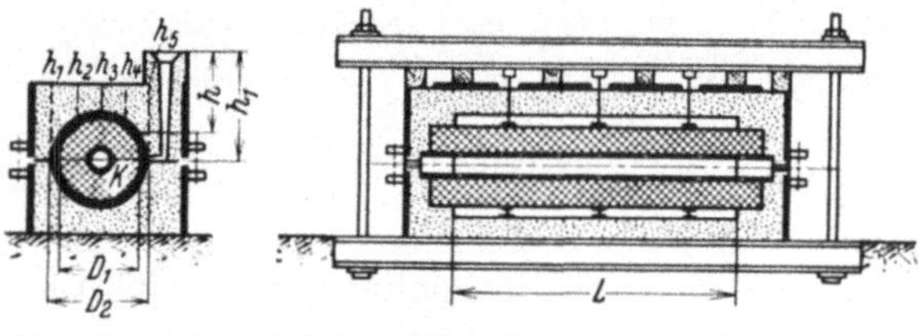

Das ist ein Irrtum, der allerdings entschuldbar ist; denn es hat lange gedauert, bis in der Physik das „hydrostatische Paradoxon", vgl. Abb. 143, aufgeklärt wurde.

Lunkerhohlräume und Risse.

Von ihnen wird in besonderen Kapiteln die Rede sein.

Abb. 141. Auftrieb bei einer Röhrenform. Der Auftrieb setzt sich aus dem Druck gegen die obere Fläche = $D_2 \cdot L \cdot h$ und dem Auftrieb des Kernes = V $(7 - 1{,}5)$ zusammen, wobei V = Volumen des Kernes $= \dfrac{D_1{}^2 \pi}{4} \cdot L$; Litergewicht des flüssigen Eisens = 7, Litergewicht der Kernmasse einschließlich des Kerneisens = 1,5. Belastung = $D_2 \cdot L \cdot h \cdot 7 + $ V $(7 - 1{,}5) - G_1$, wobei G_1 = Gewicht des Oberkastens. h = Mittel aus h_1; h_2 usw. Alle Maße in dm.

Modelle, Kernkästen und Schablonen.

Modelle stellen Körper von den äußeren Abmessungen des Gußstückes, zusätzlich des Schwindmaßes dar. Kernmarken müssen als solche durch Anstrich gekennzeichnet werden. Der Baustoff ist meist Holz. Die Anfertigung von Metallmodellen lohnt sich nur bei großen Stückzahlen, z. B. bei Förderwagenrädern. Man bevorzugt in neuerer Zeit Aluminiumlegierungen wegen ihrer leichten Bearbeitbarkeit und ihres geringen Gewichtes.

Modellholz (Tannen-, Fichten- oder Kiefernholz) muß unbedingt trocken sein. Durch Zusammenleimen von Brettern entgegengesetzter Faserrichtung verhindert man das Verziehen. Ein Anstrich mit Schellack, dem man einen kennzeichnenden Farbstoff zusetzt, schützt das Holzmodell gegen die Aufnahme von Feuchtigkeit.

Die Aufbewahrung der Modelle erfordert besondere Sorgfalt und eine regelrechte Buchführung. Früher baute man Modellhäuser aus feuerfesten Baustoffen. Heute baut man Holzhäuser, sorgt aber für eine gute Feuerpolizei und für selbsttätig bei einem Brande sich

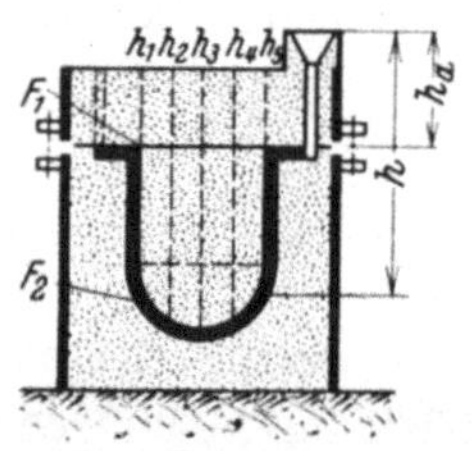

Abb. 142. Auftrieb bei einem Preßzylinder, mit der Wölbfläche nach unten gegossen (licht $\varnothing = D_1$). Belastung = $\left(F_1 \cdot h_a + D_1{}^2 \cdot \dfrac{\pi}{4} \cdot h \right) \cdot 7 - G_1$. G_1 = Gewicht des Oberkastens mit daranhängendem Kern. Alle Maße in dm.

öffnende Wasserdüsen (Sprenkler). Kommen Holzmodelle in Brand, so entwickelt sich eine solche Hitze, daß Stein und Eisen zerstört werden, und so gebaute Häuser doch nicht mehr benutzt werden können.

Meist teilt man die Modelle in Ober- und Unterhälfte. Man hat auch mehrteilige Modelle. Man läßt auch Teile lose, die man vorher herauszieht. Ein Leerboden nimmt die Modellhälfte auf und erleichtert das Aufstampfen. Bei einer unregelmäßigen Teilungslinie muß eine Sparhälfte aus Gips den Leer-

---

[1] Vgl. Osann: Gießerei 1928 S. 1217.

boden ersetzen. In Übereinstimmung mit der Modellteilung muß die Teilung des Formkastens geschehen. Man hat zweiteilige, dreiteilige und vierteilige Formen. Man kann auch in den Boden formen und hat dann weniger Kasten. Es gibt auch Formkasten mit senkrechter Teilungsebene, die seitwärts abgezogen werden (Zugkastenformerei).

Die Bearbeitung und Normung der Formkästen und ihrer Abmessungen erfordern besondere Beachtung. Der Abnutzung der Bohrungen für die Führungsstifte trägt man in verschiedener Weise Rechnung; neuerdings meist durch Anwendung von Hülsen aus Stahl (Abb. 144).

Als Baustoff für größere Formkästen in der Stahlgießerei kommt nur Stahlguß in Betracht, weil Gußeisen beim Auslösen der harten Masse mit Hilfe des Brecheisens leicht zu Bruche geht. Bei kleinen Gußstücken genügt Gußeisen und Schmiedeisen und vielfach auch Aluminium, dessen geringes spezifisches Gewicht den Formern das Heben erleichtert. Durch Formerei im Boden, mit Hilfe von Außenkernen, kann man die Anwendung der teuren Formkästen stark einschränken.

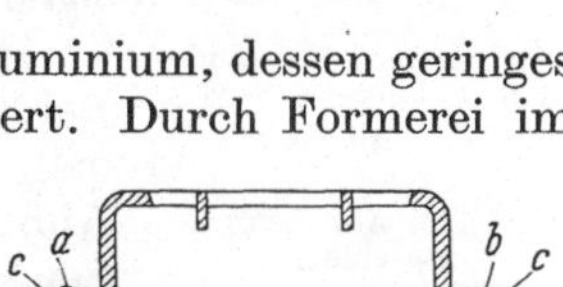

Abb. 143. Wassergefäße von verschiedenem Inhalt, aber gleicher Höhe und Bodenfläche. Der Bodendruck ist bei allen $= F \cdot h$.

Von Modellplatten wird bei Formmaschinen die Rede sein.

Für Kernkästen gilt dasselbe wie für Modelle. Man wird ihre Anfertigung möglichst durch Anwendung der Kerndrehbank und andererseits von Ziehbrettern einschränken.

Die Schablonenformerei erspart die Anfertigung eines Modells. Sie beruht darauf, daß ein Brett mit angeschrägter und blecharmierter Kante um eine Spindel im Sinne einer Windfahne gedreht wird. Sie ist das gegebene Formverfahren für Walzen, Schwungräder, Zahnräder, Preßzylinder, Schiffsschrauben usw. Bei den letztgenannten Formen wird

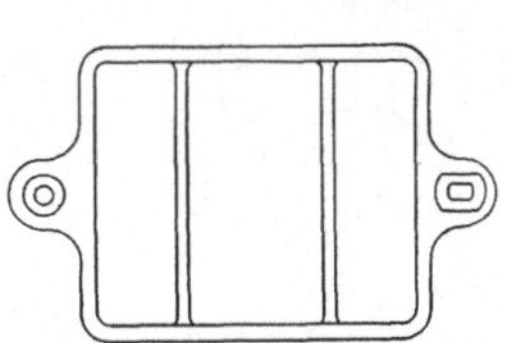

Abb. 144. Formkasten mit Schoren. Links $c =$ Hülse aus Stahl. Rechts $c =$ eingegossenes Metall.

die Fahne unter Anwendung von Kurvengleitflächen gleichzeitig gehoben und gesenkt. Ob es wirtschaftlicher ist, ein Modell anzufertigen oder mit Schablone zu formen, kann nur eine Kalkulation entscheiden. Es kommt auf die Stückzahl an. Als Schlichtstärke kann man im allgemeinen 40 mm bei der Schablonenformerei annehmen.

Ziehbretter werden im gleichen Sinne angewendet; nur geschieht die Bewegung geradlinig, indem das Ziehbrett an einem Lineal vorbeigezogen wird.

Wenn nur ein Abguß zu liefern ist, kann man auch unter Anwendung von Schablonen und Ziehbrettern und des Modellierens mit der Hand ein Modell aus Sand oder Masse anfertigen.

Das Füllen und Aufstampfen der Form.

Man muß zwischen Füll- und Stampfarbeit unterscheiden. Die letztere kann mit der Hand, unter Anwendung von gewöhnlichen Stampfern und Preßluftstampfern oder maschinell unter Anwendung der Formmaschine geschehen.

Zum Füllen wendet man vielfach Bunker an, die den Formstoff selbsttätig in den Formkasten fallen lassen, vielfach unter Zuteilung einer abgemessenen Menge. Man kann auch den Formstoff in den Formkasten schleudern und das Füllen und Verdichten gleichzeitig ausüben. Das Verdichten des Sandes oder

der Masse kann, abgesehen von der Handstampfung, durch Pressen, Rütteln und Einschleudern.erfolgen. Unter der Überschrift „Formmaschinen" wird dies gekennzeichnet werden. Früher hat man auch Formmaschinen gebaut, bei denen pochwerkartige Stampfer angewendet wurden. Diese sind aber, abgesehen von der Röhrenformerei, verschwunden. Man darf nicht zu fest und auch nicht zu lose stampfen. Im ersteren Falle leidet die Gasdurchlässigkeit[1].

Formmaschinen.

Das Kennzeichen der Formmaschine ist die Vorrichtung zum Auslösen und Ausheben des Modells. Das Auslösen muß sicher und ohne Anrucken auch bei sehr hohen Modellen geschehen. Es kann in sehr verschiedener Weise erfolgen. Man wendet auch Abstreifplatten an, um zuerst Teile des Modells, z. B. Rippen unter Stützung des Sandes herauszuziehen und erst dann das eigentliche Modell folgen zu lassen (Abb. 145—149).

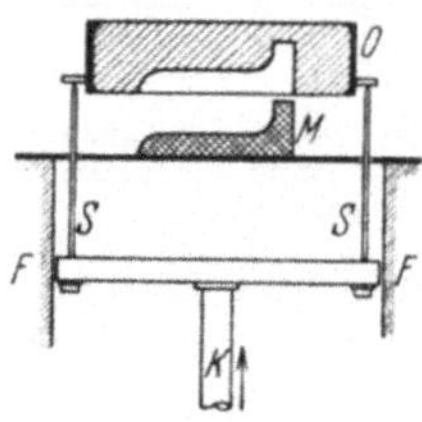

Abb. 145. Abhebeformmaschine.

Das Wesen einer Preßformmaschine zeigt Abb. 150. Bei solchen Maschinen ist der Preßholm im Wege, wenn man den gepreßten Kasten freilegen und absetzen will. Abb. 151 kennzeichnet verschiedene Wege, um diese Schwierigkeit zu umgehen.

Rüttelformmaschinen bestehen aus einem Rüttler und aus einer Modellaushebevorrichtung. Abb. 152 kennzeichnet einen mit Preßluft betriebenen Rüttler. Die Modellaushebevorrichtung steht seitlich; man muß den Formkasten nach dem Rütteln da-

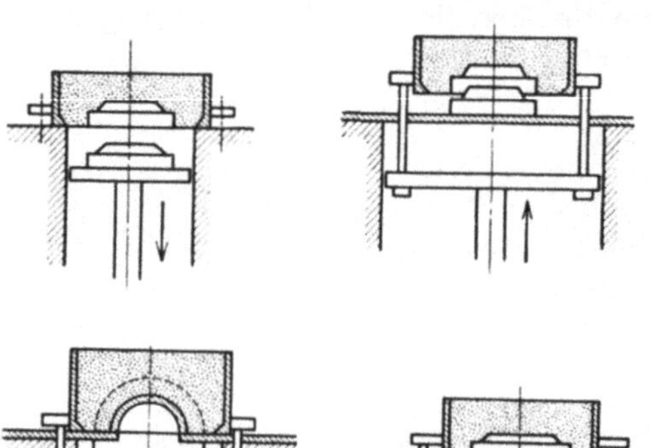

Abb. 146—149. Oben Absenken und Abheben nebeneinander. Unten links: Durchzugformmaschine für Rippenrohre. Unten rechts ist eine Formmaschine dargestellt, bei der *a* und *b* gleichzeitig nach oben gehen; dann geht *a* zurück und der Kasten bleibt auf den Stiften stehen.

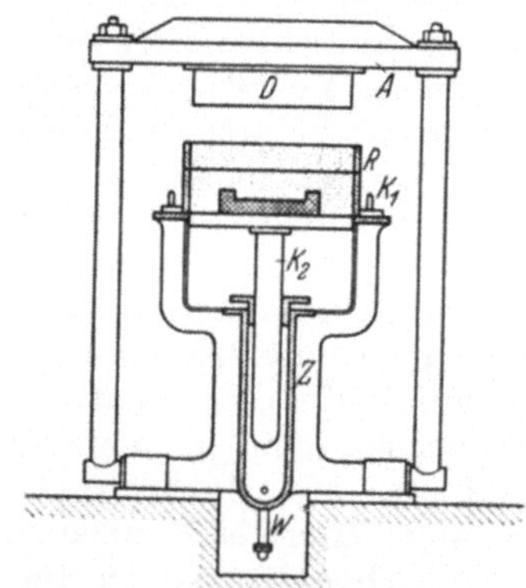

Abb. 150. Schema einer Preßformmaschine. Nach dem Pressen geht der Kolben abwärts, um das Modell auszulösen.

hin fahren. In neuerer Zeit benutzt man aber meist dieselben Preßluftkolben, welche das Rütteln ausführen, auch zum Auslösen und Ausheben des Modells.

Bei der Sandschleuder hat man einen Schleuderkopf, der mit Hilfe eines schwenkbaren Auslegers senkrecht über den zu füllenden Formkasten gebracht wird. Diesem Schleuderkopf wird der Sand durch ein Becherwerk und ein Riementransportband zugeführt und tritt in die Trommel ein. Hier erfaßt

---

[1] Einen Apparat zur Prüfung der gestampften Fläche hat Treuheit angegeben. Stahl u. Eisen 1927 Nr. 50.

ihn der mit sehr großer Umdrehungszahl rotierende Arm mit dem Sandbecher, der den Sandklumpen aus dem Fenster der Trommel herausschleudert. Nach dem Einschleudern des Sandes fährt man den Formkasten unter die Modellaushebevorrichtung oder hebt die Modelle mit dem Kran aus, nachdem man den Ausleger herumge-
schwenkt hat.

Eine Wendeplatten-
formmaschine ist unter
Modellplatten gekenn-
zeichnet.

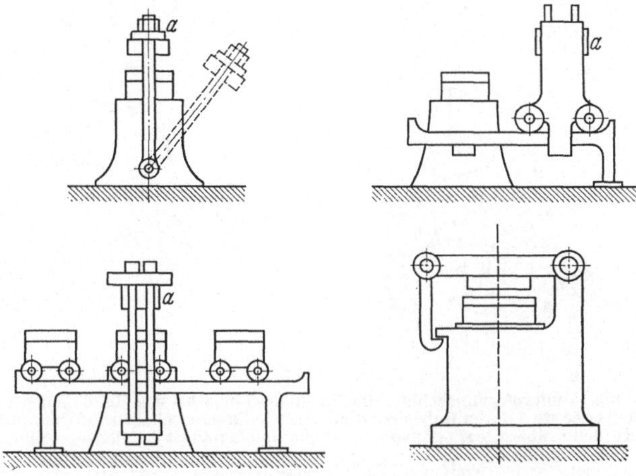

Der geschichtliche
Werdegang der Ein-
führung der Form-
maschine.

Er beginnt mit der
einfachen Handform-
maschine, ohne Preß-
vorrichtung. Später kam
die Preßvorrichtung hin-
zu. Die Bedienung mit
der Hand behielt man

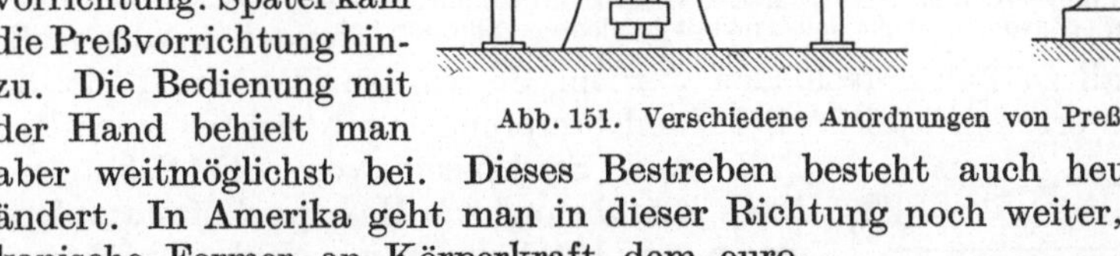

Abb. 151. Verschiedene Anordnungen von Preßformmaschinen.

aber weitmöglichst bei. Dieses Bestreben besteht auch heute noch unverändert. In Amerika geht man in dieser Richtung noch weiter, weil der amerikanische Former an Körperkraft dem europäischen überlegen ist (vgl. auch Abb. 153).

Da, wo das Gebiet der Handformmaschine überschritten werden mußte, ging man zur Einführung des Druckwassers über. Die hydraulische Formmaschine herrschte viele Jahrzehnte lang uneingeschränkt, bis sie von der Luftdruckformmaschine endgültig verdrängt wurde. Dies geschah aber erst, nachdem man es gelernt hatte, das Anrucken beim Modellausheben zu beseitigen, das eine Folge der Elastizität des Luftkissens ist. Man beseitigte diese Schwierigkeit durch die Verbesserung des Einlaßventiles und durch Einschalten eines Ölkissens.

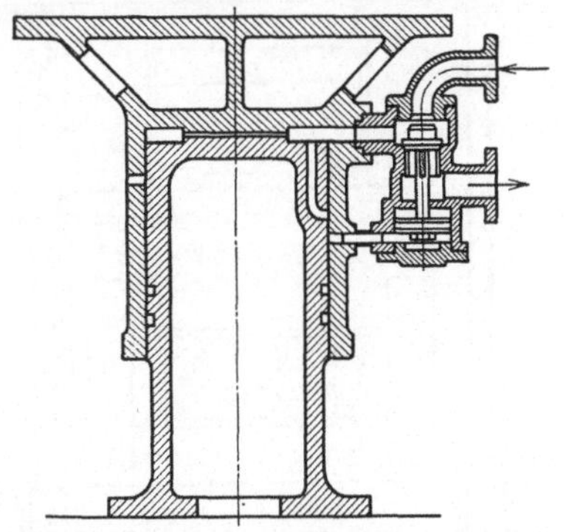

Die Einführung der Preßluftformmaschine an Stelle der hydraulischen Formmaschine wurde auch durch den Umstand begünstigt, daß man nicht mehr mit dem Einfrieren zu

Abb. 152. Rüttler. Die Preßluft fließt oben ein, drückt das Ventil nieder und gelangt zwischen den Säulenkörper und den Rütteltisch. Dieser wird soweit gehoben, bis die Verbindung mit dem Raum unterhalb des Ventilkolbens hergestellt ist. Das Einlaßventil wird dann geschlossen, der Tisch fällt herab und das Spiel beginnt von neuem.

rechnen brauchte und auch die Preßluftzentralen, die schon im Hinblick auf die Preßluftstampfer und den Betrieb der Putzerei unumgänglich notwendig waren, besser ausnutzen konnte.

Man konnte Preßformmaschinen auch unmittelbar durch Elektromotoren, unter Einschaltung der Gewindespindel antreiben lassen. Aber dieser Weg erwies sich nur in seltenen Fällen als wirtschaftlich.

Bei sehr großen Kasteninhalten wurde der Preßdruck ungleichförmig. Man muß dann mit Handstampfung nachhelfen oder den Sand durch Rütteln verdichten, und so entstand die durch Preßluft bediente Rüttelformmaschine, die zunächst 'sehr viel Lehrgeld erforderte, sich aber verhältnismäßig schnell einbürgerte. Man rüttelt heute auch kleine Kasten, vielfach unter gleichzeitiger Anwendung der Pressung. Die Rüttelformmaschine ist eine amerikanische Erfindung. Dasselbe gilt von der Sandschleuder, die aber nur bei sehr großen Kasteninhalten wirtschaftlich ist und für Stahlgußformerei bisher noch nicht in Betracht kommt. (Vielleicht in späteren Zeiten?)

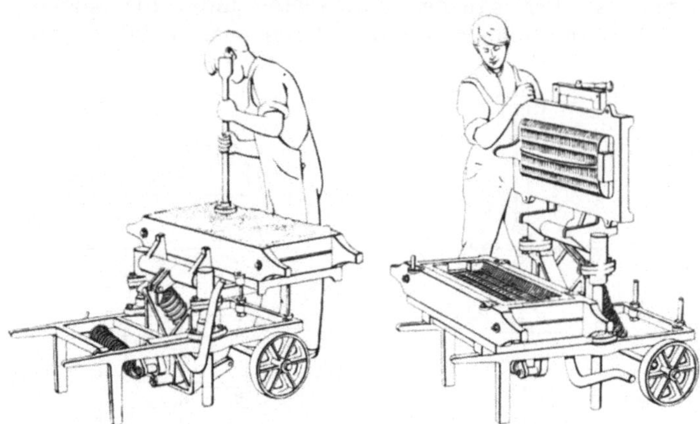

Abb. 153. Umlegeformmaschine. Die Formmaschine wird von Hand bedient. Die Modellplatte wird durch Hebeldruck zunächst senkrecht gehoben und dann auf die andere Seite übergelegt. Zuvor wirkt ein mit Preßluft betriebener Vibrator.

Welche Art der Formmaschine angewendet werden soll, kann nur von Fall zu Fall entschieden werden. So wurden in einem Falle die folgenden Zahlenwerte ermittelt[1]: Bei Handstampfung ergab sich eine mittlere Füll- und Stampfzeit von 135 Sekunden. Nach Einführung von Handpreßluftstampfern waren es 111 Sekunden. Nach Einführung eines Kleinrüttlers 62 Sekunden. Nach Einführung der hydraulischen Formmaschine ergab sich das gleiche Bild wie beim Kleinrüttler. Nach Einführung der Sandschleuder betrug die Füll- und Schleuderzeit nur 27 Sekunden.

Wirtschaftlich war die Sandschleuder allen anderen Verfahren in diesem Falle überlegen, auch wenn man den hohen Abschreibungsbetrag einbezog. (1 m³ Füllsand erforderte dabei 1,01 kWh = 0,07 RM.). Man darf diese Angabe aber nicht ohne weiteres verallgemeinern.

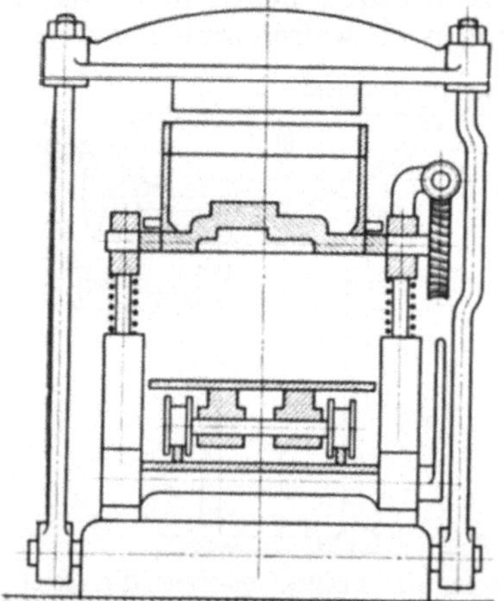

Abb. 154. Wendeplattenformmaschine. Der Kasten wird aufgestampft, dann durch Heben der Wendeplatte gepreßt. Dann wird er wieder gesenkt, um ihn nach dem Verklammen zu wenden und auf den Wagen abzusenken.

Formmaschinen für kastenlosen Guß.

Bei kleinen Gußstücken kann man den Formkasten sparen, indem man gleichzeitig von unten und oben preßt und nach Ausschwenken der Modellplatte (vgl. hierunter) dann einen Sandwürfel erhält, welcher die Gußform in der Mitte enthält und standfest genug ist, um das Gießen zu ermöglichen.

Modellplatten.

Zu jeder Formmaschine gehört eine auswechselbare Modellplatte, die auf den Formmaschinentisch aufgeschraubt wird. Vielfach arbeiten zwei Formmaschinen nebeneinander, eine für den Oberkasten, die andere für den Unter-

---

[1] Nach Leonhard Treuheit: Stahl u. Eisen 1927 Nr. 50.

kasten. Man braucht dann zwei Modellplatten. Man kann aber auch eine doppelseitige Modellplatte benutzen und hat dann eine Wendeplattenformmaschine (vgl. Abb. 154). Die Herstellung einer Modellplatte kann hier nur angedeutet werden:

Wenn man ein Modell abgeformt hat, so kann man die Form derart schließen, daß ein Rahmen aus Tonstreifen zwischen Ober- und Unterkasten eingefügt

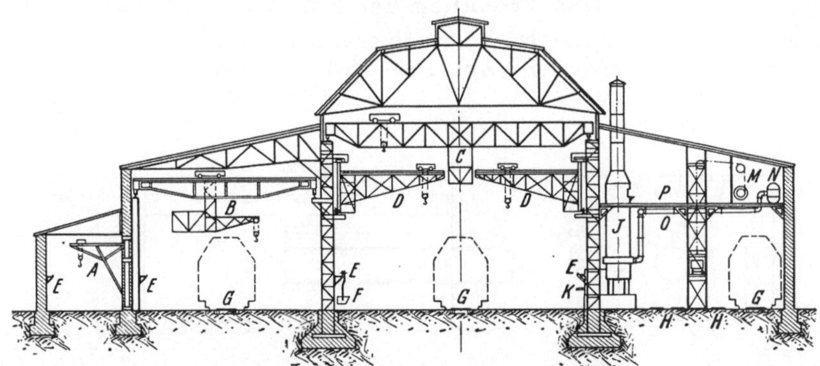

Abb. 155. Querschnitt durch eine Eisengießerei.

A Drehkran. *B* Laufdrehkran. *C* Laufkran. *D* Konsolkräne. *E* Konsole, welche die Laufschiene der Hängebahn tragen. *F* Hängebahnfahrzeug. *G* Normalspurgeleise. *H* Schmalspurgeleise. *J* Kupolofen. *K* Abstichrinne. *M* Winde für den Gichtaufzug. *N* Gebläse. *O* Windleitung. *P* Gichtbühne.

wird. Nach dem Abguß erhält man dann je nach Bedarf eine einfache Modellplatte oder eine Wendeplatte. Man kann auch andere Verfahren anwenden, indem man Abgüsse entweder auf eine Blechtafel aufnietet oder sie in ihrem Formkasten liegend mit Gips hintergießt. (Modellplatten aus Gips.)

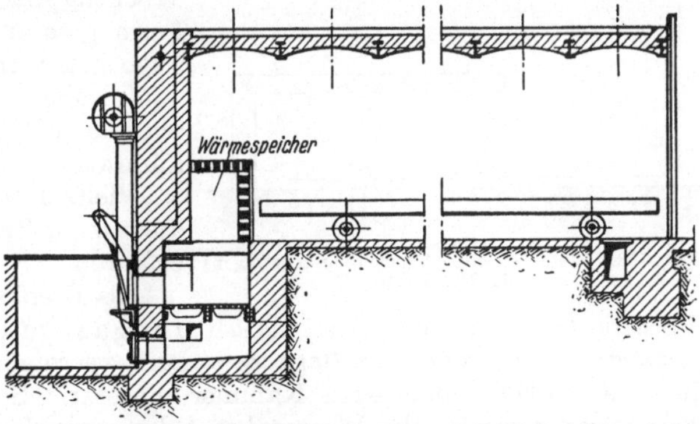

Die Transporte in der Gießerei.

Sie haben eine sehr große Bedeutung. Man hat berechnet, daß 50% aller Betriebsausgaben auf die Transporte aller Art entfallen. Bei dem Entwurf einer Gießerei muß die

Abb. 156. Hermannsche Trockenkammer, mit Koksabfall geheizt. Kräftiger Unterwind. Ein Gitterwerk aus feuerfesten Steinen (fälschlich Wärmespeicher genannt) hält die Flugasche zurück.

Entscheidung, welche Transport- und Hebevorrichtungen gewählt werden sollen, die Grundlage bilden.

Das Eintreten in dieses wichtige Gebiet ist hier nicht möglich. Es soll einem anderen Lehrbuch oder auch der Praxis als Lehrmeisterin vorbehalten werden. In der Neuzeit ist viel von Fließarbeit die Rede.

Der Formkasten wird, auf einem im Kreise geführten Rollgang stehend immer weiter von einem Arbeiter zum anderen geschoben, gelangt zur Abgußstelle, dann zur Entleerung und kehrt zu seiner Anfangsstellung zurück, während die Gußstücke auf einem zweiten Rollgange zur Putzerei und der ausgeschlagene Sand mechanisch zur Sandaufbereitung gebracht wird. Von einer solchen Fließarbeit kann, für deutsche Verhältnisse gesprochen, bei Stahlguß vorläufig wohl kaum die Rede sein; denn es fehlen hier die Massenaufträge von Stücken gleichen Modells.

Von Altsand- und Neusandtransporten wird bei der Aufbereitung der Formstoffe die Rede sein (Kapitel 108). Beim Gießen wird auch vom Transport des flüssigen Stahls gesprochen werden (Kapitel 112).

Das Trocknen der Formen.

Es geschieht ebenso wie bei Eisengußformen in Trockenkammern und mit beweglichen Trockenapparaten (Abb. 156—159). Nur hat man höhere Tempe-

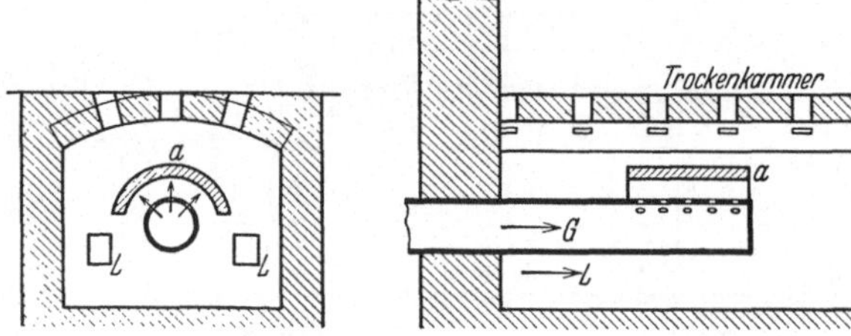

Abb. 157. Mit Hochofengas geheizte Trockenkammer.
G Gas, *L* Luft. Der Schamottekörper *a* wird glühend und sorgt dafür, daß das eintretende Gas sich gleich wieder entzündet, falls es einmal ausbleiben sollte.

raturen und längere Zeiten aufzuwenden. Bei einer Gußform für ein großes Elektromotorengehäuse (25 t). das in den Boden geformt wurde, brauchte man 3 Tage, um mit Steinkohlen (4000 kg) vorzutrocknen. Dann wurden vier

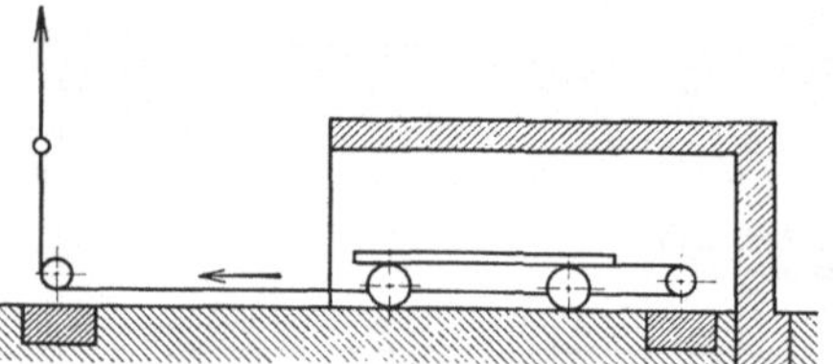

Abb. 158. Einfahren eines Trockenkammerwagens mit dem Kran.

Trockenapparate auf die geschlossene Form gesetzt und nunmehr weitere drei Tage getrocknet.

Im allgemeinen gelten 400°, nur bei oberflächlich getrockneten Formen für dünnwandige Teile genügen 250°.

Vielfach verwendet man die Glühöfen auch zum Trocknen, ohne Nachteile zu erfahren.

Als Brennstoffe dienen Koks und mit Vorliebe Generatorgas und Hochofengas, in neuerer Zeit auch Ferngas. Letzteres kann man allerdings nur dann verwenden, wenn man die Formen in eine vorher aufgeheizte Kammer einsetzt. Setzt man sie in eine kalte Kammer ein, so ist die Wasserabscheidung aus dem Gas so stark, daß sie das Trocknen unmöglich macht. Diese Erwägung gilt auch beim Heizen mit Generatorgas. Der Verfasser fand einmal die Tatsache vor, daß man vom Gas wieder zu Koks zurückgekehrt war, weil man die genannte Regel nicht beachtet hatte. Hochofengas kann man mit großem Vorteil verwenden.

Auch die Hermannsche Trockenkammer (Abb. 156) hat gute Dienste geleistet. Es ist dies eine Trockenkammer, die mit sehr hohem Unterwinddruck betrieben wird und sehr hohe Temperaturen, auch bei minderwertigem Brennstoff (Koksgrus) liefert. Durch ein Schutzgewölbe über der Feuerung wird der Flugstaub zurückgehalten, der sich sonst auf den Formen ablagern würde.

Man hat auch bewegliche, mit starkem Gebläse betriebene Trockenapparate (Abb. 159).

Braunkohlen und Braunkohlenbriketts kann man allerdings bei Stahlgußformen nicht benutzen. Auch der Versuch, Rohbraunkohlen ebenso wie bei Eisen-

gußformen anzuwenden, ist gescheitert. Meist wird man die Heizung und Überwachung der Trockenkammern und Glüh-
öfen gemeinsam gestalten.

In der neuen Stahlgießerei der General Steel Castings Co. in Eddystone (Pa.)
hat man kontinuierlich arbeitende
Trockenöfen. Es handelt sich hier um
das Trocknen der Außen- und Innenkerne
der großen Gußstücke für den Lokomo-
tivbedarf (800 t Kerne täglich)[1]. Formkasten werden nicht mehr benutzt.

Dem Verfasser ist
auch ein Tunnelofen
in einer sächsischen
Stahlgießerei (vgl. Ka-
pitel 116) bekannt ge-
worden, der gleichzeitig
zum Glühen und zum
Trocknen der Formen
mit bestem Erfolg
diente.

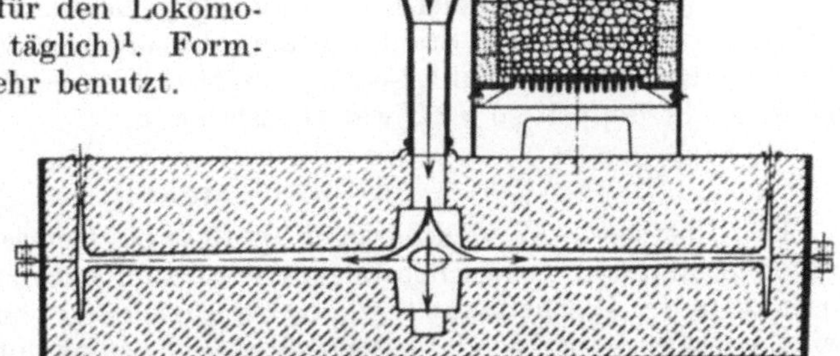

Abb. 159. Beweglicher, mit Koks bedienter Trockenapparat. Der Gebläsewind erzeugt Saugzug. Durch die starke Verdünnung der Feuergase mit Luft wird die Temperatur auf das richtige Maß gesenkt und
das Luft-Gasgemisch aufnahmefähig für Wasserdampf gemacht.
(Maschinenfabrik Kirchheim-Teck in Württemberg.)

106. Der Unterschied zwischen Eisenguß- und Stahlgußformen.

Man muß bei der Herstellung der Form darauf Rücksicht nehmen, daß
flüssiger Stahl anders beschaffen ist wie flüssiges Roheisen. Der Unterschied
besteht darin, daß

1. flüssiger Stahl eine viel höhere Temperatur besitzt,
2. daß nach dem Erstarren eine viel stärkere, etwa doppelt so große Schwindung erscheint,
3. flüssiger Stahl dickflüssiger als flüssiges Roheisen ist,
4. eine geringere Neigung zur Unterkühlung besteht,
5. eine viel stärkere Neigung zum Lunkern besteht,
6. ebenso eine viel stärkere Neigung zu Warm- und Kaltrissen,
7. flüssiger Stahl schneller erstarrt als flüssiges Roheisen,
8. die Erstarrung anders wie beim Roheisen erfolgt. Dies führt dazu, daß
die Oberfläche meist nicht so glatt und so sauber ausfällt,
9. die Erzeugungsart — saurer oder basischer Stahl — Unterschiede
bedingt.

Die Temperatur des flüssigen Stahls.

Sie ist ungefähr 300° höher als beim flüssigen Roheisen. Es seien hier folgende Zahlenwerte genannt:

Flußeisen[2] mit 0,08% C 1650° beim Abstich aus dem Ofen
„   „   0,30% C 1600°   „   „   „   „   „
„   „   0,37% C 1550°   „   „   „   „   „
„   „   0,50% C 1500°   „   „   „   „   „

Stahlguß hat meist etwa 0,3% C. Für solchen Stahl gelten also 1600°.
Beim Abstich aus dem Ofen betrug die Temperatur des flüssigen Stahls 1608

---

[1] Stahl u. Eisen 1931 S. 1438.   [2] Stahl u. Eisen 1906 S. 286.

bis 1635°, dann in der Pfanne 1491—1510° und während des Gießens 1450—1455°[1]. Gießtemperatur bei Stahl aus dem Kleinkonverter = 1550°[2]. Das Kaiser Wilhelm-Institut stellte bei seinen Versuchen eine Gießtemperatur von 1480 bis 1540°[3] fest. Man kann annehmen, daß Martinstahl mit etwa 1500° und Kleinkonverterstahl, der bekanntlich heißer ist und deshalb zur Herstellung dünnwandiger Gußstücke herangezogen wird, mit 1550° vergossen wird.

Schwindung.

Sie ist je nach dem Kohlenstoffgehalt und je nach der Wandstärke verschieden. Bei kohlenstoffreicherem Stahl und auch bei größerer Wandstärke ist der Wert kleiner. Man kann die Zahl 1,8—2,2%, im Mittel 2% nennen; d. h. die Schwindung ist ungefähr doppelt so groß wie bei Eisenguß.

Dickflüssigkeit.

Daß flüssiger Stahl dickflüssiger als flüssiges Roheisen ist, hängt mit seiner anders gestalteten chemischen Zusammensetzung zusammen. Das flüssige Roheisen ist in der Beschaffenheit, wie es zur Erzeugung von Gußstücken verwendet wird, eutektisch; während flüssiger Stahl eine stark untereutektische Legierung darstellt.

Bei der letzteren sind vor der Erstarrung Krystalle in großer Zahl innerhalb der Mutterlauge vorhanden, welche die Dickflüssigkeit bedingen.

Die Neigung zur Unterkühlung.

Sie ist bei flüssigem Stahl geringer als bei flüssigem Roheisen, weil die ausgeschiedenen Kristalle als Keimpunkte die Erstarrung begünstigen und keine Unterkühlung aufkommen lassen.

Neigung zum Lunkern.

Sie ist bei flüssigem Stahl größer als bei flüssigem Roheisen, weil seine Schwindungsziffer und der theoretische Schrumpfkoeffizient (vgl. Kapitel 110) größer ist.

Neigung zum Reißen.

Daß die Gefahr der Warm- und Kaltrisse bei Stahlguß größer als bei Eisenguß ist, wird durch Hinweis auf die größere Schwindungsziffer verständlich; abgesehen davon ist die Formmasse viel widerstandsfähiger als bei Eisenguß. Sie gibt wenig oder gar nicht nach, wenn die Schwindung einsetzt; infolgedessen kommt es zu großen Spannungsbeträgen, die zu Rissen führen können, wenn nicht die Maßnahmen angewendet werden, von denen im Kapitel 111 die Rede sein wird. Hier soll nun kurz gesagt werden, daß es sich darum handelt, die Formmasse so zu gestalten, daß sie nachgibt, wenn das Schwinden einsetzt, und das Stück möglichst schnell freizumachen.

Frühzeitigere und schnellere Erstarrung.

Diese bedingt flüssigem Roheisen gegenüber eine andere Einguß- und Steigertechnik. Man muß die Fließwege so kurz wie möglich gestalten und hat infolgedessen mehr Eingüsse, Trichter und Gießstellen nötig als bei flüssigem Roheisen. Steigenden Guß kann man nicht in allen Fällen anwenden, wo man ihn bei Eisenguß gebraucht.

---

[1] Stahl u. Eisen 1910 S. 1193.   [2] Stahl u. Eisen 1918 S. 356.
[3] Stahl u. Eisen 1928 S. 129.

Rauhere Oberfläche.

Wenn die Erstarrung bei einer solchen untereutektischen Legierung, wie sie Stahl darstellt, erfolgt, so scheiden sich Mischkristalle an der Formwand aus, die kohlenstoffärmer als die nachträglich ausgeschiedenen Mischkristalle sind. Dadurch wird eine rauhere Oberfläche im Gegensatz zu der des erstarrten Roheisens geschaffen.

Saurer und basischer Stahl.

Wenn man flüssigen Stahl gleicher chemischer Zusammensetzung aus dem sauren und andererseits aus dem basischen Ofen absticht, so ergeben sich große Unterschiede, die sich in der Neigung zum Reißen und auch sonst geltend machen. In den Kapiteln 111 und 112 wird davon die Rede sein.

107. Die Formstoffe.

Sie müssen nach der Art der Formen ausgewählt werden. Man hat Schamottemasseformen (kurzweg Masseformen) und Sandformen. Erstere sind immer getrocknet, letztere können getrocknete und nasse Formen sein.

Sandformen sind nicht so feuerfest wie Masseformen. Sie können nur bei geringerer Wandstärke angewendet werden, wo die schnelle Erstarrung die Form vor Zerstörung bewahrt. Im allgemeinen gilt die Wandstärke von 35 mm als Grenze.

Der Grundbestandteil der Schamottemasse ist Schamotte, d. i. gebrannter Ton, dem durch die Entziehung des Hydratwassers die Plastizität genommen ist. Man muß plastischen Ton (Bindeton) oder Tonmehl zusetzen, um die Masse formgerecht machen. Aus Ersparnisrücksichten und zwecks Auflockerung setzt man gemahlene alte Masse und auch wohl körnigen Quarzsand und in der Füllmasse auch Koksmehl zu.

Zuviel plastischer Ton macht die Masse undurchlässig für Gase. Um die Masse elastisch zu machen, damit die Warmrißgefahr gemindert wird, spart man Hohlräume aus, die man entweder leer läßt oder mit nachgiebiger Masse füllt. Man mischt auch die Masse mit brennbaren Stoffen, wie Lohe und Sägemehl, die dann beim Trocknen vergasen und Hohlräume hinterlassen.

Am Schluß des Formens und vielfach auch nach dem Trocknen wird eine Schlichte aufgetragen, um den Gußstücken eine glatte Oberfläche zu geben und die Risse, die beim Trocknen entstanden sind, zu schließen.

Bei Formen aus Formsand verwendet man mit Vorliebe Bottroper Formsand. Andere Formsande für Stahlgußformen nennt Treuheit in der hierunter genannten Quelle[1]. Formsand setzt man auch der Masse zu, wenn die Anforderungen an Feuerfestigkeit nicht zu hoch sind.

Für schwierige Fälle, also für starkwandige Stahlgußstücke, wie z. B. Kammwalzen und Walzen, kann man Graphit nicht entbehren.

Die eigenartig gestalteten Graphitkristalle (Schuppen) lockern auf und verklammern gleichzeitig, wie dies bei der Tiegelherstellung zur Geltung kommt. Abgesehen davon ist Graphit im Gegensatz zu Koksmehl schwer verbrennlich. Statt des Graphits setzt man auch das Mahlgut von gebrauchten Graphitschmelztiegeln zu.

Die früher verwendeten Ceylon- und Madagaskargraphite sind heute unerschwinglich teuer. Man muß sich auf den Passauer Graphit beschränken, der heute im Sinne des Flotationsverfahrens angereichert wird. Sein C-Gehalt wird bis auf 98% gebracht[2]. Da das Tiegelschmelzverfahren einen sehr starken Rückgang erfahren hat, wird es heute schwer, Graphittiegelscherben zu erhalten.

---

[1] Stahl u. Eisen 1927 Nr. 50.   [2] VDI-Nachr. 1932 7. Sept.

Man spart an neuer Masse, indem man nur eine Schicht unmittelbar an das Modell legt; dahinter wird mit alter Masse vollgestampft.

Bei dem Vermahlen muß man darauf achten, daß das Mahlgut körnig ausfällt, um die Gasdurchlässigkeit zu wahren.

Man muß den Ton vor dem Vermahlen trocknen oder ihn sehr lange Zeit lagern. Quarzstücke muß man vor dem Vermahlen sorgfältig glühen, um den Übergang des Quarzes in Tridymit durchzuführen, der in einem Temperaturbereich zwischen 1000 und 1480° vor sich geht.

Unterläßt man dies Glühen, so kann es geschehen, daß die Quarzkörner innerhalb der Formmasse in Berührung mit dem flüssigen Stahl diese Umwandlung durchmachen. Sie ist mit einer starken Volumenzunahme (14—20%) verbunden und kann die Formmasse vorzeitig zerstören.

Formstoff für Masseformen.

. 1. Nach Stahl u. Eisen 1904 S. 958.

	Für Stücke von 20 bis 50 mm Wandstärke Liter		Für Stücke mit über 50 mm Wandstärke Liter		Schlichte	
	a	b	c	d	e	f
Alte Masse	4	12	1	—	—	—
Tontiegelscherben	1	—	10	—	$^1/_2$	—
Schamotte	1	—	5	—	—	1
Weißer Ton	1	1	3	—	$^1/_2$	$^1/_2$
Koks	$^1/_2$	—	1	—	—	—
Quarzsand	—	5	—	10	—	—
Graphit	—	2	—	2	—	$^1/_2$
Graphittiegelscherben . .	—	—	—	—	1	—

Die Masse c dient auch als Formmasse beim Schablonieren.

Man unterscheidet Vorschlichte und Nachschlichte, erstere vor dem Brennen, letztere nach dem Brennen gegeben.

2. Andere Angaben siehe Gießerei 1914 S. 99. Für Schamotte ist Segerkegel 36, für Rohton Segerkegel 32—34 vorgeschrieben. Schlichten und Schwärzen für Stahlformguß werden als Sondererzeugnis von einigen Firmen hergestellt.

3. Andere Vorschriften für Masse für kleine Tiegelgußstücke sollen hier folgen[1]:

$^1/_2$ Karre Holter Sand,
$^1/_2$ Karre Bottroper Sand (fett),
2 Karren gelber Ratinger Sand,
2 Karren schwarzer Sand aus der Graugießerei,

35 kg gemahlener Graphit Ia,
10 kg Tiegelmehl,
5 kg Steinkohlenstaub.

4. Belgische Stahlformerei[2]. Man verwendet dort natürliche feuerfeste Klebsande, die nach dem Trocknen durch ein Walzwerk gehen, dann geschleudert werden und ohne weiteres gebrauchsfertig sind. Als Bindemittel werden gegebenenfalls gekochte Kartoffeln zugesetzt, die ausgezeichnete Dienste leisten. Eine solche Masse gibt beim Schwinden des Stückes nach und löst sich gut ab. Eine Schlichte kennt angeblich der belgische Former nicht.

5. Mischungen für Masse in einer Stahlgießerei mit Kleinkonverterbetrieb[3]: 3 Karren Schamotte (2—4 mm), 4 Karren alte Masse.
        2 Karren Bottroper Sand,

Bei Stücken, die leicht reißen, setzt man:
    1 Karren Schamotte (2—4 mm),   2 Eimer Koksmehl (2—4 mm).
    2 Karren Bottroper Formsand,

Für sehr kleine Stücke:
    1 Karre Schamotte,   5 Karren alter Sand,
    2 Karren Bottroper Formsand,   5 Eimer Sägemehl.
    2 Karren grüner Süchtelner Sand,

6. Schlichte. In Eisenberg in der Pfalz[4] wird der Klebsand in einer Pfeifferschen Trommel[5] getrocknet und dann in Kugelmühlen vermahlen. Das Mahlgut dient als Zusatz

---

[1] Vgl. Gießerei-Ztg. 1928 S. 463.   [2] Stahl u. Eisen 1905 S. 353.
[3] Reisenotiz des Verfassers.   [4] Eisenberger Klebsandwerke in Eisenberg in der Pfalz.
[5] Maschinenfabrik Pfeiffer in Kaiserslautern.

bei getrockneten Sandgußformen für Stahlguß. Das mit der Pfeifferschen Windsichtung dabei gewonnene Material wird zu Schlichte verarbeitet.

7) Silexschlichte[1]. Sie wird fertig bezogen. Man verwendet für magere Massen eine fette Schlichte und für fette Massen eine magere Schlichte. Der Schlichte für Stahlguß ist ein geringer Graphitzusatz gegeben. Die pulverförmige Masse wird in Wasser aufgeschlämmt und mit dem Pinsel vor dem Trocknen aufgetragen. Bei mittelschweren und schweren Gußstücken ist nach dem Trocknen ein Nachstreichen notwendig. Man trägt die Schlichte auf die noch warmen Flächen auf.

8) Eine andere Schlichte für starkwandige Teile wurde erzeugt, indem reiner Quarz staubfein gemahlen (nur 5% Rückstand bei 4900 Maschen auf 1 cm²) und mit Wasser angerührt wurde[2]. Bei dünnwandigen Stücken war keine Schlichte notwendig.

Formstoff für getrocknete Sandformen.

Solche Formen werden überall angewendet, wenn die Wandstärke der Gußstücke es noch zuläßt (etwa bis zu 35 mm).

Sie sind erheblich billiger als Formen aus Schamottemasse und zerfallen bei leichter Berührung mit dem Brecheisen nach dem Guß, so daß die Gefahr der Warmrisse vermindert oder ausgeschlossen ist. Diese günstige Eigenschaft wird durch Ölzusatz erzielt, der in gleicher Weise wie bei den Ölkernen für Eisenguß wirkt[3]. Die Trockentemperatur wird der Art des Öles oder des sonstigen Bindemittels angepaßt. Sie liegt meist bei etwa 200°.

Man gebraucht einen Formsand, der mehr Kieselsäure und weniger Tonerde als bei Eisenguß enthält, und dessen mangelnde Bildsamkeit durch Zusatz eines Bindemittels ausgeglichen werden muß. Solche Bindemittel sind bei Ölkernen für Eisenguß bekannt.

Das „Stehfix"[3]) der Albertuswerke[4]) ist ein Beispiel. Es stellt ein Gemisch aus Stearinpech und Sulfitlauge dar. Bei der Anfertigung von Stahlgußformen verwendet man dieses und denselben Quarzsand[5] wie bei Kernen in Eisengußformen; nur fügt man Formsand zu, um das Sandgemisch widerstandsfähiger gegen die hohe Temperatur zu machen.

Statt des Formsandes wählt man bei starkwandigen Gußstücken auch alte Masse von Stahlgußformen. Es sollen hier einige Mischungen gekennzeichnet werden:

a) Dülkener Sand, mit mehr oder weniger Silbersand gemischt. Bei Stücken von sehr großer Wandstärke wird etwas Melasse zugefügt[6].

b) 2 Teile Silbersand, 1 Teil Klebsand[7].

c) 14 Schaufeln Bottroper Sand, 8 Schaufeln Silbersand, 1½ Liter Sirup, gut gekollert und geschleudert[8].

d) Kaiserslauterner Formsand vermischt mit Eisenberger Klebsand, der so aufbereitet ist, daß es nur noch 5% Tonerde enthält[9].

e) Nach einer amerikanischen Quelle[10] soll der Sand in Rücksicht auf die Gasdurchlässigkeit möglichst grobkörnig sein. Der Modellsand soll 3,5—4% Feuchtigkeit haben, der Haufensand etwas weniger. Man muß den flüssigen Stahl an sehr vielen Stellen, von unten steigend, eintreten lassen, damit die Form nicht zerstört wird.

f) Formmasse aus Ölsand kann man nur bei Wendeformmaschinen und Umrollformmaschinen verwenden. Bei anderen Formmaschinen löste sich der Modellsand von dem Füllsand[11].

g) Für schwachwandige Abgüsse[12]: 96 kg reiner Quarzsand, 3—4 kg gemahlener Ton, 3 kg Stehfix.

h) Für schwachwandige Automobilteile von 5 mm Wandstärke hat sich auch folgende Kernsandmischung bewährt: 90 kg Quarzsand, 7½ kg grüner Stahlnaßgußsand, 2½ kg Stehfix. Der Kern wird nach dem Trocknen sehr hart, geht gut aus dem Gußstück

---

[1] Möncheberger Gewerkschaft in Kassel.   [2] Gießerei 1930 S. 384.
[3] und [4] Albertuswerke in Hannover-Vahrenwald.
[5] Z. B. Mellendorfer Sand (Lüneburger Heide).
[6] Reisenotiz des Verfassers.   [7] u. [8] Gießerei 1914 S. 100.
[9] Klebsandwerke in Eisenberg i. d. Pfalz.   [10] Gießerei 1930 S. 417.
[11] Gießerei 1930 S. 384.
[12] Diese und die folgenden Angaben g bis k stammen von den Albertuswerken.

heraus und brennt nicht an. Trockentemperatur der Quarzsandkerne: 220° C (wie bei Graugußkernen).

i) Für starkwandige Abgüsse:

24 kg Schamotte-Altsand, grubenfeucht,   24 kg neue Schamotte, 4 mm Mahlung,
48 kg neue Schamotte, 3 mm Mahlung,   4 kg Stehfix.

k) Für starkwandige Abgüsse:

72 kg Schamotte-Altsand, grubenfeucht,   3 kg Stehfix.
25 kg neue Schamotte, 4 mm Mahlung,

Trockentemperatur der Schamotte-Ölkerne.

Folgendes Trocknungsverfahren dieser Kerne hat sich gut bewährt. Die Kerne werden ungeschlichtet eine Nacht mit den Öl-Quarzsandkernen zusammen getrocknet, also bei 220°. Dann werden sie geschlichtet. Hierauf setzt man die Kerne auf einen Wagen mit Formen, die zum Trocknen fahren und sorgt dafür, daß sie etwa $1^1/_2$ Stunden lang eine Temperatur von 360° C bekommen. Diese hohe Temperatur ist notwendig, weil Schamotte ein schlechterer Wärmeleiter ist als Quarzsand. Nach dem Verlassen des Trockenofens werden die Kerne dann warm zum zweiten Male geschlichtet.

Formmasse für ungetrocknete Sandformen.

Man stellt solche Formen aus reinem Quarzsand (Silbersand) her, dem man ein Bindemittel, z. B. Mehl oder dergleichen, zufügt. Man kann nur Stücke von ganz geringer Wandstärke in solchen Formen gießen und auch nur dann, wenn keine wesentliche Bearbeitung zu erfolgen hat. Dadurch, daß man die Formen eine Nacht über stehen und austrocknen läßt, wird die Ausschußgefahr gemildert. Auch kann man oberflächlich mit einem Gas- oder Ölbrenner trocknen. Formen für Grubenwagenräder geben ein Beispiel.

Formmasse für Kerne in Masseformen.

Es gilt das für die Außenformen Gesagte. Es muß nur hinzugefügt werden, daß man der Entstehung von Rissen hier ganz besonders sorgfältig entgegen wirken muß. Dies geschieht, indem man die Masse in möglichst dünner Schicht (z. B. nur 1—2 mm) auf einem Kern aus Lehm oder Sand aufträgt und diesen als Hohlkörper[1] herstellt. Den Hohlraum kann man auch mit alter Masse oder Koks füllen. Neuerdings verwendet man auch Ölkerne, die gebacken werden, indem man ein Gemisch von staubfreiem, körnigem Quarzsand mit Formsand benutzt. Alter Kernsand kann zum Teil an die Stelle des Formsandes treten. Es sollen hier einige solcher Vorschriften folgen:

a) Für alle Stahlgußkerne gilt die Vorschrift, daß sie geschlichtet werden müssen. Man trägt aber die Schlichte erst nach dem Trocknen auf.

b) Die Zusätze von Formsand zum Sande dürfen bei Kernen nicht über 25% hinausgehen.

c) Bei Formen für Stahlgußstücke mit geringen Wandstärken soll man möglichst nur Hohlkerne anwenden, deren Hohlraum mit lockerem Material, wie Koksasche usw., gefüllt wird.

d) Da, wo der flüssige Stahl unmittelbar auf den Kern trifft, soll man Schamottemasse einsetzen.

e) Solche Ölsandmischungen eignen sich auch für die Formung mit Hilfe des Kernrevolvers[2], bei dem die Sandmischung durch Luftdruck in den Kernkasten maschinell befördert wird.

f) Es gibt ein Verfahren, bei dem hohle Rohrblöcke durch Gießen in eine Form mit Kern erzeugt werden. Angeblich wird die Kernmasse aus Aluminiumnitrid und Aluminiumoxyd gemischt. Sie kann Temperaturen bis 2300° aushalten[3].

Formmasse für Kerne in Sandformen.

Für sie gilt das gleiche wie für Kerne in Masseformen. Es ist ein Vorzug guter Ölkerne, daß sie keine Feuchtigkeit aus dem Formsand in der hier in Betracht kommenden Zeit aufnehmen.

---

[1] Gießerei 1930 S. 384; 1932 S. 247.   [2] z. B. Kernrevolver der Albertuswerke in Hannover-Vahrenwald.

[3] Vgl. Stahl u. Eisen 1928 S. 1547. Dort ist auch die Lizenzinhaberin angegeben.

108. Die Aufbereitung der Formstoffe.

Es sei hier auf die Abbildungen 162—165 und ebenso auf die Ausführungen im vorigen Kapitel verwiesen, wo einiges über Aufbereitung gesagt ist.

Man zertrümmert die alte Masse in einem Walzwerk und vermahlt sie zusammen mit Schamotte und Tonmehl in einem Kollergange mit vorgelegtem Sieb. Das Zertrümmern kann auch in einer großen Siebtrommel geschehen.

Die ausgeleerte Masse ist heißer als bei Eisenguß und auch widerstandsfähiger gegen das Zertrümmern. Der erste Umstand verbietet ·die Anwendung von Magnetscheidern beim Aussondern von Stahlkörnern, wenn man die Masse nicht abkühlen läßt. Man muß sich auf Sieben beschränken und kann meist nicht die alte Masse in demselben Umfang wieder verwenden, wie es bei Eisenguß geschieht.

Abb. 160. Sandwalzwerk mit Magnetscheider. Maschinenfabrik Graue, Hannover-Wülfel.

Im Gegensatz dazu hat Treuheit[1] allerdings durch sorgfältiges Sieben und viermalige magnetische Aufbereitung der abgekühlten Formmasse es erreicht, daß er die alte Masse zu 90% wieder verwenden konnte. Es mußte dabei aber aller Staub entfernt werden.

In einer großen Stahlgießerei traf der Verfasser eine Aufbereitung in Räumen unterhalb der Formerei an. Die alte Masse gelangte in große Trommel-

Abb. 161. Schüttelsieb mit Magnetscheider. Maschinenfabrik Graue, Hannover-Wülfel.

siebe, in denen die Klumpen selbsttätig zerschlagen wurden. Magnetische Eisenaussonderung ließ sich nicht durchführen. Man mußte sich auf Sieben in Schüttelwerken beschränken. Das Vermischen fand in Mischschnecken statt, in welche Becherwerke ausschütteten. Das Befeuchten fand in der Schubstangenrinne statt, die zum Transport diente (Abb. 64).

Der Ölzusatz zur Kern- und gegebenenfalls auch zur Außenformmasse setzt voraus, daß in einem Mischwerk (Abb. 163) der reine getrocknete Quarzsand mit dem Öl solange gemischt wird, bis keine schwarzen Ölklümpchen mehr zu erkennen sind[2]. Alsdann setzt man Schamotte und (oder) Formsand zu und läßt die Maschine weiter mischen. Man kann die letztgenannten Zusätze trocken

---

[1] Stahl u. Eisen 1927 Nr. 50.
[2] Angabe der Albertuswerke in Hannover-Vahrenwald.

oder feucht zusetzen. Was das Richtige ist, muß der Versuch ergeben. Bei feuchtem Sande braucht man etwas weniger Öl, und der Sand wird plastischer, bindet aber auch schneller ab.

In einer anderen Stahlgießerei fand der Verfasser Kollergänge vor, die in Trommelsiebe ausschütteten. Durch eingeschaltete Becherwerke wurde das

Abb. 162. Kollergang, von unten angetrieben.
Maschinenfabrik Graue, Hannover-Wülfel

Abb. 163. Ölsandmischer geöffnet. Maschinenfabrik
Graue, Hannover-Wülfel.

Mahlgut solange hindurchgeführt, bis die richtige Körnung erreicht war. Es gelangte dann in getrennte trichterförmige Bunker, die in einer Reihe über einem

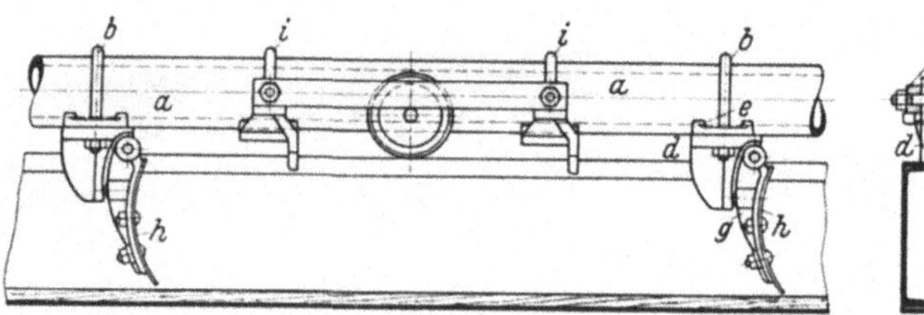
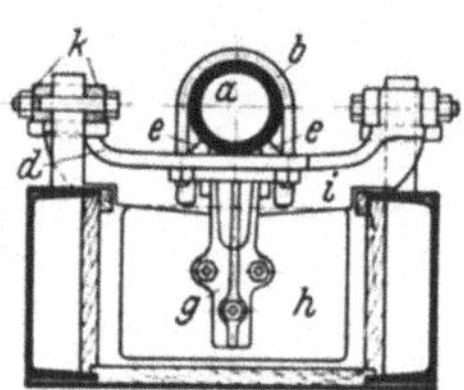

Abb. 164. Schubstangenrinne für Formsandtransport.

Schneckentrog standen. Die Bunker waren unten durch horizontale, sich drehende Scheiben abgeschlossen. Mit Hilfe eines genau eingestellten Abstreichers wurde der Anteil eingestellt und alsdann durch eine Wasserbrause die Anfeuchtung vollzogen. Ein Becherwerk führte dann zu einem Silo für die fertige Masse.

109. Die Eingußtechnik.

Sie unterscheidet sich wesentlich von der beim Eisenguß geübten. Es gilt als Regel, den Stahl da eintreten zu lassen, wo die geringste Wandstärke ist und ihm möglichst kurzen Lauf zu geben. Dies letztere bedingt, daß man bei großen Stücken mit mehreren Pfannen gießen muß; wenn man beim Eisenguß mit einer Pfanne auskommen würde. Vielfach braucht man aber keinen Einguß anzuwenden. Man gießt durch die Trichter. Dies tut man auch vielfach, wenn man daneben einen Einguß benutzt. Man kann als Regel gelten lassen, daß man einen Einguß nur dann anwendet, wenn man von den Trichtern her die Form nicht schnell genug füllen kann. Sie müssen dann aber kräftig genug sein und einen ausreichenden Sumpf in überbauter Stellung haben (vgl. Abb. 165).

Vielfach gießt man in den Einguß und dann später in die Trichter. Man kann auch den Kunstgriff anwenden, daß man durch den Einguß steigend die Form etwa zur Hälfte füllt, dann den Einguß mit Masse schließt und verklammert und die weitere Füllung der Form von oben her durch die Trichter besorgt (Abb. 166).

Abb. 165 stellt einen Schnitt durch die Gußform für einen Träger der Alexanderbrücke in Paris dar. Die Formen wurden in geneigter Lage

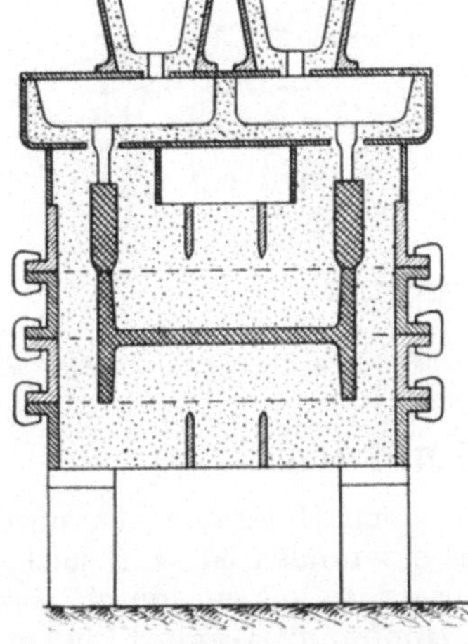

Abb. 165. Gußform für ein Bogensegment der Alexanderbrücke in Paris, 2,65 m lang, 1,37 m hoch. Nach Stahl u. Eisen 1900 S. 897.

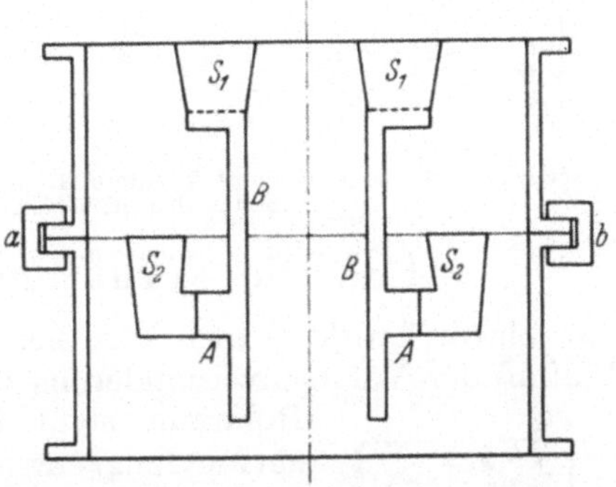

Abb. 166. Gußform, erst von unten steigend, dann nach Schließen des Eingusses von oben gefüllt. S_2 = Hilfstrichter.

in der Weise gefüllt, daß der flüssige Stahl an höchster Stelle eintrat. Unten am Ende der 3,7 m langen Gußform waren besonders kräftige Steiger. Es waren im ganzen 10 Steiger vorhanden. Eine andere Gußform zeigt Abb. 168.

Bei Walzen und ähnlichen Stücken schneidet man den Einguß tangential an, um den flüssigen Stahl möglichst lange in rotierender Bewegung zu halten. Versäumt man dies, so erhält man „Wurmgänge", die Ähnlichkeit mit den

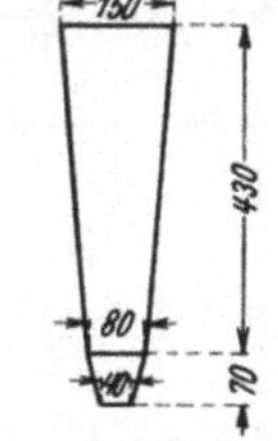

Abb. 167. Trichterabmessungen bei einem schwachwandigen Stück.

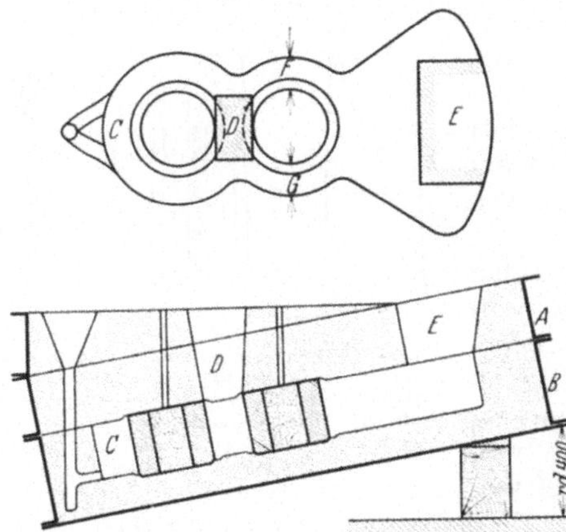

Abb. 168. Gußform für eine schwere Kurbel, in geneigter Lage, von unten steigend gegossen. Der Einguß befindet sich bei C links. Neben D erkennt man die Gasabführungen der Kerne.

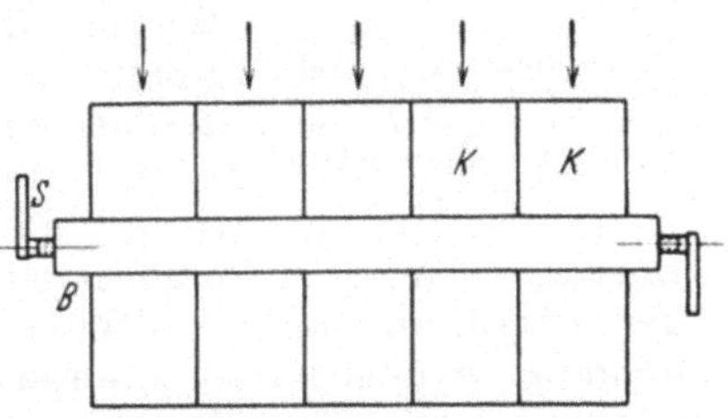

Abb. 169. Flaschenformkästen, verklammert.

Wurmgängen haben, die der Borkenkäfer unter der Baumrinde gräbt. Die Gase können nicht entweichen und suchen sich hinter der erstarrenden Kruste einen Weg; besonders dann, wenn die Formmasse zu wenig gasdurchlässig ist.

In einer sächsischen Gießerei fand der Verfasser sogenannte Flaschenformkästen vor, die ebenso wie in Metallgießereien durch einen Rahmen zusammengehalten wurden (Abb. 169).

Abb. 167 kennzeichnet als Beispiel die Abmessungen eines Trichters und Abb. 170 kennzeichnet ein schweres Gußstück mit seinen Trichtern.

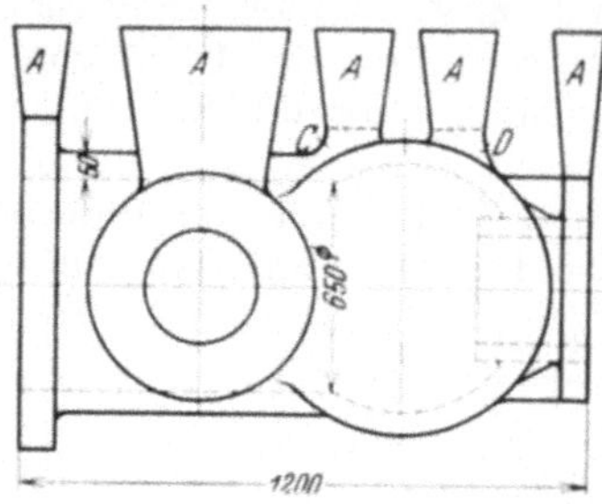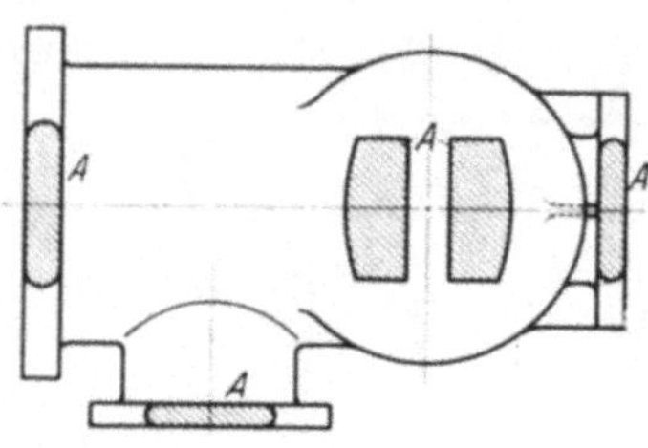

Abb. 170. Schwerer Pumpenkörper mit Trichtern *A*. *C* und *D* = Sitzflächen für die Trichter, die nach dem Abschneiden der letzteren bestehen bleiben.

110. Die Verhütung des Lunkerns.

Unter einem Lunkerhohlraum versteht man einen Hohlraum, der unter dem Einfluß der Volumenverminderung des Stahls entstanden ist. Ein solcher Hohlraum steht im Gegensatz zu einem durch Gasentwicklung entstandenen Hohlraum (Gashohlraum).

Flüssiger Stahl schrumpft beim Erstarren. Da aber unmittelbar nach dem Guß eine Kruste entstanden ist, so muß es notwendigerweise zu einer Hohlraumbildung kommen, wenn nicht flüssiger Stahl nachfließt und den Hohlraum in statu nascendi ausfüllt (vgl. Abb. 171 u. 172). Man kann den Vorgang zahlenmäßig darstellen, wie die folgende Beispielrechnung zeigt[1]:

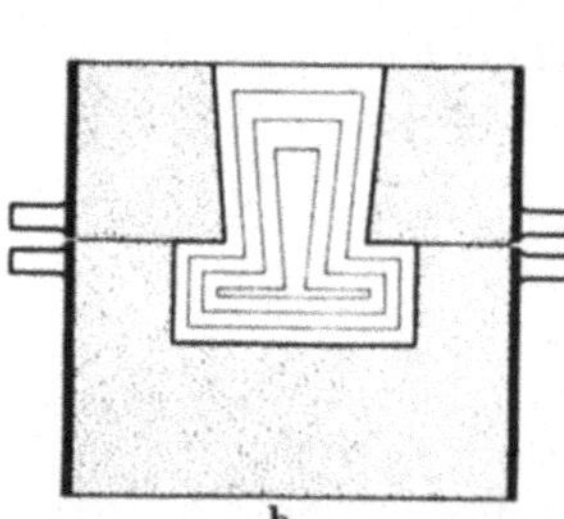

1 dm³ flüssiger Stahl wiegt 6,5 kg[2], 1 dm³ fester Stahlguß wiegt 7,77 kg[3]. Der Unterschied beträgt 1,27 kg = 18% von 6,5 kg.

Es kommt aber die Schwindung zur Wirkung, die entgegengesetzt wirkt. Wenn die lineare Schwindung 1,8% beträgt, so verringert ein Würfel von

Abb. 172. Erstarrungskurven bei einem Gußstück. Oben erkennt man, daß der Trichter zufriert, und dann ein Lunkerhohlraum unausbleiblich ist.

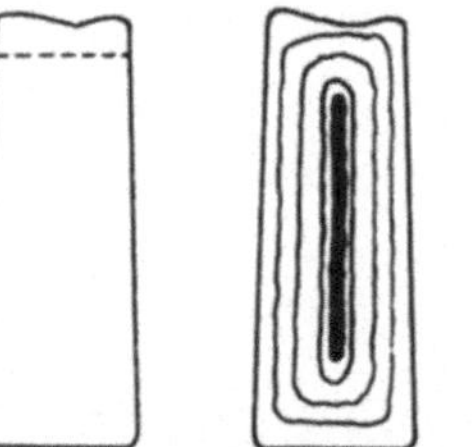

Abb. 171. Lunkerhohlraum in einem Block. In der Mitte ist die ideale Gestalt, rechts die wirkliche Gestalt angedeutet. Am unteren Ende des Lunkerhohlraums ist das durch Gasentwickelung verursachte „schwammige Gefüge" angedeutet.

1 dm Kantenlänge sein Volumen um 5,3%. Diesen Wert muß man abziehen, um den theoretischen Schrumpfwert = 18 — 5,3 = 12,7% zu haben. Ein solcher Hohlraum entsteht also zwangsläufig. Man muß infolgedessen Maßnahmen ergreifen, um flüssigen Stahl zur Ausfüllung bereitzustellen.

Es sei hier erwähnt, daß beim Eisenguß ein viel geringerer Schrumpfkoeffizient erscheint, meist = etwa 2,1%. Es gibt sogar Fälle, wo er = 0,0 wird.

Man verhindert das Lunkern durch Nachgießen, durch richtige Gestal-

---

[1] Vgl. Osann, Das Lunkern des Eisens. Stahl u. Eisen 1911 S. 673.
[2] Bei der Berechnung von Gießpfannen zugrunde gelegt.
[3] Wert, der bei den Stahlgußstücken für den Bau der Alexanderbrücke in Paris ermittelt wurde. Stahl u. Eisen 1900 S. 898.

tung des Gußstückes und durch das Setzen von Steigern und verlorenen Köpfen; im Notfalle auch durch Anlegen von Schreckplatten und Einlegen von Schmelzdrähten. Alle diese Maßnahmen sollen hier besprochen werden.

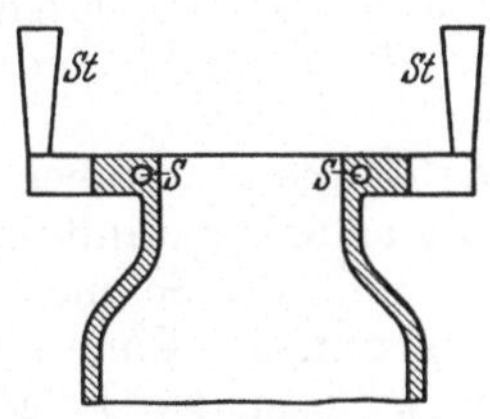

Abb. 173. Schmelzeinlagen S bei einem Stahlgußstück.

Die richtige Gestaltung der Gußstücke.

Sie läuft darauf hinaus, daß der fließende, flüssige Stahl keine Einschnürung

Abb. 174. Schnitt durch ein Schwungrad. Links falsch, rechts richtig. Nach Kriegers Vortrag.

vorfindet. Diese führt zu einer vorzeitigen Erstarrung und hemmt den Zufluß zu dem in statu nascendi befindlichen Lunkerhohlraum; auch wenn ausreichende Steiger und verlorene Köpfe angewendet werden.

In dieser Richtung kommt es auf den Konstrukteur an. Er muß sich von dem Stahlgießer beraten lassen, falls er nicht selbst Erfahrung im Gießereiwesen besitzt.

Leider wird oft in dieser Richtung gefehlt, und die Folgeerscheinung ist dann die Notwendigkeit des Einlegens von Schmelzdrähten, welche das Gußstück verteuert und immer die Gefahr des Mißlingens in sich birgt, wie wir weiter unten erfahren werden (Abb. 173 u. 179).

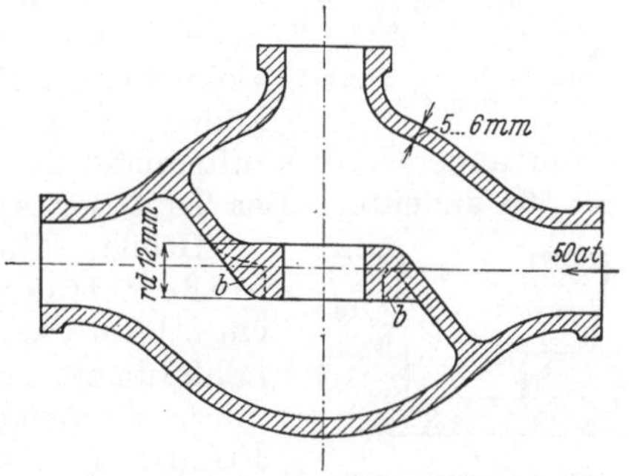

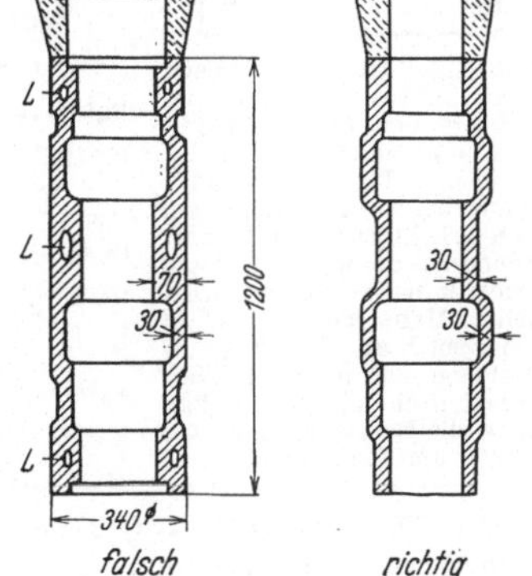

Abb. 175. Falsch konstruierter Ventilkörper. Die Linienführung b wäre das Richtige.

Abb. 174—176 stellen richtig und falsch konstruierte Stahlgußstücke dar.

Steiger und verlorene Köpfe. Schmelzspiralen und Schreckplatten.

Sie müssen stark genug sein, um auch bei fortschreitender Erstarrung noch flüssigen Inhalt zu besitzen. Man muß jedem Steiger einen bestimmten Aktionsradius geben, der nicht überschritten werden darf. Sein Maß wird durch die Wandstärke beeinflußt. Es gilt auch hier der Grundsatz, daß beim fließenden Stahl keine Einschnürung des Fließquerschnittes geschehen darf (vgl. Abb. 174—178). Daraus müßte man schließen, daß der Steigerquerschnitt immer größer als die Wandstärke sein muß, wie es tatsächlich bei dem Nabenkern des Lokomotivrades in Abb. 179 der Fall ist.

Bei dem Steiger, der auf dem Gegengewicht des Rades aufgebaut ist, trifft dies aber nicht zu und kann nicht zutreffen, wenn man nicht unmögliche Steigerabmessungen in den Kauf nehmen würde. Man erkennt in der Abbildung, daß

Abb. 176. Falsch und richtig konstruiertes Gußstück.

zwei Schmelzspiralen eingelegt sind, um hier ausgleichend zu wirken. Es geschieht dies in der Weise, daß die zum Schmelzen dieser Einlagen aufgewendete Wärmemenge bewirkt, daß der Stahl gleichzeitig mit demjenigen in dem Kranz und den Speichen zur Erstarrung gebracht wird, und zwar in einer Zeitspanne, wo noch flüssiger Stahl in dem Steiger vorhanden ist. Allerdings erfordert dieses Hilfsmittel viel Erfahrung. Wird der Querschnitt der Schmelzeinlagen zu schwach gewählt, so nützen sie nichts. Wird er zu stark gewählt, so schmelzen sie nicht vollständig und begünstigen als eingeschlossene Fremdkörper den Bruch des Stückes.

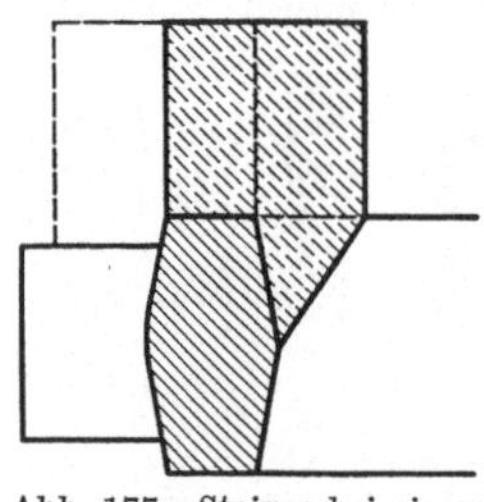

Abb. 177. Steiger bei einem Dynamomaschinenring. Die punktierte Linie deutet den einen, die ausgezogene Linie den anderen Weg an. Der letztere ist vorzuziehen, in Hinblick auf das Beseitigen der Trichter bei der Bearbeitung.

Der flüssige Stahl muß ausreichende Temperatur haben; andernfalls geschieht dasselbe wie bei zu stark gewähltem Querschnitt der Schmelzeinlagen. Man muß die Schmelzeinlagen vor dem Einlegen stark verzinnen. Eine zu schwache Verzinnung kann eine Gasentwicklung zur Folge haben. Man muß reines Zinn wählen. Stark bleihaltiges Zinn führt zur Einlagerung von PbO als Fremdkörper. Gewicht der Schmelzeinlagen = 2—5% des Gußstückgewichts[1].

Schreckplatten haben die gleiche Wirkung wie Schmelzeinlagen, aber in viel geringerem Maße. Es wird wohl wenige Fälle geben, in denen man sie anwenden kann. Bei Eisenguß ist dies anders.

Ein anderes Auskunftsmittel ist das Setzen von Hilfstrichtern, wie es Abb. 166 andeutet. Der Text der Abbildung sagt das Nötige.

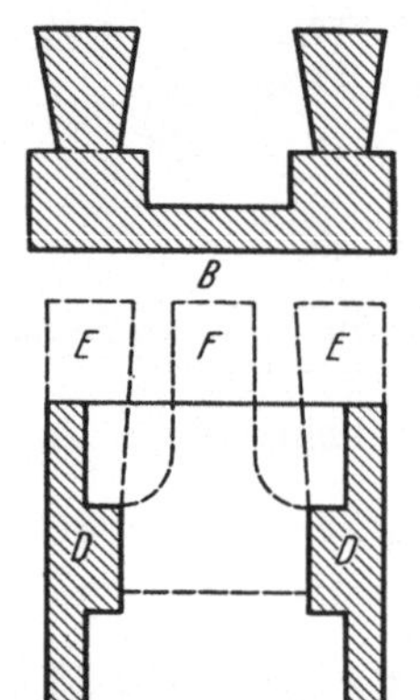

Abb. 178. Oben ein falsch konstruiertes Gußstück. Bei B friert der Stahl ein und es kommt zu 2 Lunkerhohlräumen. Unten ein Gußstück, bei welchem auch ein Lunkerhohlraum bei D entstehen würde, wenn nicht die Trichter dies verhindern würden. Man hat die Wahl zwischen E und F. Was vorzuziehen ist, muß eine Kalkulation entscheiden, welche auch die Bearbeitungskosten berücksichtigt.

Größere Gußstücke erfordern ein Nachgießen von heißem flüssigen Stahl. Andernfalls verhindert auch ein sehr starker Steiger nicht die Entstehung von Lunkerhohlräumen. Die Menge des nachzugießenden Stahls ist durch die obige Berechnung gekennzeichnet, die auf die Ermittlung des theoretischen Schrumpfkoeffizienten ausgeht. Dieser beträgt bei Stahlguß gewöhnlicher Zusammensetzung 13%; bei einem Gußgewicht von 10 t sind also 1300 kg flüssiger Stahl nachzugießen.

Es ist die Aufgabe der Betriebsleitung, heißen flüssigen Stahl zum ein- und nötigenfalls zweimaligen Nachgießen bereitzustellen. Diese Aufgabe kann in sehr verschiedener Weise gelöst werden. Am einfachsten geschieht es, wenn man mehrere Martinöfen zur Verfügung hat, die in 30—60 Minuten Abstand abstechen. Sonst leisten auch Kleinkonverter und Elektroöfen gute Dienste. Wenn nichts anderes übrig bleibt, muß man einen Tiegelofen vorsehen.

Ein Pumpen der Steiger, wie es bei Eisenguß geschieht, ist nicht möglich. Man muß durch Anwendung genügender Abmessungen und heißen Stahls dafür sorgen, daß der nachgegossene Stahl zur Wirkung kommt. Ein Auftragen von Holzkohle auf die Trichteroberfläche tut gute Dienste, desgleichen auch die Anwendung von Thermit oder Lunkerit, die beide die hohe Verbrennungstemperatur von Aluminiumpulver ausnutzen[2]. Auch das Heißmachen der Trichteroberfläche mit Hilfe von Gas- oder Ölbrennern oder auch mit dem elektrischen Lichtbogen (vgl. bei Schweißen) kommt in Frage.

Außerordentlich wichtig ist die Ersparnis an Bearbeitungskosten. Es ist klar, daß hier der Konstrukteur das Seinige leisten muß, damit die Trichter in ein-

---

[1] Gießerei 1932 S. 181.

[2] Thermit stellt ein Gemisch von Aluminiumpulver und Fe_2O_3 dar. $Fe_2O_3 + 2 Al = Al_2O_3 + 2 Fe$. Es ist eine stark exotherm verlaufende Reaktion.

facher Weise auf der Kaltsäge oder Drehbank oder Hobelmaschine entfernt werden können und diesen Werkzeugmaschinen zugänglich sind. Das letztere ist nicht immer der Fall; dann muß man mit Sauerstoff schneiden, was sehr teuer ist.

Es ist auch die Aufgabe des Konstrukteurs, Sitzflächen für die Trichter derart vorzusehen, daß sie ohne weiteres nach dem Abschneiden bestehen bleiben können (vgl. Abb. 170), und daß man das Abschneiden womöglich auf der Drehbank ausführen kann. Bei Preßzylindern und Schmelzkesseln wird man die

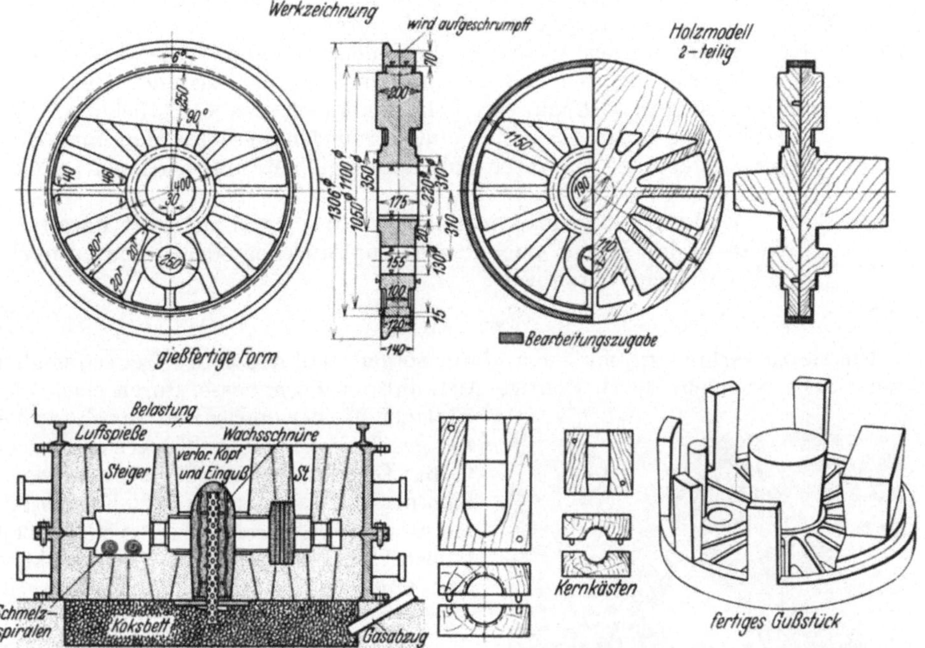

Abb. 179. Herstellung der Gußform für ein Lokomotivrad. Man erkennt die zahlreichen Steiger und auch die Gasabführung nach unten in das Koksbett. Trotz der kräftigen Steiger ist doch die Einlage von Schmelzspiralen in dem Raum für das Gegengewicht unentbehrlich. Aus dem Gießereiseminar der Bergakademie Clausthal (Osann).

Wölbfläche nach oben gießen und mitten auf sie den Trichter setzen. Auf die Naben von Rädern aller Art wird man den Trichter so aufsetzen, wie es Abb. 179 (Lokomotivrad) zeigt.

111. Die Verhütung des Reißens.

Das Reißen ist die Folge von Spannung, die im Zusammenhang mit der Schwindung entsteht. Da die Schwindung bei Stahlguß etwa doppelt so groß wie beim Eisenguß ist, wird man verstehen, daß die Spannungskräfte viel größer sind. Man unterscheidet Warm- und Kaltrisse, je nachdem das Reißen innerhalb der Form oder außerhalb bei gewöhnlicher Temperatur geschieht. Wie die Spannung entsteht, soll hier gekennzeichnet werden.

Die Schwindung ist bei schwachem und starkem Querschnitt verschieden. Da aber solche verschiedene Querschnitte in ein und demselben Gußstück bestehen, so erfährt die Schwindung eine Hemmung, und dies bedingt einen Spannungszustand.

In gleicher Weise wirkt der Umstand ein, daß die Erstarrung und Abkühlung nicht gleichmäßig im Gußstück fortschreitet. Einige Teile eilen vor und schwinden bereits stark, während andere noch nicht einmal erstarrt sind. Allerdings können sich die Spannungskräfte gegenseitig aufheben. Aber dies kommt niemals restlos zum Austrag. Immer bleibt ein Spannungsrest bestehen, der auch sogenannte Alterungserscheinungen im Gefolge haben kann, d. h. das Gefüge wird durch die Spannungsarbeit im Laufe langer Zeiträume zermürbt, und das Stück bricht dann oft aus ganz geringfügiger Veranlassung. Die Spannung kann so groß werden, daß es zu einem Reißen

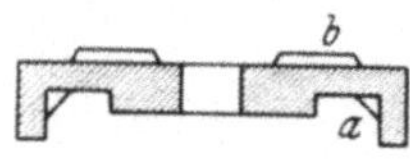

Abb. 180. Reißrippen *a* und *b*.

kommt. Kommt ein solcher Warmriß aber nicht zustande (wie er verhütet wird, wird noch gesagt werden), so besteht der Spannungszustand weiter und äußert sich dann später, vielfach erst beim Gebrauch des Gußstückes in Gestalt eines Kaltrisses. Dies muß vermieden werden. Man muß alle Stahlgußstücke vor ihrer Ablieferung glühen, um sicher vor solchen Kaltrissen zu sein.

Daß ein Gußstück Spannung besitzt, kann man oft daran erkennen, daß es sich nach dem Herunterdrehen oder Herunterhobeln einer Schicht durchbiegt.

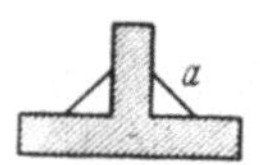

Abb. 181. Reißrippen *a*.

Warmrisse.

Um sie zu verhindern, muß man dafür sorgen, daß das Stück frei schwinden kann. Dies geschieht durch richtige Auswahl der Formmasse, durch elastische Einlagen in der Form und durch rechtzeitiges Freimachen des Stückes nach dem Guß. Dies letztere geschieht häufig nach Kommando. Es müssen oft 20 Former gemeinsam zum Freimachen bei großen Gußstücken antreten. Die Schwierigkeit, ein Gußstück rißfrei herauszubringen, wächst mit seiner Größe und Sperrigkeit.

Große Schiffssteven und Lokomotivrahmen geben ein Beispiel. Man hat Schiffssteven bis zu 87 t Gewicht und bis 14 m Höhe gegossen[1]. Lokomotivrahmen werden heute von der General-Steel-Castings Co. in Eddystone (Pa.) in Abmessungen bis zu 18 m Länge gegossen. Die Abb. 182—187 stellen solche schwierigen Stahlgußstücke dar.

Auch wenn die obengenannten Maßnahmen getroffen werden, gelingt es doch oft nicht, Warmrisse zu vermeiden, wenn nicht Reißrippen oder Reißwinkel angeschnitten werden, wie sie in Abb. 180, 181, 186 u. 187 dargestellt sind[2]. Diese

Abb. 182. Spiralgehäuse aus Stahlguß. Gewicht 35 000 kg. Äußerer ⌀ 5600 mm. Abstand der beiden Lagerfüße 6500 mm. Krupp.

Reißrippen besitzen einen kleinen Querschnitt. Sie erstarren sofort und verklammern dann diejenigen Teile des Gußstückes, die sich voneinander trennen

---

[1] Vgl. Osann: Stahlformguß und seine Verwendung. Stahl u. Eisen 1903 Nr. 2. — Derselbe: Stahlformguß und Stahlformgußtechnik. Stahl u. Eisen 1904 Nr. 11 usw. In dem letztgenannten Aufsatz sind die Stahlgußstücke der Düsseldorfer Ausstellung beschrieben.
[2] Andere Beispiele findet der Leser in Stahl u. Eisen 1928 S. 172.

wollen. Daß ein solches Bestreben überall vorliegt, wo ein starker und schwacher Querschnitt sich berühren oder sonst eine Verzögerung der Erstarrung geschieht, ist ohne weiteres klar. Zylinderdeckel, Schiffssteven, Lokomotivrahmen kann man gar nicht ohne dieses Hilfsmittel gießen. Man kann aber solche Rippen in vielen Fällen am Gußstück belassen, und der Konstrukteur kann sie auch in seine Zeichnung von vornherein einfügen (Abb. 186 u. 187). Dieser Fall ist anzustreben. Es muß Aufgabe des Konstrukteurs sein, Unterschiede im Querschnitt möglichst zu vermeiden und sie gegebenenfalls durch allmählichen Übergang abzuschwächen; aber ganz wird sich das Ziel vielfach nicht erreichen lassen.

Wenn die bereits genannten Hilfsmaßnahmen nicht ausreichend wirken, wird man zu Schmelzeinlagen greifen müssen, die man schon zwecks Verhütung des Lunkerns anwenden muß, um eine gleichzeitige Erstarrung der schwachen und starken Querschnittsteile zu erzwingen. Mitunter wird es auch notwendig sein, das Stück so schnell wie möglich aus der Form zu heben und in den aufgeheizten Glühofen einzusetzen. Das Stück ist dann noch rotglühend und macht in allen seinen Querschnittszonen eine gleichmäßige langsam fortschreitende Abkühlung durch, bei der keine Risse auftreten können.

Die Frage, bei welcher Temperatur die Risse entstehen, ist vom Kaiser Wilhelm-Institut für Eisenforschung

Abb. 183. Stahlgußteil des unteren Querhauptes einer 15 000-t-Schmiedepresse. Krupp.

Abb. 184. Hintersteven. Gewicht des Stahlgußstücks 21 000 kg. Krupp.

untersucht[1]. Daselbst ist die Schwindung vor und nach dem Überschreiten des Perlitpunktes gemessen. Die vor- und nachperlitische Schwindung betrug

Abb. 184a. Stahlguß-Lagerschild für eine elektrische Vollbahnlokomotive. 5800 × 2400 mm, durchschnittliche Wandstärke = 18 mm. (Geliefert vom Bochumer Verein, Bochum.) Stahl und Eisen 1926, S. 867.

ungefähr je die Hälfte der Gesamtschwindung (z. B. 0,95 und 1,05%, 1,18 und 1,02%). Wenn der Riß eintrat, zeigte das in eine Bohrung eingeführte Pyrometer eine Temperatur von 1300° an. Demnach ist man versucht, zu folgern, daß bei dieser Temperatur die Warmrisse entstehen. Tatsächlich ist es aber anders. Die Risse können erst eintreten, wenn die Zone der plastischen Formveränderung bei der Abkühlung durchlaufen ist, was erst unterhalb der normalen Glühtemperatur = etwa 600° geschieht. Das Pyrometer zeigte die Temperatur von 1300°, aber die äußere Haut des Gußstückes war bereits auf unter 600° abgekühlt, wenn der Riß erfolgte. Dieses Intervall zwischen Gießtemperatur (in diesem Falle 1480—1540°) und Rißtemperatur ermöglicht es, das Stück rechtzeitig freizumachen[2]. Wenn das Reißen bereits bei 1300° eintreten würde, wäre es unmöglich, diese Arbeit wirkungsvoll auszuführen.

Abb. 185. Turbinenlaufrad. Stahlguß. Krupp.

[1] Körber u. Schitzkowski: Stahl u. Eisen 1928 S. 129 u. 172.
[2] Vgl. die Erörterung des Vortrages von Heuvers und die Ausführungen des Verfassers. Stahl u. Eisen 1929 S. 1249.

Bisher war noch nicht von der chemischen Zusammensetzung des Stahls die Rede. Es kommt auf geringen P-, S- und O-Gehalt an, wenn man das Stück gegen das Reißen schützen will. Namentlich ist es ein S- und O-Gehalt, der gefährlich ist, weniger ein mäßiger P-Gehalt.

In letzterer Beziehung bestehen in Amerika anders eingestellte Ansichten, wie dies in früheren Kapiteln beim Elektroofen dargelegt ist. Dies ist ein Beweis dafür, daß der Einfluß des P bei der Entstehung von Warmrissen nicht so maßgebend ist wie der des S und O.

Daß der Elektroofen in bezug auf diese beiden Körper große Vorzüge hat, wurde in früheren Kapiteln erwähnt. Die Frage, ob Stahlguß aus dem sauren Ofen mehr zum Reißen neigt als aus dem basischen Ofen wird in der Praxis bejaht, wenn die Voraussetzung zutrifft, daß die Phosphor- und Schwefelgehalte bei beiden Öfen die gleichen sind. Den Grund hierfür sucht der Verfasser[1] in dem schlechteren Wärmeleitungsvermögen der sauren Schlacke. Der flüssige Stahl wird deshalb im sauren Ofen höher überhitzt; auch schützt die zähflüssige Schlacke ihn gut vor Abkühlung in der Gießpfanne.

Es wird also heißer gegossen. Dies bedingt eine Verzögerung der Erstarrung. Setzt das Schwinden ein, so ist die erstarrte Kruste beim sauren Stahlformguß sehr schwach und reißt infolgedessen leichter.

Abb. 186. Reißrippen am Flansch eines schweren Rohrformgußstücks. Stahlwerk Krieger in Düsseldorf-Oberkassel.

Abb. 187. Reißrippen an einem schweren Stahlgußstück für eine Tiefbohrmaschine. Stahlwerk Krieger in Düsseldorf-Oberkassel.

---

[1] Osann: Die Beantwortung einiger Fragen aus dem Gebiete des Stahlformgusses. Stahl u. Eisen 1928 S. 466.

Möglicherweise neigt auch basischer Stahl mehr zur Unterkühlung und bildet infolgedessen bei der Erstarrung eine stärkere Kruste.

Wenn auch die oben gekennzeichnete Erfahrung besteht, so darf nicht übersehen werden, daß Werke, die ausschließlich in sauren Martinöfen schmelzen (z. B. Oecking & Co. in Düsseldorf) auch sehr schwierige, zum Reißen neigende Stücke einwandfrei geliefert haben und liefern.

Die Unterschiede können also nicht so groß sein, daß sie den Einfluß anderer Umstände überdecken. Diese Erwägung ist insofern bedeutungsvoll, weil der saure Stahl, namentlich auch der saure Elektrostahl billiger als der basische Stahl ist, wenn phosphor- und schwefelarmer Schrott in einwandfreier Beschaffenheit billig zur Verfügung steht, was heute meist der Fall ist.

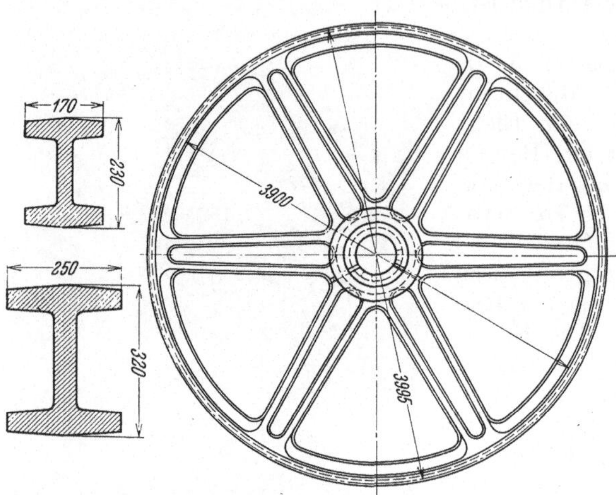

Abb. 188. Armquerschnitte bei einem großen Zahnrad, wie sie die Firma O e c k i n g in Düsseldorf anwendet, um Warm- und Kaltrisse zu vermeiden.

Eine von Oecking angegebene Armquerschnittsform, die sich gut in bezug auf das Reißen bewährt hat, zeigt Abb. 188. Wie die Rißgefahr durch die Stellung des Eingusses beeinflußt werden kann, zeigt die Abb. 189, die eine gegossene Kurbelwelle darstellt.

<h3 style="text-align:center">Kaltrisse.</h3>

Sie entstehen, nachdem das Stück auf Lufttemperatur abgekühlt ist, aus irgendeiner vielfach geringfügigen Veranlassung verschiedenster Art. So kann ein Sonnenstrahl oder ein Regentropfen oder eine leichte Erschütterung durch Schlag oder Fall dazu führen, daß sich die Spannung im Stück oft mit lautem Knall auslöst. Es kann dies auch oft nach jahrelangem Gebrauch geschehen, wenn irgendeine starke Inanspruchnahme des Stücks erfolgt (vgl. das weiter oben über „Altern" Gesagte).

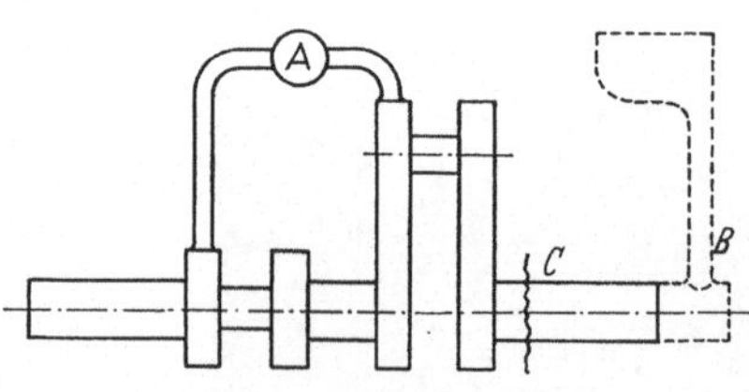

Abb. 189. Beim Gießen einer Kurbelwelle von *A* aus entstand bei *C* ein Warmriß. Als man von *B* aus goß, gelang der rißfreie Guß.

Die Rudergetriebebrüche bei Schiffen, die zuweilen geschehen, nachdem das Schiff jahrelang mit diesem Rudermechanismus gefahren ist, geben ein Beispiel.

Gegen diese Kaltrisse wirkt nur ein Glühen zwecks Beseitigung der Spannung. Wie bereits oben gesagt, muß man alle Stahlgußstücke vor ihrer Ablieferung glühen.

Man erhitzt das Gußstück im Glühofen auf eine solche Temperatur, daß der Stahl gewissermaßen plastisch wird, d. h. zu fließen beginnt (vgl. Abb. 205). Dann verschwindet die Spannung. Das Ergebnis ist dann allerdings meist ein verkrümmtes Stück, das gerade gerichtet werden muß. Weiteres wird in den Kap. 115—117 gesagt werden.

Bei Stücken, die zu Spannungen neigen, ist vielfach die Gefahr der Kaltrisse so groß, daß man sie noch warm in den aufgeheizten Glühofen einsetzen muß.

Kalt- und Warmrisse kann man daran unterscheiden, daß bei letzteren Anlauffarben auftreten. Warmrißflächen zeigen einen grauen Ton.

112. Das Gießen.

Das Vergießen des flüssigen Stahls geschieht meist mit der Stopfenpfanne, weil bei diesem Verfahren am besten die Abwehr der Schlacke gelingt und die Füllung der Form einfacher, billiger und schneller als beim Gießen aus der Kipppfanne geschieht. Krangießpfannen von 7 t, 5 t, 2 t Inhalt sind ganz besonders gängige Pfannen (Abb. 190—192).

Dabei ist auch dem Umstande Rechnung zu tragen, daß abgeschmolzenes Pfannenfutter oder abgewaschenes Stopfen- und Lochsteinmaterial in den flüssigen Stahl gelangt und

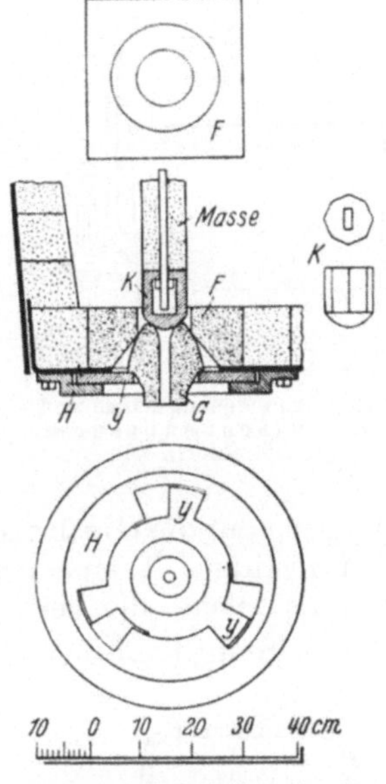

Abb. 191. Einzelheiten des Stopfenverschlusses einer Stahlgießpfanne. Der Lochstein G muß luftdicht in den Ring F eingesetzt werden und ebenso der Stopfen K luftdicht auf G eingeschliffen werden. Reiseskizze des Verfassers.

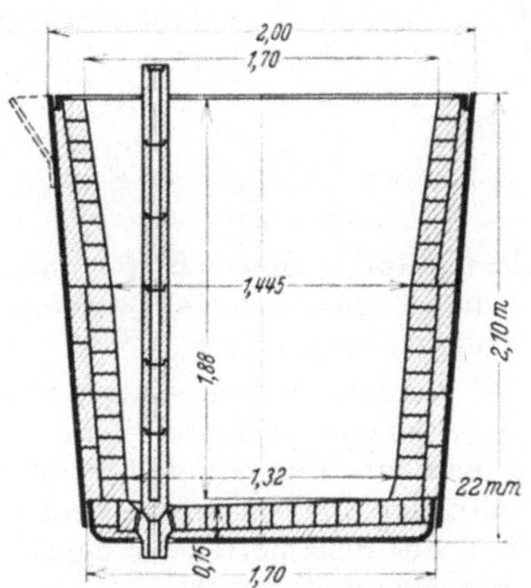

Abb. 190. Ausgemauerte Stahlgießpfanne. Man erkennt den Lochstein und die Stopfenstangenumhüllung (vergl. Stahl u. Eisen 1908 S 1658).

hier Fremdkörper bildet. In schwierigen Fällen verwendet man statt der Schamottemasse Graphitmasse, deren Zusammensetzung z. B. in folgender Weise gekennzeichnet wird: 18% SiO_2, 22% Al_2O_3, 58% C neben 1,7% Flußmitteln (Stopfenmaterial)[1]. Man hat auch Lochsteine aus Magnesit, z. B. 3,4% SiO_2, 3,9% Fe_2O_3, 1% Al_2O_3, 5,1% CaO, 86,3% MgO, die bei stark fressender Schlacke angewendet werden sollen.

Um den Gießkran zu entlasten, wendet man vielfach einen Gießwagen an, der über einer Gießgrube fährt, auf deren Sohle die gießfertigen Formen aufgebaut werden. Vielfach wird beim Gießen ein Trichter oder eine Rinne vorgesehen.

Der selbsttätig fahrende Gießwagen trägt die Stopfenwanne.

Es soll hier noch darauf hingewiesen werden, daß Naßgußformen nicht aus der Stopfenpfanne, sondern aus Kipp- und Handpfannen gefüllt werden.

[1] Stahl u. Eisen 1932 S. 193.

Es hängt dies damit zusammen, daß in diesem Falle nur flüssiger Stahl aus dem **sauren** Ofen (Martinofen, Elektroofen und Kleinkonverter) Verwendung findet.

Die Schlacke dieser Öfen ist anders wie die der basischen Öfen beschaffen. Sie leitet die Wärme schlecht und bietet auf diese Weise ein Hilfsmittel, um den Stahl stark zu überhitzen und ihn vor Wärmeverlusten auf dem Transporte zu bewahren.

Gießt man basischen Stahl in Naßgußformen, so erhält man poröse Gußstücke im Zusammenhang damit, daß dann eine vorzeitige Erstarrung stattfindet, bei der Gase frei werden. Es ist auch möglich und sogar wahrscheinlich, daß aus der sauren Schlacke ständig Si in den Stahl einfließt und beruhigend wirkt. $SiO_2 + 2\,C = Si + 2\,CO$; $SiO_2 + 2\,Mn = Si + 2\,MnO$. Dieser Vorgang ist bei basischer Schlacke ausgeschlossen[1].

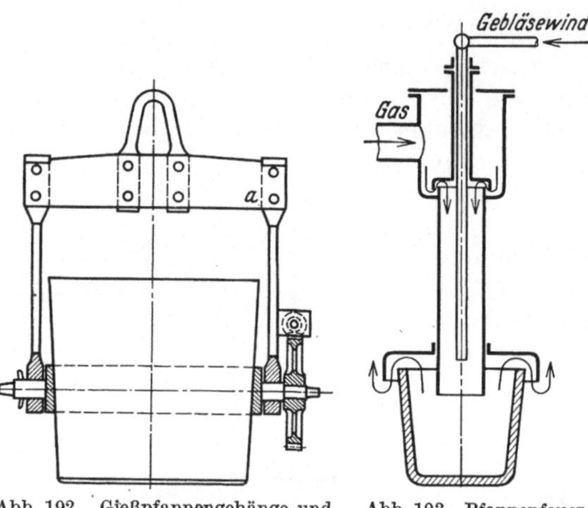

Abb. 192. Gießpfannengehänge und Kippvorgelege (Senßenbrenner in Düsseldorf).

Abb. 193. Pfannenfeuer, mit Hochofengas bedient (Stahl u. Eisen 1882 S. 54).

In bezug auf die **Gießtemperatur** soll erwähnt werden, daß Stahlgußstücke, die bei niedriger Temperatur gegossen wurden, eine bessere Bearbeitbarkeit zeigten als solche, die bei hoher Temperatur gegossen waren.

Sauren Stahl kann man bei einer um 20° niedrigeren Temperatur vergießen, ohne Nachteile zu erfahren. **Manganstahl** gießt man aus Pfannen mit Stopfen aus Graphitmasse und vielfach mit einem Ausgußstein aus Schamotte, der einen Innenring aus Magnesit trägt[2].

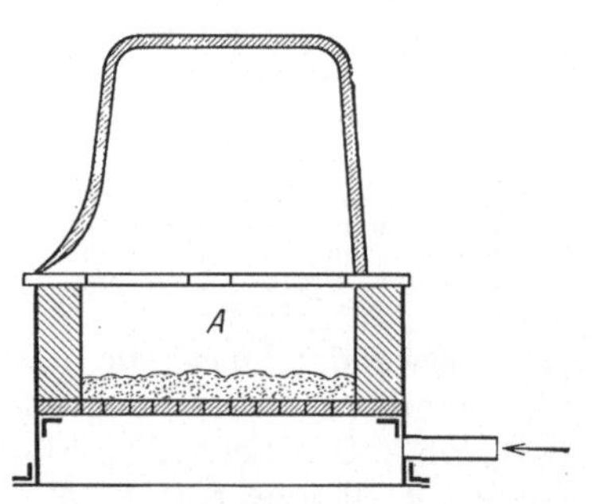

Abb. 194. Einfaches mit Koksabfall bedientes Pfannenfeuer. Rechts tritt Gebläsewind ein.

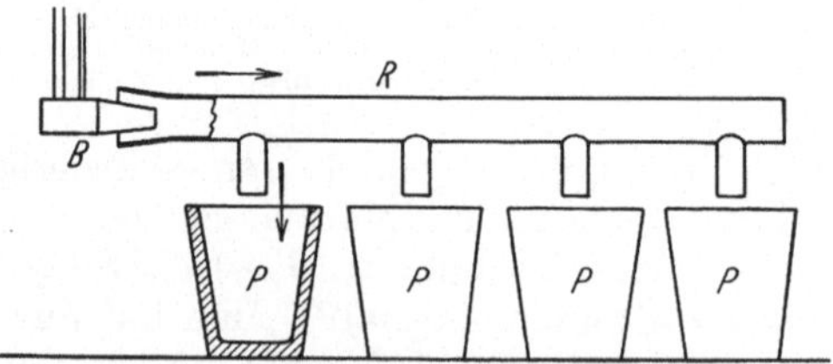

Abb. 195. Pfannentrocknen mit Gasfeuerung. Das Gasbrennerrohr B saugt die Luft an.

Früher goß man solchen Stahl aus einer Pfanne mit Syphonverschluß, also ohne Stopfen (vgl. die Abb. 113 in Kap. 88). Man tut dies aber heute nicht mehr.

Der Gießwagen fährt unter die Abstichrinne des Martinofen und dann über eine Gießgrube, in der die Formen aufgestellt sind.

Heute wendet man vielfach das **Torkretieren** an, d. h. das Auftragen von

---

[1] Vgl. Osann: Die Beantwortung einiger Fragen aus dem Gebiete des Stahlformgusses. Die Gießerei 1928 S. 466.

[2] Stahl u. Eisen 1931 S. 859.

Schamottemassebrei auf die Pfanneninnenwand durch Aufspritzen mit Druckluft. Dabei ist die Pfannenwand rotglühend[1].

Gut getrocknete und dann gut vorgewärmte Gießpfannen bilden die Voraussetzung für einwandfreie Güsse (vgl. Abb. 193—195).

113. Einige besondere Gießverfahren.

Man gießt heute Eisenbahnwagenräder als Speichenräder in gußeisernen
Formen, die unmittelbar nach dem Guß hydraulisch geöffnet werden, damit das
Gußstück frei schwinden kann[2].

Lokomotivräder gießt man in englischen Werken, indem man die Gußformen auf Platten stellt, welche sich drehen. Man will dadurch erreichen, daß
der in die Nabenform gegossene Stahl durch die Zentrifugalkraft sicher nach
dem Umfang gelangt[3]. Ein solcher Zentrifugalguß wurde bereits von Alfred
Krupp vor der Erfindung des Stahlgusses angewendet, der auf diese Weise
Radreifen gießen wollte. Allerdings mißlang der Versuch.

Huth[4] versuchte Laufräder mit gehärteter Lauffläche zu gießen. Er goß
harten Stahl in den Nebeneinguß der sich drehenden Gußform und dann hinterher
durch den Haupteinguß der Nabenform weichen Stahl. Der Erfinder hatte
aber keinen Erfolg.

Neuerdings wird ein amerikanisches Verfahren von Dickson genannt[5], das
angewendet wird, um Geschützrohre in einer gußeisernen (oder Stahlform?) zu
gießen. Es scheint sich um eine horizontal gelagerte, wassergekühlte Drehform
zu handeln. Man will Geschützrohre bis zu einem Gewicht von 100 t gießen.
Rohre bis 155 mm ∅ und 3 m Länge sind (angeblich mit Erfolg) bereits hergestellt. Es handelt sich dabei um Kanonenstahl mit 0,35—0,40% C, 0,6—0,7%
Mn, 0,3% Mo, 0,05% Va.

Marineketten[6] werden heute nicht mehr aus Schweißeisen geschmiedet,
sondern es werden die Kettenglieder als Stahlgußstücke gegossen und dann
geglüht und vergütet (vgl. bei Chromstahl in Kap. 92).

Hochdruckturbinengehäuse fertigt man aus Stahlguß, Nie-
derdruckturbinengehäuse aus Gußeisen. In dem letzteren Falle
werden die Schaufeln eingegossen. Dies ist bei Stahlguß nicht möglich.

114. Das Putzen.

Es beginnt mit dem Beseitigen des anhaftenden Sandes (vgl.
Abb. 196) und dem der Ein-
güsse und Steiger. Diese letztere Arbeit erfordert ungleich
mehr Kosten als bei Eisengußstücken, wo die Eingüsse
meist einfach abgeschlagen
werden. Es muß auf diese Arbeit näher eingegangen werden.

Das Abschneiden der
Eingüsse und Steiger (vgl.
Abb. 197 u. 198) hat bei Stahlguß eine sehr große Bedeutung, weil es stark die

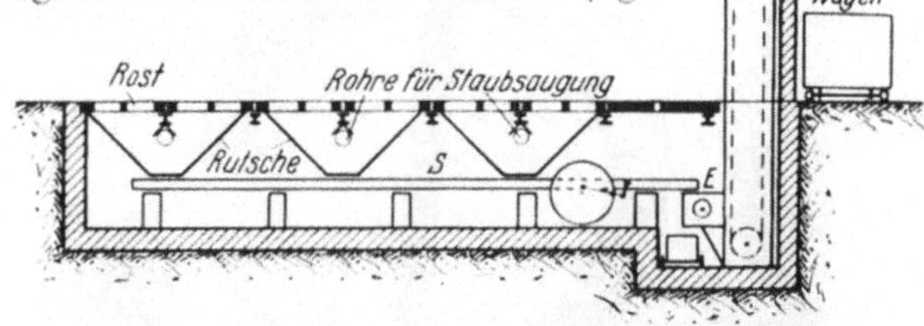

Abb. 196. Fußbodenrost einer Putzerei. Der Staub wird
abgesaugt. Der abgebürstete Sand fällt einer Rutsche zu.
(Maschinenfabrik Graue in Hannover-Wülfel.)

---

[1] Torkret-Gesellschaft, Berlin W 9. Der Name ist willkürlich gewählt. In Amerika
sagt man „Zement-Gun" = Zementkanone.

[2] Reisenotiz des Verfassers.

[3] Nach einer bildlichen Darstellung, die dem Verfasser zugänglich gemacht wurde.

[4] Stahl u. Eisen 1904 S. 721.

[5] Stahl u. Eisen 1931 S. 1479.   [6] Stahl u. Eisen 1926 S. 706.

Gestehungskosten beeinflußt und sich bei richtiger Anordnung und bei Hand-in-Hand-Arbeiten von Konstrukteur und Gießereileiter sehr viel sparen läßt. Der Konstrukteur muß sich stets darüber klar werden: Wo und wie kann der

Abb. 197. Schwere Kaltsäge zum Abschneiden der Eingüsse und Steiger bei Stahlgußstücken (Maschinen-fabrik W a g n e r in Reutlingen).

Former den Steiger setzen, ohne daß unnatürlich große Steigergewichte und Ausgaben für das Abschneiden der Steiger entstehen? Reichen dabei seine gießereitechnischen Kenntnisse nicht aus, so muß er sich an den Gießereileiter oder den von der Werkleitung bestellten Verbindungsmann, der zwischen Konstruktions-büro und Gießerei vermittelt, wenden.

Es muß von Fall zu Fall der richtige Weg gefunden werden. Wenn es irgendwie geht, wird man darauf aus-gehen, daß die Steiger durch einfache Schnitte, mit kreis-förmigen Sägeblättern abge-trennt werden können. Dies ist billiger als das Abschnei-

Abb. 198. Stahlgußstück mit abgeschnittenen Trichtern, ge-schnitten mit der Marsschen Säge. Schnittfläche 150 × 35, in 50 Sekunden. M a r s w e r k e in Nürnberg-Doos.

den auf der Drehbank und dies wieder billiger als das Abschneiden unter der Stoßmaschine oder Hobelmaschine.

Nur da, wo man nicht mit Werkzeugmaschinen herankommen kann, wird man mit dem Schneidbrenner (vgl. Abb. 199) arbeiten. Diese Arbeit ist aber teuer, und sie verlangt auch wegen der einseitigen Erwärmung ein nachträgliches Glühen des Stückes. Ist man zur Anwendung des Schneidbrenners gezwungen, so wird man diese Arbeit vornehmen, ehe man die Stücke in den Glühofen bringt; während es beim Arbeiten mit der Säge oder dem Drehmeißel gleichgültig ist, ob man es vor oder nach dem Glühen tut. Meist wird man es vor dem Glühen tun, um die Fläche der Wagenplattform gut auszunutzen, und um Brennstoff zu sparen.

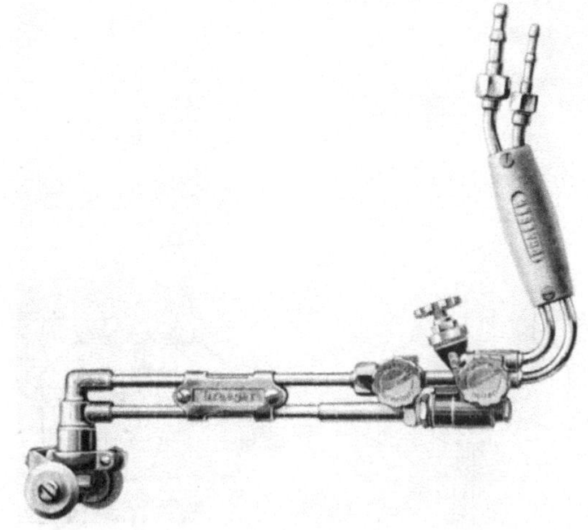

Der Verbrauch an Sägeblättern spielt eine große wirtschaftliche Rolle. Der Verfasser fand in einer sächsischen Stahlgießerei Sägeblätter mit 0,7—0,8 % C, 0,3 % Cr im Gebrauch, die in Öl gehärtet, aber nicht angelassen wurden.

Abb. 199. Schneidbrenner des Draegerwerks in Lübeck. Man erkennt die beiden Zuführrohre, das eine für Wasserstoff, Leuchtgas oder Azetylen-Gas, das andere für Sauerstoff.

In neuerer Zeit sind die zahnlosen Sägeblätter der Marswerke in Nürnberg-Doos bekannt geworden. Sie bestehen aus legiertem, hitzebeständigem Stahl und schneiden mit außerordentlich hoher Umdrehungszahl in sehr kurzer Zeit und sehr glatter Schnittfläche (Abb. 198). So wurden die 3 Steiger eines Förderwagenrades in 97 Sekunden bei einem Aufwand von 1,7 kWh beseitigt. Eine andere Angabe nennt 160 mm in 160 Sekunden. Es entsteht bei der hohen Umlaufgeschwindigkeit eine solche Reibung, daß der Stahl glühend wird und geringen Widerstand beim Trennen ausübt.

Das Schneiden mit Sauerstoff (Schneidbrenner Abb. 199) beruht auf dem Experiment von Dr. Menne, der

Abb. 200. Putztrommel mit Exhaustorbetrieb. Maschinenfabrik Graue in Hannover-Wülfeln.

Man erkennt den hohlen Zapfen. Durch ihn wird Luft angesaugt und verläßt, mit Staub beladen, die Trommel durch den anderen Zapfen. Eine Rohrleitung führt ihn zu einem Zyklon, in dem der grobe Staub niederfällt und von da aus in einen Staubfilter, wo der Staub in Baumwollentuchfiltern aufgefangen wird. Diese Filterrahmen werden selbsttätig periodisch durch einen mechanisch betriebenen Klopfer bearbeitet und lassen den Staub in einen Staubkasten fallen.

Sauerstoff zum Öffnen versetzter Hochofenstichlöcher benutzte[1]. Man benutzt den Wärmeüberschuß der Reaktion $3\,Fe + 4\,O = Fe_3O_4$, wenn man einen Sauerstoffstrom auf das glühend gemachte Stück richtet. Dabei kommt es zum Schmelzen und zum Abtrennen des Steigers. Vorbedingung ist das Glühendmachen. Es geschieht dadurch, daß man Wasserstoff oder Leuchtgas oder Azetylen mit Sauerstoff verbrennt.

[1] Vgl. Osann: Eisenhüttenkunde, Bd. 1. Leipzig: Wilhelm Engelmann.

Unter einem **Schneidbrenner** versteht man einen Apparat, bei dem eine Röhre für Gas und eine solche für Sauerstoff parallel herangeführt werden. Nachdem die Gasflamme ihre Wirkung getan hat, stellt man die Gaszuführung ab. Man benutzt Stahlflaschen, welche das komprimierte Gas und den Sauerstoff enthalten. Bei Leuchtgas hält man auf 2 at, bei Sauerstoff auf 8 at Überdruck[1]. Es sind dieselben Apparate, die auch zum Schweißen gebraucht werden[2] (vgl. Kap. 118). Man kann anstandslos Steiger von 450 mm ⌀ auf diese Weise abschneiden.

Gegenüber dem Abschneiden mit Sägen hat es den Nachteil der hohen Kosten, aber den Vorteil der Zeitersparnis, da man oft nur $^1/_5$ bis $^1/_{10}$ der Zeit gebraucht[3].

Man hat auch eine elektrische Trennmaschine erfunden, um die Wirkung eines schwach gezahnten kreisförmigen Sägeblattes und des Schmelzlichtbogens zu vereinigen[4]. Der Strom wird durch die Welle in das Sägeblatt eingeführt. Das zu schneidende Stück liegt im Stromkreis.

Dem Transport der Späne muß man im Zusammenhang damit, daß eine Klassierung bei legiertem Stahlguß stattfinden muß, besondere Aufmerksam-

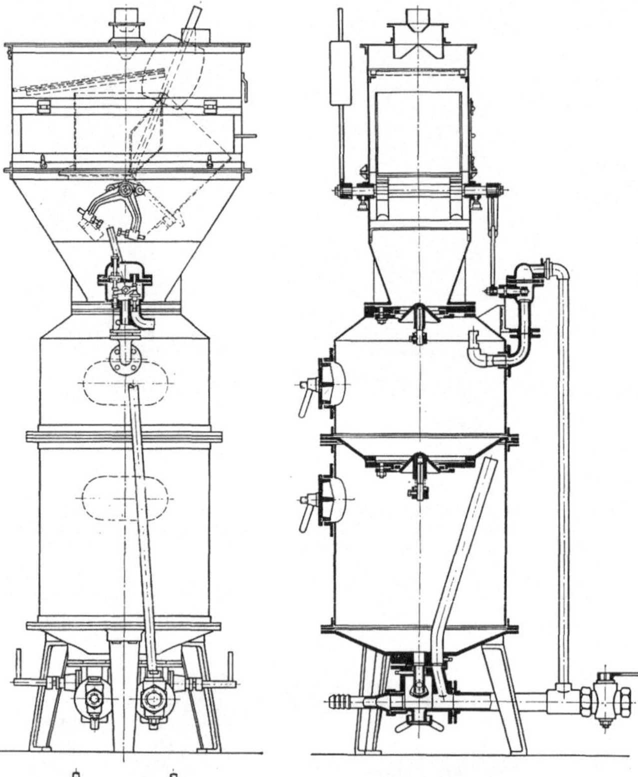

Abb. 201. Ansicht (links) und Schnitt (rechts) eines im Sinne des Drucksystems wirkenden Sandstrahlgebläses. Maschinenfabrik Gräue in Hannover-Wülfeln.

Man unterscheidet die obere, mittlere und untere Kammer. Aus der letzteren, die unter dem vollen Druck der Preßluft steht, fließt der Sand in die Preßluftleitung ein. Um diesen Raum ständig unter Preßluftdruck zu halten (auch dann, wenn neuer Sand von oben zufließt), ist eine Anordnung vorgesehen, die an eine Schleuse erinnert. Der Putzkies fällt von oben ständig einem Kippgefäß zu. Ist dies voll, so kippt es um und öffnet dabei das rechts seitlich angedeutete Ventil. Die mittlere Kammer wird frei von Winddruck, der auf dem oberen Sandventilteller liegende Sand fällt infolge seines Eigengewichts in die mittlere Kammer und verbleibt darin, bis diese wieder unter Winddruck kommt und dann der Sand in die untere Kammer selbsttätig fallen kann.

keit widmen. Es geschieht dies in Späneabsaugeanlagen[5].

Dem Entfernen der Eingüsse und Steiger folgt die Beseitigung der stehen-

---

[1] VDI-Nachr. 9. Febr. 1927.
[2] Stahl u. Eisen 1916 S. 676. Daselbst sind auch O-Mengen genannt.
[3] Stahl u. Eisen 1916 S. 679.   [4] Gießerei 1927 S. 33.
[5] Vgl. **Karg**: Pneumatische Materialtransporte. München: Oldenbourg.

gebliebenen Reste und die Befreiung der Gußstücke von anhaftender Masse und
das Auslösen der Kerne. Alle diese Arbeiten
fließen ineinander, und es ist nicht immer möglich, die hier genannte Reihenfolge innezuhalten.
Es soll hier nur ein ganz kurzer Überblick gegeben werden. Im übrigen sei auf das unten genannte Buch des Verfassers verwiesen[1].

Bei der Beseitigung der Eingußreste kommen
Stoßmaschinen, die für diesen Zweck gebaut
sind, neben Preßluftmeißeln und Schmirgelscheiben zur Anwendung. Im übrigen hat
man Putztrommeln und Sandstrahlgebläse. Es ist auch mit Erfolg versucht worden, hochgespanntes Druckwasser, z. B. von
25 at, zu verwenden, um die Kerne und die in
den Ecken fest haftende Masse herauszuspülen.
Aber man hat nichts mehr von diesen Versuchen
gehört[2]. Eine Putztrommel zeigt Abb. 200 und
ihr Text. Sandstrahlgebläse kennzeichnen die
Abb. 201—204.

Von Sandstrahlgebläsen muß noch einiges
gesagt werden. Sie wurden von Alfred Gut-
mann in Hamburg-Ottensen[3] vor etwa 50 Jahren in die Gießereien eingeführt. Anfänglich
war nur das Saugsystem im Gebrauch, bei
dem der Putzkies dem Windstrom zufällt, von
ihm mitgenommen und auf das zu putzende
Stück geschleudert wird.

Heute kommt nur noch das
Drucksystem zur Anwendung,
bei dem der Putzkies zwangsläufig
dem Preßluftstrahl einverleibt und
auf die Gußstücke geschleudert
wird (Abb. 201). Dies letztere kann
mit Hilfe einer Schlauchdüse frei-
händig innerhalb eines Putzhauses
(Abb. 204) oder innerhalb einer sich
drehenden Trommel (Abb. 203) oder
innerhalb eines Gehäuses mit hin
und her gehendem Sprossentisch
oder eines solchen mit sich drehen-
der Scheibe geschehen (Abb. 202).

Überall besteht die Vorschrift,
daß die Atmungsorgane der Bedienungsmannschaft und die Umgebung vor dem Staub geschützt
sein sollen.

Abb. 202. Tischsandstrahlgebläse. Maschinenfabrik Graue in Hannover-Wülfeln.

Abb. 203. Sandstrahlputztrommel. Maschinenfabrik Graue
in Hannover-Wülfeln.

---

[1] Osann: Lehrbuch der Eisen- und
Stahlgießerei. Leipzig: Wilh. Engelmann.
[2] Solche Anlagen baut die badische
Maschinenfabrik in Durlach. Vielleicht führen die Versuche noch zu einem Erfolg.
[3] Die Firma besteht noch daselbst.

Man hat heute die Staubabsaugevorrichtung durch Einführung der Baumwollentuchfilter so verbessert, daß man die Putzanlagen unbedenklich mitten in eine Stadt setzen kann (vgl. den Text der Abb. 200).

Statt des scharfkantigen Putzkieses hat man auch Eisenkörner aus hartem Gußeisen in den Betrieb eingeführt. Bei Stahlguß muß man einen höheren Preßluftdruck als bei Eisenguß anwenden, z. B. 2 at.

Wenn man Putztrommeln bei Stahlgußstücken anwendet, so besteht die Gefahr, daß die Kanten stark abgerundet werden, was manche Abnehmer ungern sehen. Man muß in solchen Fällen Sandstrahlgebläse anwenden. Bei großen sperrigen Stücken, wie Lokomotivrahmen, verwendet man solche, die oft mit 8 Düsen gleichzeitig blasen[1].

Die Badische Maschinenfabrik in Durlach wendet statt des Sandstrahls auch ein Schleuderradverfahren an. Diesem Schleuderrade, das sich mit 300 Umdrehungen dreht, fällt grober Kies in der Mitte zu und wird infolge der Zentrifugalkraft auf das zu putzende Stück geschleudert.

Preßluft ist sehr teuer. Das Preßluftkonto, das z. T. die Formerei (Preßluftstampfer, Preßlufthebezeuge, Vibratoren und Preßluftformmaschinen), z. T. die Putzerei (Preßluftmeißel und Sandstrahlgebläse) belastet, verdient besondere Beachtung.

Abb. 204. Putzen mit Freistrahlgebläse im Putzhaus. Maschinenfabrik Graue in Hannover-Wülfeln.

115. Das Glühen und Vergüten.

Es geschieht, um die Spannungen zu beseitigen und nötigenfalls das Gefüge zu verbessern, um dadurch bessere Festigkeitseigenschaften zu erzielen. Beide Maßnahmen lassen sich voneinander trennen, insofern als man sich vielfach auf das erstere Ziel beschränken kann. Will man gleichzeitig auch das zweite Ziel erreichen, so muß man höhere Glühtemperaturen oder ein Vergütungsverfahren anwenden. Dies letztere ist aber teuer und erfordert großes Anlage-

---

[1] Dies geschieht in den Werken der General Steel Castings Co. in Eddystone (Pa.). Stahl u. Eisen 1931 S. 1438.

kapital. Ein solches Verfahren ist nur dann wirtschaftlich, wenn es hocheingestellte Abnahmevorschriften oder die Natur des Stahls fordern. Der letztere Fall liegt allerdings bei den meisten legierten Stählen vor.

Das Glühen und Vergüten von Schmiedestücken stellt Parallelen dar, aber man darf nicht vergessen, daß bei ihnen die Gefügeänderung als Folge der Schmiedearbeit einsetzt, die bei Stahlgußstücken nicht besteht.

Die Beseitigung der Spannungen.

Wie Spannung entsteht, ist im Kapitel 111 gesagt. Will man die Spannung beseitigen, so muß man das Gußstück auf eine Temperatur bringen, bei der der plastische Zustand besteht, oder mit anderen Worten das Fließen einsetzt.

Die Abb. 205 kennzeichnet eine Zerreißkurve bei 500°. Man erkennt, daß das Fließen hier begonnen hat. Bei 600° ist das Fließen vollständig. Die Spannung verschwindet also, aber das Gußstück wird in den meisten Fällen deformiert. Vielfach fällt diese Deformation in das Bereich der Bearbeitungszugabe und ist unwesentlich; aber es gibt auch sehr viel Fälle, wo nachgerichtet

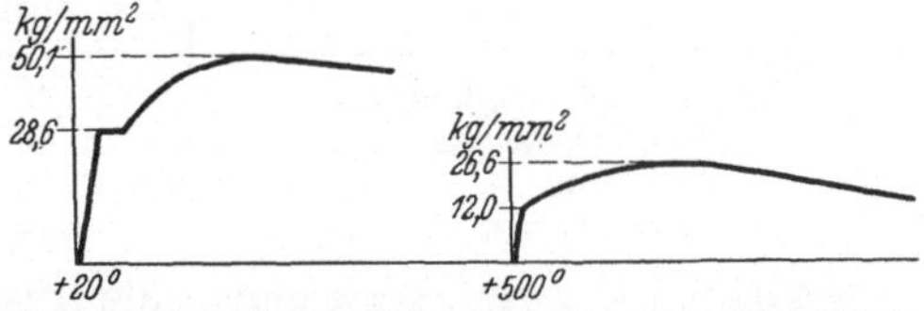

Abb. 205. Zerreißschaubilder. Man erkennt, daß bei 500° die Fließgrenze bis auf unter die Hälfte erniedrigt ist. Bei 600° wird sie bei 0 kg liegen, d. h. der Stahl ist vollständig plastisch geworden.

werden muß. Je größer die Querschnittsunterschiede sind, um so größer die Deformation. Auch dies muß der Konstrukteur bedenken.

Die Ausführungen im Kap. 111 befürworten die Forderung, daß jedes Stahlgußstück vor der Ablieferung geglüht wird.

Schleift man ein Stück vor und nach dem Glühen an, so wird das Mikroskop nicht immer die Wirkung anzeigen. Allerdings zeigt Stahl, der mit Spannung behaftet ist, grobes Gefüge; aber es ist zweifelhaft, ob man gerade eine mit Spannungen behaftete Stelle getroffen hat.

Das Mikroskop kommt aber voll zur Geltung, wenn man auf Gefügeveredlung glüht oder vergütet.

Das Glühen zwecks Kornverfeinerung.

Man muß bei höherer Temperatur, meist bei 800—900° glühen. Es besteht eine Beziehung zum oberen Haltepunkt (vgl. Kapitel 86). Man muß ihn überschreiten und in das Gebiet des γ-Eisen gelangen[1].

Bei reinen Kohlenstoffstählen würde theoretisch die Verbindungslinie der Haltepunkte von 898° bis 710°, bei Kohlenstoffgehalten zwischen 0% bis 0,95% C (Abb. 108) maßgebend sein. Praktisch muß man eine um 30—60° höhere Temperatur anwenden, um den Vorgang zu beschleunigen. Würde man dies nicht tun, würde man unzulässig lange Glühzeiten und infolgedessen starke Verzunderung erfahren. Andererseits soll man in dieser Richtung nicht zu weit gehen. Noch höhere Temperaturen als die obengenannten führen zu Übermüdungserscheinungen.

Oberhoffer[2] nennt bei 0,11% C 905°   bei 0,86 C 695°.
            0,40% C 780°

Das Werkstoffhandbuch[3] nennt:
  bei 0,11% C, 0,8% Mn 905°   bei 0,53% C, 0,8% Mn 820°
      0,23% C, 0,8% Mn 870°   0,70% C, 0,8% Mn 775°
      0,26% C, 0,8% Mn 850°   0,85% C, 0,8% Mn 720°
      0,40% C, 0,8% Mn 850°

---

[1] Die Haltepunkte sind von Osmond entdeckt. Osmond hat auch die Bezeichnungen A_c (Kaleszenz) und A_r (Rekaleszenz) sowie die Bezeichnungen α-, β-, γ-Eisen eingeführt.
[2] Stahl u. Eisen 1912 S. 889; 1913 S. 891; 1914 S. 93.
[3] Verlag Stahleisen, Düsseldorf.

Diese Zahlen geben einen Anhalt aber keine feststehende Richtschnur. Diese kann nur durch Laboratoriumsversuche gegeben werden, bei denen Probestücke von gleicher Wandstärke, wie sie das Stück besitzt, in gleicher Weise wie das Gußstück bei verschiedener Temperatur geglüht werden, die man an einem Thermoelement abliest, das in einer Bohrung des Probestückes steckt. Da wo das feinste Korn erscheint, hat man die geeignete Glühtemperatur.

Eine Unterschreitung und eine Überschreitung führt in gleicher Weise zu einer Vergröberung des Korns und zur Verminderung der Dehnungs- und Fließgrenzenziffer, während der Zerreißwert (ein Zeichen für Sprödigkeit) gehoben wird. Die folgenden Zahlen[1] lassen dies erkennen:

	Im ungeglüh-ten Zustande	Bei 850° geglüht und ohne Sprung abgekühlt
Zerreißfestigkeit kg	47	52
Fließgrenze kg	23	28
Dehnung %	8	22
Kontraktion %	14	29

Die Abb. 206 a—c kennzeichnen die Ausführung eines oben gekennzeichneten Laboratoriumsversuchs des Stahlwerks Krieger in Düsseldorf-Oberkassel. Die Schliffbilder kennzeichnen einen unlegierten Stahlguß mit 0,19—0,27% C, 0,69—0,82% Mn, 0,46—0,51% Si, 0,025—0,048% P, 0,020—0,028% S.

Normaler Mangangehalt vorausgesetzt, ist bei der Temperatur von 850° die Gußstruktur, die sich durch gekreuzte Kristallnadeln (Widmannstädtsche Figuren, die zuerst bei Meteoriten festgestellt wurden) kundgibt, vollständig verschwunden (Oberhoffer)[1].

Das Abkühlenlassen mit Sprung oder Normalisieren oder Normalglühen[2].

Man spart dabei an Zeit und Brennstoff und erzielt noch besseres Gefüge und bessere Festigkeitswerte als bei gewöhnlicher Abkühlung im Ofen.

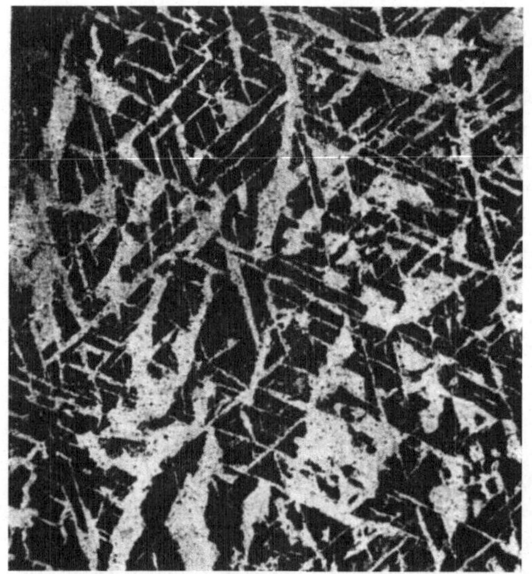

Abb. 206 a. Schliffbild vor dem Glühen. Vergrößerung = 95, HNO₃. Man erkennt deutlich die Nadelstruktur. Aus dem Versuchslaboratorium des Kriegerwerks in Düsseldorf-Oberkassel.

Man erhitzt auf die obengenannten Temperaturen und läßt die Temperatur so lange bestehen, daß der Wärme Zeit gegeben wird, um bis in das Innere der Gußstücke vorzudringen und um die Gefügeumwandlung voll auslaufen zu lassen. Dann wird der Ofen geöffnet und der Wagen herausgefahren. Zeigt dann ein in die Bohrung des Stückes eingeführtes Pyrometer die Temperatur von 600° an, so fährt man den Wagen in den inzwischen gleichfalls abgekühlten Ofen wieder hinein und führt die Glühung regelrecht zu Ende.

---

[1] Stahl u. Eisen 1912 S. 889. Andere Zahlenwerte findet der Leser im Werkstoff-Handbuch. Verlag Stahleisen unter T 3.

[2] Diese letztgenannte Bezeichnung hat das Werkstoff-Handbuch unter T 3 angegeben. Verlag Stahleisen, Düsseldorf.

Würde man die sprunghafte Abkühlung bis auf weit unter 600° ausdehnen, so besteht die Gefahr, daß Spannungen entstehen, die in Temperaturen oberhalb 600° ausgeschlossen sind, weil der Stahl dann noch plastisch ist.

Die Fürsorge für die Vermeidung von Spannungen muß auch darauf gerichtet sein, daß jeder Lufteintritt im Ofen ausgeschlossen wird.

Man kann zwei Arten des Glühens unterscheiden:

1. Dasjenige, zwecks Erzielung der· vollständigen Umkristallisation;

2. dasjenige, zwecks Bildung von streifigem Perlit, das bis zu 200° höhere Temperaturen erfordert als das erstere.

Das letztere hat nur praktische Bedeutung für Stahl mit 0,65% und mehr C, kommt für Stahlguß also nur ausnahmsweise in Betracht.

Das Werkstoff-Handbuch[1] bringt ein Kurvenbild, das die Glühtemperaturen bei verschiedenen C-Gehalten und einem Mn-Gehalt von 0,8% nennt. Bei 0,3% C sind es 845—875°, bei 0,4% C 825—850°, bei 0,5 C 800—825°.

Legierter Stahlguß.

Bei diesem gelten die ebengenannten Temperaturen nicht, weil die Eisenbegleiter die Haltepunkte verschieben und sogar zum Verschwinden bringen können, wie es z. B. beim hochhaltigen Manganstahl der Fall ist.

Mangan setzt die Haltepunkte herab (etwa um 5° für 0,1% Mn, nach anderer Angabe um 60—70° für 1% Mn). Bei 5% Mn hört die Umwandlung von martensitischem Gefüge in perlitisches überhaupt auf. Manganstahl bedingt deshalb eine ganz besondere Wärmebehandlung, von der weiter unten die Rede sein wird.

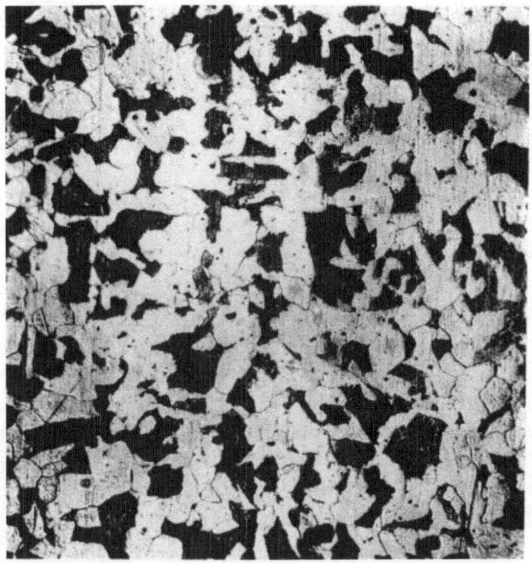

Abb. 206 b. Schliffbild bei einem gut geglühten Stück. Ebenso wie bei Abb. 206 a. Die Nadeln sind verschwunden. Es besteht feines Korn. Bei zu hoher Temperatur stellt sich wieder die Nadelstruktur ein.

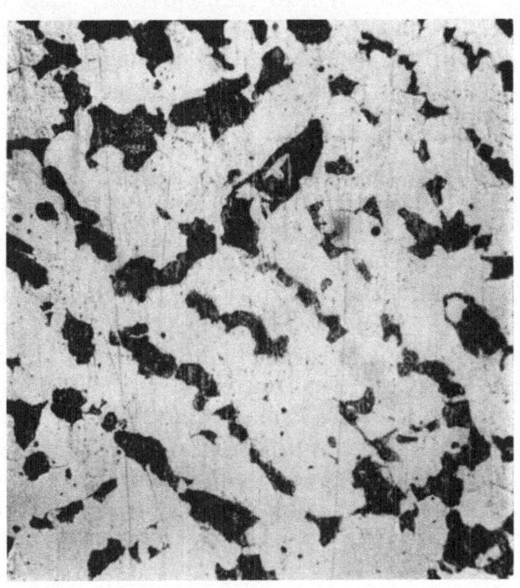

Abb. 206 c. Schliffbild bei einem in zu niedriger Temperatur geglühtem Stück. Ebenso wie bei Abb. 206 a. Die Nadeln sind zwar geschwunden, aber es besteht noch grobes Korn.

---

[1] Verlag Stahleisen, Düsseldorf.

Nickel senkt die Haltepunkte um 30—35° für 1% Ni. Man glüht deshalb Nickelstähle bei niedrigerer Temperatur.

Chrom und Wolfram wirken schwächer ein, aber beim Chrom hat man eine besonders starke Umwandlungsträgheit, die auf der schwierigen Auflösung der Chromkarbide beruht.

Silizium erhöht den Haltepunkt. Man muß bei höherer Temperatur glühen, hat aber bei 1% Si eine geringere Empfindlichkeit gegen die Überschreitung der Temperatur[1].

Die Umwandlungsträgheit bedingt bei fast allen legierten Stählen den Umstand, daß man nicht mit dem Normalglühen auskommt, sondern zum Vergüten schreiten muß.

Das Vergüten.

Unter Vergüten versteht man eine Wärmebehandlung mit eingeschaltetem Abschrecken. Es muß diesem dann ein nochmaliges Erhitzen und langsames Abkühlen folgen. Dies nennt man Anlassen. Ein solches Vergüten wendet man nicht bei unlegiertem Stahlguß an. Hier genügen die oben genannten Glühverfahren und das Normalglühen. Beim legierten Stahlguß muß man aber fast immer vergüten — schon in der Erwägung, daß in Anbetracht der hohen Selbstkosten die besten Festigkeitseigenschaften erzielt werden müssen.

Das Abschrecken kann an der Luft, in Öl und in Wasser erfolgen. Man hat luftvergüteten, ölvergüteten, wasservergüteten Stahlguß. Man läßt auch bisweilen der Luftvergütung eine Ölvergütung folgen und spricht dann von luft- und ölvergütetem Stahlguß. Wasservergüteter Stahlguß ist selten.

Statt des Wortes „Abschrecken" das Wort „Härten" zu gebrauchen, wie es allerdings häufig geschieht, empfiehlt sich nicht, denn man will keine Härte, sondern nur eine Gefügeveredlung erzielen, die sich gerade auch in höherer Kerbzähigkeit und größerer Einschnürung ausdrückt. Abgesehen davon sind die meisten legierten Stähle, ebenso wie die niedriggekohlten Stähle, nicht härtbar. Der Fall liegt hier anders wie bei Schmiedestücken mit höherem Kohlenstoffgehalt und bei Konstruktionsstählen. Hier härtet man regelrecht und nimmt dann durch das Anlassen soviel Härte wieder fort, wie es den Abnahmevorschriften oder der Verwendung des Stückes entspricht. Meist liegt, im Gegensatz zu vergüteten legierten Stählen, bei solchen Stücken die Anlaßtemperatur nahe bei der Härtetemperatur. Hier soll nunmehr vom Abschrecken die Rede sein.

Der Zweck dieses Abschreckens ist der, daß die Moleküle aufgerüttelt werden, damit sie den gegenseitigen Anziehungskräften folgen und die Lage einnehmen, welche dem Gleichgewicht entspricht[2]. Dies letztere geschieht aber nur dann, wenn man nach dem Abschrecken anläßt.

Oben war bereits von der Umwandlungsträgheit die Rede, die ganz besonders bei chromlegiertem Stahlguß zur Erscheinung kommt. In solchen Fällen wird es verständlich, daß Luftvergütung vielfach nicht ausreicht. Leider sind wir nicht imstande, die Umwandlungsvorgänge in gleicher Weise zu verfolgen, wie wir es bei Kohlenstoffstählen tun können, (es handelt sich auch vielfach um Doppel- und Dreifachkarbide). Wir müssen uns darauf beschränken, mit dem Mikroskop die Kornverfeinerung zu verfolgen und die Korngrößen zu messen, um die geeignete Wärmebehandlung bestimmen zu können.

---

[1] Gießerei-Ztg. 1926 S. 615.

[2] Vgl. darüber Osann: Äußere und innere Spannung im Eisen- und Stahlguß und ihre Beseitigung. Stahl u. Eisen 1913 S. 2136.

Größere Werkstücke aus legiertem Stahlguß unterwirft man vielfach vor der Vergütung einer Glühbehandlung bei 900—1000°, um das Gußgefüge zum Verschwinden zu bringen[1].

Rys[2] unterscheidet bei legiertem Stahlguß: 1. luftvergüteten Stahlguß, d. h. normalisierten und angelassenen Stahlguß, 2. ölvergüteten Stahlguß, 3. luft- und ölvergüteten Stahlguß, d. h. z. B. 4 Stunden bei 1000° geglüht, bis auf etwa 300° im Ofen abgekühlt und dann wieder erhitzt und ölvergütet.

Die Anlaßtemperatur beträgt in allen drei Fällen 600—620°. Für legierten Stahlguß ist Luftvergütung das mindeste, das man fordern muß.

Der unter 3 genannten Art muß man zugestehen, daß sie als günstigste Behandlung bezeichnet werden kann (Rys). Dies kommt dann zur Geltung, wenn man die Kerbschlagprobe anwendet. Die folgende Zahlentafel nennt Vergütungstemperaturen, d. h. Temperaturen, bei denen in Öl abgeschreckt wurde.

Zahlentafel 1. Zusammensetzung von legiertem Stahlguß und seine Vergütungstemperatur[3].

Stahl-marke	Zusammensetzung							Vergütungs-temperatur
	C %	Si %	Mn %	Cr %	Ni %	Mo %	V %	°C
A	0,58	0,32	0,75	—	—	—	—	850
B	0,24	0,40	0,77	—	—	—	—	870
D	0,22	0,17	0,97	—	0,96	—	—	850
F	0,19	0,32	0,47	1,03	2,01	—	—	870
G	0,35	0,33	0,52	0,86	1,94	—	—	850
H	0,22	0,27	0,51	1,58	—	—	—	920
I	0,45	0,37	0,49	1,50	—	—	—	890
K	0,23	0,10	0,51	—	—	0,68	—	900
L	0,13	0,11	0,50	0,92	—	0,32	—	950
M	0,30	0,31	0,44	0,88	—	0,30	—	900
N	0,24	0,24	0,52	—	—	—	0,60	890

Zahlentafel 2. Festigkeitseigenschaften und Kerbzähigkeit von Chrom-Nickelstahlgußproben bei verschiedener Wärmebehandlung[4].

Zustand	Guß-stück	Zug-festigkeit kg/mm²	Streck-grenze kg/mm²	Bruch-dehnung % (δ)	Ein-schnürung %	Kerbzähig-keit mkg/cm²
2 Stunden geglüht bei 820° C/Ofenabkühlung	A	78,2	48,2	15,0	34,1	4,2
	B	70,8	45,5	5,5	5,2	1,5
2 Stunden geglüht bei 900° C/Ofenabkühlung	A	78,5	48,2	15,0	38,1	5,7
	B	72,8	45,0	5,0	4,5	2,0
2 Stunden geglüht bei 1050° C/Ofenabkühlung	A	77,0	45,0	16,5	41,5	3,1
	B	77,3	44,6	11,0	16,4	3,3
Vorgeglüht bei 1000° C/ Luftabkühung, bei 820° C in Öl gehärtet u. bei 600° C angelassen	A	87,2	74,7	12,5	36,0	9,5
	B	85,0	75,5	12,0	28,5	8,3

---

[1] Nickelhandbuch (Stahlguß) der Nickelberatungsstelle.
[2] Stahl u. Eisen 1930 S. 423.
[3] Nach Rys: Stahl u. Eisen 1930 S. 423.
[4] Nach Nickelhandbuch des Nickelinformationsbüros in Frankfurt a.M. über Stahlguß.

Zahlentafel 3. Vergütungstemperaturen für Nickelstahlguß[1].

Bezeichnung der Stahlgußsorten im Text	Chemische Zusammensetzung						Wärmebehandlung			Zustand
	C %	Si %	Mn %	Ni %	Cr %		Glüh-temp. °C	Härte-temp. °C	Anlaß-temp. °C	
1	0,25	0,3	1,0	1,0	—	—	900	850	610	ölvergütet
3	0,2—0,3	0,3	0,9	2,0	—	—	900	850	650	luftvergütet
5	0,2—0,3	0,3	0,5—0,8	3,25	—	—	850	820	600	luftvergütet
6	0,35	0,3	0,7	1,5	0,6	—	900	850	600	luftvergütet
7	0,35	0,3	0,7	2,75	0,8	—	900	850	620	luftvergütet
8	0,3	0,35	0,7	3,5	1,2	—	930	880	600	luftvergütet
9	0,3	0,35	0,7	4,25	1,3	—	900	860	600	luftvergütet
10	0,3	0,3	0,8	2,0	0,75	0,3 Mo	950	850	600	vorgeglüht u. luftvergütet
11	0,55	0,3	0,7	1,75	0,8	0,5 Mo	900	850	600	luftvergütet
12	0,25	0,3	0,7	1,75	—	0,15 V	920	860	600	luftvergütet
13	0,2—0,5	0,25—0,4	0,8—1,0	25,0	—	—	Abschrecken in Öl bei 850—900° C			abgeschreckt
14	0,1—0,2	0,5—0,7	0,35—0,45	3,0—3,5	10—12	—	850	900 bis 1000	400 bis 650	ölvergütet
15	0,15—0,2	0,4—0,7	0,4	1,5—2,0	14—14,5	—				
18	0,15	0,3—0,6	0,3—0,4	8—9,5	17,5—18	—	Abschrecken in Öl oder Wasser bei 1000—1200° C			ölvergütet
20	0,15	0,3—0,5	0,3—0,4	12—13	15—16	—				abgeschreckt
21	0,15—0,3	2,4—2,7	0,5—0,7	19—21	24—26	—				

Das Glühen und Vergüten von Manganstahlgußstücken.

Von den Kennzeichen dieses Stahlgusses mit meist 12% Mn, 1,2% C, 0,3% Si war im Kapitel 88 die Rede; auch von der Erscheinung der „umgekehrten Härte". Das Vergüten eines solchen Stahls erfordert Maßnahmen, wie sie sonst nicht angewandt werden. Es soll deshalb hier davon die Rede sein:

Man glüht die Gußstücke bei 700° und läßt sie langsam im Ofen erkalten. Aber dieses einfache Glühen reicht nicht aus, um dem Stahl die Sprödigkeit zu nehmen und ihm Zähigkeit zu geben. Man muß vergüten. Dies Vergüten geschieht, indem man die Stücke noch einmal in einen Glühofen einsetzt, dessen Temperatur man genau regeln kann. Dies letztere geschah in einem dem Verfasser bekannt gewordenen Falle[2] dadurch, daß man einen mit einer Anzahl von Öl-brennern geheizten Ofen benutzte und nach Bedarf ein oder mehrere Brenner anstellte oder ausschaltete.

Man bringt die Temperatur innerhalb von 10 Stunden auf 1000°, sorgt aber dafür, daß die kritische Temperatur von 700—900° so schnell wie möglich durchlaufen wird. Wird dies versäumt, bleibt die Sprödigkeit bestehen. Dann hält man noch einige Zeit auf Höchsttemperatur, um dann schnell in kaltem Wasser, das sich beständig durch starken Zufluß und Abfluß erneuert, abzu-schrecken.

Das Schliffbild muß ungestörtes austenitisches Polyedergefüge (ohne Mar-tensit) zeigen. Ein Anlassen bei 200° wird bisweilen geübt. Aber der Erfolg ist zweifelhaft. Wahrscheinlich ist es richtig, darauf zu verzichten. Ein solcher Stahl ist trotz geringer Brinellhärte (170) und trotz des Umstandes, daß er einen Meißelschlag schwach annimmt und sich biegen läßt, außerordentlich verschleißfest. Dies ist bei Bagger- und Zerkleinerungsmaschinen von großer Bedeutung.

In einem rheinländischen Werk konnte man erst bei Anwendung einer Glüh-temperatur von 1000° das Optimum der Schwingungsfestigkeit erreichen.

---

[1] Nach Nickelstähle III. Stahlguß des Nickelhandbuchs des Nickelinformationsbüros in Frankfurt a. M. Im Original sind auch Festigkeitswerte und Verwendungszwecke genannt.
[2] Reisenotiz des Verfassers.

Beim Glühen wird die Zerreißfestigkeit um bis zu 5 kg vermindert und die Dehnung ($+ 2\%$) gehoben. Z. B. vor dem Glühen 60 kg und 18%, nach dem Glühen 58 kg und 20%[1].

116. Glüh- und Vergütungsanlagen.

Die Abb. 207—212 kennzeichnen solche Glühöfen und den verwendeten Brennstoff. Die Feuerung mit festen Brennstoffen ist nur bei kleinen Glühöfen anwendbar (Abb. 207), bei größeren sind die Temperaturunterschiede zu groß und die Temperaturhaltung zu schwierig. Man muß also Gasfeuerung oder elektrische Heizung anwenden. Im ersten Falle kommt Generatorgas, Hochofengas, Ferngas und Koksofengas in Erscheinung. Es gibt auch ölgefeuerte Glühofen[2] (vgl. Kapitel 115 bei Manganstahl), jedoch ist Ölfeuerung und elektrische Heizung sehr teuer.

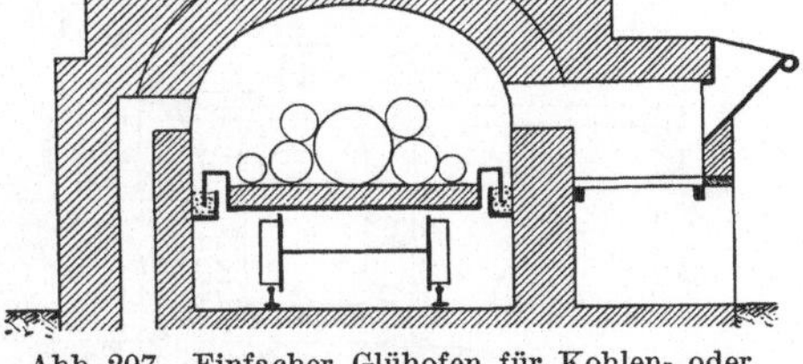

Abb. 207. Einfacher Glühofen für Kohlen- oder Koksfeuerung.

In bezug auf die Bedienungskosten steht der Tunnelofen (Abb. 210 u. 211) an erster Stelle. Er wird kontinuierlich betrieben. Man hat gasgeheizte und elektrisch geheizte Tunnelöfen[3]. Bei sehr großen gasgeheizten Glühöfen muß man Umschaltfeuerung anwenden (Abb. 209). Bei Rekuperativfeuerung (Abb. 208) ist die Temperatur im Raume nicht gleichmäßig genug. Umschaltfeuerung ist auch in bezug auf die Luftvorwärmung bei Hochofengas geboten, weil sonst die Temperatur unzureichend ist. Bei den elektrisch geheizten Tunnelöfen kann man die Temperatur genau einstellen. Sie reguliert sich dann selbst. Dies ist ein großer Vorzug, der

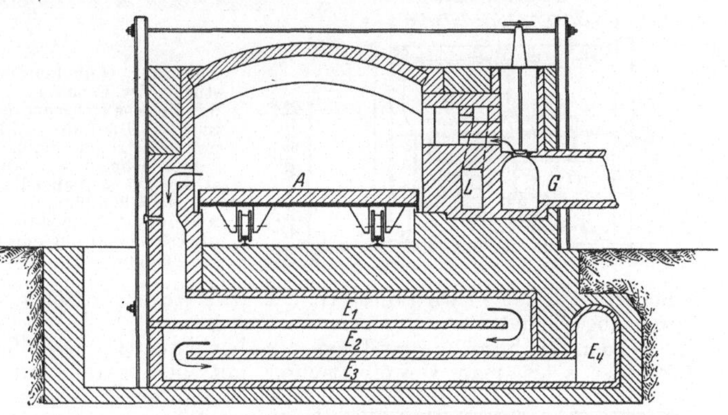

Abb. 208. Glühofen für Stahlguß mit Gas, im Sinne einer Rekuperativfeuerung geheizt. *G* Gas. *L* Luft. *E* Essengas. Luft und Gas vermischen sich innerhalb des Mauerpfeilers.

das hohe Anlagekapital ausgleichen kann (Abb. 212).

Ein amerikanischer Elektroglühofen ist unter dem Namen Haganofen[4] bekannt geworden (es ist ein Muffelofen). Es werden freihängende Widerstände, in Form von Chromnickelbändern (80% Ni, 20% Cr) verwendet. Man hat bei einem Einsatz von 3,6 t ein Anlagekapital von 56 700 RM. und 1,85 Rpf. Glühkosten für 1 kg Einsatz. Für 1 kg hat man dabei mit $0{,}32\ \text{kWh} = 0{,}91$ Rpf. Stromkosten zu rechnen, wenn die kWh 2,73 Rpf. kostet.

Die Elektrik Furnace Construktion Co. nennt eine Leistung von 20 t in 24 Stunden bei 90 kW. Eine Glühung erfordert 200 kWh[5].

---

[1] Reisenotiz des Verfassers.   [2] Gießerei-Ztg. 1913 S. 754.
[3] Vgl. auch Gießerei 1930 S. 87, Abb. 10 usw.
[4] Gießerei-Ztg. 1926 S. 323. Öfen der Hagan-Co. in Pittsburg.
[5] Stahl u. Eisen 1922 S. 1908. Andere neuere Angaben bringen Gießerei-Ztg. 1928 S. 366 und Archiv 1927 S. 205.

Die Temperaturkurve eines Ofens zeigt Abb. 213.

Einzelheiten.

Ein Luftzutritt durch Spalten und Risse im Mauerwerk muß unbedingt vermieden werden. Durch starke Wände, gute Verankerung, starke, schräg gestellte und gut ver-

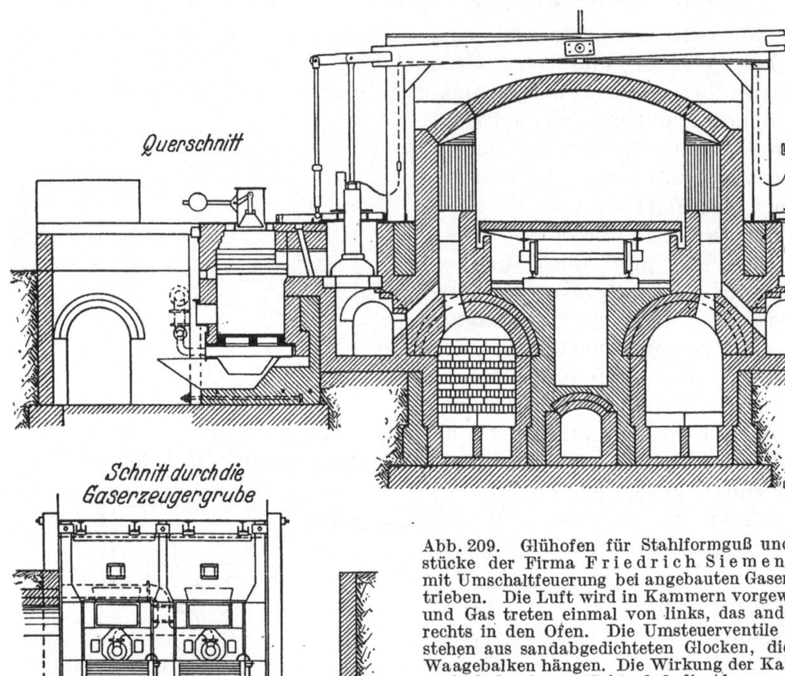

Abb. 209. Glühofen für Stahlformguß und Schmiedestücke der Firma Friedrich Siemens in Berlin, mit Umschaltfeuerung bei angebauten Gaserzeugern betrieben. Die Luft wird in Kammern vorgewärmt. Luft und Gas treten einmal von links, das andere Mal von rechts in den Ofen. Die Umsteuerventile für Gas bestehen aus sandabgedichteten Glocken, die an einem Waagebalken hängen. Die Wirkung der Kammern wird noch dadurch verstärkt, daß die Abgase, die zunächst die Ofensohle von unten heizen, in Mauerwerkskanälen emporsteigen und die Luftkanäle erwärmen.

schmierte Türplatten wird dies erreicht. Die Wagenplattform wird durch Sandrinnen nach unten abgedichtet.

Bei den Glühgruben muß man der abhebbaren Decke große Aufmerksamkeit schenken. Entweder setzt man Gewölbestreifen mit dem Kran auf, oder hängt das Deckeigewölbe an einen Wagen, um es dann niederzulassen.

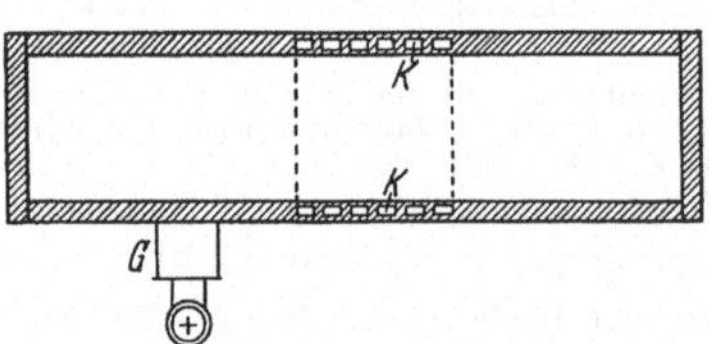

Abb. 210. Schematische Darstellung eines Tunnelofens. Rechts und links sind die Türen. Der Wagen fährt von links herein, kommt in den Bereich der Gasflamme bei G, gelangt dann in die Kühlzone bei K. Dadurch werden die Gußstücke schroff abgekühlt. Durch die Kanäle K fließt Gebläseluft, die dann, bei G eingeführt, als Verbrennungsluft dient.

Es muß dabei in Sandrinnen abgedichtet werden. Am besten ist es, wenn die Gewölbestreifen aus ausgemauerten gußeisernen Kästen bestehen, die nach unten zu offen sind, wie man sie bei Temperöfen hat. Bei Glühgruben werden die Abgase in Kanälen unter der Ofensohle zum Essenkanal geführt. Glühgruben kühlen unter gleichen Verhältnissen langsamer ab als Glühöfen und ergeben infolgedessen bessere Festigkeitseigenschaften. Sie lassen sich leicht besetzen und haben in bezug auf Raumausnutzung Vorteil.

Die Lager des Glühwagens versieht man mit Rollen und wendet zur Aufnahme des seitlichen Druckes Kugeln an. Die Konstruktion solcher Teile macht heute bei der Verwendung hitzebeständigen Stahls keine Schwierigkeiten. Das Beschicken der Glühöfen kann man durch Schiebebühnen erleichtern.

Einen Glühofen mit flammenloser Verbrennung, mit beschränkter Luftzuführung hat die Firma Krupp herausgebracht. Die Verbrennung findet in einem Vorraum statt.

Eine besondere Art der Feuerung stellt die Selasfeuerung[1] dar, die gerade bei Geschützrohren und anderen schwierigen Schmiedestücken Anwendung findet. Man kann sie auch mit Erfolg beim Glühen von legierten Stahlgußstücken

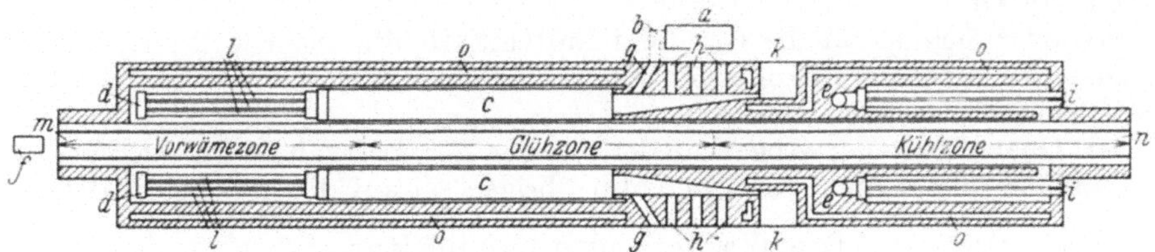

Abb. 211. Grundriß eines Dreßlertunnelofens, gebaut von Heimsoth & Vollmer in Hannover. *a* Gaserzeuger, *b* Gasleitung, *c* Brennkammer, *d* Abzug der Essengase, *e* Kühlrohre (Austritt), *f* Einstoßmaschine, *g* Gaseintritt, *h* Lufteintritt, *i* Kühlrohre (Eintritt), *k* Schauloch, *l* Vorwärmzone, *m* Wageneingang, *n* Wagenausgang, *o* Isoliermasse. Gießerei 1930 S. 87.

benutzen, die vergütet werden müssen. Es ist eine Preßgasfeuerung, bei der ein solches Gemisch von Gas und Preßluft ($1:1^1/_2$) hergestellt wird, daß keine Verbrennung möglich ist. Im Brenner wird dann genau soviel Sekundärluft zugeführt, daß eine vollständige Verbrennung geschehen kann.

Die Gas- und Luftkompressoren sind so gebaut, daß man haarscharf die Gaszufuhr und Luftzufuhr auf eine bestimmte Temperatur einstellen kann.

Die Konstruktion der Glühöfen.

Für 1 m² Grundfläche der Kammer kann man bei 8—16 Stunden Glühdauer und 900° Glühtemperatur 1,5—3 t Stahlguß in

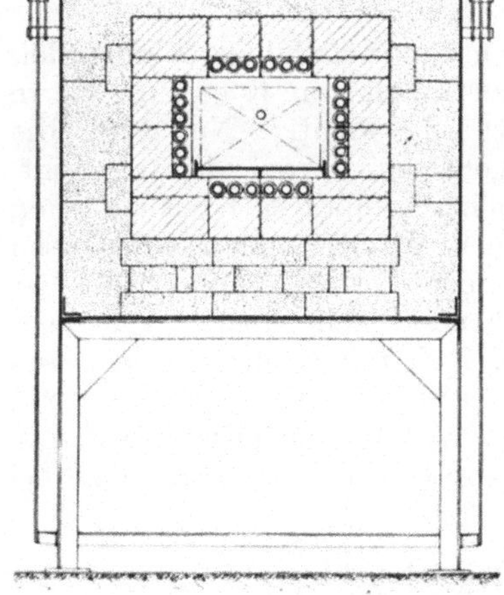

Abb. 212. Elektrisch geheizter Glühofen, Bauart Ruß (Köln) im Schnitt.

Man erkennt die Rohre aus Isolierbaustoff, in denen die Chromnickelheizwindungen liegen. Außen ist der Ofen gut isoliert, so daß die Fläche nur 52° Temperatur besitzt. Abmessungen der Muffel: 450 × 300 × 800 mm. Anschlußwert 27 kW. Einsatzgewicht 120 kg Stahl. Stromart D/G von 380 Volt.

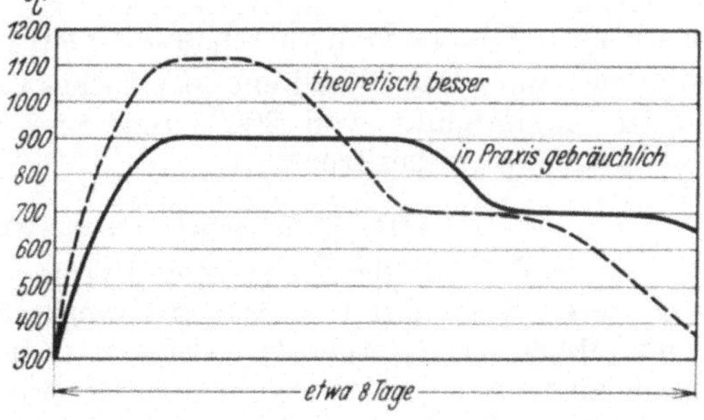

Abb. 213. Glühtemperaturkurve, im Sinne eines amerikanischen Vorschlags (vgl. Gießerei 1927 S. 854).

24 Stunden rechnen. 100 t Tagesleistung erfordern bei 48 m² Grundfläche, 5—15% Kohlenverbrauch, vom Einsatz gerechnet[2]. Bei Rekuperativgasfeuerung etwa 5—10%. Bei Gasfeuerung muß man im Sinne des Heizwertes umrechnen.

Ein von der Firma Heimsoth & Vollmer in Hannover für einen Einsatz von 80—100 t Stahlguß erbauter Glühofen von 11 × 5 = 55 m² Grundfläche

---

[1] Vgl. Stahl u. Eisen 1922 S. 1641 und Z. VDI 1918 S. 618. Der Name Selasfeuerung ist auf das arabische Wort für „glänzend" zurückzuführen. Selas AG., Berlin N 39. Vgl. auch Osann: Lehrbuch der Eisenhüttenkunde, Bd. 2.
[2] Nach Skamel: Gießerei-Ztg. 1913 S. 751.

bei 3,5 m Höhe brauchte 6—12% Kohle bei Generatorgasfeuerung. Er ist mit Weardalefeuerung, d. h. Luftvorwärmung im Gewölbe ausgerüstet[1].

Ein mit Ölfeuerung betriebener Glühofen brauchte 4—8% vom Einsatzgewicht an Öl[2].

Skamel[3] rechnet für die Gas- und Lufteintrittsöffnungen 0,12 und 0,24 m², bei einem Rekuperativglühofen von 100 t Leistung in 24 Stunden (8 $\times$ 6 = 48 m² Fläche) bei 6% Kohle.

Der Querschnitt der Abgaskanäle und der der Luftkanäle im Rekuperator wird auf 0,8 und 0,36 m² bemessen. Im übrigen sei auf die Abb. 209 verwiesen.

Die Wasser- und Ölbehälter.

Sie müssen sehr groß und mit Rückkühlanlagen versehen sein. Auf die niedrige Temperatur der Abschreckflüssigkeit kommt sehr viel an.

Die Wahl zwischen Wasser und Öl wird dadurch bestimmt, daß man ersteres bei Kohlenstoffstahl nur bis unterhalb 0,3% C benutzen darf, ohne Härterisse befürchten zu müssen. Öl gibt eine mildere Härte, bei der nicht leicht Risse entstehen.

Für Stahlformguß kommt das Abschrecken in Wasser wohl nur bei Manganstahl zur Anwendung. Bei Schmiedestücken, z. B. Geschützrohren, entscheidet vielfach nur die Gewohnheit darüber, ob man Wasser oder Öl nimmt, wenn es sich um regelrechtes Härten handelt.

Als Öl verwandte man früher nur Rüböl, heute hat man ein billigeres Mineralöl. Für große Teile muß man oft Behälter mit einem Inhalt von 40 t Öl im Werte von 14000 RM. haben. Die Kühlung des Öls ist sehr wichtig. Nur durch die Kühlung wird das Öl auf konstanter Viskosität gehalten, worauf viel ankommt. Das Kühlwasser wird durch Zentrifugalpumpen in beständiger Kreisbewegung gehalten. Man setzt die Ölbehälter auch in einen Wasserbehälter ein, dessen Wasser beständig durch Zu- und Ablauf erneuert wird[4]. Die Größe der Behälter wird so bemessen, daß die einzutauchenden Teile überall von einer Ölschicht von 30 cm Stärke umgeben sind. Die Kühlanlage muß so bemessen werden, daß die im Gußstück befindliche Wärme bis auf 40—45° schnell beseitigt werden kann. Das Öl soll ein spezifisches Gewicht von 0,9, eine Dichte von 0,5, einen Flammpunkt von 200° und eine Viskosität von 7 Englergraden bei 30° Temperatur besitzen[5].

Die Temperaturmessung bei Glühöfen.

Sie erfolgt mit den bekannten Pyrometern, die am besten selbstschreibend und deren Zeiger- und Selbstschreibwerke in Überwachungszentralen eingebaut sind (Multithermographen[6]). Bei den in Frage kommenden Temperaturen ist man nicht auf die teuren Platin-Rhodiumthermoelemente angewiesen, man kommt mit billigeren Legierungen aus.

Beim gewöhnlichen Glühen fand der Verfasser auch Segerkegel und auch Wasserkalorimeter im Gebrauch, wie man sie früher zur Messung der Windtemperatur bei Hochöfen anwandte.

117. Beispiele für das Glühen und Vergüten.

Es sollen hier zunächst Angaben aus älterer Zeit gegeben werden.

---

[1] Stahl u. Eisen 1914 S. 1740.
[2] Gießerei-Ztg. 1913 S. 155.   [3] Gießerei-Ztg. 1913 S. 756.
[4] Kühlanlagen für Ölbehälter baut Dr. Otto Zimmermann in Ludwigshafen.
[5] Angabe der Firma Otto Zimmermann in Ludwigshafen.
[6] Z. B. Firma Hartmann u. Braun in Frankfurt a. M.

1. Eine amerikanische Quelle[1] (Howe als Berichterstatter einer Sonderkommission) schreibt bei Gußstücken mit weniger als 0,5% C vor, daß sie innerhalb 12 Stunden auf 1000° (höchstens 1050°) erhitzt werden sollen. Dann soll langsames Abkühlen folgen.

2. In 12 Stunden die Temperatur auf 950—1100° (bei geringer Wandstärke gilt die erste Temperatur) bringen, dann die Türen fest schließen. Nach dreimal 24 Stunden kann man den Ofen entleeren. Es handelt sich bei diesem Werk um verhältnismäßig starke Teile. Je härter die Gußstücke sind, um so geringer die Glühtemperatur. Hoher Mangangehalt erfordert höhere Temperatur.

3. Eine Veröffentlichung über die Stahlformgußstücke der Alexanderbrücke in Paris[2] läßt verschiedene Glühtemperaturen erkennen, meist 950—1000°. Ein Werk glühte bei 800°.

4. Ein anderes Werk, das eine große Erfahrung im Behandeln schwieriger Guß- und Schmiedestücke besitzt, läßt die Temperatur innerhalb etwa 24 Stunden auf 820° steigen, hält sie 12 Stunden und läßt dann im festverschlossenen, mit Sand abgedichteten Ofen abkühlen (3 × 24 Stunden).

5. Ein anderes Werk hielt die Temperatur auf etwa 900—1000° nach besonderen Grundsätzen und verfuhr im übrigen ähnlich.

6. Eine andere Quelle nennt 1000°, allenfalls 1050° als höchste Grenze nach oben. Dies ist zweifellos zu hoch.

7. Auf einem Stahlgußwerk in Hessen fand der Verfasser innerhalb der Kriegsjahre eine Glühgrube vor, die in 3 Stunden angeheizt wurde, dann hielt man 4 Stunden lang auf 900° und ließ dann langsam innerhalb 18 Stunden erkalten. Bei weichem Stahlguß schaltete man allerdings einen Sprung ein, indem man, nachdem die Temperatur 8 Stunden lang gehalten war, ein Deckensegment abhob. Dies wurde erst wieder eingelegt, wenn Dunkelrotglut erkennbar war. Der weitere Verlauf war dann wie oben. Man erzielte so eine um 2% bessere Dehnung (20% statt 18%). Die Glühgrube hatte Halbgasfeuerung, die mit Koks und reinem Essenzug betrieben wurde. Sie faßte 5000 kg Stahlformguß.

8. Anheizen auf eine Temperatur von 950—1000°, je nach der Wandstärke in 12 und mehr Stunden. Temperaturhalten und Abkühlenlassen in 2 × 24 Stunden bis 3 × 24 Stunden Nickelstahlguß erforderte Einhaltung niedrigerer Temperaturen.

Es sollen nunmehr neuere Angaben folgen:

9. Glühgruben einer rheinländischen Stahlgießerei, mit Hochofengas bei Umschaltfeuerung geheizt. Es waren Stahlgußstücke mit 15 mm Wandstärke. Anheizen 6 Stunden. Temperaturhalten 12 Stunden. Abkühlenlassen 24 Stunden. Temperatur ungefähr 800°, gemessen mit Segerkegeln und Thermoelementen. Die Gewölbestreifen hatten eine Haltbarkeit von mehreren Jahren.

10. Glühofen einer sächsischen Stahlgießerei[3]. Es bestand Koksfeuerung. Zwischen die Stahlgußstücke streute man Kohlen (nicht nachahmenswert!). Man brachte schon in 6 Stunden den Ofen auf 600°, nach einiger Zeit waren es 800°. Nunmehr machte man den Ofen 24 Stunden lang dicht und ließ dann die Temperatur in 2—3 Tagen langsam fallen. Die Glühung dauerte eine Woche. Der Wagen faßte 5—6 t Stahlgußstücke.

11. Kleiner Glühofen in einer sächsischen Stahlgießerei, mit Unterwind bei Kohle und Braunkohlenbriketts betrieben. Es wurden Manganstahlgußstücke und auch Stahlgußstücke, die geschweißt waren, geglüht. Temperaturmessung optisch und mit Thermoelementen.

12. Es wurden Hochdruckdampfturbinengehäuse aus Stahlguß geglüht[4]. In Hinblick auf die Wärmebeständigkeit mußte man das Glühen bei vorgeschruppten Zustande wiederholen. Man erhitzte auf 600—650° und ließ dann ganz langsam abkühlen. Dieses Glühen nannte man Totglühen.

13. Querhaupt einer schweren Presse mit 0,3% C (westfälische Stahlgießerei). Nach 30 Minuten Aufbrechen der Form, nach 8 Tagen Ausheben des Gußstückes und zur Putzerei fahren. (Ebenso ließ man ein 32 t schweres Illgnerschwungrad 10 Tage in der Gußform.) Nach Abschneiden der Eingüsse und Steiger und Ausbessern mit dem Schweißbrenner wurde das Stück in den Glühofen gebracht, wo nach dem Aufheizen 20 Stunden lang die Temperatur bei 950° gehalten wurde. Man ließ dann innerhalb 5 Tagen im Ofen erkalten.

14. Glühen in einem Tunnelofen einer sächsischen Stahlgießerei. Der Ofen wird mit Gas geheizt. Durch Einbau von Kühlkanälen in den Wänden kann man die Temperatur sprungweise senken[5]. (Vgl. die Skizze Abb. 210.) Der Glühverlauf ist folgender: 4 Stunden Anwärmen bis auf eine Temperatur von 950°, Halten auf dieser Temperatur

---

[1] Stahl u. Eisen 1909 S. 1325.   [2] Stahl u. Eisen 1900 S. 942.
[3] Reisenotiz 1925.   [4] Gießerei 1927 S. 771.
[5] Vgl. auch Stahl u. Eisen 1910 S. 1993; 1914 S. 1820, wo Tunnelglühöfen für Feinbleche beschrieben sind.

8 Stunden hindurch, dann ein Temperatursturz auf 650° und ein langsames Abkühlen bis auf Außentemperatur innerhalb 16 Stunden. Täglich werden 12—15 t Guß durchgesetzt. Es wird der Ofen auch als Trockenofen für Masseformen benutzt, was sich sehr gut bewährt hat.

15. Glühen von Stahlguß in einer rheinländischen Stahlgießerei. Es waren koksgefeuerte Glühgruben. Man hielt auf 900°, 950° waren zuviel. Die Temperatur wurde mit Segerkegeln gemessen.

16. Glühen von gegossenen Marineketten in zwei Tunnelglühöfen. Es wurde vergütet. Die Kette wird selbsttätig durch den Ofen (900°) gezogen, dann durch Wasser und dann durch einen zweiten Glühofen (550°) (Verfahren von Bailey[1]).

16a. Ein anderes bei Jäger in Elberfeld geübtes Verfahren wird in Stahl u. Eisen 1926 S. 706 beschrieben. Daselbst ist auch vom Vergüten anderer Stahlgußteile die Rede. Noch andere Verfahren werden weiter unten, unter 28. genannt.

17. Stahlguß mit 1% Nickel[2] wird mit einem durchschnittlichen Gehalt von 0,25% C, bei 1% Mn hergestellt (Ni-Stg Nr. 1).

Wärmebehandlung: Nach Abschrecken bei etwa 850° C wird der Mangan-Nickelstahlguß am besten bei Temperaturen von 600—620° C angelassen.

18. Stahlguß mit 2% Nickel. Von den Stahlgußsorten mit 2% Ni finden auf Grund ihrer Bewährung insbesondere solche der folgenden Zusammensetzungen vielfach Anwendung:

Nr. 2	höchstens 0,2% C	0,6—0,9% Mn	mindestens 2% Ni
„ 3	0,25—0,3% C	0,9—1% Mn	2—2,25% Ni
„ 4	0,3% C	1,5% Mn	2% Ni

Wärmebehandlung: Es empfiehlt sich bei größeren Gußstücken zunächst eine Glühbehandlung bei 950° C vorzunehmen, die für je 25 mm Wanddicke auf etwa 2 Stunden Dauer bemessen wird und darauf an ruhiger Luft abzukühlen. Nach diesem Vorglühen wird luftvergütet, indem man nach Erhitzen auf 850° C an der Luft abkühlt und dann auf Temperaturen zwischen 600 und 680° C anläßt.

19. Stahlguß mit 3% Nickel. Nach den bisherigen Erfahrungen werden die Vorteile eines Stahlgusses mit etwa 3% Ni am besten bei folgender Zusammensetzung ausgenutzt:

Nr. 5	0,2—0,3% C	0,5—0,8% Mn	3—3,5% Ni.

Wärmebehandlung: Wenn man mit der eigentlichen Vergütung einen vorbereitenden Ausgleich des Gußgefüges herbeiführen will, wie es bei größeren Gußstücken üblich ist, so wählt man hierfür eine Glühtemperatur von 900° C. Normalglühung (vgl. S. 244) und Abschrecken erfolgen bei 850° C, während als Anlaßtemperatur im allgemeinen 600° in Betracht kommt.

20. Chrom-Nickelstahlguß. Durchschnittliche chemische Zusammensetzung:

Nr. 6	0,35% C	0,3% Si	0,7% Mn	1,5% Ni	0,6% Cr
„ 7	0,35% C	0,3% Si	0,7% Mn	2,75% Ni	0,8% Cr
„ 8	0,3% C	0,35% Si	0,7% Mn	3,5% Ni	1,2% Cr
„ 9	0,3% C	0,35% Si	0,7% Mn	4,25% Ni	1,3% Cr

Wärmebehandlung: Für Normalglühen und Abschrecken kommen je nach der Zusammensetzung Temperaturen von 820—950° C in Betracht, während die Anlaßbehandlung bei Temperaturen von 600—650° C vorgenommen wird. Bei niedriglegiertem Chrom-Nickelstahlguß begnügt man sich mit Luftvergütung. Bei höherem Kohlenstoffgehalt ist auf die Anlaßsprödigkeit zu achten, die bekanntlich mit dem Chromzusatz in Zusammenhang steht. Sie läßt sich durch Ablöschen des Gußstückes in Öl oder Wasser, nach dem Anlassen, das in der Regel bei mindestens 550° zu erfolgen hat, vermeiden. Auch bei dickeren Querschnitten ist bei Chrom-Nickelstahlguß gute Gleichmäßigkeit des Gefüges und der Festigkeitseigenschaften zu erreichen, indem man zur Auflösung bzw. Ausgleichung des Gußgefüges zunächst eine Normalglühung vornimmt und daran die eigentliche Vergütung anschließt. Gegen Überhitzung ist Chrom-Nickelstahlguß wenig empfindlich.

21. Molybdän-Chrom-Nickelstahlguß. Ein Molybdänzusatz erleichtert die Wärmebehandlung der Gußstücke, da das sonst bei höher gekohltem Chrom-Nickelstahlguß übliche Ablöschen nach dem Anlassen fortfallen kann. Bedeutsam ist ferner, daß dieser legierte Stahlguß sich besonders für Luftvergütung eignet. Er gestattet daher vor allem die Herstellung von großen, sowie verwickelten Stahlgußteilen, die bei der Vornahme der Härtung in Öl oder Wasser leicht zum Verziehen oder zur Rißbildung neigen.

Chemische Zusammensetzung: Größere Verbreitung hat Molybdän-Chrom-Nickelstahlguß der folgenden Zusammensetzung gefunden:

---

[1] Stahl u. Eisen 1919 S. 1621.

[2] Diese und die folgenden Angaben — (17—23) sind aus dem Nickelhandbuch der Nickelberatungsstelle in Frankfurt a. M. (Stahlguß) entnommen.

Nr. 10   0,25—0,35% C   0,7—0,9% Mn   2,0—2,25% Ni   0,65—0,85% Cr   0,2—0,4% Mo
„   11   0,5—0,6% C   0,6—0,8% Mn   1,5—1,75% Ni   0,75—0,9% Cr   0,4—0,6% Mo

Der an erster Stelle aufgeführte Werkstoff (Nr. 10) wird auch ohne Chromzusatz verwendet.

Wärmebehandlung: Die zum Ausgleich des Gußgefüges zweckmäßige erste Glühbehandlung erfolgt bei Temperaturen von 950—980° C, während man Normalglühen und Abschrecken bei 820—920° C vornimmt und im allgemeinen bei Temperaturen zwischen 600 und 650° C anläßt.

22. Vanadium-Nickelstahlguß. Chemische Zusammensetzung: Hervorzuheben ist Vanadium-Nickelstahlguß mit folgender Zusammensetzung:

Nr. 12   0,2—0,3% C   0,6—0,8% Mn   1,5—1,75% Ni   0,12—0,15% V

Wärmebehandlung: Die bei größeren Gußstücken übliche vorbereitende Glühbehandlung erfolgt bei 900—950° C, mit einer Glühdauer von $1^{1}/_{2}$—2 Stunden für je 25 mm Wanddicke, während Normalglühen und Abschrecken bei 850—880° C und Anlassen bei einer Temperatur von etwa 600° C vorgeommen wird.

23. Korrosions- und hitzebeständiger Chrom-Nickelstahlguß. Chemische Zusammensetzung:

Martensitischer Chrom-Nickelstahlguß

Nr. 14   0,1—0,2% C   0,5—0,7% Si   0,35—0,45% Mn   3,0—3,5% Ni   10—12% Cr
„   15   0,15—0,2% C   0,4—0,7% Si   0,4% Mn   1,5—2% Ni   14—14,5% Cr
„   16   0,16—0,22% C   0,5—1% Si   0,4—0,6% Mn   0,5—0,7% Ni   14—14,5% Cr
„   17   0,32—0,42% C   0,1—0,2% Si   0,2—0,3% Mn   0,4—0,5% Ni   13—14,5% Cr

Austenitischer Chrom-Nickelstahlguß

Nr. 18   0,15% C   0,3—0,6% Si   0,3—0,4% Mn   8,5—9,5% Ni   17,5—18% Cr
„   19   0,15% C   0,3—0,5% Si   0,3—0,4% Mn   8,5—9,5% Ni   17,5—18% Cr
                                                                        3% Cu oder 3—4% Mo
„   20   0,15% C   0,3—0,5% Si   0,3—0,4% Mn   12—13% Ni   15—16% Cr
„   21   0,15—0,3% C   2,4—2,7% Si   0,5—0,7% Mn   19—21% Ni   24—25% Cr

Wärmebehandlung: Martensitischer Chrom-Nickelstahlguß wird zur Beseitigung des Gußgefüges bei etwa 850° C geglüht und im Ofen abgekühlt und kann darauf bei 900—1000° C in Öl oder Wasser, bei kleineren Querschnitten oder verwickelten Formen in Luft abgeschreckt, um zwischen 400 und 650° C angelassen zu werden. Die genaue Festlegung der Härte- und Anlaßtemperatur richtet sich nach der jeweils vorliegenden chemischen Zusammensetzung des Gußstückes. Austenitischer Chrom-Nickelstahlguß wird in Öl oder Wasser bei 1000—1200° C abgeschreckt, in manchen Fällen auch nur geglüht.

24. Glühen in einem elektrisch geheizten Haganofen (vgl. Kapitel 116). Das Aufheizen auf Höchsttemperatur (800°) erfordert 9 Stunden. Diese wird dann etwa 2 Stunden lang gehalten; die folgende Charge braucht nur etwa 6 Stunden zum Aufheizen.

25. Glühen von Probestäben. Krieger[1] befürwortet ein Glühen der Zerreißstäbe vor dem Zerreißen bei 700—900°, um einen spannungsfreien Zustand herbeizuführen, ohne die Gußstruktur aufzuheben. Er bringt zur Begründung Beispiele aus der Abnahme von Granaten bei. Bei einem solchen Spannungszustande wird dasselbe erzielt, wie bei einem schief eingespannten Stabe, der gleichzeitig auf Biegung beansprucht wird. Es kommt zum vorzeitigen Bruch bei geringerer Dehnung.

26. Glühen von sehr schweren Stahlgußstücken, z. B. Schwungrädern, in Amerika (Luftvergütung)[2]. Die Wärme dringt nur langsam bis zur Mitte vor. Man rechnet für je 25 mm $1^{1}/_{2}$ Stunden. Bei 1100° wird das Stück bis zur Mitte durch und durch erwärmt. Dann Temperatur halten: 2 Stunden für je 25 mm. Dann bei offenen Türen die Temperatur auf 870° fallen lassen. Dann wird das Stück herausgefahren, bis es auf 425° abgekühlt ist. Dann wieder hinein in den Ofen, der auf 870° aufgeheizt ist, 1 Stunde für 25 mm. Temperatur halten. Dann den Ofen auf und ihn bis auf 425° abkühlen lassen. Dann nochmals wieder auf 690° erhitzen. Dann auf 315° die Temperatur abfallen lassen. Dann das Stück endgültig herausfahren und draußen erkalten lassen. Nur auf diese Weise läßt sich eine gute Kornverfeinerung erreichen.

27. Glühen und Vergüten in einem mit Generatorgas geheizten Rekuperativglühofen eines rheinländischen Werkes[3]. Luftvergütung. Es wird das Gas abgestellt; dann fällt die Temperatur im Ofen schnell von 900° auf 700°, also unterhalb des Perlitpunktes. Dann aber fest zumachen und den Ofen stehen lassen.

28. Glühen und Vergüten von Stahlgußketten[4]. Nach dem Putzen gelangt die Kette zu einem der Bailey-Glühöfen. Dort wird sie von vier durch einen gemeinsamen Balken ver-

---

[1] Stahl u. Eisen 1922 S. 1769.
[2] Gießerei-Ztg. 1928 S. 147. Vgl. auch Stahl u. Eisen 1929 S. 19.
[3] Reisenotiz. Der Gaszutritt wird durch einen Askaniaregler gesteuert.
[4] Stahl u. Eisen 1919 S. 1621; 1919 S. 317 u. 433.

bundenen Haken so angefaßt, daß sie 6 Stränge bildet. Der Querbalken ist mit dem Seile
einer elektrisch betriebenen Winde verbunden, die die Kette durch den Glühofen zieht.

Der ständig unter pyrometrischer Beobachtung stehende Glühofen ist elektrisch beheizt.
Das Glühgut wird langsam auf 900° erwärmt, 10 Minuten in dieser Wärme belassen und
dann aus dem Ofen gezogen, um in einem 3×22 m großen Behälter mit starkem Wasserzu-
und -abfluß abgeschreckt zu werden.

Es gelangt dann über eine geneigte Ebene in einen zweiten Glühofen, wo es auf 550°
angelassen wird, um dann im Freien abzukühlen. Der entstandene Glühspan wird durch
Behandlung der Kette in einer der unmittelbar neben dem Glühofen aufgestellten Schauer-
trommeln beseitigt (vgl. auch Nr. 16).

29. Vergüten von Manganstahlgußstücken. Literatur: Werkstoffhandbuch Heft 21
(Verlag Stahleisen). Gießerei-Ztg. 1925 S. 449 (v. Kerpely); 1926 S. 634. Stahl u. Eisen
1926 S. 1326 (Barton); 1929 S. 1666 (Hochprozentiger Manganstahl); 1930 S. 161 (Schulz
Siliziumstahl). Gießerei 1931 S. 643 (Kothny).

30. Ein sächsisches Werk glüht bei 860° und erreicht diese Temperatur in 3 Stunden,
um sie 30—45 Minuten zu halten und läßt dann auf 450° fallen. Von da ab läßt man den
Ofen ganz langsam auf 80° abkühlen. Die ganze Glühung dauert 9—10 Stunden. Man
macht zwei Glühungen an einem Tage. Man erhöht dadurch die Zerreißfestigkeit von 44
auf 48,5 und die Dehnung von 13 auf 18—20%. Die schnelle Aufheizung geschieht mit Hilfe
der Hermannfeuerung, vgl. bei Trockenkammern (Kap. 105).

118. Das Schweißen und Flicken[1].

Es soll hier nur von Ausbesserungsarbeiten die Rede sein. Man beseitigt
Lunker- und Fehlstellen, indem man unter Aufschmelzen der Ränder flüssiges

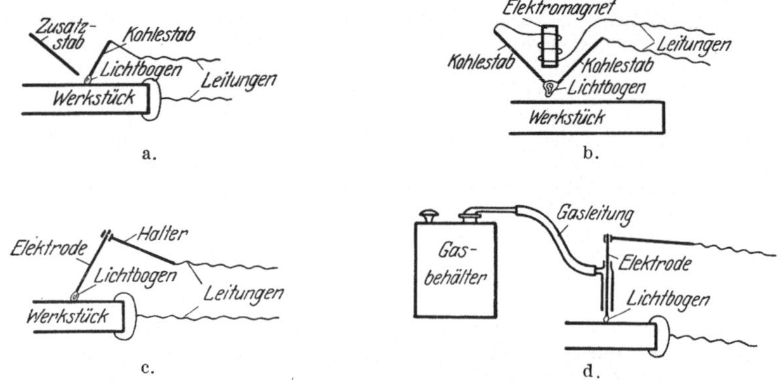

Abb. 214 a=d. Schematische Darstellung der verschiedenen Lichtbogenschweißverfahren, entnommen aus
Klosse. Lichtbogenschweißen, Berlin bei Springer.

a. Verfahren von Bernados.   b. Verfahren von Zerennes.
c. Verfahren von Slavianoff.   d. Dasselbe unter Anwendung einer Gasschutzatmosphäre.

Metall in die Vertiefung einfließen läßt. Andererseits läßt man dies auch in die
Fuge eines gerissenen oder gebrochenen Stückes einfließen, um diese zu schließen;
vielfach unter Benutzung von Schweißdrähten, die abschmelzen. Bei gerissenen Stücken ist allerdings Vorsicht zu üben, wenn man sie im kalten
Zustande schweißen will. Sofern noch Spannung besteht, geht dann der Riß
weiter oder klafft wieder auf.

Bei diesen Arbeiten besteht ein ausgeprägter Unterschied gegenüber dem
Gußeisen. Das Schweißen von Stahlgußstücken ist erheblich leichter, weil
die Dehnbarkeit des Stahls nicht die für Gußeisen kennzeichnende Sprödigkeit

---

[1] In dem Ziele, die Verwendung des Stahlgusses gegen das Eindringen geschweißter
Konstruktionen zu verteidigen, ist ein sogenanntes Baukastensystem entwickelt. Man
verschweißt Stahlgußstücke mit Träger- und Eisenkonstruktionsstücken, um an Herstellungs-
kosten gegenüber sperrigen Stahlgußstücken zu sparen. (Gießerei 1932 S. 127 [Stieler]).

aufkommen läßt und weil das entstehende Fe_3O_4 zusammen mit dem Stahl schmilzt, während es noch fest ist, wenn Gußeisen bereits zu schmelzen beginnt.

Die Verflüssigung des Metalls kann in verschiedener Weise geschehen:

1. Durch den elektrischen Lichtbogen (Lichtbogenschweißung) (Abb. 214 u. 215).

2. Durch Verbrennen von Gas (Azetylen oder Wasserstoff) mit Sauerstoff (Gasschweißung)[1].

3. Durch aluminothermisches Schmelzen (Abb. 216).

4. Durch Schmelzen im Sinne des Schoopschen Metallspritzverfahrens. Es ist dies eine Gasschweißung.

Ein Schweißen mit Hilfe der elektrischen Widerstandswärme im Sinne einer Preßschweißung kommt hier nicht in Betracht. Es handelt sich um reine Schmelzschweißungen.

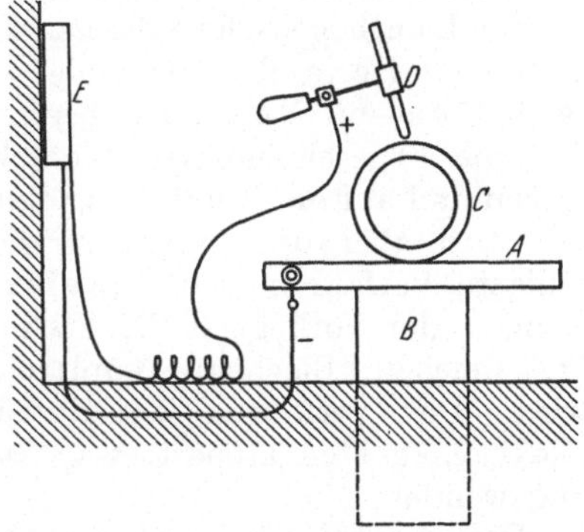

Abb. 215. Lichtbogenschweißen nach Bernados. *E* Schaltbrett. *A* Eisenplatte, auf einer isolierenden Holzunterlage *B*. *C* auszubesserndes Gußstück. *D* Kohleelektrode.

Beim aluminothermischen Schweißen steht der Schmelztrichter oberhalb der Gußform. Diese wird hergestellt, indem man die Bruchstücke in eine Masseform derart einbettet, daß nach dem Erstarren ein Wulstkranz da erscheint, wo der Bruch klaffte (Abb. 216).

Beim Metallspritzverfahren wird das flüssige Metall aus der Spritzpistole in den Hohlraum eingespritzt.

Ein Vorwärmen des Gußstückes, wie es bei Gußeisen meist geschieht, ist bei Stahlguß nicht nötig, wohl aber ein Glühen nach dem Schweißen, weil durch die einseitige Erwärmung Spannungen entstanden sind, die beseitigt werden müssen.

Die Beseitigung des bei der Erhitzung entstehenden Fe_3O_4 zwecks Erzielung einer metallischen Oberfläche ist bei Stahlguß nicht unbedingt nötig, aber empfehlenswert. Daß sie nicht unbedingt nötig ist, hängt wohl damit zusammen, daß das gleichzeitig oxydierte Si das zur Verschlackung nötige SiO_2 liefert. Man kann aber Schweißstäbe benutzen, welche einen Überzug tragen, um eine Verschlackung des Fe_3O_4 durchzuführen, und kann auch den Stab von Zeit zu Zeit in ein Gefäß tauchen, welches das Schweißpulver in einer dickflüssigen Emulsion enthält.

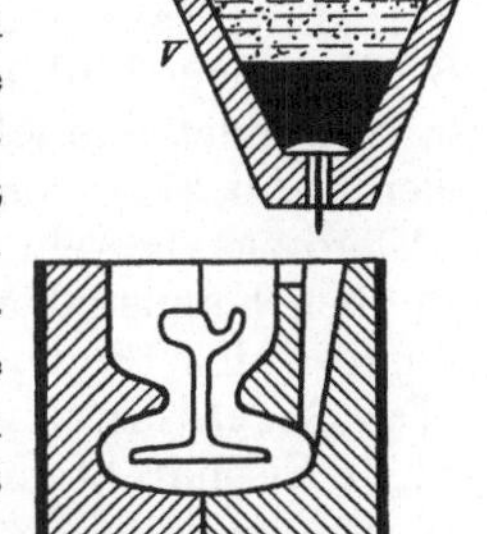

Abb. 216. Schematische Darstellung einer aluminothermischen Schienenschweißung. Man erkennt das flüssige Eisen unter der flüssigen Schlacke im Trichter und den Nagel, der zum Verschluß der Ausflußöffnung dient.

Bei legierten Stählen benutzt man Schweißstäbe, die für solche Stähle besonders ausgewählt sind[2]. Schweißstäbe für Sichromalstahl geben ein Beispiel. Man verwendet hier Stäbe, mit hohem Cr-Gehalt und Ni-Gehalt oder Si-Gehalt, aber ohne Al legiert[3].

Soll mit dem Lichtbogen geschweißt werden, so verwendet man Schweißstäbe gleicher Zusammensetzung wie die Stahlgußstücke, umhüllt mit einer Paste aus stark eisenoxydulhaltiger, saurer Schlacke.

---

[1] Manche sagen statt „Gasschweißung" „autogene Schweißung". Dies ist nicht zu empfehlen. Der Name „autogen" wäre höchstens dann angezeigt, wenn es sich um Wasserstoffschweißungen handelt, bei denen H wieder mit O zu Wasserdampf vereinigt wird.

[2] Vgl. Stahl u. Eisen 1931 S. 245 (Rapatz).

[3] Technisches Zentralblatt 1932 Heft 25 S. 10.

Die Firma Böhler[1] liefert Schweißdrähte aus steirischem Holzkohlenschweißeisen, in Stärken von 1—12 mm. Die Kennfarbe „weiß" gilt für Lichtbogenschweißung, die Kennfarbe „rot" für Gasschweißung.

Man schweißt auch unter Schutzgas vgl. Abb. 214 d.

Für Lichtbogenschweißungen kommen drei Verfahren in Betracht. Das Verfahren von Benardos, dasjenige von Zerenner und dasjenige von Slavianoff (Abb. 214 a—c). Benardos benutzt Kohleelektroden, welche den Vorteil haben, daß die abgeschleuderten Kohlekörper des Lichtbogens für eine Reduktion sorgen und auf die Entstehung einer metallischen Fläche hinwirken. Dieser Vorteil wird aber doch nicht so hoch geschätzt, um zu verhindern, daß das billigere Verfahren von Slavianoff, der Elektroden aus dem Baustoff anwendet, der vorliegt (z. B. Stahlelektroden bei Stahlguß, Flußeisenelektroden bei weichen Blechen, Kupferelektroden bei Kupferblechen usw.) benutzt wird. Das Verfahren von Zerenner, der den Lichtbogen mit Hilfe eines Elektromagneten steuert, war nahezu vergessen; es wird heute aber vielfach angewendet.

Die Kunst des Schweißers muß bewirken, daß der Lichtbogen nicht zu lang und dadurch zu heiß wird. In einem solchen Falle nimmt die Schweißstelle zuviel O und N aus der Luft auf. Es darf also nicht bei zu hoher Stromstärke und Spannung geschweißt werden. Ob man Lichtbogenschweißung oder Gasschweißung anwendet, ist für den Erfolg gleichgültig. Nur ist bei Stahlguß die Lichtbogenschweißung wirtschaftlicher.

In einer westfälischen Stahlgießerei fand der Verfasser eine Anlage vor, die einen Schweißstrom von 160 V, bei 400 A lieferte. Es wurde im Sinne von Slavianoff mit Schweißstäben geschweißt, die einen Überzug von Schweißpulver trugen. Die rotwarme Stelle wurde dann sorgfältig gehämmert, um die Schlacke herauszudrücken. Hernach kamen die Stücke in einen Glühofen, um sie bei 950° auszuglühen.

Die aluminothermische Schweißung[2] ist seinerzeit von der Firma Goldschmidt in Essen eingeführt. Man schweißte mit ihrer Hilfe vor dem Kriege z. B. gebrochene Raddampferwellen und gebrochene Steven im Schiffsraum selbst. Man verwendet eine solche Schweißung heute noch zum Schweißen von Schienenstößen (Abb. 216), sonst aber wohl kaum.

Allerdings besteht das Bestreben, eine Verbindung mit dem Lichtbogenschweißen herzustellen[3] und ebenso das Bestreben durch Einführen von TiO_2, das neben dem Fe_2O_3 reduziert wird, eine Verbesserung einzuführen[4].

Das Metallspritzverfahren[5] ist noch in der Entwicklung begriffen. Es wird ein Eisendraht mit Hilfe einer sehr heißen Gebläsegasflamme abgeschmolzen.

119. Die Selbstkostenrechnung in der Stahlgießerei.

Das Schema der Selbstkostenrechnung.

A. Fertigungskosten des abgabefähigen Stahlgußstückes.

B. Handlungs- und Allgemeinkosten.

C. Zuschlag für Konjunkturrisiko und Reingewinn.

D. Gegebenenfalls Frachtkosten.

---

[1] Gebr. Böhler & Co. in Düsseldorf-Oberkassel.

[2] Sie beruht darauf, daß die Reaktion: $Fe_2O_3 + 2\,Al = 2\,Fe + Al_2O_3$ so stark exothermisch verläuft, daß das flüssige Eisen mit einer sehr hohen Temperatur aus dem Bodenloch des Tiegels in die Schweißform einfließt und die Rißfuge ausfüllt. Stahl u. Eisen 1914 S. 803.

[3] VDI-Nachr. 1932 8. Juni.   [4] Stahl u. Eisen 1922 S. 856.

[5] Firma Metallisator, Berlin-Neukölln.

A. Fertigungskosten. Sie umfassen:

1. Kosten des flüssigen Stahls, unter Anrechnung der zurückgegebenen Gießabfälle und Späne.

2. Produktivlöhne, d. h. Former-, Kernmacher-, Putzer-, Dreher- usw.-löhne, letztere, soweit sie das Abschneiden der Trichter betreffen.

3. Betriebsunkosten, die durch einen prozentualen Zuschlag zu jeder Gattung des Produktivlohnes ausgedrückt werden. Z. B. Ausgabe für Betriebsleitung und Aufsicht, Formmasse, Hilfsarbeiter, Kräne, Brennstoff und Bedienung von Trocken- und Glühkammern, Reparaturen, Abschreibungsbeträge, soweit diese nicht unter B verbucht werden.

4. Zuschlag für Fehlgußrisiko.

5. Modellkosten, soweit sie nicht vom Besteller getragen werden. Die Kosten für die Aufbewahrung und Reparatur der Modelle fallen unter die Betriebsunkosten.

B. Handlungs- und Allgemeinkosten. Sie umfassen auch den Zinsendienst, die Aufwendung für gesetzlich vorgeschriebene und freiwillig getragene Soziallasten, Steuern, Versicherungsbeträge, Provisionen, Delcrederekonto, Arbeiter- und Beamtenwohnungen usw. Meist wird man mit 15—20% der Fertigungskosten rechnen müssen.

C. Konjunkturrisiko und Reingewinn. Das Konjunkturrisiko ist deshalb erforderlich, weil sich die bei der Vorkalkulation zugrunde gelegten Werte ändern können.

Die Ausgabe für flüssigen Stahl.

Dieser kann 1. aus dem Tiegel, 2. aus dem Martinofen, 3. aus dem Kleinkonverter und 4. aus dem Elektroofen stammen.

Tiegelgußstahl kommt heute kaum mehr in Betracht. Im Kapitel 6 ist dargelegt, daß er nicht mehr wettbewerbsfähig ist. Man kann annehmen, daß er ungefähr doppelt so teuer wie Stahl aus dem Martinofen ist.

Der flüssige Stahl aus dem Martinofen. Der Leser, der tiefer eindringen will, sei auf das Lehrbuch der Eisenhüttenkunde[1] des Verfassers hingewiesen. Hier sei nur eine kurze Darstellung gebracht.

Für 100 kg abgabefertigen Stahlguß rechnet man damit, daß 175 kg flüssiger Stahl gebraucht werden[2]. Es ergibt sich dann nach dem Vortrage von Bauwens[3] das folgende Bild:

100 kg flüssiger Stahl fordert eine Ausgabe von

3,10 RM.	für	Roheisen,
6,15 ,,	,,	Schrott,
1,03 ,,	,,	Kohlen,
0,72 ,,	,,	Zuschläge und Ofenunterhaltung,
0,30 ,,	,,	Schmelzerlohn,
0,70 ,,	,,	Betriebsunkosten (233% von dem Schmelzerlohn).

Zusammen 12,00 RM.

175 kg flüssiger Stahl für 100 kg abgabefähige, unbearbeitete Gußstücke zu 12 RM. 21,— RM.
Davon ab 75 kg Gießabfälle und Späne . . . . 100 kg zu 7,40 RM. 5,55 ,,

Flüssiger Stahl für 100 kg Gußstücke . . . . 15,45 RM.

---

[1] Leipzig: Wilhelm Engelmann.

[2] Bauwens rechnet mit 8% Abbrand. Dieser Betrag ist möglicherweise zu niedrig eingesetzt. Bulle nennt 9,4% (Stahl u. Eisen 1928 S. 329).

[3] Vortrag in Düsseldorf 1930 auf der Versammlung des Vereins deutscher Stahlgießereien (Düsseldorf).

Der Wert der Gießabfälle ist hier gleich dem des verwendeten Schrotts eingestellt. Bei den Betriebsunkosten (0,70 RM.) sind jedenfalls die Abschreibungsbeträge mit berücksichtigt, die etwa 0,30—0,40 RM. ausmachen.

Durch die Selbstkostenwerte großer Martinofenwerke darf man sich nicht irreführen lassen; denn hier bestehen andere Vethältnisse. Vor allem wird bei ihnen der Ofen in Tag- und Nachtschicht voll ausgenutzt, was in Stahlgießereien nicht immer möglich ist. Es kann nur geschehen, wenn in der Nachtschicht Blöcke gegossen werden. Abgesehen davon sind der Kohlenverbrauch, die Löhne und die Unterhaltungskosten und die Abschreibungsbeträge viel kleiner.

Der flüssige Stahl aus dem Kleinkonverter. Er ist im Zusammenhang mit der hohen Abbrandziffer (15%) und dem großen Koksaufwand zum Anwärmen teurer als der flüssige Stahl aus dem Martinofen.

Eine Reisenotiz des Verfassers in einer sächsischen Stahlgießerei nennt für 1 kg flüssigen Stahl aus dem Martinofen (ohne Blöcke in der Nacht) 13 Rpf., bei Blöcken in der Nacht 10 Rpf., aus dem Kleinkonverter 15 Rpf., aus dem Elektroofen 17 Rpf.

Eine ausführliche Selbstkostenberechnung hat Genwo[1] durchgeführt. Er nennt 92,18 RM. für 1 t aus dem Kleinkonverter gegossenen Stahls einschließlich Unterhaltung und Kraftverbrauch, aber ohne Tilgung und Verzinsung, gegenüber 90,05 RM. aus dem Lichtbogenofen (3—4 t), bei einem Strompreise von 4,3 Rpf./kWh.

Wenn man die Zahlen von Genwo in gleicher Weise wie oben beim Martinofen auf 100 kg Stahlguß umrechnet, so erhält man beim Kleinkonverter (15% Schmelzverlust) 14,84 RM., beim Lichtbogenofen (4,5% Schmelzverlust) 14,49 RM.

Flüssiger Stahl aus dem Elektroofen. Von ihm war soeben die Rede. Im übrigen sei der Leser auf die Kapitel 73 (Lichtbogenöfen) und Kapitel 81 (Induktionsöfen) verwiesen.

Beispiel 1. Unlegierte, unbearbeitete Stahlgußstücke. Nach einer Reisenotiz des Verfassers kostete damals in einem sächsischen Werke 100 kg flüssiger Stahl:

      a) aus dem Martinofen . . . . 13,43 RM.
      b) aus dem Kleinkonverter . . . . 15,32 „

$2/3$ der Erzeugung entfiel auf den Martinofen, $1/3$ auf den Kleinkonverter. Demnach kosten 100 kg flüssiger Stahl: $2/3 \cdot 13,43 + 1/3 \cdot 15,32 = $ . . . . . . 14,06 „
Für 100 kg unbearbeitete Stahlgußware sind 175 kg flüssiger Stahl erforderlich. Demnach ergeben sich für 100 kg Gußware 75 kg Schrott und Späne, die der Einfachheit halber mit dem damals bestehenden Schrottpreis (7 RM. für 100 kg) bewertet werden sollen: $1,75 \cdot 14,06 = $ . . . . 24,61 „
               ab $0,75 \cdot 7,0 = $ . . . . 5,25 „

Kosten des flüssigen Stahls für 100 kg Gußware . . . . 19,36 „
Formerlohn . . . . 3,00 „
Betriebsunkosten 320% . . . . 9,60 „
Putzerlohn, 33% des Formerlohnes . . . . 1,00 „
Betriebsunkosten 300% . . . . 3,00 „
Abschneiden der Trichter und Schweißarbeiten, 50% des Formerlohnes . . . 1,50 „
Betriebsunkosten 250% . . . . 3,75 „
Unterhaltung der Modelle, welche viele höhere Ausgaben als bei Eisenguß
    erfordert, 16% des Formerlohnes . . . . 0,48 „
Betriebsunkosten 200% . . . . 0,96 „

                   Zusammen . . . . 42,65 RM.

Handelsunkosten, 18% . . . . 7,88 „

              Zusammen Selbstkosten . 50,23 RM.

Gewinn- und Konjunkturrisiko, 15% . . . . 7,53 „
Verkaufspreis loco Werk . . . . 57,76 RM.

Beispiel 2. Naßgeformte Stahlgußstücke. Bei ihnen hat man niedrigere Betriebsunkosten als bei trockengeformten Stahlgußstücken[2] In einem Falle waren es 93% statt 213% der Fertiglöhne.

---

[1] Stahl u. Eisen 1926 S. 1697.   [2] Gießerei 1928 S. 1000.

Beispiel 3. Legierte Stahlgußstücke[1]

1 kg Mn kostet im flüssigen Stahl 36—40 Rpf.
1 kg Ni   ,,   ,,   ,,   ,,   3—4 RM.
1 kg Va . . . . 2,20 ,,
1 kg Cr höher gekohlt . . . . . 1—1,10 ,,
1 kg Cr niedrig gekohlt . . . 1,80—1,40 ,,

1 kg Cr kohlenstofffrei
   (Chrommetall) . . . . . 6,40 RM.
1 kg Mo . . . . 10—11 ,,
1 kg Wo . . . . 3,10—3,30 ,,
1 kg Cu . . . . 1,50 ,,

Beispiel 4. Zuschläge für Bearbeitungslöhne. In einem Falle betrugen die
Produktivlöhne für 100 kg . . . . 2,85 RM.
Elektrischer Strom . . . . 1,45 RM.
Unkosten anderer Art . . . . . . 1,75 ,,   3,20 ,,   = 112% der Produktivlohn

Beispiel 5. Zuschlag für Fehlgußrisiko. Es sei angenommen, daß die Fehlgußstelle
erst nach dem Putzen erkannt, und daß dem Former kein Verschulden nachgewiesen sei.
Die bis zu diesem Zustand nutzlos verausgabten Fertigungskosten sind dann im Sinne des
Beispiels 1. Für 100 kg abgabefähige Gußware: 19,36 RM. für flüssigen Stahl,
                        3,— ,,   ,, Formerlohn,
                        9,60 ,,   ,, Betriebsunkosten der Formerei,
                        1,00 ,,   ,, Putzerlohn,
                        3,00 ,,   ,, Betriebsunkosten der Putzerei.
          Zusammen   35,96 RM., rund 36 RM.

Wenn z. B. mit 10% Fehlguß, in Anbetracht eines großen Risikos gerechnet werden muß,
so müßte man mit 3,60 RM. Fehlgußrisiko, vermindert um den Schrottwert, rechnen. Das
Schrottgewicht beträgt, da die Trichter noch anhaften, etwa 18 kg im Werte von etwa
1,30 RM. Die Fertigungskosten würden dann bis einschließlich Putzen statt 35,96 RM.
35,96 + 2,30 = 38,26 RM. betragen und das Angebot müßte dann statt auf 57,76 RM.
auf 60,06 RM. lauten.

---

[1] Nach Kothny: Gießerei 1931 S. 614/635.

Handbuch der Eisen- und Stahlgießerei. Unter Mitarbeit von zahlreichen Fachleuten herausgegeben von Prof. Dr.-Ing. **C. Geiger.** Zweite, erweiterte Auflage.

Erster Band: **Grundlagen.** Mit 278 Abbildungen im Text und auf 11 Tafeln. X, 661 Seiten. 1925. Gebunden RM 44.55

Zweiter Band: **Formen und Gießen.** Von Ing. **C. Irresberger,** Gießerei-Direktor a. D. in Salzburg. Mit 1702 Abbildungen im Text. X, 584 Seiten. 1927. Gebunden RM 51.30

Dritter Band: **Schmelzen, Nacharbeiten und Nebenbetriebe.** Mit 967 Abbildungen im Text. IX, 747 Seiten. 1928. Gebunden RM 61.65

Vierter Band: **Betriebswissenschaft, Bau von Gießereianlagen, Nachträge.** Mit 526 Abbildungen im Text und auf 5 Tafeln. IX, 618 Seiten. 1931. Gebunden RM 72.—

Der Temperguß. Ein Handbuch für den Praktiker und Studierenden. Von Dr.-Ing. **E. Schüz** und Dr.-Ing. **R. Stotz.** Mit 366 Abbildungen im Text und auf 3 Tafeln. VII, 390 Seiten. 1930. Gebunden RM 35.10

Edelguß. Eine Sammlung einschlägiger Arbeiten. Im Auftrage der Edelgußverband G. m. b. H. herausgegeben von Dipl.-Ing. **G. Meyersberg.** Zweite, umgearbeitete und vermehrte Auflage von „Perlitguß". Mit 129 Textabbildungen. V, 170 Seiten. 1929. RM 9.90; gebunden 11.25

Hochwertiger Grauguß und die physikalisch-metallurgischen Grundlagen seiner Herstellung. Von Professor Dr.-Ing. **Eugen Piwowarsky,** Aachen. Mit 297 Textabbildungen. V, 336 Seiten. 1929. Gebunden RM 37.80

Handbuch der Spritzgußtechnik der Metallegierungen einschließlich des Warmpreßgußverfahrens. Grundlagen des Spritzgußvorganges. Konstruktionsprinzipien der Spritzgußmaschinen und Formen nebst Ausführungsbeispielen. Werkstoffkunde. Werkstattpraxis. Von Dr.-Ing. **Leopold Frommer,** Beratender Ingenieur VBI. Mit 244 Abbildungen sowie 36 Zahlentafeln im Text und auf 6 Tafeln. XVII, 686 Seiten. 1933. Gebunden RM 66.—

Eisenguß in Dauerformen. Von Dr.-Ing. **Friedrich Janssen,** Gießerei-Ingenieur. Mit 63 Abbildungen im Text. VI, 92 Seiten. 1930. RM 9.45

Leitfaden für Gießereilaboratorien. Von Geh. Bergrat Prof. Dr.-Ing. e. h. **Bernhard Osann,** Clausthal. Dritte, durchgesehene Auflage. Mit 12 Abbildungen im Text. VI, 64 Seiten. 1928. RM 2.97

Einführung in die physikalische Chemie der Eisenhüttenprozesse. Von Dr.-Ing. **Hermann Schenck,** Essen.

Erster Band: **Die chemisch-metallurgischen Reaktionen und ihre Gesetze.** Mit 162 Textabbildungen und einer Tafel. XI, 306 Seiten. 1932. Gebunden RM 28.50

Zweiter Band: **Die Stahlerzeugung.** Mit 148 Textabbildungen und 4 Tafeln. VIII, 274 Seiten. 1934. Gebunden RM 28.50

Physikalische Chemie der metallurgischen Reaktionen. Ein Leitfaden der theoretischen Hüttenkunde von Prof. Dr. phil. **Franz Sauerwald,** Breslau. Mit 76 Textabbildungen. X, 142 Seiten. 1930. RM 12.15; gebunden 13.50
